高 等 院 校 力 学 教 材

Textbook in Mechanics for Higher Education

工程力学（第2版）

原方 主编

邵兴 陈丽 副主编

清华大学出版社

北 京

内 容 简 介

本书主要介绍工程力学的基础理论及其应用。正文共12章，第1～3章为静力学，第4～9章为材料力学，第10章为运动学，第11、12章为动力学。重点内容包括物体及物体系统的静力分析；杆件的强度、刚度、稳定性分析；质点和刚体的运动及动力分析。

本书是作者在多年教学实践的基础上编写而成的，内容编排新颖，简明扼要。每章附有思考题、习题及参考答案，另配有电子教案、网络课程（获国家三等奖，网址：http://www2.zzit.edu.cn/jpkc/index04.htm）等计算机辅助教学CAI课件，便于教学和自学。

本书可作为工科院校食品科学与工程、储藏、生物、化工、环境、材料、纺织、地质、电子、建筑环境与设备工程等工科本科专业的工程力学教材，也可作为职大、业大、函大及专科的教材和教学参考书。

图书在版编目(CIP)数据

工程力学/原方主编. —2版. —北京：清华大学出版社，2012.4(2024.8重印)
(高等院校力学教材)
ISBN 978-7-302-28116-0

Ⅰ. ①工… Ⅱ. ①原… Ⅲ. ①工程力学－高等学校－教材 Ⅳ. ①TB12

中国版本图书馆CIP数据核字(2012)第033139号

责任编辑：秦　娜　赵从棉
封面设计：常雪影
责任校对：刘玉霞
责任印制：刘　菲

出版发行：清华大学出版社
网　　址：https://www.tup.com.cn，https://www.wqxuetang.com
地　　址：北京清华大学学研大厦A座　邮　　编：100084
社 总 机：010-83470000　邮　　购：010-62786544
投稿与读者服务：010-62776969，c-service@tup.tsinghua.edu.cn
质量反馈：010-62772015，zhiliang@tup.tsinghua.edu.cn
印 装 者：三河市天利华印刷装订有限公司
经　　销：全国新华书店
开　　本：170mm×230mm　**印　张**：21.5　**字　数**：390千字
版　　次：2006年6月第1版　2012年4月第2版　**印　次**：2024年8月第15次印刷
定　　价：59.80元

产品编号：045318-07

编委会名单

序

就学科性质来讲，力学具有二重性：力学是一门基础科学，它所阐明的规律带有普遍的性质；力学又是一门技术科学，它是许多工程技术的理论基础，又在广泛的应用过程中不断得到发展。力学具有的这种二重性，一方面使力学家感到自豪，因为他们肩负了人类认识自然和改造自然的双重任务；另一方面又使力学学科内容显得庞杂，因为力学内部诸多学科分支各自有所侧重，从而呈现出错综复杂和异彩纷呈的局面。

工程力学是力学的一个学科分支，是力学与工程学相结合的产物。工程力学在工科院校的基础教育与人才培养中具有重要作用。工程力学既要为工科学生用系统和精练的方式讲授最基本的力学知识，又要根据专业要求有针对性地讲授不同方面和不同层次的课程内容。因此，要编好一本工程力学教材是很不容易的，需要在各个教学环节上下工夫，包括课程体系的构建和革新，教学内容的精选与更新，教学方法的钻研与改进，等等。

本书作者长期从事工科专业的力学教学工作，非常重视教材的建设和经验的积累。本书是在多年教学实践的基础上编成的。在教学内容方面，考虑了专业要求和学科发展的需要；在论述方面，体现了科学严谨和简明扼要的要求；在力学理论与工程实际的结合方面，注意相互呼应和繁简有度；在例题与习题的选取方面，注意与课堂讲授的协调分工和难易适中。除传统教材外，还有电子教案、网络课程等计算机辅助课件可以互相配合。本书的出版，为工科专业中、少学时工程力学课程提供了一本适用的好教材，为促进教学质量的提高贡献了一份力量。

龙驭球

2006年春于清华园

序

前言

本书初版于2006年出版。在使用过程中,受到了广大教师和学生的欢迎。通过近几年的教学实践,需对部分内容作必要的调整和补充。

第2版保持第1版的体系和风格,坚持理论严谨,编排新颖,内容简明,由浅入深的原则。在内容和体系上作了如下修改:

(1) 在静力学部分改编了静力学公理的叙述方式,适当加强了平面力矩这一基本概念。

(2) 在材料力学部分,将轴向拉压杆的内力、梁的内力计算提前至第4章,突出内力图的画法,以使重点内容提前讲,也便于教学。

(3) 第8章增加"广义胡克定律"一节,使得强度理论的内容更加完整。

全书仍按静力学、材料力学、运动学和动力学三大部分的顺序编排,一般中等学时或少学时的专业只用静力学和材料力学部分即可。

本版由原方教授主编,静力学、运动学和动力学部分主要由邵兴修订,材料力学部分主要由原方、陈丽修订。对于河南工业大学工程力学教研中心各位教师提出的宝贵意见,在此表示衷心的感谢!

本书的修订与再版,限于我们的水平和条件,缺点和错误在所难免,请大家多提宝贵意见,使得本书不断改进和提高。

编 者

2012年2月

第1版前言

本书于20年前的1985年形成初稿，1990年由原河南教育出版社出版，由于若冰、岑运鹰、苏乐道编著。经过几年使用后，于1996年进行了修订，此次修订由岑运鹰、苏乐道、赵霖主编，原方、陈丽、邵兴等参编，由中国科学技术出版社出版。根据学科调整和发展的需要，在前两版的基础上，于2006年由清华大学出版社出版。

编者结合多年来的教学经验，吸取了国内外各类新教材的优点，对章节作了较大幅度的调整，提高了起点。本书结构编排新颖，内容简明扼要，通俗易懂，繁简有度，深入浅出，紧密联系工程实际，引用大量与专业相结合的例题、习题，加强了应用性。

全书除绪论外，共12章，涵盖了“理论力学”和“材料力学”的基本内容。前3章和后3章为“理论力学”内容，中间6章为“材料力学”内容。

参加本书编写工作的有原方、邵兴、陈丽、梁醒培、刘起霞、姬洪恩、姬振华、白杨、刘志钦、王现成、祝彦知。其中绪论、第4章、第7章、附录A、附录B、附录C、附录D主要由原方编写，第1章、第2章、第3章、第10章、第11章、第12章主要由邵兴编写，第5章、第6章、第8章、第9章主要由陈丽编写，并由原方任主编，邵兴、陈丽任副主编。

衷心感谢龙驭球院士对本书的关心和支持，感谢龙先生在80岁寿辰之际为本书作序。

限于作者水平，本书尚有不妥之处，恳请广大教师和读者批评指正。

编　者
2006年

主要符号表

符号	量的名称
A	面积
$\boldsymbol{a}$	加速度
$\boldsymbol{a}_{\mathrm{a}},\boldsymbol{a}_{\mathrm{e}},\boldsymbol{a}_{\mathrm{r}}$	绝对加速度,牵连加速度,相对加速度
$\boldsymbol{a}_{BA}^{\mathrm{t}}$	点 B 相对于基点 A 的切向加速度
$\boldsymbol{a}_{\mathrm{C}}$	科里奥利加速度(科氏加速度)
$\boldsymbol{a}_{BA}^{\mathrm{n}}$	点 B 相对于基点 A 的法向加速度
$\boldsymbol{a}_{\mathrm{n}}$	法向加速度
$\boldsymbol{a}_{\mathrm{t}}$	切向加速度
C	质心,重心
D	直径
d	直径,距离,力偶臂
E	弹性模量(杨氏模量)
e	偏心距
$\boldsymbol{F}$	力
$\boldsymbol{F}_{\mathrm{cr}}$	临界载荷
$\boldsymbol{F}_{\mathrm{N}}$	法向约束力
F_{N}	轴力
$\boldsymbol{F}_{\mathrm{R}},\boldsymbol{F}_{\mathrm{R}}'$	合力,主矢
F_{S}	剪力
f_{s}	静摩擦因数
$\boldsymbol{F}_{\mathrm{T}}$	拉力
$\boldsymbol{F}_x,\boldsymbol{F}_y,\boldsymbol{F}_z$	力在 x,y,z 方向的分量
f	动摩擦因数
$\boldsymbol{F}_{\mathrm{I}}$	惯性力
G	切变模量
h	高度
I_{p}	极惯性矩
I_{yz}	惯性积
I	惯性矩

J	转动惯量
k	弹簧刚度系数
K	应力集中因数
$\boldsymbol{L}_O$	质点系对点 O 的动量矩
L_x, L_y, L_z	质点系对 x, y, z 轴的动量矩
l	长度、跨度
M_e	外力偶矩
M	弯矩
$\boldsymbol{M}_O(\boldsymbol{F})$	力 $\boldsymbol{F}$ 对点 O 之矩
$\boldsymbol{M}_O$	力系对点 O 的主矩
M_x, M_y, M_z	力对 x, y, z 轴之矩
M	力偶矩
m	质量
n	转速,安全因数
$[n_{st}]$	稳定安全因数
$\boldsymbol{p}$	动量
P	功率
p	内压力
$\boldsymbol{P}$	重力
q	均布载荷集度
R, r	半径
$\boldsymbol{r}$	矢径
s	路程,弧长
$\boldsymbol{v}$	速度
T	扭矩,周期,动能
$\boldsymbol{v}_a, \boldsymbol{v}_e, \boldsymbol{v}_r$	绝对速度,牵连速度,相对速度
$\boldsymbol{v}_{BA}$	平面图形上点 B 相对基点 A 的速度
W_p	抗扭截面系数
W	功,抗弯截面系数
w	挠度
ν	泊松比
μ	长度系数
λ	长细比
α	角加速度

ω	角速度
ψ	截面收缩率
θ	梁横截面的转角
γ	切应变
σ,τ	正应力,切应力
φ	相对扭转角
ε	应变,线应变
$\sigma_s,\sigma_{0.2}$	屈服应力,条件屈服应力
σ_t,σ_c	拉应力,压应力
$\sigma_b,\sigma_e,\sigma_p$	强度极限,弹性极限,比例极限
σ_{cr}	临界应力
σ_{-1}	对称循环时的疲劳极限
$[\tau]$	许用切应力
$[\sigma]$	许用应力

目　录

绪　论

0.1　工程力学的主要内容

工程力学是研究物体机械运动一般规律以及构件承载能力的一门学科。本书内容涵盖了“理论力学”和“材料力学”中的大部分内容，理论力学部分又可分为静力学、运动学和动力学三部分。

所谓机械运动是指物体在空间位置随时间的改变。它是一切物质运动最简单、最基本的形式。静止则是机械运动的特殊情况。

工程中的结构元件、机器零部件等都可称为**构件**。构件在承受载荷或传递运动时，能够正常工作而不破坏，也不发生过大的变形，并能保持原有的平衡形态而不丧失稳定，这就要求构件具有足够的**强度**、**刚度**和**稳定性**。

静力学、运动学和动力学是将物体抽象化为**刚体**研究力作用于物体时的外部效应，即研究物体机械运动的一般规律。材料力学则是将物体抽象化为**变形固体**，研究力作用时的内部效应，即研究构件的强度、刚度和稳定性。

0.2 工程力学与生产实践的关系及其研究方法

工程力学对生产实践起着重要的指导作用,为工程中构件的设计和计算提供简便实用的方法,同时又被生产的发展所推动,两者是相互促进、共同发展的。

工程实际中作机械运动的物体是多种多样的,在外力作用下物体的变形和破坏形式也是各不相同的,这就要求我们在分析研究问题时,必须抓住主要因素,并运用抽象化的方法,得出比较合乎实际的力学模型和强度准则。例如,在研究物体的平衡时,其变形就是次要因素,忽略这一点,就可将真实物体视为刚体。但在研究物体的强度及刚度时,变形就成了主要因素,因此可用变形固体这一力学模型来代表真实物体。

对于工程实际中的问题,运用科学抽象的方法,加以综合、分析,再通过实验与严密的数学推理,从而得到工程中实用的理论公式,以指导实践,并为实践所检验。所以说,工程力学为生产实践提供必要的理论基础。

0.3 工程力学的性质与作用

工程力学是食品工程、化工、生物、冶金、地质、纺织、材料、电子、建筑环境与设备工程等工科专业的一门技术基础课。它为简单机构的运动(含平衡)和动力分析以及简单构件的强度、刚度和稳定性计算提供基本理论和基本方法。它在基础课与专业课之间起桥梁作用。因此,学习本门课程的要领应该是重点掌握公理、定律及假设,并以此为依据,利用数学演绎、抽象方法得出简单机构的平衡、运动及杆件受力破坏的规律,并深刻理解基本概念、基本理论、基本方法,同时还需要通过演算一定数量的习题来加深和巩固对所学知识的理解。

对于工科类学生,要求在学完本门课程之后,具有能将简单的工程实际问题抽象为力学模型的初步能力;能够运用基础课知识,尤其是数学、物理的基本理论和方法,并结合本门课程所讲述的内容,对简单机构进行运动和动力分析;能够正确运用强度、刚度和稳定条件对简单受力杆件进行校核和截面选择以及确定许可载荷。这些不仅是学好专业课的重要基础,而且运用所学知识能直接解决一些工程实际问题。

第1章 静力学基础

静力学研究物体在力系作用下的平衡规律及其应用。

力系是指作用在物体上的一组力。**平衡**是指物体相对惯性参考系保持静止或作匀速直线运动。在静力学中，将研究的物体视为刚体，**刚体**是指在力作用下不变形的物体，是一种理想化的模型。静力学将研究以下三个问题：(1)物体的受力分析；(2)力系的简化：用一个简单力系等效地替换一个复杂力系对物体的作用，称为力系的简化，此两力系互为等效力系；(3)力系的平衡条件及其应用。

本章将介绍力的基本性质，力矩和力偶的概念，并阐述工程中常见的约束和约束力的分析。最后介绍物体的受力分析及受力图，它是解决力学问题的重要环节。

1.1 静力学公理

力是物体间相互的机械作用，这种作用使物体的机械运动状态发生变化或使物体产生变形。前者称为力的**运动效应**或外效应，后者称为力的**变形效应**或内效应。

实践表明，力对物体的作用效果决定于三个要素：①力的大小；②力的方向；③力的作用点。力的**三要素**表明，力是一个具有固定作用点的**定位矢量**。常用黑体字母 $\boldsymbol{F}$ 表示力矢量，而用普通字母 F 表示力的大小。在国际单位制中,力的单位是牛顿,符号是 N。

(1) 作用在物体上同一点的两个力,可以合成为一个合力。合力的作用点也在该点,合力的大小和方向由这两个力为边构成的平行四边形的对角线确定,称为力的**平行四边形法则**,如图 1-1(a)所示。或者说,合力矢等于这两个力矢的几何和,即

$$\boldsymbol{F}_R = \boldsymbol{F}_1 + \boldsymbol{F}_2 \tag{1-1}$$

合力的大小和方向也可由力三角形确定,如图 1-1(b)所示。这个基本性质是复杂力系简化的基础。

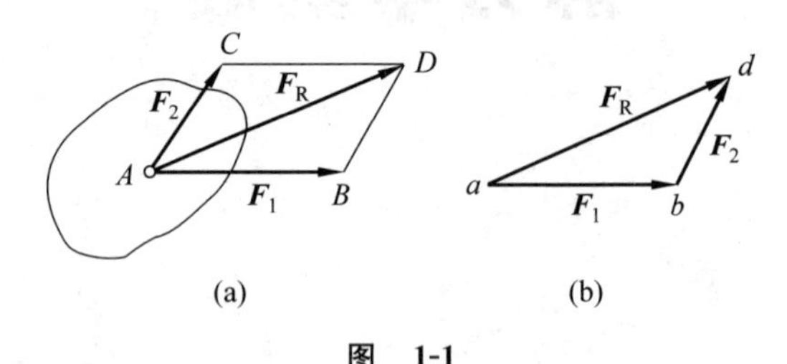

图 1-1

(2) **二力平衡条件** 作用在刚体上的两个力,使刚体保持平衡的必要和充分条件是:这两个力的大小相等,方向相反,且作用在同一直线上。

这是作用于刚体上的最简单力系平衡时所必须满足的条件。

(3) 在已知力系上加上或减去任意的平衡力系,并不改变原力系对刚体的作用,称为**加减平衡力系原理**。就是说,如果两个力系只相差一个或几个平衡力系,则它们对刚体的作用是相同的。这个性质是研究力系等效替换的重要依据。

根据上述性质可以导出下列推理。

① 作用于刚体上某点的力,可以沿着它的作用线移到刚体内任意一点,并不改变该力对刚体的作用,称为**力的可传性**。

可见,对于刚体来说,力的作用点已不是决定力的作用效应的要素,它已为作用线所代替。因此,作用于刚体上的力的三要素是:力的大小、方向和作用线。

作用于刚体上的力可以沿着作用线移动,这种矢量称为**滑动矢量**。

② **三力平衡条件** 作用于刚体上三个相互平衡的力,若其中两个力的作用线汇交于一点,则此三力必在同一平面内,且第三个力的作用线通过汇交点。

证明 如图 1-2 所示,在刚体的 A,B,C 三点上,分别作用三个相互平衡的力 $\boldsymbol{F}_1,\boldsymbol{F}_2,\boldsymbol{F}_3$。根据力的可传性,将力 $\boldsymbol{F}_1$ 和 $\boldsymbol{F}_2$ 移到汇交点 O,然后根据力

的平行四边形法则，得合力 $\boldsymbol{F}_{12}$，则力 $\boldsymbol{F}_3$ 应与 $\boldsymbol{F}_{12}$ 平衡。由于两个力平衡必须共线，所以力 $\boldsymbol{F}_3$ 必定与力 $\boldsymbol{F}_1$ 和 $\boldsymbol{F}_2$ 共面，且通过力 $\boldsymbol{F}_1$ 与 $\boldsymbol{F}_2$ 的交点 O。于是得证。

(4) 作用力和反作用力总是同时存在，两力的大小相等、方向相反，沿着同一直线，分别作用在两个相互作用的物体上，称为**作用和反作用定律**。若用 $\boldsymbol{F}$ 表示作用力，用 $\boldsymbol{F}'$ 表示反作用力，则

$$\boldsymbol{F}=-\boldsymbol{F}' \tag{1-2}$$

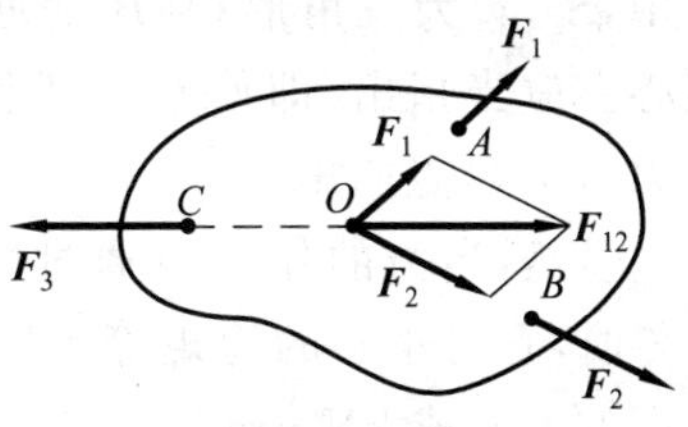

图　1-2

这个公理概括了物体间相互作用的关系，表明作用力和反作用力总是成对出现的。由于作用力与反作用力分别作用在两个物体上，因此，不能认为是平衡力系。

变形体在某一力系作用下处于平衡，如将此变形体刚化为刚体，其平衡状态保持不变，称为**刚化原理**。这一结论提供了把变形体看成刚体的条件。例如绳索在等值、反向、共线的两个拉力作用下处于平衡，如将绳索刚化为刚体，其平衡状态保持不变；如果将力传递到另一端，虽然两力仍满足二力平衡条件，绳将失去平衡。可见，刚体的平衡条件只是变形体平衡的必要条件，而非充分条件。在刚体静力学的基础上，考虑变形体的特性，可进一步研究变形体的平衡问题。

1.2　力矩　力偶

1. 平面力对点的矩

如果把位于平面内的刚体在 O 点处固定，则力 $\boldsymbol{F}$ 的作用将使物体绕 O 点转动，如图 1-3 所示。力 $\boldsymbol{F}$ 的作用线离 O 点越远，转动效果越明显，当力通过 O 点时，则不能使物体转动。实践证明，转动效果与力的大小以及 O 点到力作用线的垂直距离(称为力臂)成正比。平面力使刚体转动作用的度量，称为力对点的**力矩**，定义如下。

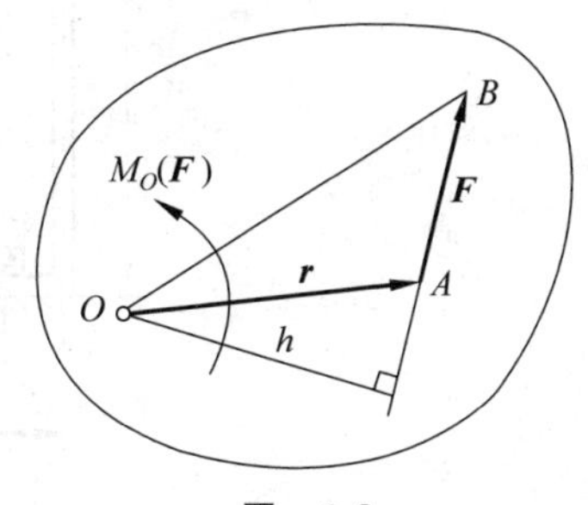

图　1-3

力矩是一个代数量，它的绝对值等于力的大小与力臂的乘积，它的正负可按下法确定：力使物体绕矩心逆时针转动时为正，反

之为负。力 $\boldsymbol{F}$ 对于 O 点的矩以记号 $M_O(\boldsymbol{F})$ 表示，即

$$M_O(\boldsymbol{F}) = \pm Fh = \pm 2S_{\triangle OAB} \tag{1-3}$$

其中，$S_{\triangle OAB}$ 为三角形 OAB 的面积；点 O 称为矩心。应当指出，即使 O 点不固定，也可以计算力对于 O 点的矩。

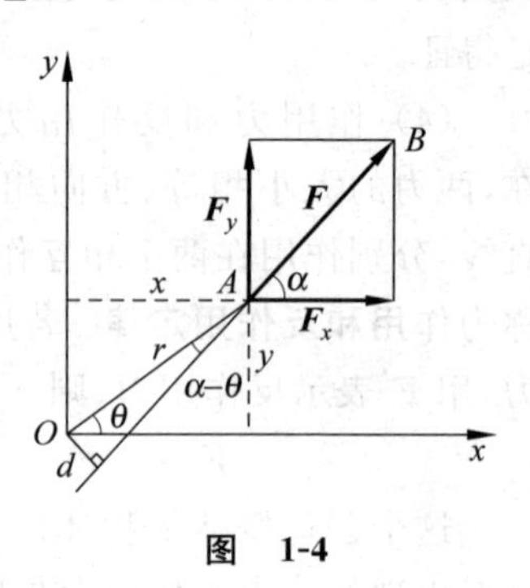

图 1-4

显然，当力的作用线通过矩心，即力臂等于零时，它对矩心的力矩等于零。力矩的单位常用 N·m 或 kN·m。

已知力 $\boldsymbol{F}$，作用点 $A(x,y)$ 及其与 x 轴夹角 α，如图 1-4 所示。欲求力 $\boldsymbol{F}$ 对坐标原点 O 之矩，由力矩的定义：

$$M_O(\boldsymbol{F}) = Fd = Fr\sin(\alpha - \theta) = F\sin\alpha \cdot r\cos\theta - F\cos\alpha \cdot r\sin\theta$$

即

$$M_O(\boldsymbol{F}) = xF_y - yF_x \tag{1-4}$$

式(1-4)为平面内力对点的矩的解析表达式。其中：x,y 为力 $\boldsymbol{F}$ 作用点的坐标；F_x,F_y 为力 $\boldsymbol{F}$ 在 x,y 轴的**投影**。

由式(1-4)可见，力 $\boldsymbol{F}$ 对点 O 的矩等于两个分力 $\boldsymbol{F}_x$ 与 $\boldsymbol{F}_y$ 对点 O 之矩的和。表明合力对于平面内任一点之矩等于所有各分力对于该点之矩的代数和，这就是**合力矩定理**。即

$$M_O(\boldsymbol{F}_R) = \sum M_O(\boldsymbol{F}_i) \tag{1-5}$$

式(1-5)适用于任何有合力存在的力系。

例 1-1 如图 1-5 所示支架受力 $\boldsymbol{F}$ 作用，图中尺寸及 α 角已知。试计算力 $\boldsymbol{F}$ 对于 O 点的力矩。

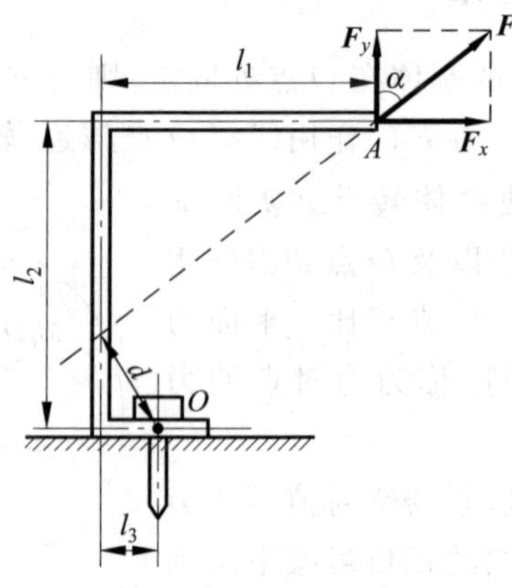

图 1-5

解　在图示情形下，若按力矩定义求解，确定 d 的过程比较麻烦。可先将力 $\boldsymbol{F}$ 分解为两个分力，再应用合力矩定理求解，则较为方便。则有

$$M_O(\boldsymbol{F})=M_O(\boldsymbol{F}_x)+M_O(\boldsymbol{F}_y)=F\cos\alpha\cdot(l_1-l_3)-F\sin\alpha\cdot l_2$$

2. 平面力偶

大小相等，方向相反，作用线平行的两个力称为**力偶**。力偶是常见的一种特殊力系，例如图1-6所示的作用在汽车方向盘上的两个力。力偶只能使物体转动，它既不能合成为一个力，也不能与一个力平衡。力和力偶是静力学的两个基本要素。

力偶对物体的转动效应用**力偶矩**度量。它等于力偶中力的大小与两个力之间的距离（力偶臂）的乘积，记为 $M(\boldsymbol{F},\boldsymbol{F}')$，简记为 M，如图1-7所示，有

$$M=\pm Fd \tag{1-6}$$

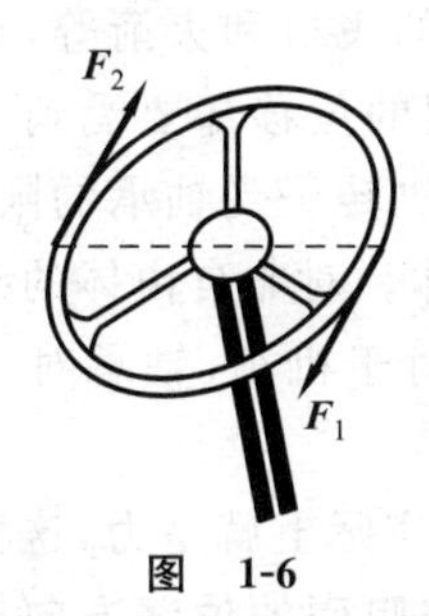

图　1-6

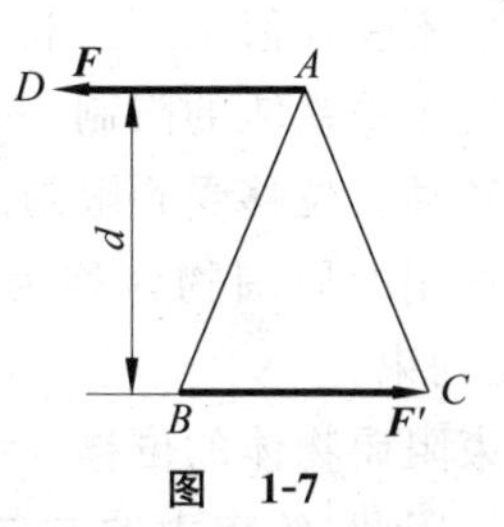

图　1-7

力偶矩是代数量。取逆时针转向为正，反之为负。力偶矩的单位与力矩相同，也是 N·m。

如图1-8取任一点 O 为矩心，则力偶$(\boldsymbol{F},\boldsymbol{F}')$对该点之矩为

$$M_O(\boldsymbol{F})+M_O(\boldsymbol{F}')=F\cdot DO-F'\cdot EO=F(DO-EO)=Fd$$

可知，**力偶对任一点之矩等于力偶矩而与矩心位置无关。**

力偶在平面内的转向不同，其作用效应也不相同。因此，平面力偶对物体的作用效应，由以下两个因素决定：①力偶矩的大小；②力偶在作用平面内的转向。

在同一平面内的两个力偶，如**力偶矩相等，则两力偶等效**。由此可得两个推论。

(1) 力偶可在其作用平面内任意移转，而不改变它对物体的作用。

(2) 只要保持力偶矩不变，可任意改变力的大小和力偶臂的长短，而不改变力偶对物体的作用。

由此可见，力偶的臂和力的大小都不是力偶的特征量，只有力偶矩是力偶作用的惟一量度。常用图1-9所示的符号表示力偶，M 为力偶的矩。

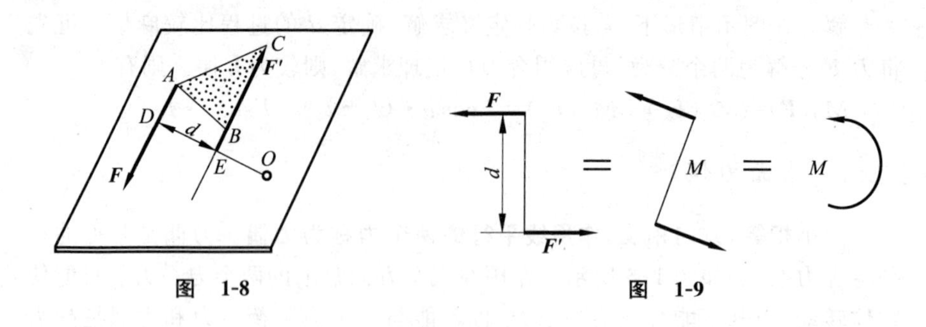

图 1-8　　　　图 1-9

1.3 约束和约束力

位移不受限制的物体称为**自由体**。如飞行的飞机和火箭等,它们在空间的位移不受任何限制。相反,有些物体在空间的位移却要受到一定的限制。如机车受铁轨的限制,只能沿轨道运动;电机转子受轴承的限制,只能绕轴线转动。位移受到限制的物体称为**非自由体**。对非自由体的某些位移起限制作用的周围物体称为**约束**。例如,铁轨对于机车,轴承对于电机转子,都是约束。

约束阻碍物体的位移。约束对物体的作用,实际上就是力,这种力称为**约束力**。因此,**约束力的方向必与该约束所能够阻碍的位移方向相反**。应用这个准则,可以确定约束力的方向或作用线的位置。至于约束力的大小则是未知的。在静力学问题中,约束力和物体受的其他已知力(称**主动力**)组成平衡力系,因此可用平衡条件求出未知的约束力。

下面介绍几种在工程中常见的约束类型和确定约束力方向的方法。

1. 光滑接触面约束

例如,支持物体的固定面(图 1-10(a))、啮合齿轮的齿面、机床中的导轨等,当摩擦忽略不计时,都属于这类约束。

这类约束不能限制物体沿约束表面切线的位移,只能阻碍物体沿接触表面法线并向约束内部的位移。因此,**光滑支承面对物体的约束力,作用在接触点处,方向沿接触表面的公法线,并指向受力物体**。这种约束力称为**法向约束力**,通常用 $\boldsymbol{F}_{\mathrm{N}}$ 表示。如图 1-10(b)所示,一直杆放在光滑圆槽内,接触点 A,B 处的法向约束力分别为 $\boldsymbol{F}_{\mathrm{N}A}$,$\boldsymbol{F}_{\mathrm{N}B}$。

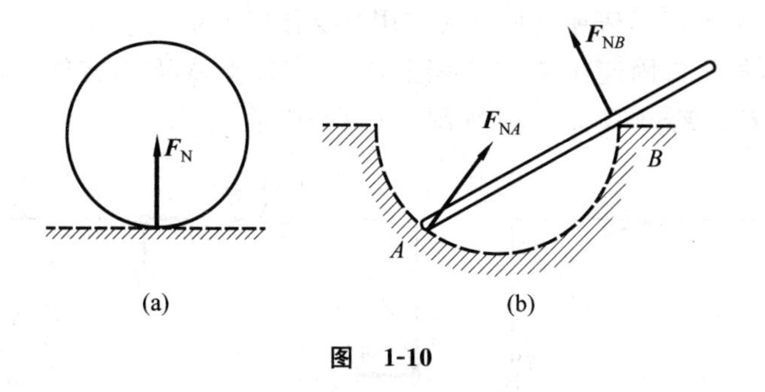

图　1-10

2. 柔索约束

细绳吊住重物，如图 1-11(a)所示。由于柔软的绳索本身只能承受拉力，所以它给物体的约束力也只可能是拉力(图 1-11(b))。因此，**绳索对物体的约束力，作用在接触点，方向沿着绳索背离物体**。通常用 $\boldsymbol{F}$ 或 $\boldsymbol{F}_{\mathrm{T}}$ 表示这类约束力。

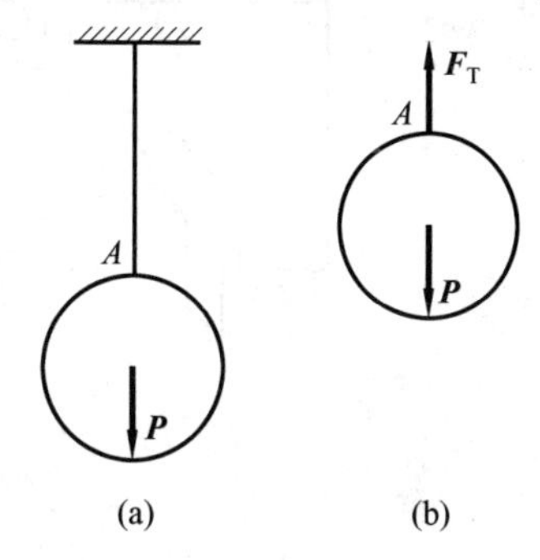

图　1-11

链条或胶带也都只能承受拉力。当它们绕在轮子上，对轮子的约束力沿轮缘的切线方向。

3. 光滑铰链约束

图 1-12(a)所示的拱形桥，它是由两个拱形构件通过圆柱铰链 C 以及固定铰链支座 A 和 B 连接而成。圆柱铰链简称**铰链**，它是由销钉 C 将两个钻有同样大小孔的构件连接在一起而成(图 1-12(b))，其简图如图 1-12(a)的铰链 C。如果铰链连接中有一个固定在地面或机架上作为支座，则这种约束称为**固定铰链支座**，简称**固定铰支**，如图 1-12(b)中所示的支座 B。其简图如图 1-12(a)所示的固定铰链支座 A 和 B。

在分析铰链 C 处的约束力时，通常把销钉 C 固连在其中任意一个构件上，如构件Ⅱ上，则构件Ⅰ，Ⅱ互为约束。两构件可以绕铰链中心任意转动，但是，销钉阻碍着物体沿径向的相对位移。忽略摩擦时，销钉和圆孔间的作用属于光滑接触约束，因此**铰链对物体的约束力必垂直轴线通过铰链中心**。但是，物体在不同的主动力作用下，销钉可以和圆孔的任一位置接触。所以，**当主动力尚未确定时，约束力的方向预先不能确定**。通常用两个大小未知的正交分力 $\boldsymbol{F}_{Cx}$，$\boldsymbol{F}_{Cy}$ 和 $\boldsymbol{F}'_{Cx}$，$\boldsymbol{F}'_{Cy}$ 来表示，如图 1-12(c)所示。其中 $\boldsymbol{F}_{Cx}=$

$-F'_{Cx}$，$F_{Cy}=-F'_{Cy}$，表明它们互为作用与反作用关系。

同理，把销钉固连在 A，B 支座上，则固定铰支 A，B 对构件Ⅰ，Ⅱ的约束力分别为 F_{Ax}，F_{Ay} 与 F_{Bx}，F_{By}，如图 1-12(c)所示。

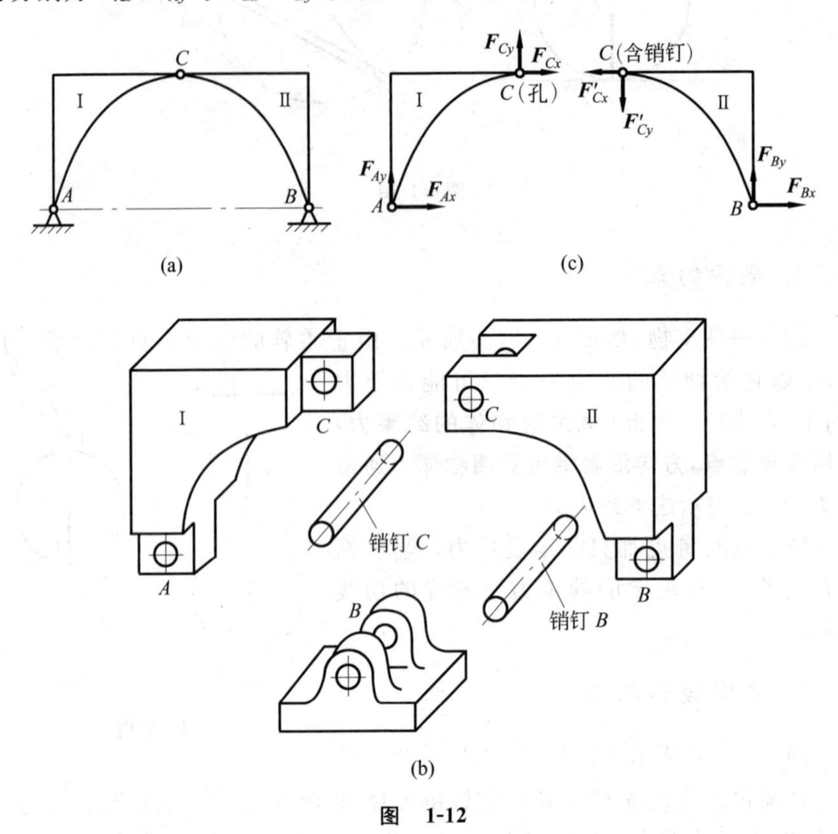

图 1-12

向心轴承与圆柱铰链和固定铰链支座的约束性质是相同的，都可表示为光滑铰链。此类约束的特点是只限制两物体径向的相对移动，而不限制两物体绕铰链中心的相对转动及沿轴向的位移。

4. 滚动支座约束

在桥梁、屋架等结构中经常采用滚动支座约束。这种支座是在铰链支座与光滑支承面之间，装有几个辊轴而构成的，又称辊轴支座，如图 1-13(a)所示，其简图如图 1-13(b)所示。它可以沿支承面移动，允许由于温度变化而引起结构跨度的自由伸长或缩短。显然，滚动支座的约束性质与光滑面约束相同，其**约束力必垂直于支承面，且通过铰链中心**。通常用 F_N 表示其法向约束力，如图 1-13(c)所示。

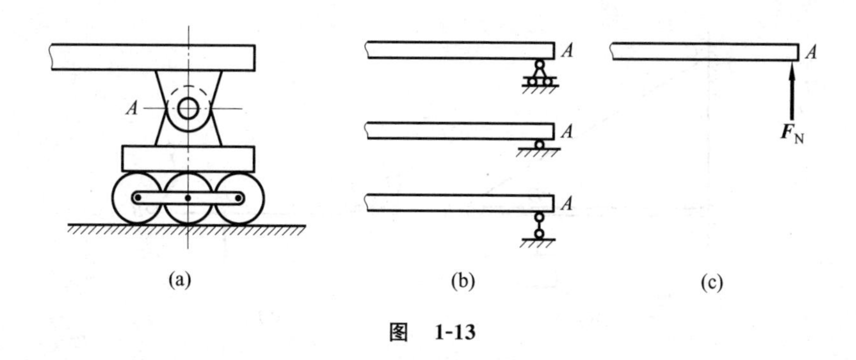

(a)　(b)　(c)

图　1-13

1.4　物体的受力分析和受力图

在工程实际中,为了求出未知的约束力,首先要确定构件受了几个力,每个力的作用位置和力的作用方向,这种分析过程称为物体的**受力分析**。

作用在物体上的力可分为两类。一类是主动力,如物体的重力、风力、气体压力等,一般是已知的;另一类是约束对于物体的约束力,为未知的被动力。

为了清晰地表示物体的受力情况,把需要研究的物体(称为受力体)从周围的物体(称为施力体)中分离出来,这个步骤叫做取**研究对象**或取**分离体**。然后把施力物体对研究对象的作用力(包括主动力和约束力)全部画出来。这种表示物体受力的简明图形,称为**受力图**。画物体受力图是解决静力学问题的一个重要步骤。

例 1-2　如图 1-14(a)所示,梁 AB 的一端用铰链,另一端用柔索固定在墙上,在 D 处挂一重物,其重量为 P,梁的自重不计。画出梁 AB 的受力图。

解　(1) 取梁 AB 为研究对象。首先画出主动力 $\boldsymbol{P}$。梁在 A 处受固定铰支给它的约束力的作用,由于方向未知,可用两个大小未定的正交分力 $\boldsymbol{F}_{Ax}$ 和 $\boldsymbol{F}_{Ay}$ 表示;解除柔索的约束,代之以沿 BC 方向的拉力 $\boldsymbol{F}_{T}$。梁 AB 的受力图如图 1-14(b)所示。

(2) 再进一步分析可知,由于梁 AB 在 $\boldsymbol{P}$,$\boldsymbol{F}_{T}$ 和 $\boldsymbol{F}_{A}$ 三个力作用下平衡,故可根据三力平衡汇交定理,确定铰链 A 处约束力 $\boldsymbol{F}_{A}$ 的方向。点 G 为力 $\boldsymbol{P}$ 和 $\boldsymbol{F}_{T}$ 作用线的交点,当梁 AB 平衡时,约束力 $\boldsymbol{F}_{A}$ 的作用线必通过点 G(图 1-14(c));至于 $\boldsymbol{F}_{A}$ 的指向,暂且假定如图所示,以后由平衡条件确定。

(3) 如果考虑梁的自重,则梁上有 4 个力作用,无法判断铰 A 处的约束力方向,受力情况如图 1-14(d)所示。因此,图 1-14(b)是画受力图时通常采用的方案。

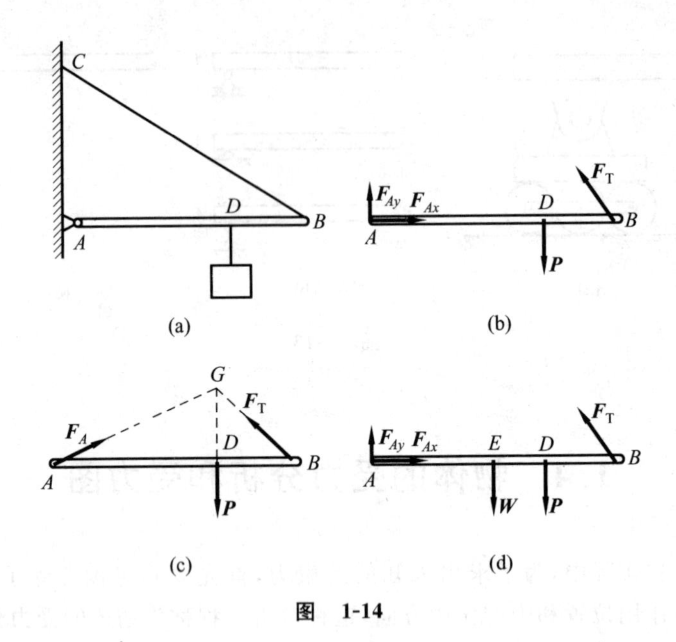

图 1-14

例 1-3 如图 1-15(a)所示的三铰拱桥,由左、右两拱铰接而成。设各拱自重不计,在拱 AC 上作用有载荷 $\boldsymbol{F}$。试分别画出拱 AC 和 BC 的受力图。

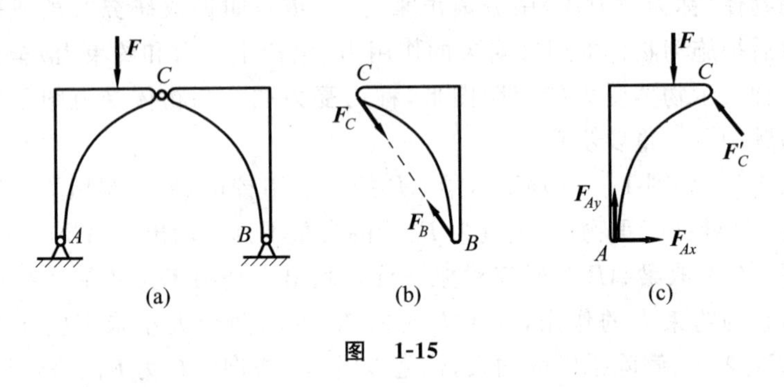

图 1-15

解 (1) 先分析拱 BC 受力

由于拱 BC 自重不计,且只在 B,C 两处受到铰链约束,拱 BC 只在 $\boldsymbol{F}_B$ 和 $\boldsymbol{F}_C$ 二力作用下平衡,根据二力平衡公理,这两个力必定沿同一直线,且等值、反向。由此可确定,$\boldsymbol{F}_B$ 和 $\boldsymbol{F}_C$ 的作用线应沿铰链中心 B 与 C 的连线。一般情况下,$\boldsymbol{F}_C$ 与 $\boldsymbol{F}_B$ 的指向不能预先判定,可先任意假设杆受拉力或压力。这两个力的方向如图 1-15(b)所示。

只在两个力作用下平衡的构件,称为**二力构件**,简称**二力杆**。它所受的两个力必定沿两力作用点的连线，且等值、反向。二力杆在工程实际中经常遇到，有时也把它作为一种约束。

(2) 取拱 AC 为研究对象

由于自重不计，因此主动力只有载荷 $\boldsymbol{F}$。拱 AC 在铰链 C 处受有拱 BC 给它的约束力 $\boldsymbol{F}'_C$，根据作用和反作用定律，$\boldsymbol{F}'_C=-\boldsymbol{F}_C$。拱在 A 处受有固定铰支给它的约束力 $\boldsymbol{F}_A$ 的作用，可用两个大小未知的正交分力 $\boldsymbol{F}_{Ax}$ 和 $\boldsymbol{F}_{Ay}$ 代替。拱 AC 的受力图如图 1-15(c)所示。

请读者考虑：若左右两拱都计入自重时，各受力图有何不同？

例 1-4 如图 1-16(a)所示，梯子的两部分 AB 和 AC 在点 A 铰接，又在 D,E 两点用水平绳连接。梯子放在光滑水平面上，若其自重不计，但在 AB 的中点 H 处作用一铅直载荷 $\boldsymbol{F}$。试分别画出绳子 DE 和梯子的 AB,AC 部分以及整个系统的受力图。

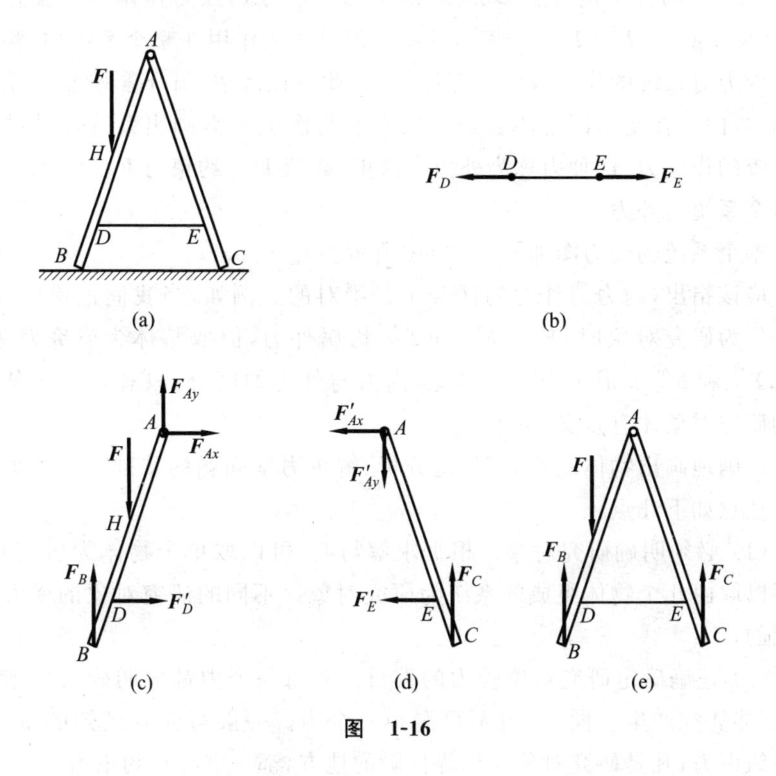

图 1-16

解 (1) 绳子 DE 的受力分析

绳子两端 D,E 分别受到梯子对它的拉力 $\boldsymbol{F}_D$,$\boldsymbol{F}_E$ 的作用(图 1-16(b))。

(2) 梯子 AB 部分的受力分析

在 H 处受载荷 $\boldsymbol{F}$ 的作用，在铰链 A 处受 AC 部分给它的约束力 $\boldsymbol{F}_{Ax}$ 和

$\boldsymbol{F}_{Ay}$的作用。在点D受绳子对它的拉力$\boldsymbol{F}'_D$(与$\boldsymbol{F}_D$互为作用力和反作用力)。在点B受光滑地面对它的法向约束力$\boldsymbol{F}_B$的作用。

梯子AB部分的受力图如图1-16(c)所示。

(3) 梯子AC部分的受力分析

在铰链A处受AB部分对它的作用力$\boldsymbol{F}'_{Ax}$和$\boldsymbol{F}'_{Ay}$(分别与$\boldsymbol{F}_{Ax}$和$\boldsymbol{F}_{Ay}$互为作用力和反作用力)。在点E受绳子对它的拉力$\boldsymbol{F}'_E$(与$\boldsymbol{F}_E$互为作用力和反作用力)。在C处受光滑地面对它的法向约束力$\boldsymbol{F}_C$。

梯子AC部分的受力图如图1-16(d)所示。

(4) 整个系统的受力分析

当选整个系统为研究对象时,可把平衡的整个结构刚化为刚体。由于铰链A处所受的力互为作用力与反作用力关系,即$\boldsymbol{F}_{Ax}=-\boldsymbol{F}'_{Ax}$,$\boldsymbol{F}_{Ay}=-\boldsymbol{F}'_{Ay}$;绳子与梯子连接点$D$和$E$所受的力也分别互为作用力与反作用力关系,即$\boldsymbol{F}_D=-\boldsymbol{F}'_D$,$\boldsymbol{F}_E=-\boldsymbol{F}'_E$,这些力都成对地作用在整个系统内,称为**内力**。内力对系统的作用效应相互抵消,因此可以除去,并不影响整个系统的平衡,故内力在受力图上不必画出。在受力图上只需画出系统以外的物体给系统的作用力,这种力称为**外力**。这里,载荷$\boldsymbol{F}$和约束力$\boldsymbol{F}_B$,$\boldsymbol{F}_C$都是作用于整个系统的外力。

整个系统的受力图如图1-16(e)所示。

应该指出,内力与外力的区分不是绝对的。例如,当我们把梯子的AC部分作为研究对象时,$\boldsymbol{F}'_{Ax}$,$\boldsymbol{F}'_{Ay}$和$\boldsymbol{F}'_E$均属外力,但取整体为研究对象时,$\boldsymbol{F}'_{Ax}$,$\boldsymbol{F}'_{Ay}$和$\boldsymbol{F}'_E$又成为内力。可见,内力与外力的区分,只有相对于某一确定的研究对象才有意义。

正确地画出物体的受力图,是分析、解决力学问题的基础。画受力图时必须注意如下几点:

(1) 必须明确研究对象。根据求解需要,可以取单个物体为研究对象,也可以取由几个物体组成的系统为研究对象。不同的研究对象的受力图是不同的。

(2) 正确确定研究对象受力的数目。对每一个力都应明确它的施力物体,不能凭空产生。同时,也不可漏掉一个力。一般可先画已知的主动力,再画约束力;凡是研究对象与外界接触的地方,都一定存在约束力。

(3) 正确画出约束力。一个物体往往同时受到几个约束力的作用,这时应分别根据每个约束本身的特性来确定其约束力的方向,而不能凭主观臆测。

(4) 当分析两物体间相互的作用力时,应遵循作用、反作用关系。若作用力的方向一经假定，则反作用力的方向应与之相反。当画整个系统的受力图时，由于内力成对出现，组成平衡力系，因此不必画出，只需画出全部外力。

思　考　题

1-1　力的分力与投影有什么区别？

1-2　力矩与力偶有何异同？力偶有什么特性？

1-3　有人利用“力偶可以在其作用平面内任意移转”的性质，将思考题 1-3(a)图变为(b)图。这样做是否正确？为什么？

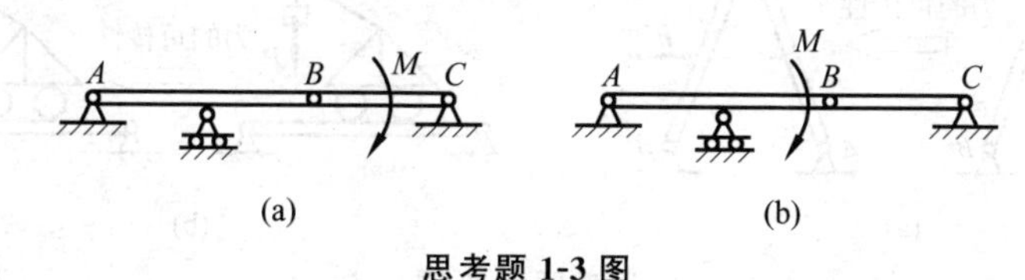

思考题 1-3 图

1-4　由力偶的性质知，力偶不能与一个力相平衡。如思考题 1-4 图所示的鼓轮 O 处于平衡，是否是矩为 M 的力偶与力 $\boldsymbol{P}$ 相互平衡？为什么？

1-5　若力示于思考题 1-5 图，则 $\boldsymbol{F}_{\mathrm{R}}=\boldsymbol{F}_2-\boldsymbol{F}_1$ 对吗？

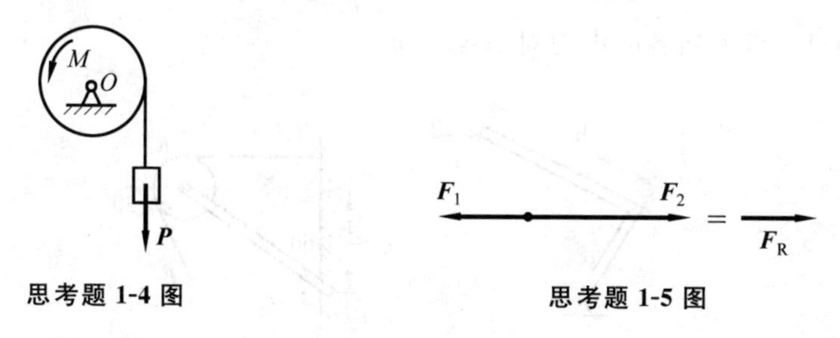

思考题 1-4 图　　　　思考题 1-5 图

1-6　二力平衡公理与加减平衡力系公理和力的可传性原理为什么都只能适用于刚体？

1-7　以下几种陈述是否正确？并解释原因。

(1) 合力一定比分力大。

(2) $\boldsymbol{F}=100\mathrm{N}$。

(3) 如果作用于刚体上的三力汇交于一点，则该物体一定平衡。

1-8　确定约束力的原则是什么？光滑接触面约束与固定圆柱铰链约束的约束力各有什么特点？

1-9 什么叫二力构件？下列思考题1-9图中哪些是二力构件？

1-10 试指出下列做法是否正确，为什么？(思考题1-10图)

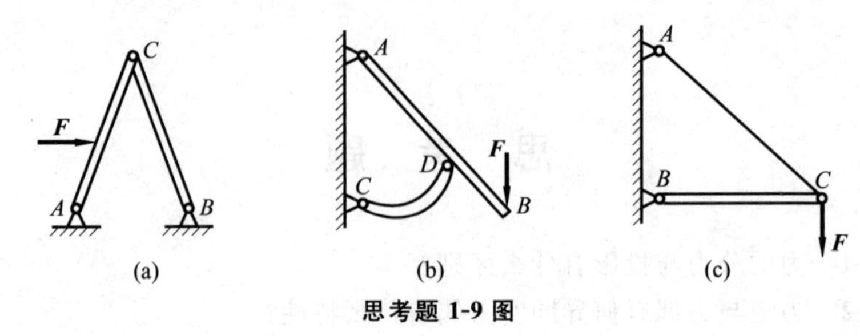

思考题 1-9 图

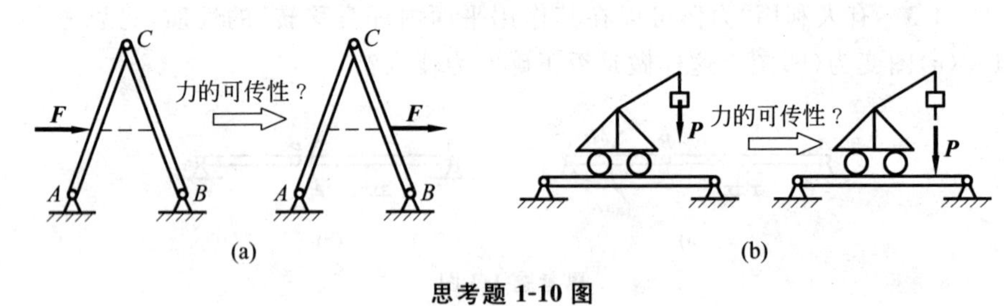

思考题 1-10 图

习　　题

1-1 求下列各图中力对 A 点之矩。

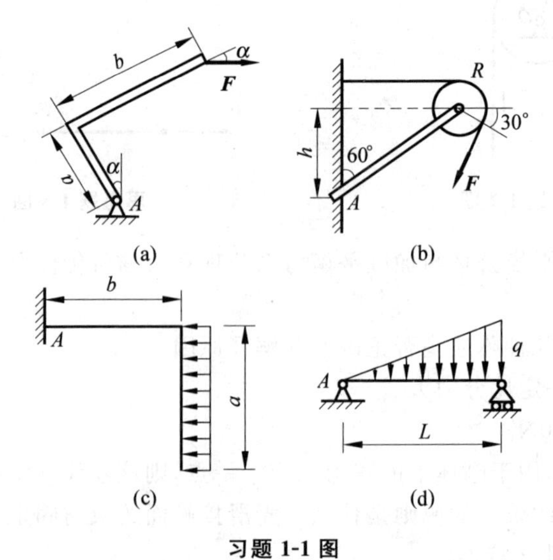

习题 1-1 图

1-2　画出下列指定物体的受力图(不计摩擦)。

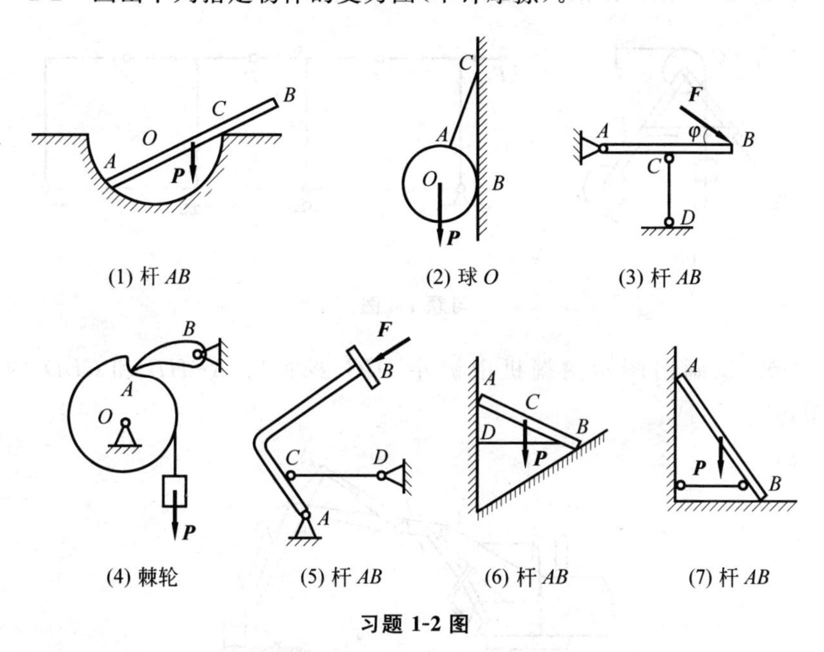

(1) 杆 AB　(2) 球 O　(3) 杆 AB

(4) 棘轮　(5) 杆 AB　(6) 杆 AB　(7) 杆 AB

习题 1-2 图

1-3　画出下列物系中指定物体的受力图(不计摩擦)。

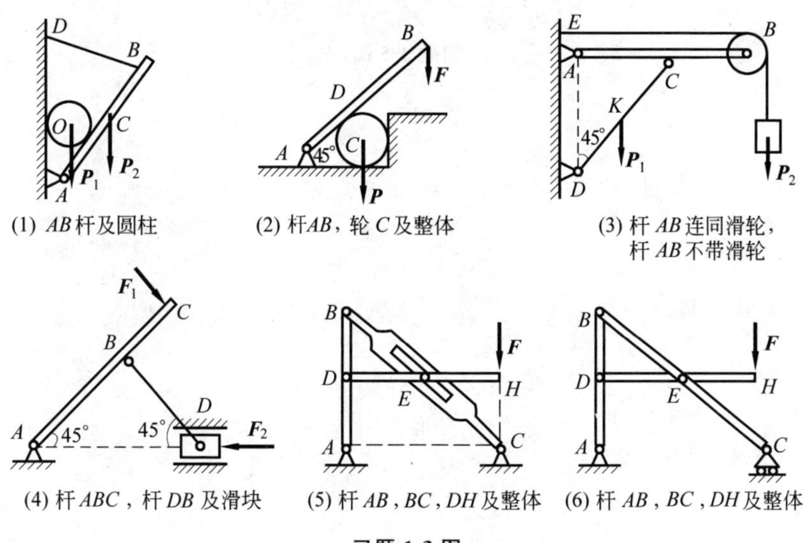

(1) AB杆及圆柱　(2) 杆AB，轮 C 及整体　(3) 杆 AB 连同滑轮，杆 AB 不带滑轮

(4) 杆 ABC，杆 DB 及滑块　(5) 杆 AB，BC，DH及整体　(6) 杆 AB，BC，DH及整体

习题 1-3 图

1-4 试画出图示系统中各构件的受力图。

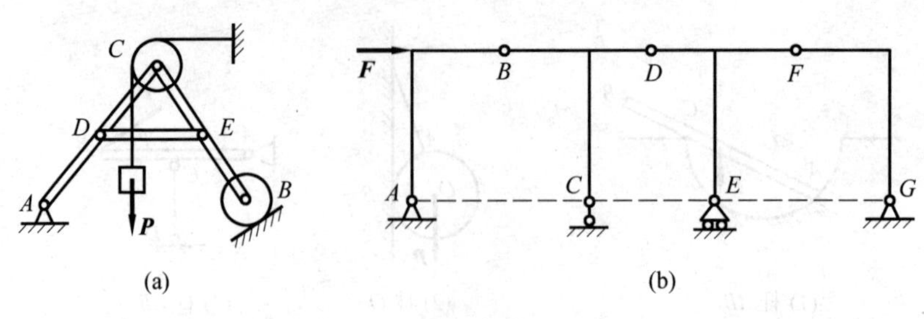

习题 1-4 图

1-5 试画出图示挖掘机中铲斗 DIG、挖掘臂 $AFHB$ 和 CBD 的受力图。

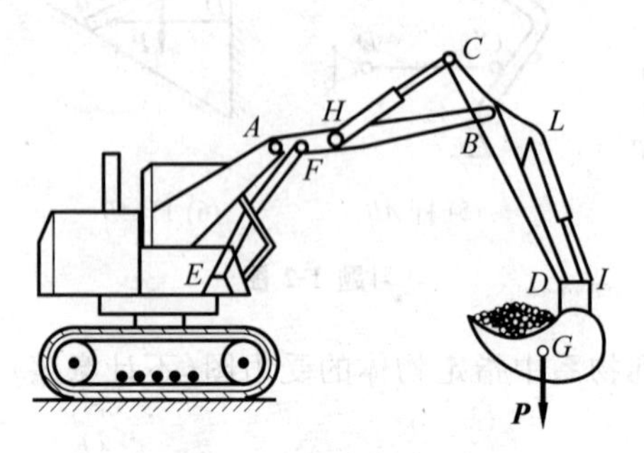

习题 1-5 图

第2章 平面力系

力的作用线分布在同一平面内的力系称为**平面力系**。当物体所受的力对称于某一平面时，也可简化为在对称平面内的平面力系。平面任意力系包括平面汇交力系、平面力偶系和平面平行力系等特殊力系。本章将讨论平面力系的简化和平衡问题。

2.1 平面汇交力系合成与平衡

平面汇交力系是指各力的作用线都在同一平面内且汇交于一点的力系。

1. 平面汇交力系的合成

设一刚体受到平面汇交力系 $\boldsymbol{F}_1, \boldsymbol{F}_2, \boldsymbol{F}_3, \boldsymbol{F}_4$ 的作用，各力作用线汇交于点 A，根据刚体内部力的可传性，可将各力沿其作用线移至汇交点 A，如图 2-1(a)所示。

根据力的平行四边形法则，可逐步两两合成各力，最后求得一个通过汇交点 A 的合力 $\boldsymbol{F}_R$；还可以用更简便的方法求此合力 $\boldsymbol{F}_R$ 的大小与方向。任取一点 a，将各分力的矢量依次首尾相连，由此组成一个不封闭的力多边形 $abcde$，如图 2-1(b)所示。此图中的 $\boldsymbol{F}_{R1}$ 为 $\boldsymbol{F}_1$ 与 $\boldsymbol{F}_2$ 的合力，$\boldsymbol{F}_{R2}$ 为 $\boldsymbol{F}_{R1}$ 与 $\boldsymbol{F}_3$ 的合力，在作力多边形时不必画出。

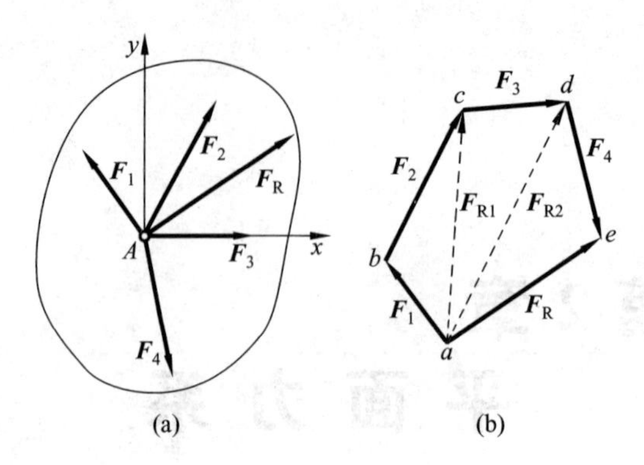

图 2-1

根据矢量相加的交换律,任意变换各分力矢的作图次序,可得形状不同的力多边形,但其合力矢仍然不变。封闭边矢量$\overrightarrow{ae}$即表示此平面汇交力系合力 $\boldsymbol{F}_R$ 的大小与方向(即合力矢),而合力的作用线仍应通过原汇交点 A,如图 2-1(a)所示的 $\boldsymbol{F}_R$。

总之,**平面汇交力系可简化为一合力,其合力的大小与方向等于各分力的矢量和(几何和),合力的作用线通过汇交点**。设平面汇交力系包含 n 个力,以 $\boldsymbol{F}_R$ 表示它们的合力矢,则有

$$\boldsymbol{F}_R = \boldsymbol{F}_1 + \boldsymbol{F}_2 + \cdots + \boldsymbol{F}_n = \sum \boldsymbol{F}_i \tag{2-1}$$

合力 $\boldsymbol{F}_R$ 对刚体的作用与原力系对该刚体的作用等效。如果一力与某一力系等效,则此力称为该力系的**合力**。

以汇交点 A 作为坐标原点,建立直角坐标系 Axy,如图 2-1(a)所示。用解析法求平面汇交力系的合力。

根据**合矢量投影定理:合矢量在某一轴上的投影等于各分矢量在同一轴上投影的代数和**,将式(2-1)向 x,y 轴投影,可得

$$\begin{cases} F_{Rx} = F_{x1} + F_{x2} + \cdots + F_{xn} = \sum F_{xi} \\ F_{Ry} = F_{y1} + F_{y2} + \cdots + F_{yn} = \sum F_{yi} \end{cases} \tag{2-2}$$

其中 F_{x1} 和 F_{y1},…,F_{xn} 和 F_{yn} 分别为各分力在 x 轴和 y 轴上的投影。

根据式(2-2)可求得合力矢的大小和方向余弦为

$$\begin{cases} F_R = \sqrt{F_{Rx}^2 + F_{Ry}^2} = \sqrt{(\sum F_{xi})^2 + (\sum F_{yi})^2} \\ \cos(\boldsymbol{F}_R, \boldsymbol{i}) = \dfrac{F_{Rx}}{F_R}, \cos(\boldsymbol{F}_R, \boldsymbol{j}) = \dfrac{F_{Ry}}{F_R} \end{cases} \tag{2-3}$$

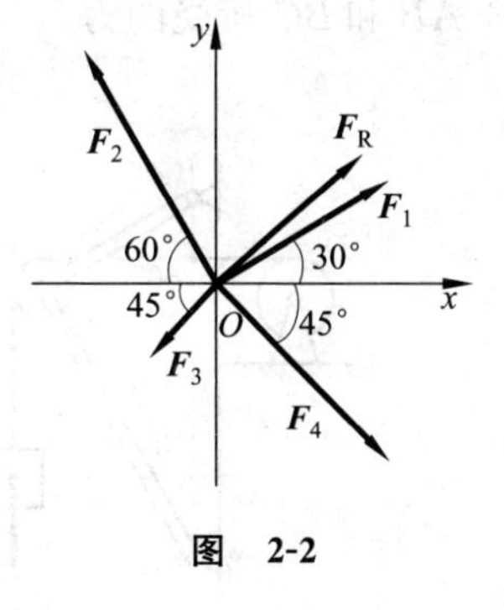

图　2-2

例 2-1　已知：$F_1=200\text{N}$，$F_2=300\text{N}$，$F_3=100\text{N}$，$F_4=250\text{N}$。求图 2-2 所示平面共点力系的合力。

解　用式(2-2)和式(2-3)计算。

$$
\begin{aligned}
F_{Rx}=\sum F_{xi}&=F_1\cos 30°-F_2\cos 60°\\
&\quad -F_3\cos 45°+F_4\cos 45°\\
&=200\cos 30°-300\cos 60°-100\cos 45°\\
&\quad +250\cos 45°\\
&=129.3(\text{N})
\end{aligned}
$$

$$
\begin{aligned}
F_{Ry}=\sum F_{yi}&=F_1\cos 60°+F_2\cos 30°-F_3\cos 45°-F_4\cos 45°\\
&=200\cos 60°+300\cos 30°-100\cos 45°-250\cos 45°\\
&=112.3(\text{N})
\end{aligned}
$$

$$F_R=\sqrt{F_{Rx}^2+F_{Ry}^2}=\sqrt{129.3^2+112.3^2}=171.3(\text{N})$$

$$\cos\alpha=\frac{F_{Rx}}{F_R}=\frac{129.3}{171.3}=0.7548,\quad \cos\beta=\frac{F_{Ry}}{F_R}=\frac{112.3}{171.3}=0.6556$$

则合力 $\boldsymbol{F}_R$ 与 x，y 轴夹角分别为 $\alpha=40.99°$，$\beta=49.01°$，合力 $\boldsymbol{F}_R$ 的作用线通过汇交点 O。

2. 平面汇交力系的平衡条件

由于平面汇交力系可用其合力来代替，显然，**平面汇交力系平衡的必要和充分条件是：该力系的合力等于零**。如用矢量等式表示，即

$$\sum \boldsymbol{F}_i=0 \tag{2-4}$$

在平衡情形下，力多边形中最后一力的终点与第一力的起点重合，**力系的力多边形自行封闭**，这就是**平面汇交力系平衡的几何条件**。

由式(2-3)有

$$F_R=\sqrt{\left(\sum F_{xi}\right)^2+\left(\sum F_{yi}\right)^2}=0$$

欲使上式成立，必须同时满足：

$$\sum F_x=0,\quad \sum F_y=0 \tag{2-5}$$

于是，平面汇交力系平衡的必要和充分条件是：**各力在两个坐标轴上投影的代数和分别等于零**。式(2-5)称为**平面汇交力系的平衡方程**。这是两个独立的方程，可以求解两个未知量。

例 2-2　如图 2-3(a)所示，重物 $P=20$ kN，用钢丝绳挂在支架的滑轮 B 上，钢丝绳的另一端缠绕在铰车 D 上。杆 AB 与 BC 铰接，并以铰链 A，C 与墙连接。如两杆和滑轮的自重不计，并忽略摩擦和滑轮的大小，试求平衡时

杆 AB 和 BC 所受的力。

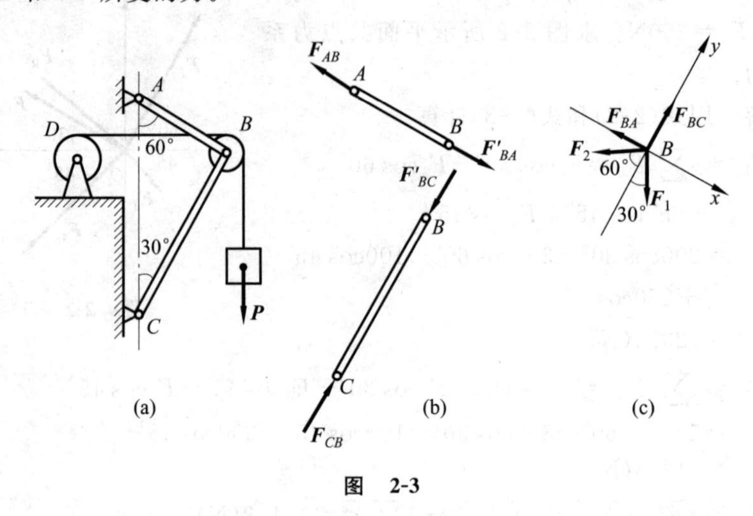

图 2-3

解 (1) 取研究对象

由于 AB,BC 两杆都是二力杆,假设杆 AB 受拉力、杆 BC 受压力,如图 2-3(b)所示。为了求出这两个未知力,可求两杆对滑轮的约束力。因此选取滑轮 B 为研究对象。

(2) 画受力图

滑轮受到钢丝绳的拉力 $\boldsymbol{F}_1$ 和 $\boldsymbol{F}_2$(已知 $F_1=F_2=P$)。此外杆 AB 和 BC 对滑轮的约束力为 $\boldsymbol{F}_{BA}$ 和 $\boldsymbol{F}_{BC}$。由于滑轮的大小可忽略不计,故这些力可看作是汇交力系,如图 2-3(c)所示。

(3) 列平衡方程

选取坐标轴如图所示。为使每个未知力只在一个轴上有投影,在另一轴上的投影为零,坐标轴应尽量取在与未知力作用线相垂直的方向。这样在一个平衡方程中只有一个未知数,不必解联立方程,即

$$\sum F_x = 0,\quad -F_{BA} + F_1\cos 60^\circ - F_2\cos 30^\circ = 0 \tag{a}$$

$$\sum F_y = 0,\quad F_{BC} - F_1\cos 30^\circ - F_2\cos 60^\circ = 0 \tag{b}$$

(4) 求解方程

由式(a)得

$$F_{BA} = -0.366P = -7.321(\text{kN})$$

由式(b)得

$$F_{BC} = 1.366P = 27.32(\text{kN})$$

所求结果,F_{BC} 为正值,表示此力的假设方向与实际方向相同,即杆 BC

受压；F_{BA}为负值，表示此力的假设方向与实际方向相反，即杆AB也受压力。

2.2　平面力偶系的合成与平衡

1. 平面力偶系的合成

设在同一平面内有两个力偶($\boldsymbol{F}_1$,$\boldsymbol{F}_1'$)和($\boldsymbol{F}_2$,$\boldsymbol{F}_2'$)，它们的力偶臂各为d_1和d_2，如图2-4(a)所示。这两个力偶的矩分别为M_1和M_2，求它们的合成结果。

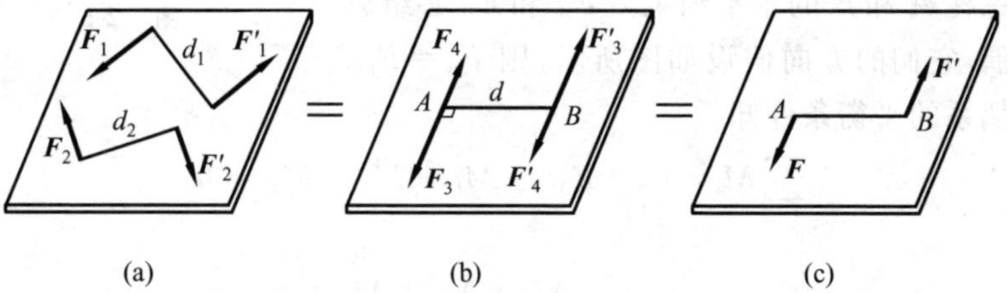

(a)　(b)　(c)

图　2-4

为此，在保持力偶矩不变的情况下，同时改变这两个力偶的力的大小和力偶臂的长短，使它们具有相同的臂长d，并将它们在平面内移转，使力的作用线重合，如图2-4(b)所示。于是得到与原力偶等效的两个新力偶($\boldsymbol{F}_3$,$\boldsymbol{F}_3'$)和($\boldsymbol{F}_4$,$\boldsymbol{F}_4'$)，即

$$M_1 = F_1 d_1 = F_3 d,\quad M_2 = -F_2 d_2 = -F_4 d$$

分别将作用在点A和B的力合成(设$F_3 > F_4$)，得

$$F = F_3 - F_4,\quad F' = F_3' - F_4'$$

由于F与F'是相等的，所以构成了与原力偶系等效的合力偶($\boldsymbol{F}$,$\boldsymbol{F}'$)，如图2-4(c)所示，以M表示合力偶的矩，得

$$M = Fd = (F_3 - F_4)d = F_3 d - F_4 d = M_1 + M_2$$

如果有两个以上的力偶，可以按照上述方法合成。这就是说：**在同一平面内的任意个力偶可合成为一个合力偶，合力偶矩等于各个力偶矩的代数和**，可写为

$$M = \sum M_i \tag{2-6}$$

2. 平面力偶系的平衡条件

由合成结果可知，力偶系平衡时，其合力偶的矩等于零。因此，**平面力偶系平衡的必要和充分条件是：所有各力偶矩的代数和等于零**，即

$$\sum M_i = 0 \tag{2-7}$$

例 2-3 如图 2-5 所示的工件上作用有三个力偶。已知：三个力偶的矩分别为 $M_1 = M_2 = 10\ \text{N}\cdot\text{m}$，$M_3 = 20\ \text{N}\cdot\text{m}$；固定螺柱 A 和 B 的距离 $l = 200\ \text{mm}$。求两个光滑螺柱所受的水平力。

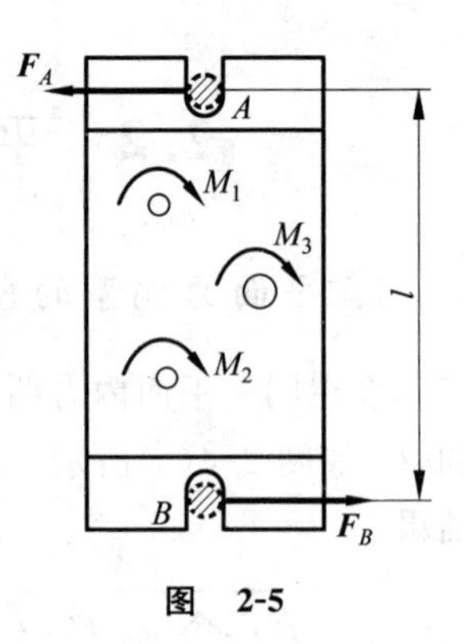

图 2-5

解 选工件为研究对象。工件在水平面内受三个力偶和两个螺柱的水平约束力的作用。根据力偶系的合成定理，三个力偶合成后仍为一力偶，如果工件平衡，必有一反力偶与它相平衡。因此螺柱 A 和 B 的水平约束力 $\boldsymbol{F}_A$ 和 $\boldsymbol{F}_B$ 必组成一力偶，它们的方向假设如图所示，则 $F_A = F_B$。由力偶系的平衡条件知

$$\sum M = 0,\quad F_A l - M_1 - M_2 - M_3 = 0$$

得

$$F_A = \frac{M_1 + M_2 + M_3}{l}$$

代入已给数值后，得

$$F_A = 200(\text{N})$$

因为 F_A 是正值，故所假设的方向是正确的，而螺柱 A，B 所受的力则应与 $\boldsymbol{F}_A$，$\boldsymbol{F}_B$ 大小相等，方向相反。

2.3 平面任意力系向作用面内一点简化

1. 力的平移定理

定理 **可以把作用在刚体上点 A 的力 $\boldsymbol{F}$ 平行移到任一点 B，但必须同时附加一个力偶，这个附加力偶的矩等于原来的力 $\boldsymbol{F}$ 对新作用点 B 的矩。**

证明 力 $\boldsymbol{F}$ 作用于刚体的点 A（图 2-6(a)）。在刚体上任取一点 B，并在点 B 加上两个等值反向的力 $\boldsymbol{F}'$ 和 $\boldsymbol{F}''$，使它们与力 $\boldsymbol{F}$ 平行，且 $\boldsymbol{F}' = -\boldsymbol{F}'' = \boldsymbol{F}$，如图 2-6(b)所示。显然，这三个力与原来的一个力 $\boldsymbol{F}$ 等效。这三个力又可看作是一个作用在点 B 的力 $\boldsymbol{F}'$ 和一个力偶 $(\boldsymbol{F}, \boldsymbol{F}'')$。这个力偶称为**附加力偶**（图 2-6(c)）。显然，附加力偶的矩为

$$M = Fd = M_B(\boldsymbol{F})$$

由此，定理得证。

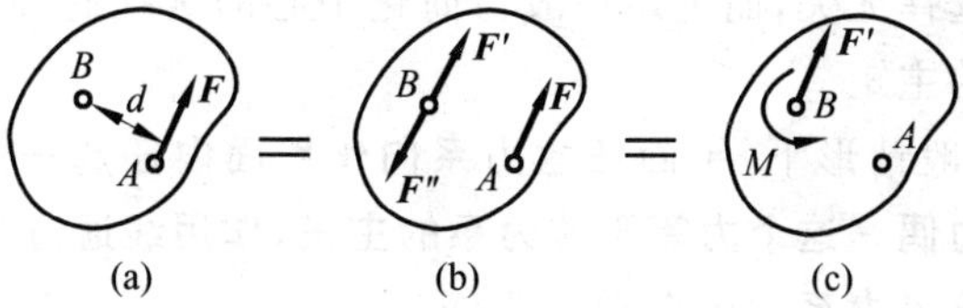

图　2-6

2. 平面任意力系向作用面内一点简化——主矢和主矩

刚体上作用有 n 个力 $\boldsymbol{F}_1,\boldsymbol{F}_2,\cdots,\boldsymbol{F}_n$ 组成的平面任意力系，如图 2-7(a)所示。在平面内任取一点 O，称为**简化中心**；应用力的平移定理，把各力都平移到点 O。这样，得到作用于点 O 的力 $\boldsymbol{F}_1',\boldsymbol{F}_2',\cdots,\boldsymbol{F}_n'$，以及相应的附加力偶，其矩分别为 $M_1,M_2,\cdots,M_n$，如图 2-7(b)所示。这些附加力偶的矩分别为

$$M_i = M_O(\boldsymbol{F}_i)$$

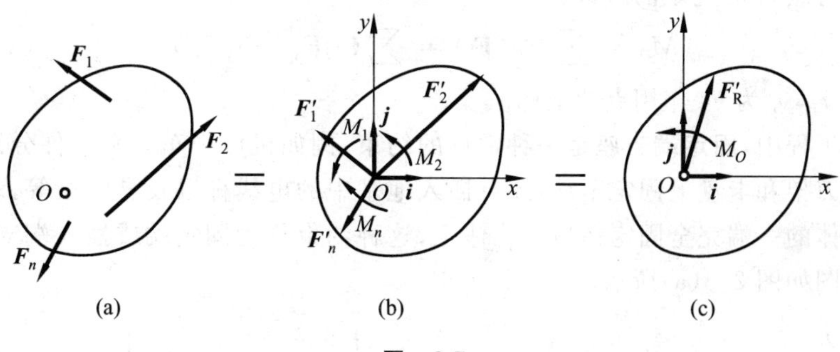

图　2-7

这样，平面任意力系分解成了两个简单力系：平面汇交力系和平面力偶系。然后，再分别合成这两个力系。

平面汇交力系可合成为作用线通过点 O 的一个力 $\boldsymbol{F}_R'$，如图 2-7(c)所示。因为各力 $\boldsymbol{F}_i'=\boldsymbol{F}_i(i=1,2,\cdots,n)$，所以

$$\boldsymbol{F}_R' = \boldsymbol{F}_1' + \boldsymbol{F}_2' + \cdots + \boldsymbol{F}_n' = \sum \boldsymbol{F}_i \tag{2-8}$$

即力矢 $\boldsymbol{F}_R'$ 等于原来各力的矢量和。

平面力偶系可合成为一个力偶，这个力偶的矩 M_O 等于各附加力偶矩的代数和，又等于原来各力对点 O 的矩的代数和。即

$$M_O = M_1 + M_2 + \cdots + M_n = \sum M_O(\boldsymbol{F}_i) \tag{2-9}$$

力系中所有各力的矢量和 $\boldsymbol{F}_R'$，称为该力系的**主矢**；而这些力对于任选简化中心 O 的矩的代数和 M_O，称为该力系对于简化中心的**主矩**。显然，主矢

与简化中心的选择无关,而主矩一般与简化中心的选择有关,必须指明力系是对于哪一点的主矩。

可见,在一般情形下,**平面任意力系向作用面内任选一点 O 简化,可得一个力和一个力偶。这个力等于该力系的主矢,作用线通过简化中心 O。这个力偶的矩等于该力系对于点 O 的主矩。**

取坐标系 Oxy,如图 2-7(c)所示,$\boldsymbol{i}$,$\boldsymbol{j}$ 为沿 x,y 轴的单位矢量,则力系主矢的解析表达式为

$$\boldsymbol{F}'_{\mathrm{R}} = \boldsymbol{F}'_{\mathrm{R}x} + \boldsymbol{F}'_{\mathrm{R}y} = \sum F_x \boldsymbol{i} + \sum F_y \boldsymbol{j} \tag{2-10}$$

于是主矢 $\boldsymbol{F}'_{\mathrm{R}}$ 的大小和方向余弦为

$$F'_{\mathrm{R}} = \sqrt{(\sum F_x)^2 + (\sum F_y)^2}$$

$$\cos(\boldsymbol{F}'_{\mathrm{R}}, \boldsymbol{i}) = \frac{\sum F_x}{F'_{\mathrm{R}}}, \quad \cos(\boldsymbol{F}'_{\mathrm{R}}, \boldsymbol{j}) = \frac{\sum F_y}{F'_{\mathrm{R}}}$$

力系对点 O 的主矩的解析表达式为

$$M_O = \sum M_O(\boldsymbol{F}_i) = \sum (x_i F_{yi} - y_i F_{xi}) \tag{2-11}$$

其中 x_i,y_i 为 $\boldsymbol{F}_i$ 作用点的坐标。

工程中,**固定端支座**是一种常见的约束,例如机床中车刀和工件分别夹持在刀架和卡盘上固定不动,还有插入地基中的电线杆以及悬臂梁等,表示一物体的一端完全固定在另一物体上,这种约束称为固定端或插入端支座,其简图如图 2-8(a)所示。

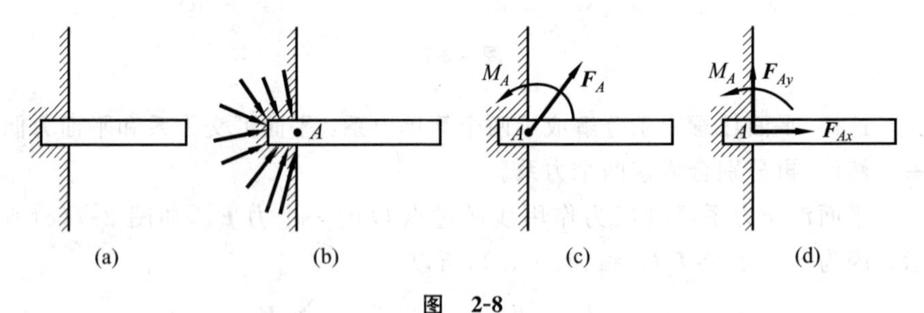

图 2-8

固定端支座对物体的作用,是在接触面上作用了一群约束力。在平面问题中,这些力为一平面任意力系,如图 2-8(b)所示。将这群力向作用平面内点 A 简化得到一个力和一个力偶,如图 2-8(c)所示。一般情况下,这个力的大小和方向均为未知量,可用两个未知分力来代替。因此,在平面力系情况下,**固定端 A 处的约束力可简化为两个约束力 $\boldsymbol{F}_{Ax}$,$\boldsymbol{F}_{Ay}$ 和一个矩为 M_A 的约束力偶**,如图 2-8(d)所示。

比较固定端支座与固定铰链支座的约束性质可见，固定端支座除了限制物体在水平方向和铅直方向移动外，还能限制物体在平面内转动。因此，除了约束力 $\boldsymbol{F}_{Ax}$，$\boldsymbol{F}_{Ay}$ 外，还有矩为 M_A 的约束力偶。而固定铰链支座没有约束力偶，因为它不能限制物体在平面内转动。

3. 平面任意力系的简化结果分析

平面任意力系向作用面内一点简化的结果，可能有四种情况，下面作进一步的分析讨论。

(1) 如果力系的主矢以及力系对于简化中心 O 的主矩均等于零($\boldsymbol{F}'_{\mathrm{R}}=0$，$M_O=0$)，则原力系平衡，这种情形将在2.4节详细讨论。

(2) 力系的主矢等于零，而主矩不等于零($\boldsymbol{F}'_{\mathrm{R}}=0$，$M_O\neq0$)，则原力系合成为合力偶，主矩 M_O 即为合力偶矩。

因为力偶对于平面内任意一点的矩都相同，因此当力系合成为一个力偶时，主矩与简化中心的选择无关。

(3) 主矩等于零，主矢不等于零($\boldsymbol{F}'_{\mathrm{R}}\neq0$，$M_O=0$)，此时只有一个与原力系等效的力 $\boldsymbol{F}'_{\mathrm{R}}$。显然，$\boldsymbol{F}'_{\mathrm{R}}$ 就是原力系的合力，而合力的作用线恰好通过选定的简化中心 O。

(4) 主矢和主矩都不等于零($\boldsymbol{F}'_{\mathrm{R}}\neq0$，$M_O\neq0$)，如图2-9(a)所示。现将力偶 M_O 用两个力 $\boldsymbol{F}_{\mathrm{R}}$ 和 $\boldsymbol{F}''_{\mathrm{R}}$ 表示，并令 $\boldsymbol{F}'_{\mathrm{R}}=-\boldsymbol{F}''_{\mathrm{R}}$(图2-9(b))。再去掉平衡力系($\boldsymbol{F}'_{\mathrm{R}}$，$\boldsymbol{F}''_{\mathrm{R}}$)，于是就将作用于点 O 的力 $\boldsymbol{F}'_{\mathrm{R}}$ 和力偶($\boldsymbol{F}_{\mathrm{R}}$，$\boldsymbol{F}''_{\mathrm{R}}$)合成为一个作用在点 O' 的力 $\boldsymbol{F}_{\mathrm{R}}$，如图2-9(c)所示。

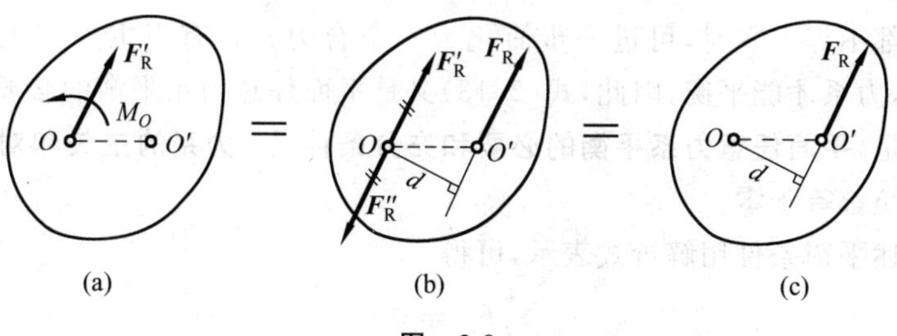

图　2-9

这个 $\boldsymbol{F}_{\mathrm{R}}$ 就是原力系的合力。合力矢等于主矢，合力作用线到点 O 的距离可按下式算得：

$$d=\frac{M_O}{F'_{\mathrm{R}}}$$

下面证明平面任意力系的合力矩定理。由图2-9(b)易见，合力 $\boldsymbol{F}_{\mathrm{R}}$ 对点 O 的矩为

$$M_O(\boldsymbol{F}_R) = F_R d = M_O$$

由式(2-9)有

$$M_O = \sum M_O(\boldsymbol{F}_i)$$

所以得证

$$M_O(\boldsymbol{F}_R) = \sum M_O(\boldsymbol{F}_i) \tag{2-12}$$

由于简化中心 O 是任意选取的,故式(2-12)有普遍意义,可叙述为:**平面任意力系的合力对作用面内任一点的矩等于力系中各力对同一点的矩的代数和。这就是合力矩定理。**

2.4 平面任意力系的平衡条件和平衡方程

1. 平衡条件和平衡方程

现在讨论平面任意力系的主矢和主矩都等于零的情形,这是静力学中最重要的情形,即

$$\boldsymbol{F}'_R = 0, \quad M_O = 0 \tag{2-13}$$

显然,主矢等于零,表明作用于简化中心 O 的汇交力系为平衡力系;主矩等于零,表明附加力偶系也是平衡力系,所以原力系必为平衡力系。因此,式(2-13)为平面任意力系平衡的充分条件。

若主矢和主矩有一个不等于零,则力系应简化为合力或合力偶;若主矢与主矩都不等于零时,可进一步简化为一个合力。只有当主矢和主矩都等于零时,力系才能平衡,因此,式(2-13)又是平面任意力系平衡的必要条件。

于是,**平面任意力系平衡的必要和充分条件是:力系的主矢和对于任一点的主矩都等于零。**

上述平衡条件用解析式表示,可得

$$\begin{cases} \sum F_x = 0 \\ \sum F_y = 0 \\ \sum M_O(\boldsymbol{F}) = 0 \end{cases} \tag{2-14}$$

由此可得结论,平面任意力系的平衡条件是:**所有各力在两个任选的坐标轴上的投影的代数和分别等于零,以及各力对于任意一点的矩的代数和也等于零。**式(2-14)称为**平面任意力系的平衡方程。**

式(2-14)有3个方程,只能求解3个未知数。

例 2-4　图 2-10(a)所示结构中,A,C,D 三处均为铰链约束。横杆 AB 承受载荷 $\boldsymbol{F}_P$,各尺寸如图示。试求撑杆 CD 的受力以及 A 处的约束力。

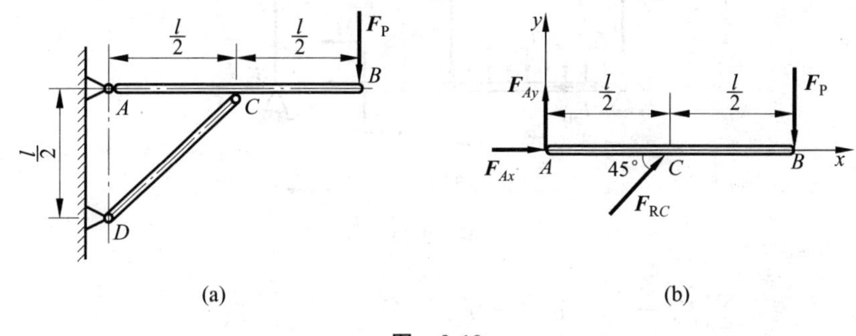

图　2-10

解　撑杆 CD 为二力杆,横杆 AB 受三个力作用,不难确定 A,C 二处的约束力。以横杆为研究对象,它所受的主动力有 $\boldsymbol{F}_P$;A 处有两个约束力 $\boldsymbol{F}_{Ax}$,$\boldsymbol{F}_{Ay}$,C 处的支撑力 $\boldsymbol{F}_{RC}$沿杆 CD 的方向,约束力方向如图 2-10(b)所示。取坐标系如图所示,列平面任意力系的平衡方程,即

$$\sum F_x = 0,\quad F_{Ax} + F_{RC}\cos 45^\circ = 0$$

$$\sum F_y = 0,\quad F_{Ay} + F_{RC}\sin 45^\circ - F_P = 0$$

$$\sum M_A(\boldsymbol{F}) = 0,\quad F_{RC}\sin 45^\circ \cdot \frac{l}{2} - F_P \cdot l = 0$$

求解以上方程,得

$$F_{RC} = 2\sqrt{2}F_P$$

$$F_{Ax} = -2F_P$$

$$F_{Ay} = -F_P$$

F_{Ax},F_{Ay} 为负值,说明它们的实际方向与图中假设的方向相反。

例 2-5　图 2-11 所示的水平横梁 AB,A 端为固定铰链支座,B 端为一滚动支座。梁的长为 $4a$,梁重 P 作用在梁的中点 C。在梁的 AC 段上受均布载荷 q 作用,在梁的 CB 段上受力偶作用,力偶矩 $M=Pa$。试求 A 和 B 处的支座约束力。

解　选梁 AB 为研究对象。它所受的主动力有:均布载荷 q,重力 $\boldsymbol{P}$ 和矩为 M 的力偶。它所受的约束力有:铰链 A 的两个分力 $\boldsymbol{F}_{Ax}$ 和 $\boldsymbol{F}_{Ay}$,滚动支座 B 处铅直向上的约束力 $\boldsymbol{F}_B$。

取坐标系如图所示,列出平衡方程

$$\sum M_A(\boldsymbol{F}) = 0,\quad F_B \cdot 4a - M - P \cdot 2a - 2qa \cdot a = 0$$

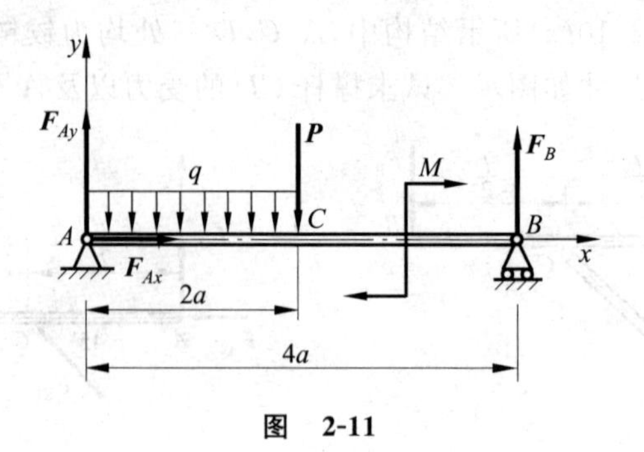

图 2-11

$$\sum F_x = 0,\quad F_{Ax} = 0$$

$$\sum F_y = 0,\quad F_{Ay} - q\cdot 2a - P + F_B = 0$$

解上述方程,得

$$F_B = \frac{3}{4}P + \frac{1}{2}qa$$

$$F_{Ax} = 0$$

$$F_{Ay} = \frac{P}{4} + \frac{3}{2}qa$$

从上述例题可见,选取适当的坐标轴和力矩中心,可以减少每个平衡方程中的未知量的数目。在平面任意力系情形下,矩心应取在两未知力的交点上,而坐标轴应当与尽可能多的未知力相垂直。若以方程 $\sum M_B(\boldsymbol{F})=0$ 取代方程 $\sum F_y=0$,可以不解联立方程直接求得 F_{Ay} 值。因此在计算某些问题时,采用力矩方程往往比投影方程简便。

2. 平衡方程的不同形式

式(2-14)称为平面任意力系平衡方程的基本形式,下面介绍平衡方程的其他两种形式。

3 个平衡方程中有两个力矩方程和 1 个投影方程,即

$$\sum M_A(\boldsymbol{F}) = 0,\quad \sum M_B(\boldsymbol{F}) = 0,\quad \sum F_x = 0 \tag{2-15}$$

其中 x 轴不能与 AB 两点连线垂直。

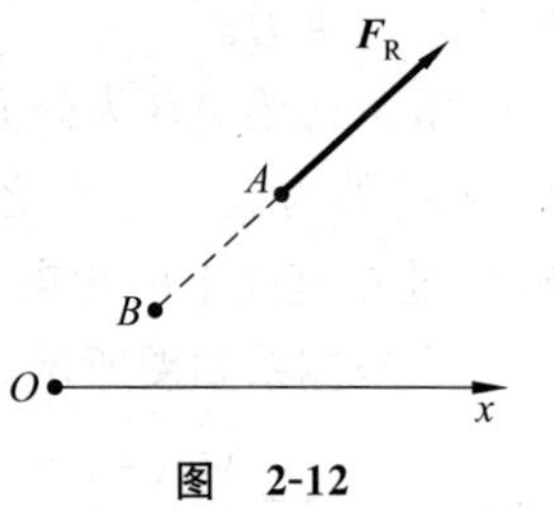

图 2-12

上述平衡方程满足力系平衡的充分条件。因为,如果力系对点 A 的主矩等于零,则力系可能简化为过点 A 的一个合力。如果力系对另一点 B 的主矩也同时为零,则这个合力沿 A,B 两点的连线(图 2-12)。如果再满足 $\sum F_x=0$,并且 x 轴

与连线 AB 不垂直，则过 A,B 两点的合力大小必为零，故所研究的力系必为平衡力系。

同理，也可写出3个力矩式的平衡方程，即

$$\sum M_A(\boldsymbol{F}) = 0, \quad \sum M_B(\boldsymbol{F}) = 0, \quad \sum M_C(\boldsymbol{F}) = 0 \qquad (2\text{-}16)$$

其中 A,B,C 三点不得共线。为什么必须有这个附加条件，读者可自行证明。

上述三组方程(2-14)、式(2-15)、式(2-16)，究竟选用哪一组方程，必须根据具体条件确定。对于受平面任意力系作用的单个刚体的平衡问题，只可以写出3个独立的平衡方程，求解3个未知量。任何第四个方程只是前3个方程的线性组合，因而不是独立的。我们可以利用这个方程来校核计算的结果。

平面平行力系是平面任意力系的一种特殊情形。设力系中各力都与 y 轴平行，则每一个力在 x 轴上投影恒等于零，即 $\sum F_x \equiv 0$。于是平行力系的独立平衡方程的数目只有两个，即

$$\sum F_y = 0, \quad \sum M_A(\boldsymbol{F}) = 0 \qquad (2\text{-}17)$$

也可以用两个力矩方程的形式，即

$$\sum M_A(\boldsymbol{F}) = 0, \quad \sum M_B(\boldsymbol{F}) = 0 \qquad (2\text{-}18)$$

3. 静定和超静定问题

当系统中的未知量数目等于独立平衡方程的数目时，则所有未知数都可以由平衡方程求出，这样的问题称为**静定**问题。在工程实际中，有时为了提高结构的刚度和坚固性，常常增加多余的约束，因而使这些结构的未知量的数目多于平衡方程的数目，未知量就不能全部由平衡方程求出，这样的问题称为**超静定**问题。对于超静定问题，必须考虑物体因受力作用而产生的变形，加列某些补充方程后，才能使方程的数目等于未知量的数目。超静定问题已超出刚体静力学的范围，将在材料力学和结构力学中研究。

设用两个轴承支承一根轴，如图2-13(a)所示，未知的约束力有2个，因

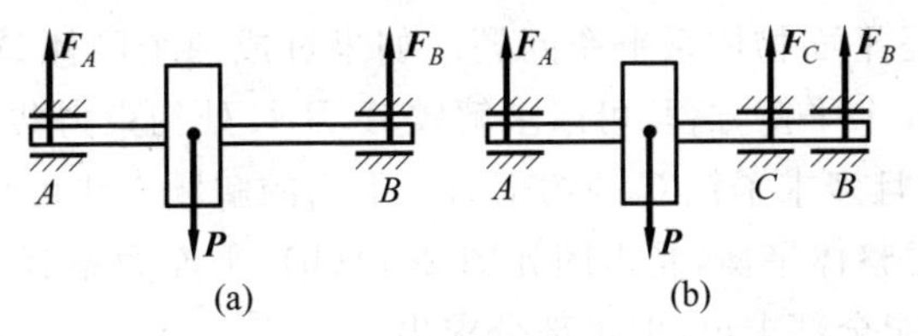

图　2-13

轴受平面平行力系作用,共有 2 个平衡方程,因此是静定的。若用三个轴承支承,如图 2-13(b)所示,则未知的约束力有 3 个,而平衡方程只有 2 个,因此是超静定的。

2.5 物体系的平衡

多个刚体通过约束连接而构成的系统称为**物体系**。当物体系平衡时,系统内的每一个物体都处于平衡状态,因此对于每一个受平面任意力系作用的物体,均可写出 3 个平衡方程。如物体系由 n 个物体组成,则共有 $3n$ 个独立方程。

在求解静定物体系的平衡问题时,可以选每个物体为研究对象,列出全部平衡方程,然后求解;也可先取整个系统为研究对象,列出平衡方程,这样的方程因不包含内力,式中未知量较少,解出部分未知量后,再从系统中选取某些物体作为研究对象,列出另外的平衡方程,直至求出所有的未知量为止。在选择研究对象和列平衡方程时,应使每一个平衡方程中的未知量个数尽可能少,最好是只含有一个未知量,以避免求解联立方程。

例 2-6 三铰拱 ABC 上受载荷力 $\boldsymbol{F}$ 及力偶 M 作用,如图 2-14(a)所示,不计拱的自重。已知 $F=10\ \mathrm{kN}$, $M=20\ \mathrm{kN\cdot m}$, $a=1\ \mathrm{m}$。求铰 A,B 的约束力。

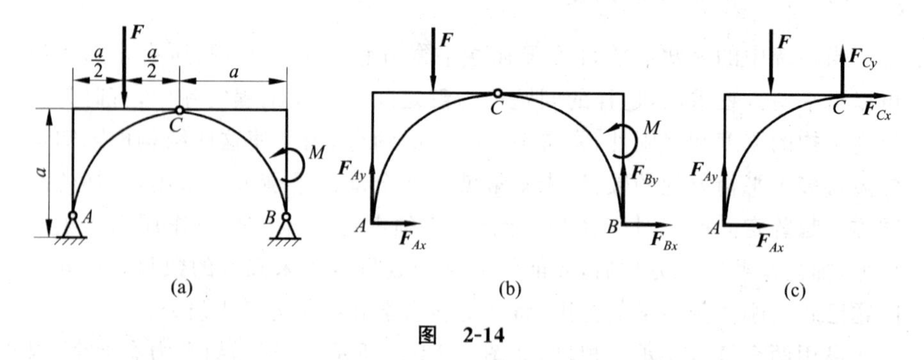

图 2-14

解 本题是平面物体系平衡问题。如果拆成两个刚体 AC,BC,对每一部分分别列出 3 个平衡方程,可以求解铰 A,B,C 处约束力共 6 个未知量,但需解联立方程,且多求了铰 C 的约束力。下面的解题方法可简捷求出。

(1) 先考虑整体平衡,受力图如图 2-14(b),平面力系有 3 个平衡方程,4 个未知数,不能全部求出,但可部分求出。

$$\sum M_A = 0,\quad F_{By} \cdot 2a + M - F \cdot \frac{a}{2} = 0,\quad F_{By} = -7.5\ \text{kN} \qquad \text{(a)}$$

$$\sum M_B = 0,\quad -F_{Ay} \cdot 2a + M + F \cdot \frac{3}{2}a = 0,\quad F_{Ay} = 17.5\ \text{kN} \qquad \text{(b)}$$

$$\sum F_x = 0,\quad F_{Ax} + F_{Bx} = 0 \qquad \text{(c)}$$

(2) 再考虑拱 AC 的平衡，画受力图如图 2-14(c)所示。

$$\sum M_C = 0,\quad F_{Ax}a + F\frac{a}{2} - F_{Ay}a = 0,\quad F_{Ax} = 12.5\ \text{kN} \qquad \text{(d)}$$

将式(d)代入式(c)，得

$$F_{Bx} = -F_{Ax} = -12.5\ \text{kN}$$

例 2-7　图 2-15(a)所示的组合梁由 AB 和 BC 在 B 处铰接而成。已知 $a,\alpha,q,F=qa$。试求固定端 A 及滚动支座 C 的约束力。

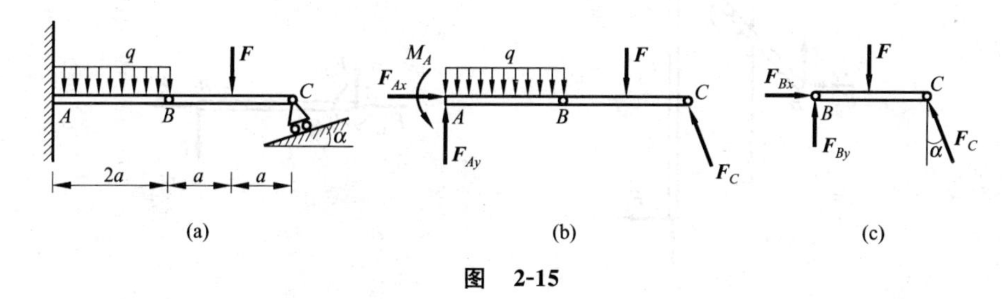

图　2-15

解　为求 A,C 处约束力，可研究整体梁(图 2-15(b))，共有 4 个未知量 $\boldsymbol{F}_{Ax},\boldsymbol{F}_{Ay},M_A$ 及 $\boldsymbol{F}_C$，但平面力系只能列 3 个独立的平衡方程，故无法全部解出，需要进行第二步分析。从 B 处拆开，研究梁 BC(图 2-15(c))，先求出 $\boldsymbol{F}_C$。列方程可避开不需求的未知力 $\boldsymbol{F}_{Bx},\boldsymbol{F}_{By}$。

(1) 研究梁 BC，受力如图 2-15(c)所示。列平衡方程

$$\sum M_B = 0,\quad F_C\cos\alpha \cdot 2a - Fa = 0,\quad F_C = qa/(2\cos\alpha)$$

(2) 研究整体梁，受力如图 2-15(b)所示。列平衡方程

$$\sum F_x = 0,\quad F_{Ax} - F_C\sin\alpha = 0,\quad F_{Ax} = \frac{1}{2}qa\tan\alpha$$

$$\sum F_y = 0,\quad F_{Ay} - 2qa - F + F_C\cos\alpha = 0,\quad F_{Ay} = \frac{5}{2}qa$$

$$\sum M_A = 0,\quad M_A - 2qa \cdot a - F \cdot 3a + F_C\cos\alpha \cdot 4a = 0,\quad M_A = 3qa^2$$

例 2-8　图 2-16(a)所示起重刚架中，已知重物重 P，滑轮半径为 r，各部分尺寸如图所示。忽略自重及销轴处摩擦，求 A,D 处的约束力。

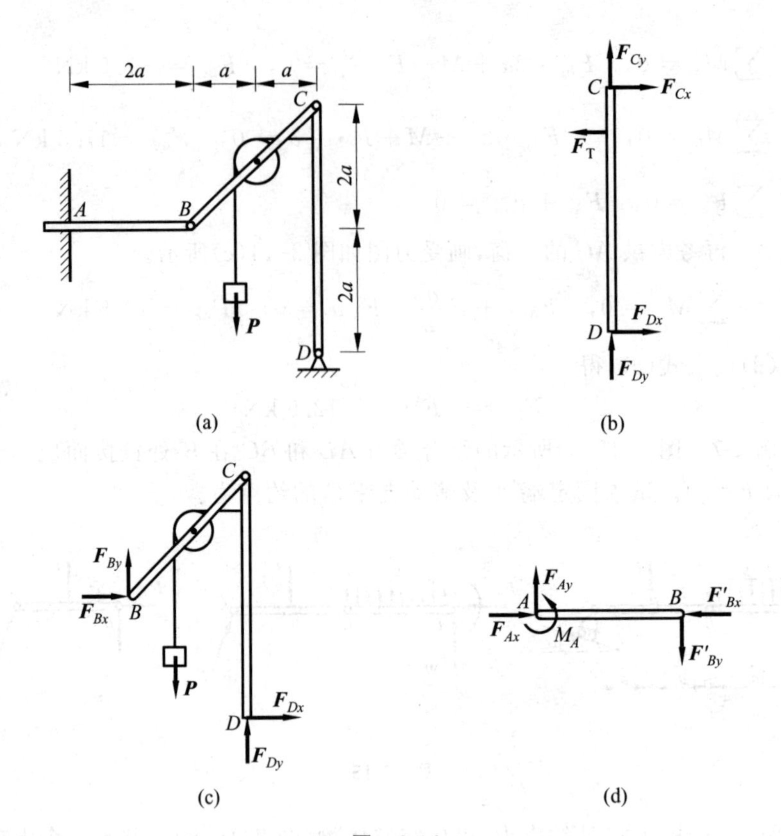

图 2-16

解 (1) 考虑 CD 杆的平衡,受力图如图 2-16(b)所示。

$$\sum M_C = 0,\quad F_{Dx}\cdot 4a - P(a-r) = 0,\quad F_{Dx} = \frac{P}{4}\left(1-\frac{r}{a}\right)$$

(2) 考虑 BC,CD 杆及滑轮重物的平衡,受力图如图 2-16(c)所示。

$$\sum M_B = 0,\quad F_{Dy}\cdot 2a + F_{Dx}\cdot 2a - P(a-r) = 0,\quad F_{Dy} = \frac{P}{4}\left(1-\frac{r}{a}\right)$$

$$\sum F_x = 0,\quad F_{Bx} + F_{Dx} = 0,\quad F_{Bx} = -\frac{P}{4}\left(1-\frac{r}{a}\right)$$

$$\sum F_y = 0,\quad F_{By} + F_{Dy} - P = 0,\quad F_{By} = \frac{P}{4}\left(3+\frac{r}{a}\right)$$

(3) 考虑 AB 杆的平衡,受力图如图 2-16(d)所示。

$$\sum F_x = 0,\quad F_{Ax} - F_{Bx} = 0,\quad F_{Ax} = -\frac{P}{4}\left(1-\frac{r}{a}\right)$$

$$\sum F_y = 0,\quad F_{Ay} - F_{By} = 0,\quad F_{Ay} = \frac{P}{4}\left(3+\frac{r}{a}\right)$$

$$\sum M_B = 0, \quad M_A - F_{Ay} \cdot 2a = 0, \quad M_A = \frac{P}{2}(3a + r)$$

例 2-9　平面桁架的尺寸和支座如图 2-17(a)所示。在节点 D 处受一集中载荷 $F=10$ kN 的作用。试求桁架各杆件所受的内力。

解　工程中，房屋建筑、桥梁、起重机、油田井架、电视塔等结构物常用桁架结构。**桁架**是一种由杆件彼此在两端用铰链连接而成的结构，它在受力后几何形状不变。如桁架所有的杆件都在同一平面内，这种桁架称为平面桁架。桁架中杆件的铰链接头称为**节点**。桁架的优点是：杆件主要承受拉力或压力，可以充分发挥材料的作用，节约材料，减轻结构的重量。

为了简化桁架的计算，工程实际中常假设杆件用光滑铰链连接；桁架所受的力(载荷)都作用在节点上，而且在桁架的平面内。

(1) 求支座约束力。

以桁架整体为研究对象，受力如图 2-17(a)所示。列平衡方程

$$\sum F_x = 0, \quad F_{Bx} = 0$$

$$\sum M_A = 0, \quad F_{By} \cdot 4 - F \cdot 2 = 0$$

$$\sum M_B = 0, \quad F \cdot 2 - F_{Ay} \cdot 4 = 0$$

解得

$$F_{Bx} = 0, \quad F_{Ay} = F_{By} = 5 \text{ kN}$$

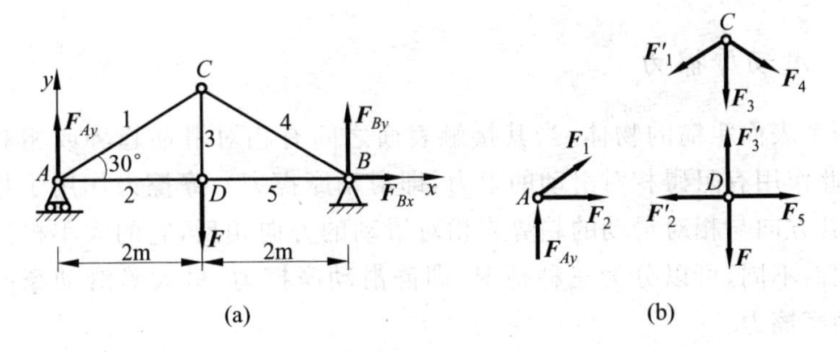

图　2-17

(2) 依次取一个节点为研究对象，计算各杆内力。

假定各杆均受拉力，各节点受力如图 2-17(b)所示，为计算方便，最好逐次列出只含两个未知力的节点的平衡方程。

在节点 A，杆的内力 F_1 和 F_2 均未知。列平衡方程

$$\sum F_x = 0, \quad F_2 + F_1 \cos 30^\circ = 0$$

$$\sum F_y = 0, \quad F_{Ay} + F_1 \sin 30^\circ = 0$$

代入 F_{Ay} 的值后,解得

$$F_1 = -10\ \text{kN}$$
$$F_2 = 8.66\ \text{kN}$$

在节点 C,杆的内力 F_3 和 F_4 未知。列平衡方程

$$\sum F_x = 0,\quad F_4\cos 30^\circ - F_1'\cos 30^\circ = 0$$
$$\sum F_y = 0,\quad -F_3 - (F_1' + F_4)\sin 30^\circ = 0$$

代入 $F_1' = F_1$ 值后,解得

$$F_4 = -10\ \text{kN}$$
$$F_3 = 10\ \text{kN}$$

在节点 D,只有一个杆的内力 F_5 未知。列平衡方程

$$\sum F_x = 0,\quad F_5 - F_2' = 0$$

代入 $F_2' = F_2$ 值后,得

$$F_5 = 8.66\ \text{kN}$$

原假定各杆均受拉力,计算结果 F_2,F_5,F_3 为正值,表明杆2,5,3确受拉力;内力 F_1 和 F_4 的结果为负,表明杆1和4承受压力。

2.6 考虑摩擦时的平衡问题

1. 滑动摩擦力

两个表面粗糙的物体,当其接触表面之间有相对滑动趋势或相对滑动时,彼此作用有阻碍相对滑动的阻力,即滑动摩擦力。**摩擦力**作用于相互接触处,其方向与相对滑动的趋势或相对滑动的方向相反,它的大小根据主动力作用的不同,可以分为三种情况,即静滑动摩擦力、最大静滑动摩擦力和动滑动摩擦力。

在粗糙的水平面上放置一重为 P 的物体,该物体在重力 $\boldsymbol{P}$ 和法向反力 $\boldsymbol{F}_\text{N}$ 的作用下处于静止状态(图2-18(a))。今在该物体上作用一大小可变化的水平拉力 $\boldsymbol{F}$,当拉力 $\boldsymbol{F}$ 由零值逐渐增加但不很大时,物体仍保持静止。可见支承面对物体除法向约束力 $\boldsymbol{F}_\text{N}$ 外,还有一个阻碍物体沿水平面向右滑动的切向力,此力即静滑动摩擦力,简称**静摩擦力**,常以 $\boldsymbol{F}_\text{s}$ 表示,方向向左,如图2-18(b)所示。它的大小需用平衡条件确定,此时有

$$\sum F_x = 0,\quad F_\text{s} = F$$

由上式可知,静摩擦力的大小随水平力 $\boldsymbol{F}$ 的增大而增大,这是静摩擦力

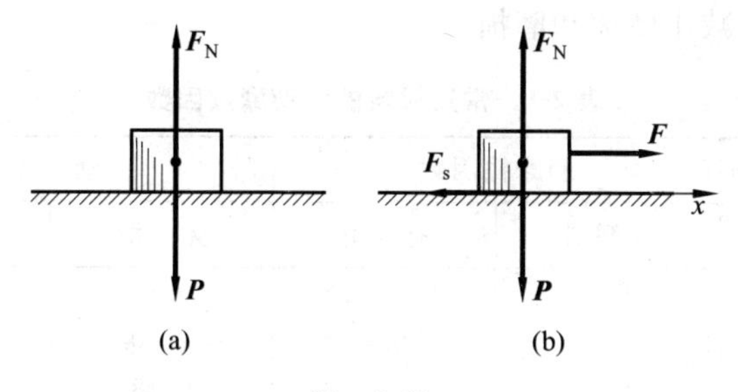

图　2-18

和一般约束力共同的性质。

静摩擦力又与一般约束力不同，它并不随力 $\boldsymbol{F}$ 的增大而无限度地增大。当力 $\boldsymbol{F}$ 的大小达到一定数值时，物块处于平衡的临界状态。这时，静摩擦力达到最大值，即为最大静滑动摩擦力，简称**最大静摩擦力**，以 $\boldsymbol{F}_{max}$ 表示。此后，如果 $\boldsymbol{F}$ 再继续增大，但静摩擦力不能再随之增大，物体将失去平衡而滑动。这就是静摩擦力的特点。

综上所述可知，静摩擦力的大小随主动力的情况而改变，但介于零与最大值之间，即

$$0 \leqslant F_s \leqslant F_{max}$$

实验证明：**最大静摩擦力的大小与两物体间的正压力（即法向约束力）成正比**，即

$$F_{max} = f_s F_N \tag{2-19}$$

式中 f_s 是比例常数，称为**静摩擦因数**，它是量纲一的量。

式(2-19)称为**静摩擦定律**（又称**库仑定律**），是工程中常用的近似理论。静摩擦因数的大小需由实验测定。它与接触物体的材料和表面情况（如粗糙度、温度和湿度等）有关，而与接触面积的大小无关。

静摩擦因数的数值可在工程手册中查到，表2-1中列出了一部分常用材料的摩擦因数。但影响摩擦因数的因素很复杂，如果需用比较准确的数值时，必须在具体条件下进行实验测定。

当滑动摩擦力已达到最大值时，若主动力 $\boldsymbol{F}$ 再继续加大，接触面之间将出现相对滑动。此时，接触物体之间仍作用有阻碍相对滑动的阻力，这种阻力称为动滑动摩擦力，简称**动摩擦力**，以 $\boldsymbol{F}_d$ 表示。实验表明：动摩擦力的大小与接触体间的正压力成正比，即

$$F_d = f F_N \tag{2-20}$$

式中 f 是动摩擦因数，它与接触物体的材料和表面情况有关。

在机器中，往往用降低接触表面的粗糙度或加入润滑剂等方法，使动摩

擦因数降低,以减小摩擦和磨损。

表 2-1 常用材料的滑动摩擦因数

材料名称	静摩擦因数		动摩擦因数	
	无润滑	有润滑	无润滑	有润滑
钢-钢	0.5	0.1～0.2	0.15	0.05～0.1
钢-软钢		0.2	0.1～0.2	
钢-铸铁	0.3		0.18	0.05～0.15
钢-青铜	0.15	0.1～0.15	0.15	0.1～0.15
软钢-铸铁	0.2		0.18	0.05～0.15
软钢-青铜	0.2		0.18	0.07～0.15
铸铁-铸铁		0.18	0.15	0.07～0.12
铸铁-青铜			0.15～0.2	0.07～0.15

2. 摩擦角和自锁现象

当有摩擦时,支承面对物体的约束力包含法向力 $\boldsymbol{F}_N$ 和切向力 $\boldsymbol{F}_s$(即静摩擦力)。其矢量和 $\boldsymbol{F}_{RA}=\boldsymbol{F}_N+\boldsymbol{F}_s$ 称为支承面的**全约束力**,它的作用线与接触面的公法线成一偏角 φ。当物块处于平衡的临界状态时,静摩擦力达到最大值,偏角 φ 也达到最大值 φ_f,如图 2-19 所示。全约束力与法线间的夹角的最大值 φ_f 称为**摩擦角**。由图可得

$$\tan\varphi_f=\frac{F_{max}}{F_N}=\frac{f_sF_N}{F_N}=f_s \tag{2-21}$$

即**摩擦角的正切等于静摩擦因数**。可见,摩擦角与摩擦因数一样,都是表示材料的表面性质的量。

当物块的滑动趋势方向改变时,全约束力作用线的方位也随之改变;在临界状态下,$\boldsymbol{F}_{RA}$ 的作用线将画出一个以接触点 A 为顶点,顶角为 $2\varphi_f$ 的圆锥,称为**摩擦锥**,如图 2-20 所示。

物块平衡时,全约束力与法线间的夹角 φ 在零与摩擦角 φ_f 之间变化,如图 2-20 所示。由于静摩擦力不可能超过最大值,因此全约束力的作用线也不可能超出摩擦角以外,即全约束力必在摩擦角之内。由此可知:①如果作用于物块的主动力的合力 $\boldsymbol{F}$ 的作用线在摩擦角 φ_f 之内,则无论这个力怎样大,物块必保持静止,这种现象称为**自锁现象**。因为在这种情况下,$\boldsymbol{F}$ 和全约束力 $\boldsymbol{F}_R$ 必能满足二力平衡条件。工程实际中常应用自锁原理设计一些机构或夹具,如千斤顶、压榨机、圆锥销等,使它们始终保持在平衡状态下工作。②如果主动力的合力 $\boldsymbol{F}$ 的作用线在摩擦角 φ_f 之外,则无论这个力怎样

小,物块一定会滑动。应用这个道理,可以设法避免发生自锁现象。

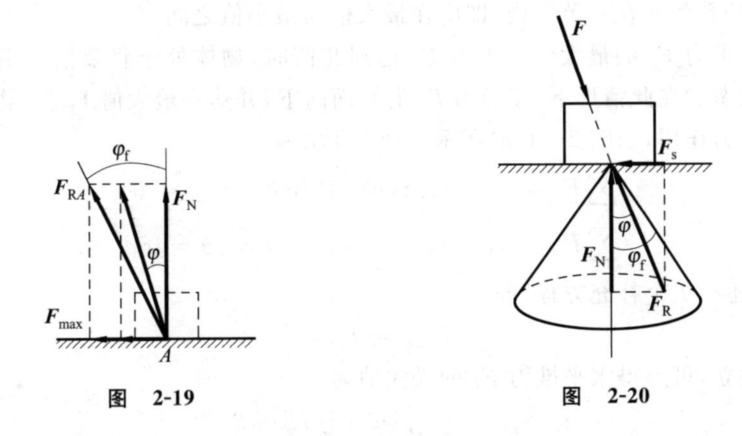

图　2-19　　　　图　2-20

3. 考虑摩擦时物体的平衡问题

考虑摩擦时,求解物体平衡问题的步骤与前面所述大致相同,但有如下的几个特点:①分析物体受力时,必须考虑接触面间切向的摩擦力 $\boldsymbol{F}_s$,通常增加了未知量的数目;②为确定这些新增加的未知量,还需列出补充方程,即 $F_s \leqslant f_s F_N$,补充方程的数目与摩擦力的数目相同;③由于物体平衡时摩擦力有一定的范围($0 \leqslant F_s \leqslant f_s F_N$),所以有摩擦时平衡问题的解亦有一定的范围,而不是一个确定的值。

工程中有不少问题只需要分析平衡的临界状态,这时静摩擦力等于其最大值,补充方程只取等号。有时为了计算方便,也先在临界状态下计算,求得结果后再分析、讨论其解的平衡范围。

例 2-10　物体重为 P,放在倾角为 θ 的斜面上,它与斜面间的摩擦因数为 f_s,如图 2-21(a)所示。当物体处于平衡时,试求水平力 $\boldsymbol{F}_1$ 的大小。

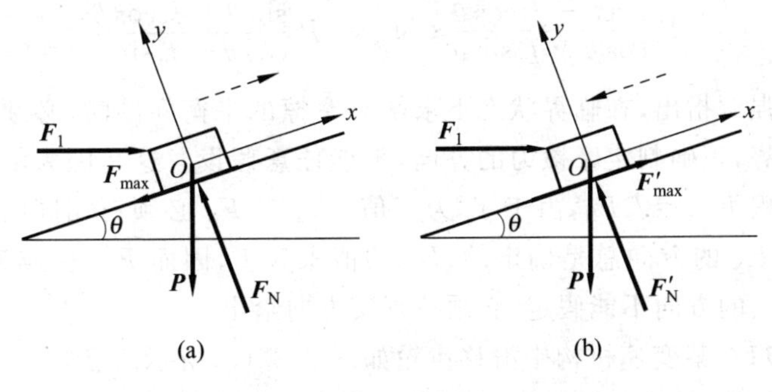

图　2-21

解 由经验知,力 $\boldsymbol{F}_1$ 太大,物块将上滑;力 $\boldsymbol{F}_1$ 太小,物块将下滑,因此力 $\boldsymbol{F}_1$ 的数值必在一范围内,即应在最大值与最小值之间。

先求力 $\boldsymbol{F}_1$ 的最大值。当力 $\boldsymbol{F}_1$ 达到此值时,物体处于将要向上滑动的临界状态。在此情形下,摩擦力 $\boldsymbol{F}_s$ 沿斜面向下,并达到最大值 $\boldsymbol{F}_{max}$。物体共受4个力作用,如图2-21(a)所示。列平衡方程

$$\sum F_x = 0,\quad F_1\cos\theta - P\sin\theta - F_{max} = 0$$

$$\sum F_y = 0,\quad F_N - F_1\sin\theta - P\cos\theta = 0$$

此外,还有1个补充方程,即

$$F_{max} = f_s F_N$$

三式联立,可解得水平推力 $\boldsymbol{F}_1$ 的最大值为

$$F_{1max} = P\frac{\sin\theta + f_s\cos\theta}{\cos\theta - f_s\sin\theta}$$

再求 $\boldsymbol{F}_1$ 的最小值。当力达到此值时,物体处于将要向下滑动的临界状态。在此情形下,摩擦力沿斜面向上,并达到另一最大值,用 $\boldsymbol{F}'_{max}$ 表示此力,物体的受力如图2-21(b)所示。列平衡方程

$$\sum F_x = 0,\quad F_1\cos\theta - P\sin\theta + F'_{max} = 0$$

$$\sum F_y = 0,\quad F'_N - F_1\sin\theta - P\cos\theta = 0$$

列出补充方程

$$F'_{max} = f_s F'_N$$

可解得水平推力 $\boldsymbol{F}_1$ 的最小值为

$$F_{1min} = P\frac{\sin\theta - f_s\cos\theta}{\cos\theta + f_s\sin\theta}$$

综合上述两个结果可知,为使物块静止,力 $\boldsymbol{F}_1$ 必须满足如下条件:

$$P\frac{\sin\theta - f_s\cos\theta}{\cos\theta + f_s\sin\theta} \leqslant F_1 \leqslant P\frac{\sin\theta + f_s\cos\theta}{\cos\theta - f_s\sin\theta}$$

应该强调指出,在临界状态下求解有摩擦的平衡问题时,必须根据相对滑动的趋势,正确判定摩擦力的方向,不能任意假设。这是因为解题中引用了补充方程 $F_{max}=f_sF_N$,由于 f_s 为正值,F_{max} 与 F_N 必须有相同的符号。法向约束力 F_N 的方向总是确定的,F_N 的值永为正,因而 F_{max} 也应为正值,即摩擦力 F_{max} 的方向不能假定,必须按真实方向给出。

例2-11 某变速机构中滑移齿轮如图2-22(a)所示。已知 $b,d,\boldsymbol{F}$,齿轮孔与轴间的静摩擦因数 f_s,轮重不计。试求齿轮在推力 $\boldsymbol{F}$ 作用下不被卡住的距离 a。

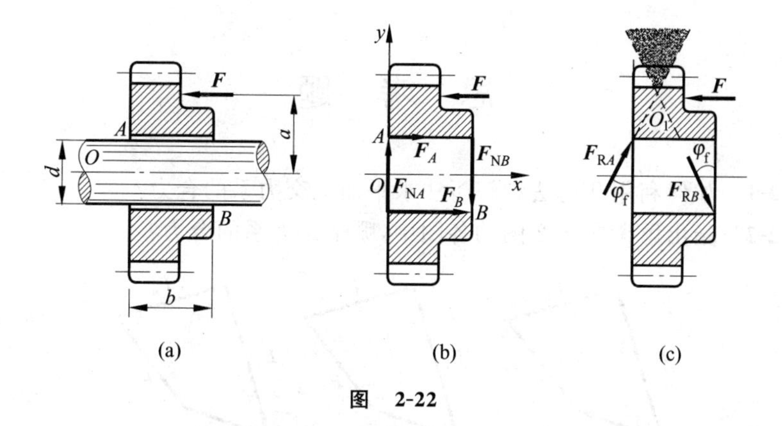

(a)　(b)　(c)

图　2-22

解　取齿轮为研究对象。孔与轴间有间隙，在推力 $\boldsymbol{F}$ 作用下，齿轮与轴仅在 A，B 两点接触。假设齿轮处于向左滑动的临界状态，摩擦力向右，受力图如图 2-22(b)所示。列平衡方程

$$\sum F_y = 0, \quad F_{NA} - F_{NB} = 0$$

$$\sum F_x = 0, \quad f_s F_{NA} + f_s F_{NB} - F = 0, \quad F_{NA} = F_{NB} = \frac{F}{2f_s}$$

$$\sum M_O(\boldsymbol{F}) = 0, \quad Fa - F_{NB} b = 0, \quad a = \frac{b}{2f_s}$$

由观察可知，a 越小，齿轮越不会被卡住，故上面求出的 a 值是最大值。齿轮不被卡住的 a 值有一个变化范围：

$$0 \leqslant a < \frac{b}{2f_s}$$

本题也可用几何法求解。仍考虑上述临界状态，将 A，B 处的约束力用全约束力 $\boldsymbol{F}_{RA}$，$\boldsymbol{F}_{RB}$ 画出，与法线夹角为摩擦角 φ_f，由三力平衡力线汇交，力 $\boldsymbol{F}$ 作用线必过汇交点 O_1，由图 2-22(c)中的几何关系得

$$\left(a + \frac{d}{2}\right)\tan\varphi_f + \left(a - \frac{d}{2}\right)\tan\varphi_f = b, \qquad a = \frac{b}{2f_s}$$

由图 2-22(c)可见，三力汇交点在阴影区内时，$\boldsymbol{F}_{RA}$，$\boldsymbol{F}_{RB}$ 均不会超出 φ_f，齿轮自锁。欲使齿轮不被卡住，a 必须小于上述临界值，即

$$0 \leqslant a < \frac{b}{2f_s}$$

由以上结果可知，当 b 一定时，a 仅取决于 φ_f，与力 $\boldsymbol{F}$ 大小无关。

思 考 题

2-1 如何利用几何法和解析法求平面汇交力系的合力?

2-2 指出思考题2-2图的各图中,哪个是力系的合力?

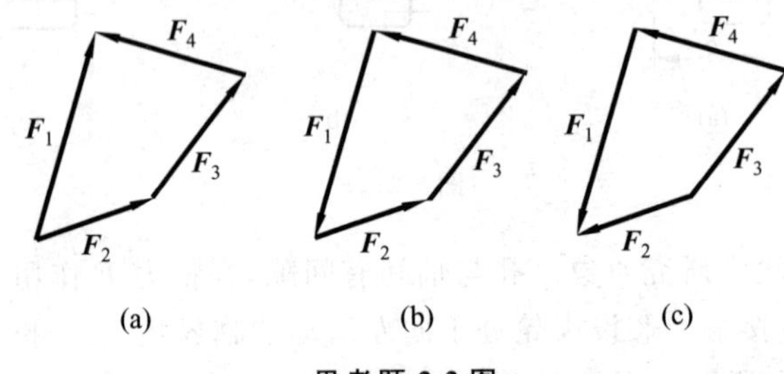

思考题 2-2 图

2-3 用解析法求合力时,若选不同的直角坐标轴,所得的合力是否相同?

2-4 已知某一平面一般力系向 A 点简化得到主矢 $F'_A=50\text{N}$,主矩 $M_A=20\ \text{N}\cdot\text{m}$,试求原力系向 B 点简化结果。其中 $AB=20\ \text{mm}$。

2-5 思考题2-5图所示力 $\boldsymbol{F}$ 和力偶($\boldsymbol{F}'$,$\boldsymbol{F}''$)对轮的作用有何不同?设轮轴静止,$\boldsymbol{F}'=-\boldsymbol{F}''=\frac{1}{2}\boldsymbol{F}$。

2-6 平面一般力系中各力所组成的力多边形自行封闭,所以该力系一定是平衡力系,对吗?为什么?

2-7 平面一般力系的主矢与合力有什么关系?主矩与合力矩有什么关系?

2-8 力系如图示。$F_1=F_2=F_3=F_4$。问力系向点 A 和 B 简化的结果是什么?二者是否等效?

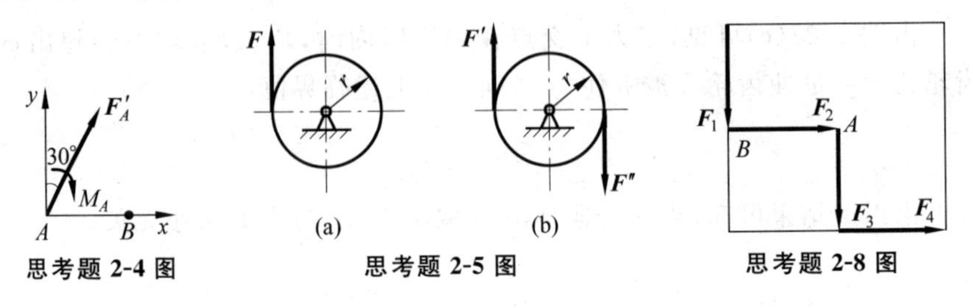

思考题 2-4 图 **思考题 2-5 图** **思考题 2-8 图**

2-9 重为 P 的物体置于倾角为 α 的斜面上。已知 $\alpha<\varphi_f$,问此物体能否

下滑？如不能下滑，再增加物体的重量，是否就可以下滑？

2-10　什么是超静定问题？下列各图哪些是静定的，哪些是超静定的？

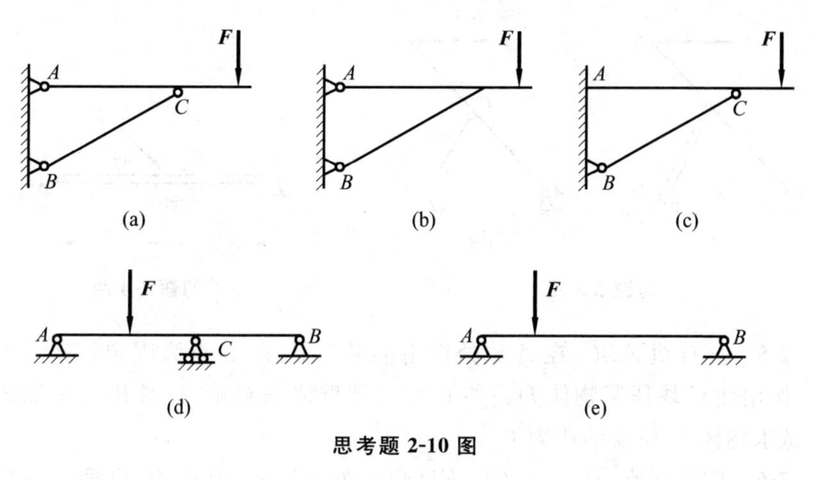

思考题 2-10 图

习　题

2-1　铆接薄钢板在孔心 A，B 和 C 处受三力作用如图所示，已知 $F_1=100\text{N}$ 沿铅垂方向，$F_2=50\text{N}$ 沿 AB 方向，$F_3=50\text{N}$ 沿水平方向。用几何法和解析法求力系的合力。

2-2　支架由 AB 及 AC 杆组成，A，B，C 三处都为铰接，A 点挂有重为 P 的重物。试求图示两种情况下 AB 及 AC 杆的受力。

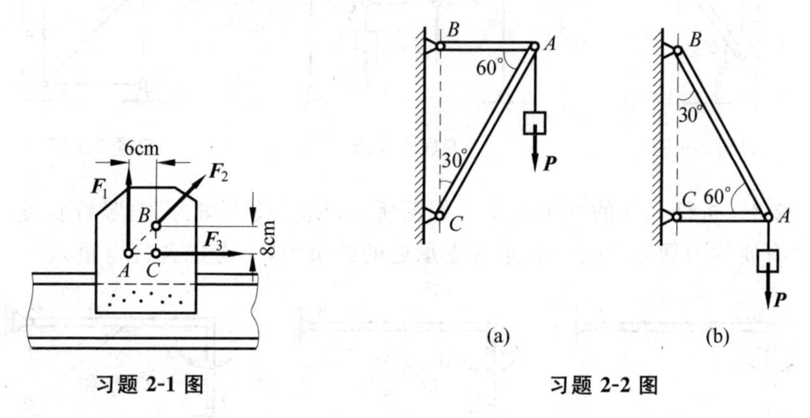

习题 2-1 图　　习题 2-2 图

2-3　分别就图所示两种情况，指出 A 处支座约束力 $\boldsymbol{F}_A$ 的方向，并计算其大小。设 $F=1\text{ kN}$，$AC=CB=CD=AD=l$，杆重不计。

2-4 梁 AB 的支座如图所示。在梁的中点作用一力 $F=20$ kN,求支座 A,B 的约束力。

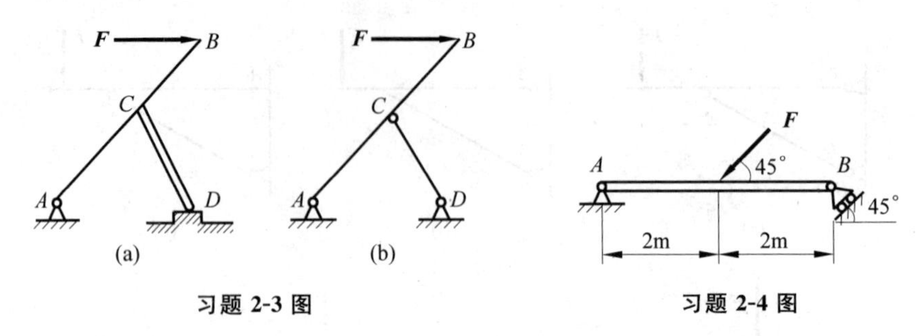

习题 2-3 图

习题 2-4 图

2-5 压榨机 ABC,在 A 铰处作用水平力 $\boldsymbol{F}$,在 B 点为固定铰链。由于 $\boldsymbol{F}$ 的作用使 C 块压紧物体 D。如 C 块与墙壁光滑接触,压榨机尺寸如图所示,试求物体 D 所受的压力 $\boldsymbol{F}_D$。

2-6 四根绳索 AC,CB,CE,ED 连接如图所示,其中 B,D 两点固定在支架上,A 端系在重物上,人在 E 点向下施力 $\boldsymbol{F}$,若 $F=400$N,$\alpha=4°$,求所能吊起的物重 P。

2-7 平面桁架尺寸及受力如图所示,求 1,2,3,4 各杆受力并注明是拉力还是压力。

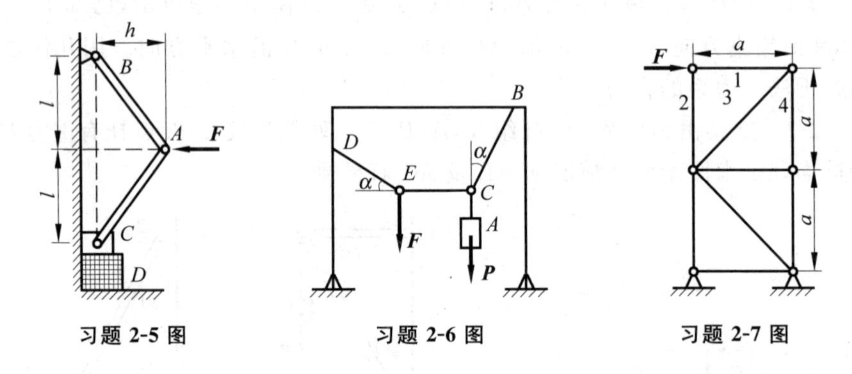

习题 2-5 图

习题 2-6 图

习题 2-7 图

2-8 折杆 AB 的支承和受力如图所示,横杆长度均为 $2l$,竖杆长度均为 l,若力偶的力偶矩 M 已知,求各支承处的约束力(不考虑各杆自重)。

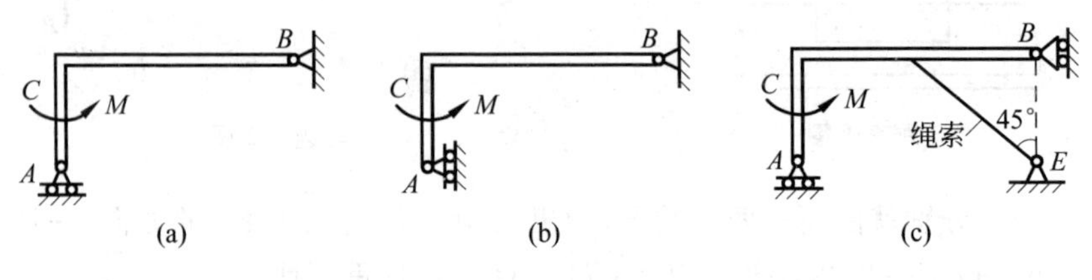

习题 2-8 图

2-9　曲柄连杆机构如图所示，已知：$OA=l$，其上作用力偶矩为M的力偶，试求在图示位置($OA\perp AB$)平衡时力$\boldsymbol{F}$的大小和轴承O处约束力。

2-10　图示四个力和一个力偶组成一平面力系。已知$F_1=50\mathrm{N}$，$\theta_1=\arctan\left(\frac{3}{4}\right)$，$F_2=30\sqrt{2}\mathrm{N}$，$\theta_2=45°$，$F_3=80\mathrm{N}$，$F_4=10\mathrm{N}$，$M=2\ \mathrm{N\cdot m}$。图中单位为mm。

求：(1) 力系向O点简化的结果；

(2) 力系合力大小、方向和作用线位置。

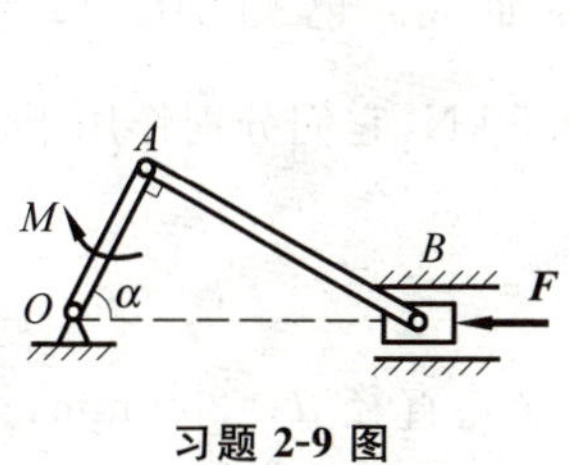

习题 2-9 图

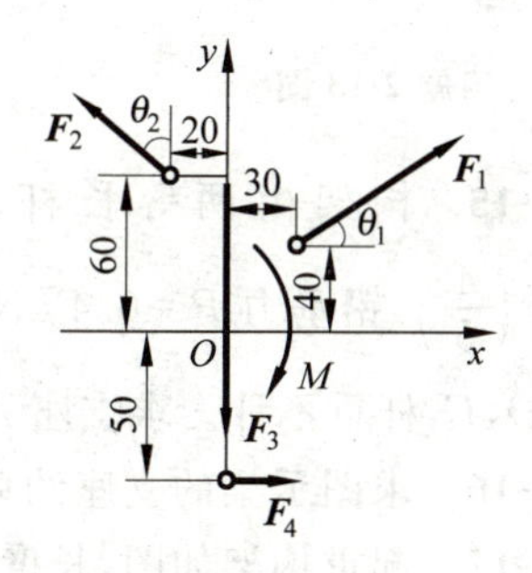

习题 2-10 图

2-11　简易起重机如图所示。已知载荷重$P_1=1\ \mathrm{kN}$，吊杆AB重量$P_2=200\ \mathrm{N}$，重心C在AB中点，其余重量不计。$AD=4\ \mathrm{m}$，$BD=1\ \mathrm{m}$，滑轮大小不计。钢丝绳OB段成水平。求拉索DE的拉力和固定铰链支座A的约束力。

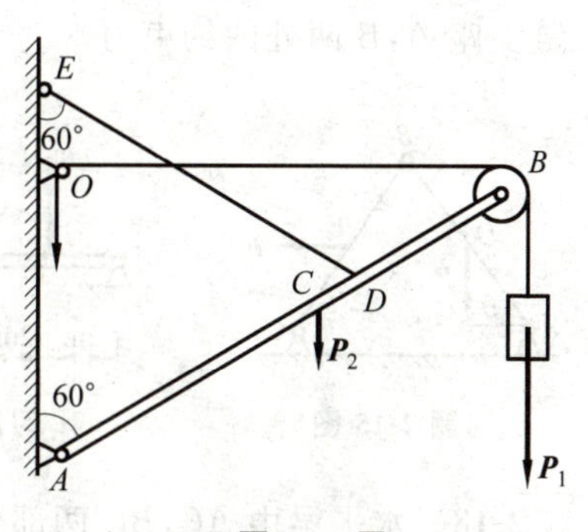

习题 2-11 图

2-12　求图示梁的支座约束力。

2-13　小型回转式起重机，可以绕AB轴旋转，起重机自重$W=10\ \mathrm{kN}$，其重心C至转轴距离为1 m，被起吊重物$P=40\ \mathrm{kN}$，其尺寸如图所示。试求：止推轴承A和径向轴承B的约束力。

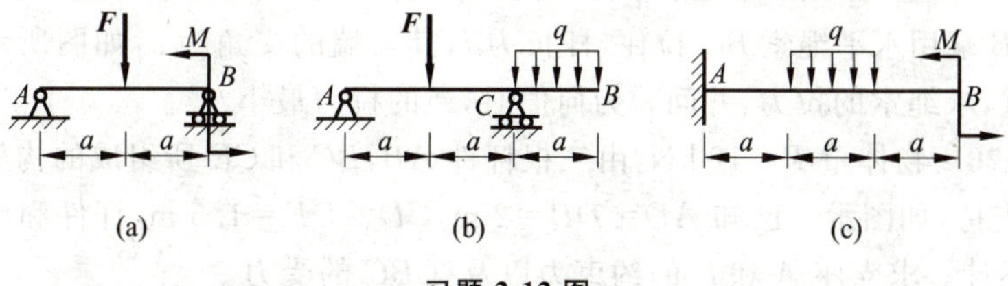

习题 2-12 图

2-14 求图示刚架的支座约束力。

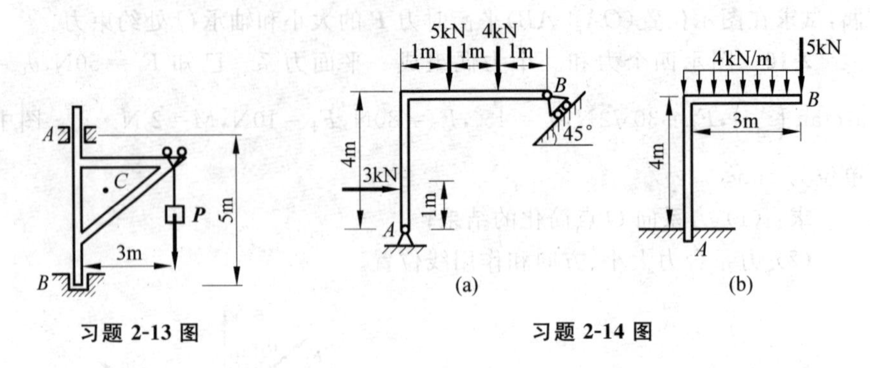

习题 2-13 图　　　　习题 2-14 图

2-15 构架由两等长杆 AB，BC 铰接而成。已知 AC 水平，$\theta=\arcsin\left(\frac{4}{5}\right)$。铅垂力 $P=0.4$ kN，水平力 $F=1.5$ kN，它们分别作用于两杆的中点 D，E，杆重不计。求支座 A，C 的约束力。

2-16 求图示梁的支座约束力。

2-17 起重构架如图，长度单位为 mm。滑轮直径 $d=200$ mm，钢丝绳的倾斜部分平行于杆 BE。吊起的载荷 $P=10$ kN，其他重量不计。求固定铰链支座 A，B 两处的约束力。

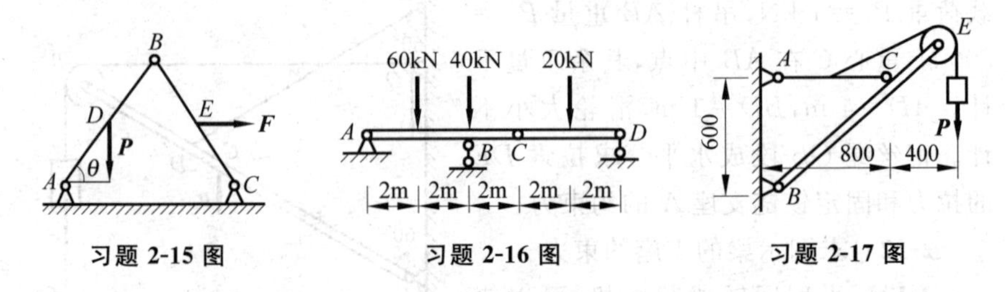

习题 2-15 图　　　　习题 2-16 图　　　　习题 2-17 图

2-18 水平梁由 AC，BC 两部分组成，A 端插入墙内，B 端为滚动铰链支座。C 处用铰连接，受 $\boldsymbol{F}$，M 作用。已知 $F=4$ kN，$M=6$ kN·m，求 A，B 两处的约束力。

2-19 重为 P 的均质球，放在墙和 AB 杆之间(光滑)，杆 A 端为固定铰支座，B 端用水平绳索 BC 拉住，杆长为 l，其与墙的交角为 α，如图所示。不计杆重，求绳索的拉力，并问 α 为何值时，绳的拉力最小？

2-20 物体重 $P=12$ kN，由三根杆件 AB，BC 和 CE 所组成的构架及滑轮 E 支持，如图示。已知 $AD=DB=2$ m，$CD=DE=1.5$ m，杆件和滑轮的自重不计。求支座 A 和 B 的约束力以及杆 BC 的受力。

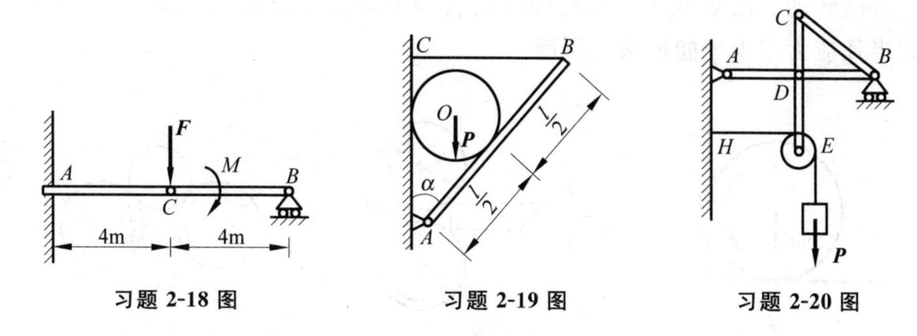

习题 2-18 图　　习题 2-19 图　　习题 2-20 图

2-21 半径为 r 的两均质圆球，重皆为 P，放置在半径为 R 的无底圆筒内，圆筒底部放在光滑地面上。若 P，r，R 已知，求：

(1) 圆筒不至于翻倒的最小重量；

(2) 若本题改为有底圆筒，试问是否存在翻倒问题，并求圆筒对地面压力。

2-22 旋转鼓轮半径为 r，欲用图示制动器使鼓轮静止。如鼓轮与制动块间的摩擦因数为 f'，并在制动器杠杆上 B 端加铅垂力 $\boldsymbol{F}$，求制动块加在鼓轮上的力矩。

2-23 重力 $P=20\text{N}$，高为 $h=100$ mm 的物块放在粗糙水平面上，如图示。设摩擦因数 $f_s=0.6$，试求在水平力 $\boldsymbol{F}$ 作用下，使物块同时开始滑动和倾倒的宽度 b，以及此时 $\boldsymbol{F}$ 的大小。

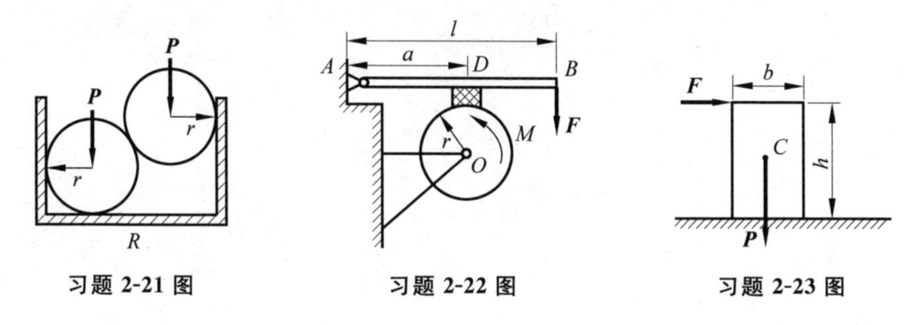

习题 2-21 图　　习题 2-22 图　　习题 2-23 图

2-24 圆柱直径为 120 mm，重 200N，在力偶作用下紧靠铅直壁面。圆柱与铅直面和水平面之间的静摩擦因数均为 0.25。求能使圆柱开始转动所需的力偶矩 M。

2-25 图示为轧机的两个轧辊，直径均为 $d=500$ mm，辊面间开度为 $a=5$ mm，两轧辊的转向相反，已知烧红的钢板与轧辊的摩擦因数 $f_s=0.1$，试问能轧制的钢板厚度 b 是多少？

2-26 滚筒压碎机由两个半径皆为 R 的滚筒组成，开度为 e，两筒按相反方向转动。已知不计重量的球状物料和滚筒间摩擦角为 φ_f，问物料的最大半径应为多少才能被滚筒压碎？

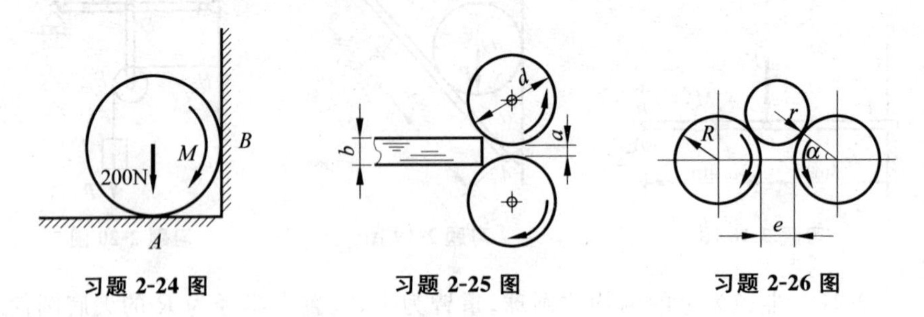

习题 2-24 图　　习题 2-25 图　　习题 2-26 图

第 3 章
空 间 力 系

本章将研究空间力系的简化和平衡条件。与平面力系一样，可以把空间力系分为空间汇交力系、空间力偶系和空间任意力系来研究。

3.1 空间中的力、力矩与力偶

1. 力在空间坐标轴上的投影

若已知力 $\boldsymbol{F}$ 与正交坐标系 $Oxyz$ 三轴间的夹角分别为 α,β,γ，则力在三个轴上的投影等于力 $\boldsymbol{F}$ 的大小乘以与各轴夹角的余弦，即

$$F_x = F\cos\alpha,\quad F_y = F\cos\beta,\quad F_z = F\cos\gamma \tag{3-1}$$

当力 $\boldsymbol{F}$ 与坐标轴 Ox,Oy 间的夹角不易确定时，可把力 $\boldsymbol{F}$ 先投影到坐标平面 Oxy 上，得到力 $\boldsymbol{F}_{xy}$，然后再把这个力投影到 x,y 轴上。在图 3-1 中，已知角 γ 与 φ，则力 $\boldsymbol{F}$ 在三个坐标轴上的投影分别为

$$\begin{cases} F_x = F\sin\gamma\cos\varphi \\ F_y = F\sin\gamma\sin\varphi \\ F_z = F\cos\gamma \end{cases} \tag{3-2}$$

若以 $\boldsymbol{F}_x,\boldsymbol{F}_y,\boldsymbol{F}_z$ 表示 $\boldsymbol{F}$ 沿直角坐标轴 x,y,z 的正交分量，以 $\boldsymbol{i},\boldsymbol{j},\boldsymbol{k}$ 分别表示沿 x,y,z 坐标轴方向的单位矢量，如图 3-1 所示，则

$$\boldsymbol{F}=\boldsymbol{F}_x+\boldsymbol{F}_y+\boldsymbol{F}_z=F_x\boldsymbol{i}+F_y\boldsymbol{j}+F_z\boldsymbol{k} \tag{3-3}$$

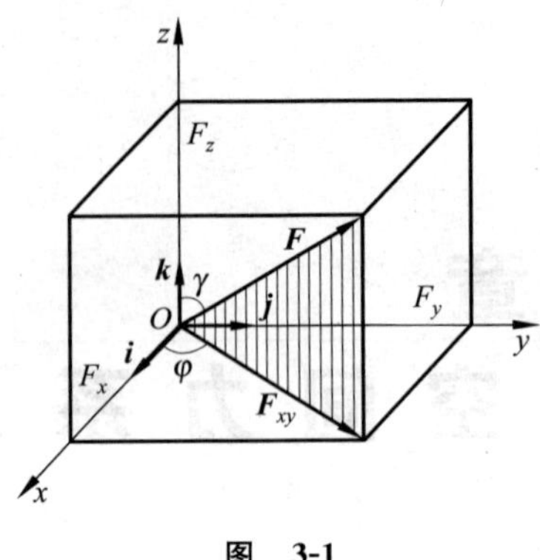

图 3-1

2. 力对点的矩矢

对于平面力系,用代数量表示力对点的矩足以概括它的全部要素。但是在空间的情况下,不仅要考虑力矩的大小、转向,而且还要注意力与矩心所组成的平面的方位。方位不同,即使力矩大小一样,作用效果将完全不同。例如,作用在飞机尾部铅垂舵和水平舵上的力,对飞机绕重心转动的效果不同,前者能使飞机转弯,而后者则能使飞机发生俯仰。这三个因素可以用**力矩矢** $\boldsymbol{M}_O(\boldsymbol{F})$来描述。矢量的模等于力的大小 F 与力臂 d 的乘积;矢量的方位和力矩作用面的法线的方向相同;矢量的指向按右手螺旋法则来确定。

由图 3-2 易见,以 $\boldsymbol{r}$ 表示力作用点 A 的矢径,则矢积 $\boldsymbol{r}\times\boldsymbol{F}$ 的模等于三角形 OAB 面积的两倍,其方向与力矩矢 $\boldsymbol{M}_O(\boldsymbol{F})$一致。因此可得

$$\boldsymbol{M}_O(\boldsymbol{F})=\boldsymbol{r}\times\boldsymbol{F} \tag{3-4}$$

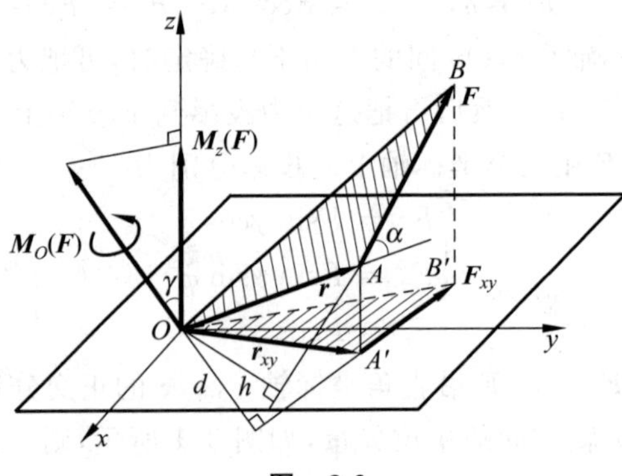

图 3-2

式(3-4)为力对点的矩的矢积表达式,即**力对点的矩矢等于矩心到该力作用点的矢径与该力的矢量积**。

若以矩心 O 为原点,作空间直角坐标系 $Oxyz$,如图 3-2 所示,令 $\boldsymbol{i},\boldsymbol{j},\boldsymbol{k}$ 分别为坐标轴 x,y,z 方向的单位矢量。设力作用点 A 的坐标为 $A(x,y,z)$,力在三个坐标轴上的投影分别为 F_x,F_y,F_z,则矢径 $\boldsymbol{r}$ 和力 $\boldsymbol{F}$ 分别为

$$\boldsymbol{r} = x\boldsymbol{i} + y\boldsymbol{j} + z\boldsymbol{k}$$

$$\boldsymbol{F} = F_x\boldsymbol{i} + F_y\boldsymbol{j} + F_z\boldsymbol{k}$$

将以上两式代入式(3-4),并采用行列式形式,得

$$\boldsymbol{M}_O(\boldsymbol{F}) = \boldsymbol{r} \times \boldsymbol{F} = \begin{vmatrix} \boldsymbol{i} & \boldsymbol{j} & \boldsymbol{k} \\ x & y & z \\ F_x & F_y & F_z \end{vmatrix}$$

$$= (yF_z - zF_y)\boldsymbol{i} + (zF_x - xF_z)\boldsymbol{j} + (xF_y - yF_x)\boldsymbol{k} \quad (3\text{-}5)$$

由于力矩矢量 $\boldsymbol{M}_O(\boldsymbol{F})$ 的大小和方向都与矩心 O 的位置有关,故力矩矢的始端必须在矩心,不可任意移动,这种矢量称为**定位矢量**。

3. 力对轴的矩

工程中,经常遇到刚体绕定轴转动的情形,为了度量力对绕定轴转动刚体的作用效果,必须了解力对轴的矩的概念。如图 3-2 所示,为求力 $\boldsymbol{F}$ 对固定轴 z 的矩,将 $\boldsymbol{F}$ 分解为 $\boldsymbol{F}_z$ 和 $\boldsymbol{F}_{xy}$(此力即为力 $\boldsymbol{F}$ 在平面 Oxy 上的投影)。由经验可知,分力 $\boldsymbol{F}_z$ 对 z 轴的矩为零;只有分力 $\boldsymbol{F}_{xy}$ 对 z 轴有矩,等于力 $\boldsymbol{F}_{xy}$ 对平面 Oxy 与 z 轴的交点 O 的矩。现用符号 $M_z(\boldsymbol{F})$ 表示力 $\boldsymbol{F}$ 对 z 轴的矩,即

$$M_z(\boldsymbol{F}) = M_O(\boldsymbol{F}_{xy}) = \pm F_{xy}d = \pm 2A_{\triangle OA'B'} \quad (3\text{-}6)$$

力对轴的矩的定义如下:**力对轴的矩是力使刚体绕该轴转动效果的度量,是一个代数量,其绝对值等于该力在垂直于该轴的平面上的投影对于这个平面与该轴的交点的矩。其正负号可按右手螺旋法则确定**,拇指指向与 z 轴一致为正,反之为负。

力对轴的矩等于零的情形:①当力与轴相交时(此时 $d=0$);②当力与轴平行时(此时 $|\boldsymbol{F}_{xy}|=0$)。即当力与轴在同一平面时,力对该轴的矩等于零。

力对轴的矩的单位为 N·m。

如图 3-2 所示,力 $\boldsymbol{F}$ 对点 O 的矩矢 $\boldsymbol{M}_O(\boldsymbol{F})$ 垂直于三角形 OAB 所在的平面,其大小为

$$|\boldsymbol{M}_O(\boldsymbol{F})| = 2A_{\triangle OAB}$$

力 $\boldsymbol{F}$ 对 z 轴的矩为

$$M_z(\boldsymbol{F}) = M_O(\boldsymbol{F}_{xy}) = 2A_{\triangle OA'B'}$$

而$\triangle OA'B'$是$\triangle OAB$在平面Oxy上的投影，且 $A_{\triangle OAB}\cos\gamma = A_{\triangle OA'B'}$，则

$$|\boldsymbol{M}_O(\boldsymbol{F})|\cos\gamma = M_z(\boldsymbol{F})$$

此式左端就是力矩矢 $\boldsymbol{M}_O(\boldsymbol{F})$在 z 轴上的投影，上式可写为

$$[\boldsymbol{M}_O(\boldsymbol{F})]_z = M_z(\boldsymbol{F}) \tag{3-7}$$

于是可得结论：**力对点的矩矢在通过该点的某轴上的投影，等于力对该轴的矩。**

式(3-7)建立了力对点的矩与力对轴的矩之间的关系。因为在理论分析时用力对点的矩矢较简便，而在实际计算中常用力对轴的矩，所以建立它们二者之间的关系是很有必要的。

如果力对通过点 O 的直角坐标轴 x,y,z 的矩是已知的，则可求得该力对点 O 的矩 $\boldsymbol{M}_O(\boldsymbol{F})$为

$$\boldsymbol{M}_O(\boldsymbol{F}) = M_x(\boldsymbol{F})\boldsymbol{i} + M_y(\boldsymbol{F})\boldsymbol{j} + M_z(\boldsymbol{F})\boldsymbol{k} \tag{3-8}$$

例 3-1 在图 3-3(a)所示结构中，钢丝绳的张力 $\boldsymbol{F}$ 大小为 300 kN，求该力对支点 O 的力矩。

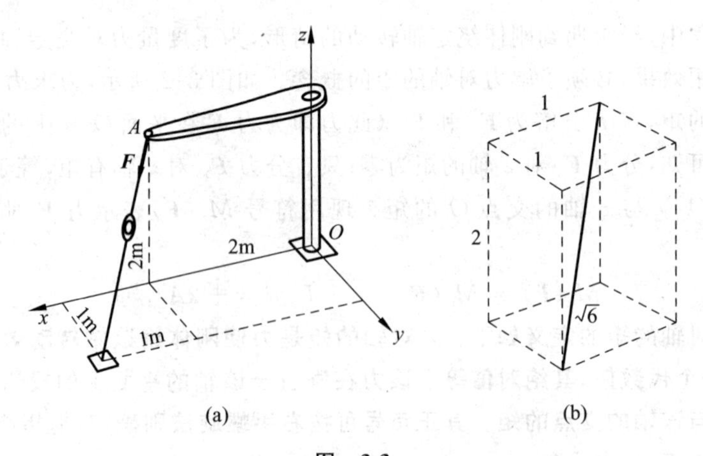

图 3-3

解 首先计算 $\boldsymbol{F}$ 的三个投影。由于全部尺寸已经给出，可作一边长分别为 1，1，2 的立方体，其对角线长为$\sqrt{6}$(图 3-3(b))，根据边线与对角线的比例关系，可简捷地算出力的投影：

$$F_x = \frac{1}{\sqrt{6}}F,\quad F_y = \frac{1}{\sqrt{6}}F,\quad F_z = -\frac{2}{\sqrt{6}}F$$

分别计算 3 个分力对坐标轴的矩，再相加得

$$\begin{aligned} \boldsymbol{M}_O(\boldsymbol{F}) &= 2F_x\boldsymbol{j} + (-2F_y\boldsymbol{i} + 2F_y\boldsymbol{k}) - 2F_z\boldsymbol{j} \\ &= 100\sqrt{6}(-\boldsymbol{i} + 3\boldsymbol{j} + \boldsymbol{k}) \quad (\mathrm{kN \cdot m}) \end{aligned}$$

也可用解析式(3-5)求$\boldsymbol{M}_O(\boldsymbol{F})$。

4. 力偶矩矢

空间力偶对刚体的作用除了与力偶矩大小有关外，还与其作用面的方位及力偶的转向有关，可用力偶矩矢来度量，记作$\boldsymbol{M}$。计算表明，力偶对空间任一点的矩矢都等于力偶矩矢，与矩心位置无关。

$$\boldsymbol{M} = \boldsymbol{r}_{BA} \times \boldsymbol{F}$$

由于矢$\boldsymbol{M}$无需确定矢的初端位置，这样的矢量称为**自由矢量**，如图3-4所示。由此可知，力偶对刚体的作用完全由力偶矩矢所决定。

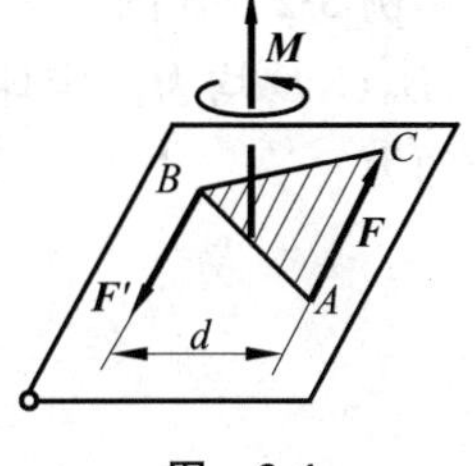

图　3-4

空间力偶的等效条件可叙述为：两个力偶的力偶矩矢相等，则它们彼此等效。

3.2　空间汇交力系与空间力偶系

1. 空间汇交力系的合力与平衡条件

将平面汇交力系的合成法则扩展到空间，可得：空间汇交力系的合力等于各分力的矢量和，合力的作用线通过汇交点。合力矢为

$$\boldsymbol{F}_R = \boldsymbol{F}_1 + \boldsymbol{F}_2 + \cdots + \boldsymbol{F}_n = \sum \boldsymbol{F}_i \tag{3-9}$$

由式(3-9)可得

$$\boldsymbol{F}_R = \sum F_{xi}\boldsymbol{i} + \sum F_{yi}\boldsymbol{j} + \sum F_{zi}\boldsymbol{k} \tag{3-10}$$

其中$\sum F_{xi}$，$\sum F_{yi}$，$\sum F_{zi}$为合力$\boldsymbol{F}_R$沿x,y,z轴的投影。由此可得合力的大小和方向余弦为

$$F_R = \sqrt{(\sum F_{xi})^2 + (\sum F_{yi})^2 + (\sum F_{zi})^2}$$

$$\cos(\boldsymbol{F}_R,\boldsymbol{i}) = \frac{\sum F_{xi}}{F_R}, \quad \cos(\boldsymbol{F}_R,\boldsymbol{j}) = \frac{\sum F_{yi}}{F_R}, \quad \cos(\boldsymbol{F}_R,\boldsymbol{k}) = \frac{\sum F_{zi}}{F_R}$$

由于一般空间汇交力系合成为一个合力，因此，空间汇交力系平衡的必要和充分条件为：该力系的合力等于零，即

$$\boldsymbol{F}_R = \sum \boldsymbol{F}_i = 0 \tag{3-11}$$

为使合力 $\boldsymbol{F}_R$ 为零,必须同时满足:

$$\sum F_{xi}=0,\quad \sum F_{yi}=0,\quad \sum F_{zi}=0 \tag{3-12}$$

于是可得结论,空间汇交力系平衡的必要和充分条件为:**该力系中所有各力在三个坐标轴上的投影的代数和分别等于零**。式(3-12)称为**空间汇交力系的平衡方程**。

应用解析法求解空间汇交力系的平衡问题的步骤,与平面汇交力系问题相同,只不过需列出三个平衡方程,可求解三个未知量。

例 3-2 在图 3-5 所示结构中,三杆 AB,AC,AD 由活动球铰连接于 A 处,B,C,D 均为固定球铰支座。已知在 A 处悬挂重物的重量为 P,求三杆受的力。

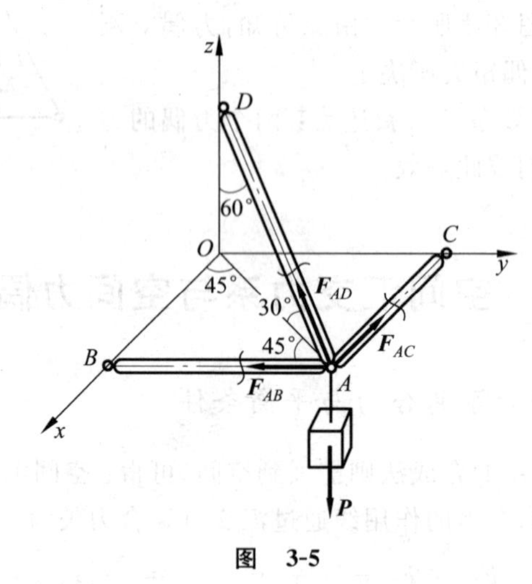

图 3-5

解 以 A 处球铰为研究对象。由于 AB,AC,AD 三杆都是两端铰接,不计杆重,所以都是二力构件。三杆作用于球铰 A 处的 4 个力汇交于点 A,为一空间汇交力系。

取坐标轴如图 3-5 所示。列平衡方程

$$\sum F_x=0,\quad -F_{AD}\cos 30^\circ\sin 45^\circ - F_{AC}=0$$

$$\sum F_y=0,\quad -F_{AB}-F_{AD}\cos 30^\circ\cos 45^\circ=0$$

$$\sum F_z=0,\quad F_{AD}\sin 30^\circ - P=0$$

求解上面三个平衡方程,得

$$F_{AB}=-\frac{\sqrt{6}}{2}P,\quad F_{AC}=-\frac{\sqrt{6}}{2}P,\quad F_{AD}=2P$$

杆 AB 和 AC 受压力。

2. 空间力偶系的合成与平衡条件

可以证明,任意个空间分布的力偶可合成为一个合力偶,合力偶矩矢等于各分力偶矩矢的矢量和,即

$$\boldsymbol{M}=\boldsymbol{M}_1+\boldsymbol{M}_2+\cdots+\boldsymbol{M}_n=\sum\boldsymbol{M}_i \tag{3-13}$$

设有矩为 $\boldsymbol{M}_1$ 和 $\boldsymbol{M}_2$ 的两个力偶分别作用在相交的平面Ⅰ和Ⅱ内,如图 3-6所示。首先证明它们合成的结果为一力偶。根据力偶的性质,可以调整二力偶的力偶臂使其相同;再将二力偶移到两平面的交线处形成力偶($\boldsymbol{F}_1$,$\boldsymbol{F}_1'$)和($\boldsymbol{F}_2$,$\boldsymbol{F}_2'$)。将力 $\boldsymbol{F}_1$ 与 $\boldsymbol{F}_2$ 合成为力 $\boldsymbol{F}$,又将力 $\boldsymbol{F}_1'$ 与 $\boldsymbol{F}_2'$ 合成为力 $\boldsymbol{F}'$,此二力也构成力偶。容易证明,力偶($\boldsymbol{F}$,$\boldsymbol{F}'$)的力偶矩也满足平行四边形法则,即

$$\boldsymbol{M}=\boldsymbol{M}_1+\boldsymbol{M}_2$$

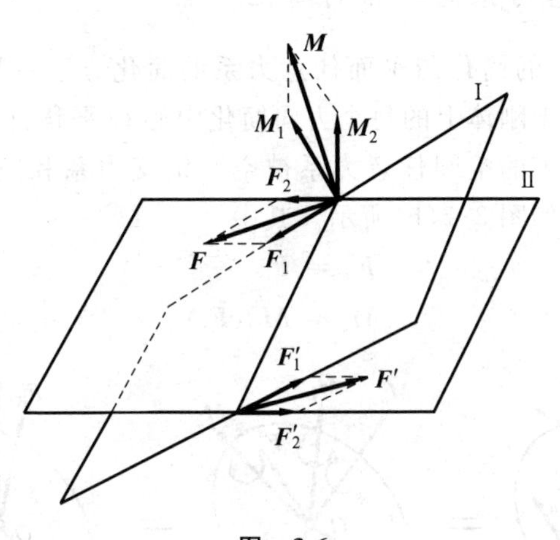

图 3-6

如有 n 个空间力偶,按上法逐次合成,最后得一力偶,合力偶的矩矢应为

$$\boldsymbol{M}=\sum\boldsymbol{M}_i$$

合力偶矩矢在 x,y,z 轴上投影等于各分力偶矩矢在相应轴上投影的代数和。则合力偶矩矢的解析表达式为

$$\boldsymbol{M}=\sum M_{ix}\boldsymbol{i}+\sum M_{iy}\boldsymbol{j}+\sum M_{iz}\boldsymbol{k} \tag{3-14}$$

由于空间力偶系可以用一个合力偶来代替,因此,空间力偶系平衡的必要和充分条件是:该力偶系的合力偶矩等于零,亦即所有力偶矩矢的矢量和等于零,即

$$\sum \boldsymbol{M}_i = 0 \tag{3-15}$$

欲使式(3-15)成立,必须同时满足

$$\sum M_{ix} = 0, \quad \sum M_{iy} = 0, \quad \sum M_{iz} = 0 \tag{3-16}$$

式(3-16)为**空间力偶系的平衡方程**。即空间力偶系平衡的必要和充分条件为:**该力偶系中所有各力偶矩矢在三个坐标轴上投影的代数和分别等于零**。

上述三个独立的平衡方程可求解三个未知量。

3.3 空间任意力系

1. 空间任意力系向一点的简化

空间任意力系的简化与平面任意力系的简化方法一样,应用力的平移定理,依次将作用于刚体上的每个力向简化中心 O 平移,同时附加一个相应的力偶。这样,原来的空间任意力系被空间汇交力系和空间力偶系两个简单力系等效替换,如图 3-7(b)所示。其中

$$\boldsymbol{F}'_i = \boldsymbol{F}_i$$

$$\boldsymbol{M}_i = \boldsymbol{M}_O(\boldsymbol{F}_i)$$

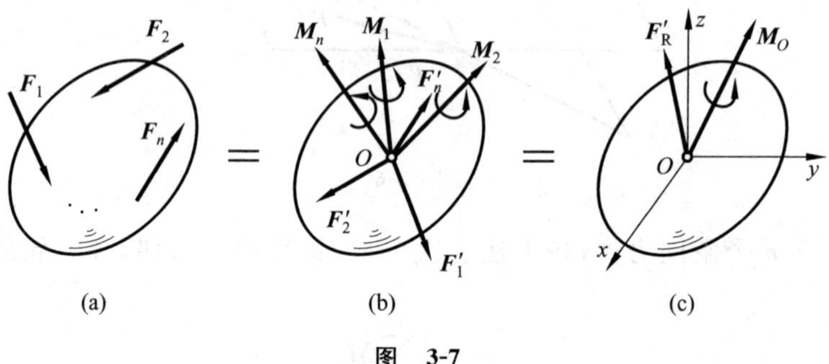

图 3-7

作用于点 O 的空间汇交力系可合成一力 $\boldsymbol{F}'_R$(图 3-7(c)),此力的作用线通过点 O,其大小和方向等于力系的主矢,即

$$\boldsymbol{F}'_R = \sum \boldsymbol{F}'_i = \sum F_{xi}\boldsymbol{i} + \sum F_{yi}\boldsymbol{j} + \sum F_{zi}\boldsymbol{k} \tag{3-17}$$

空间分布的力偶系可合成为一力偶(图 3-7(c))。其力偶矩矢等于原力系对点 O 的主矩,即

$$\boldsymbol{M}_O = \sum \boldsymbol{M}_i = \sum \boldsymbol{M}_O(\boldsymbol{F}_i) = \sum (\boldsymbol{r}_i \times \boldsymbol{F}_i) \tag{3-18}$$

主矩 $\boldsymbol{M}_O$ 沿 x,y,z 轴的投影，也等于力系各力对 x,y,z 轴之矩的代数和，即

$$\boldsymbol{M}_O = \sum \boldsymbol{M}_O(\boldsymbol{F}_i) = \sum M_x(\boldsymbol{F}_i)\boldsymbol{i} + \sum M_y(\boldsymbol{F}_i)\boldsymbol{j} + \sum M_z(\boldsymbol{F}_i)\boldsymbol{k} \tag{3-19}$$

于是可得结论如下：**空间任意力系向任一点 O 简化，可得一力和一力偶。这个力的大小和方向等于该力系的主矢，作用线通过简化中心 O；这力偶的矩矢等于该力系对简化中心的主矩**。与平面任意力系一样，主矢与简化中心的位置无关，主矩一般与简化中心的位置有关。

飞机在飞行时受到重力、升力、推力和阻力等力组成的空间任意力系的作用。通过其重心 O 作直角坐标系 $Oxyz$，如图 3-8 所示。将力系向飞机的重心 O 简化，可得一力 $\boldsymbol{F}'_{\mathrm{R}}$ 和一力偶，力偶矩矢为 $\boldsymbol{M}_O$。如果将这力和力偶矩矢向上述三坐标轴分解，则得到三个作用于重心 O 的正交分力 $\boldsymbol{F}'_{\mathrm{R}x}$，$\boldsymbol{F}'_{\mathrm{R}y}$，$\boldsymbol{F}'_{\mathrm{R}z}$ 和三个绕坐标轴的力偶 $\boldsymbol{M}_{Ox}$，$\boldsymbol{M}_{Oy}$，$\boldsymbol{M}_{Oz}$。可以看出它们的意义。

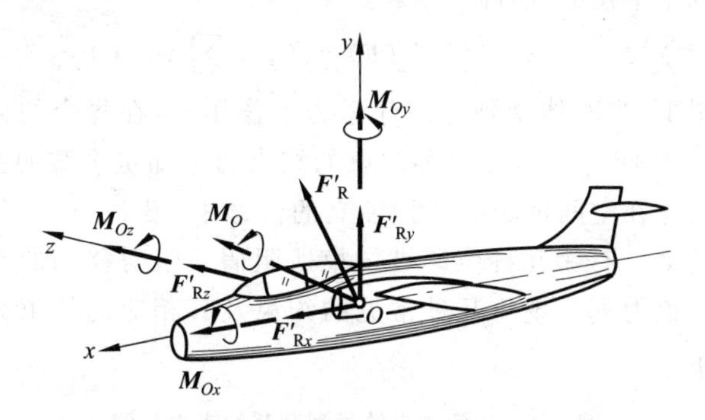

图 3-8

$\boldsymbol{F}'_{\mathrm{R}x}$—有效推进力；$\boldsymbol{F}'_{\mathrm{R}y}$—有效升力；$\boldsymbol{F}'_{\mathrm{R}z}$—侧向力；

$\boldsymbol{M}_{Ox}$—滚转力矩；$\boldsymbol{M}_{Oy}$—偏航力矩；$\boldsymbol{M}_{Oz}$—俯仰力矩

空间任意力系的简化结果包括四种情形，即合力偶、合力、力螺旋、平衡。力矢量与力偶矩矢量作用线相同的力系称为**力螺旋**。一般情形下空间任意力系可合成为力螺旋。

2. 空间任意力系的平衡方程

空间任意力系处于平衡的必要和充分条件是：力系的主矢和对于任一点的主矩都等于零，即

$$\boldsymbol{F}'_{\mathrm{R}} = 0, \quad \boldsymbol{M}_O = 0$$

根据式(3-17)和式(3-19)，可将上述条件写成空间任意力系的平衡方程

$$\begin{cases}\sum F_x = 0, \quad \sum F_y = 0, \quad \sum F_z = 0 \\ \sum M_x(\boldsymbol{F}) = 0, \quad \sum M_y(\boldsymbol{F}) = 0, \quad \sum M_z(\boldsymbol{F}) = 0\end{cases} \tag{3-20}$$

于是得结论,空间任意力系平衡的必要和充分条件是:**所有各力在三个坐标轴中每一个轴上的投影的代数和等于零,以及这些力对于每一个坐标轴的矩的代数和也等于零。**

我们可以从空间任意力系的普遍平衡规律中导出特殊情况的平衡规律,例如空间平行力系、空间汇交力系和平面任意力系等平衡方程。现以空间平行力系为例,其余情况读者可自行推导。

设物体受一**空间平行力系**作用,令 z 轴与这些力平行,则各力对于 z 轴的矩等于零。又由于 x 和 y 轴都与各力垂直,这些力在这两轴上的投影也等于零,于是式(3-20)中第1、第2和第6个方程成了恒等式。因此,空间平行力系只有3个平衡方程,即

$$\sum F_z = 0, \quad \sum M_x(\boldsymbol{F}) = 0, \quad \sum M_y(\boldsymbol{F}) = 0 \tag{3-21}$$

一般情况下,当刚体受到空间任意力系作用时,在每个约束处,其约束力的未知量有1～6个。决定每种约束的约束力未知量个数的基本方法是:观察被约束物体在空间可能的6种独立的位移中(沿 x,y,z 三轴的移动和绕此三轴的转动),有哪几种位移被约束所阻碍。阻碍移动的是约束力;阻碍转动的是约束力偶。现将几种常见的约束及其相应的约束力综合列表,如表3-1所示。

表3-1 空间约束的类型及其约束力举例

序号	约束力未知量	约 束 类 型
1	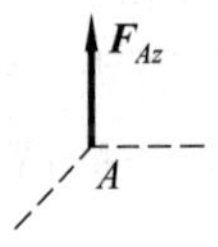 F_{Az}, A	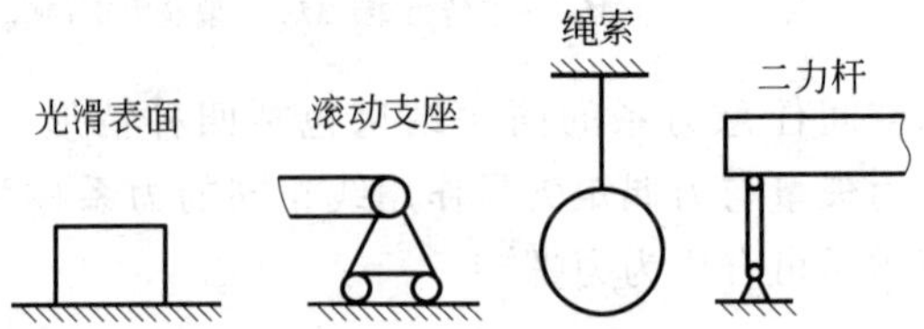 光滑表面、滚动支座、绳索、二力杆
2	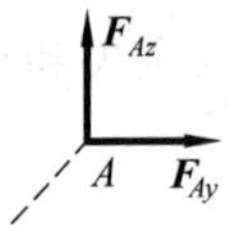 F_{Az}, F_{Ay}, A	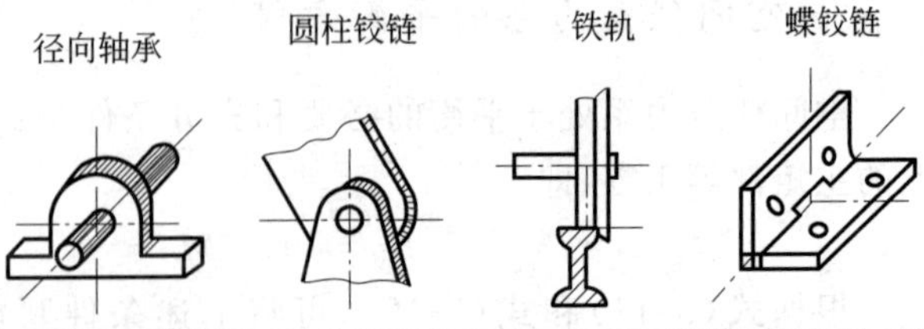 径向轴承、圆柱铰链、铁轨、蝶铰链

续表

序号	约束力未知量	约束类型
3	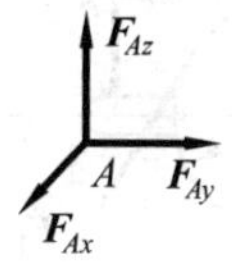 F_{Az}, F_{Ay}, F_{Ax}, A	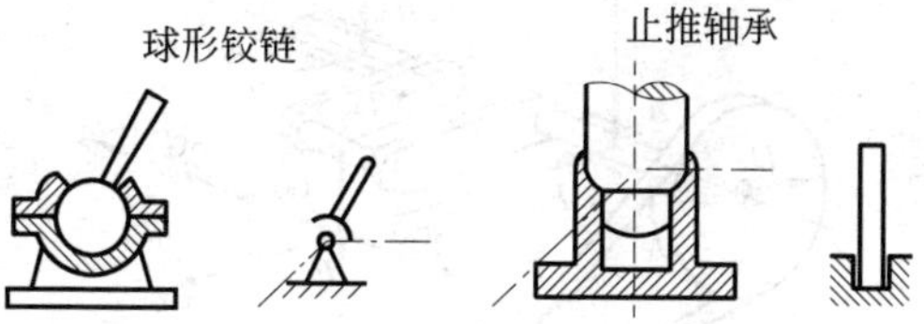 球形铰链　止推轴承
4	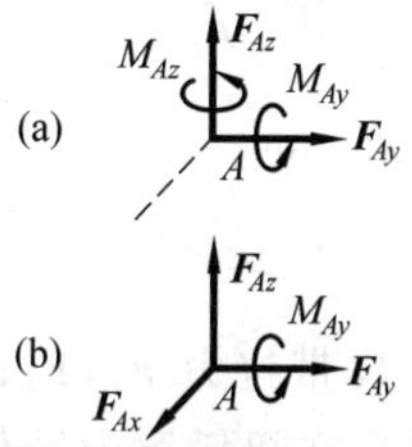 (a) M_{Az}, F_{Az}, M_{Ay}, F_{Ay}, A (b) F_{Az}, M_{Ay}, F_{Ay}, F_{Ax}, A	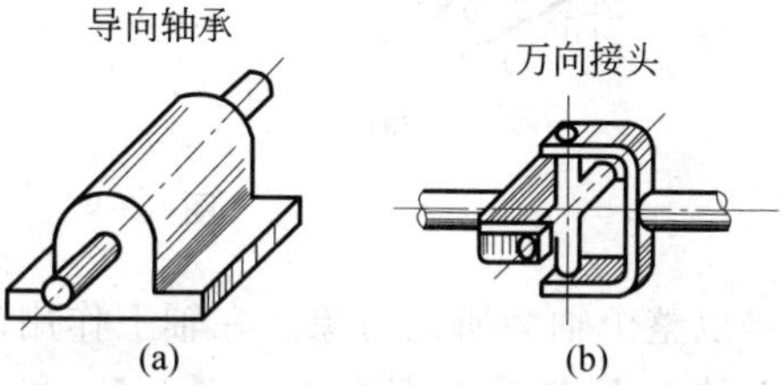 导向轴承 (a)　万向接头 (b)
5	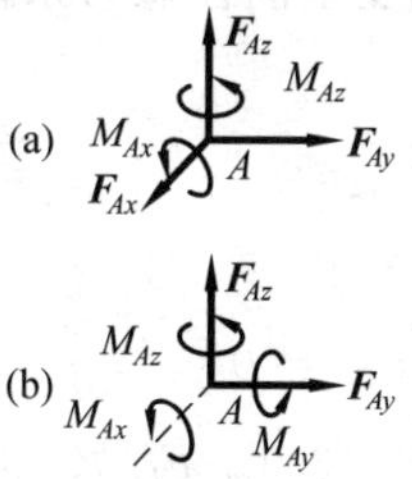 (a) F_{Az}, M_{Az}, M_{Ax}, F_{Ay}, F_{Ax}, A (b) F_{Az}, M_{Az}, F_{Ay}, M_{Ax}, M_{Ay}, A	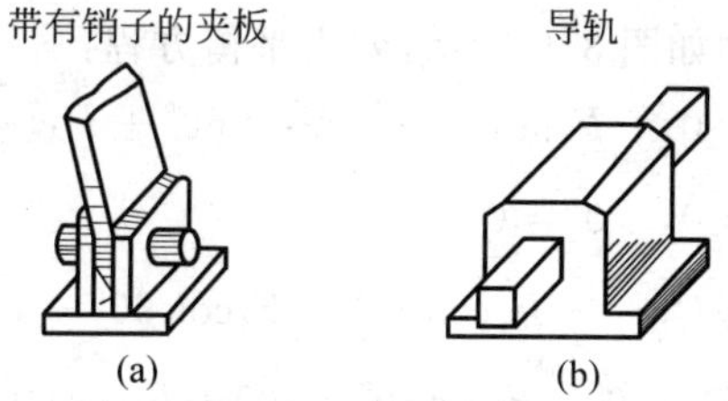 带有销子的夹板 (a)　导轨 (b)
6	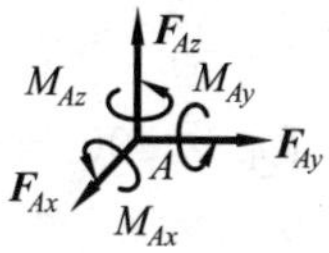 F_{Az}, M_{Az}, M_{Ay}, F_{Ay}, F_{Ax}, M_{Ax}, A	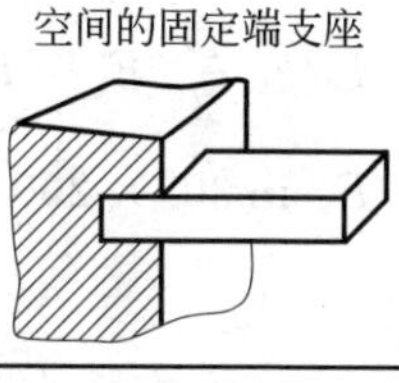 空间的固定端支座

分析实际的约束时，有时要忽略一些次要因素，抓住主要因素，作一些合理的简化。例如，导向轴承能阻碍轴沿 y 和 z 轴的移动，并能阻碍绕 y 轴和 z 轴的转动，所以有 4 个约束作用力 $\boldsymbol{F}_{Ay}$，$\boldsymbol{F}_{Az}$，$\boldsymbol{M}_{Ay}$ 和 $\boldsymbol{M}_{Az}$；而径向轴承限制轴绕 y 和 z 轴的转动作用很小，故 $\boldsymbol{M}_{Ay}$ 和 $\boldsymbol{M}_{Az}$ 可忽略不计，所以只有两个约束力 $\boldsymbol{F}_{Ay}$ 和 $\boldsymbol{F}_{Az}$。

如果刚体只受平面力系的作用，则垂直于该平面的约束力和绕平面内两轴的约束力偶都应为零，相应减少了约束力的数目。例如，在平面力系作用时，固定端的约束力就只有 3 个。

例 3-3　在图 3-9(a)中，皮带的拉力 $F_2=2F_1$，曲柄上作用有铅垂力 $F=2\text{ kN}$。已知皮带轮的直径 $D=400\text{ mm}$，曲柄长 $R=300\text{ mm}$，皮带 1 和皮带 2 与铅垂线间夹角分别为 α 和 β，$\alpha=30°$，$\beta=60°$（图 3-9(b)），其他尺寸如图所

示。求皮带拉力和轴承约束力。

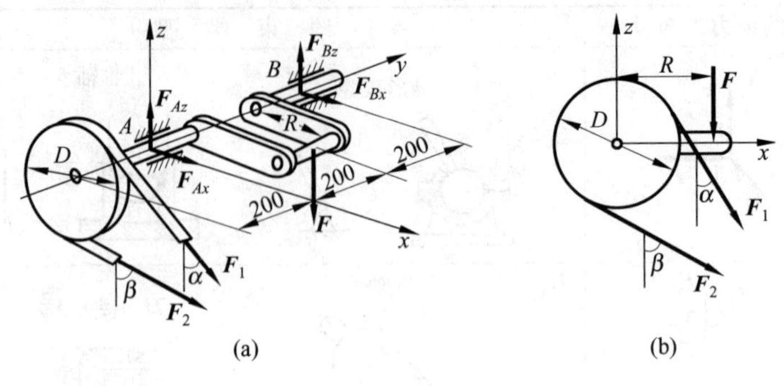

图 3-9

解 以整个轴为研究对象。在轴上作用的力有：皮带拉力 $\boldsymbol{F}_1$,$\boldsymbol{F}_2$;作用在曲柄上的力 $\boldsymbol{F}$;轴承约束力 $\boldsymbol{F}_{Ax}$,$\boldsymbol{F}_{Az}$,$\boldsymbol{F}_{Bx}$和 $\boldsymbol{F}_{Bz}$。轴受空间任意力系作用，选坐标轴如图 3-9 所示,列出平衡方程:

$\sum F_x = 0,\quad F_1\sin 30^\circ + F_2\sin 60^\circ + F_{Ax} + F_{Bx} = 0$

$\sum F_y = 0,\quad 0 = 0$

$\sum F_z = 0,\quad -F_1\cos 30^\circ - F_2\cos 60^\circ - F + F_{Az} + F_{Bz} = 0$

$\sum M_x(\boldsymbol{F}) = 0,\quad F_1\cos 30^\circ \times 200 + F_2\cos 60^\circ \times 200 - F\times 200 + F_{Bz}\times 400 = 0$

$\sum M_y(\boldsymbol{F}) = 0,\quad FR - \dfrac{D}{2}(F_2 - F_1) = 0$

$\sum M_z(\boldsymbol{F}) = 0,\quad F_1\sin 30^\circ \times 200 + F_2\sin 60^\circ \times 200 - F_{Bx}\times 400 = 0$

又有

$$F_2 = 2F_1$$

联立上述方程,解得

$$F_1 = 3\ \text{kN},\quad F_2 = 6\ \text{kN}$$
$$F_{Ax} = -10044\ \text{N},\quad F_{Az} = 9397\ \text{N}$$
$$F_{Bx} = 3348\ \text{N},\quad F_{Bz} = -1799\ \text{N}$$

此题中,平衡方程 $\sum F_y=0$ 成为恒等式,独立的平衡方程只有 5 个;在题设条件 $F_2=2F_1$ 之下,才能解出上述 6 个未知量。

3.4 重　　心

在地球附近的物体都受到地球对它的作用力,即物体的重力。重力作用于物体内每一微小部分,这种分布的重力可视为空间平行力系,一般所谓重力，就是这个空间平行力系的合力。不变形的物体（刚体）在地球表面无论怎样放置，其平行分布重力的合力作用线，都通过此物体上一个确定的点，这一点称为物体的**重心**。

重心在工程实际中具有重要的意义。如重心的位置会影响物体的平衡和稳定，对于飞机和船舶尤为重要；高速转动的转子，如果转轴不通过重心，将会引起强烈的振动，甚至引起破坏。

下面通过平行力系的合力推导物体重心的坐标公式，这些公式也可用于确定物体的质量中心、面积形心和液体的压力中心等。如将物体分割成许多微小体积，每小块体积为 ΔV_i，所受重力为 P_i，这些重力组成平行力系，其合力 $\boldsymbol{P}$ 的大小就是整个物体的重量，即

$$P = \sum P_i \tag{3-22}$$

取直角坐标系 $Oxyz$，使重力及其合力与 z 轴平行，如图 3-10 所示。设任一微体的坐标为(x_i, y_i, z_i)，重心 C 的坐标为(x_C, y_C, z_C)。根据合力矩定理，对 x 轴取矩，有

$$-Py_C = -(P_1y_1 + P_2y_2 + \cdots + P_ny_n) = -\sum P_iy_i$$

再对 y 轴取矩，有

$$Px_C = P_1x_1 + P_2x_2 + \cdots + P_nx_n = \sum P_ix_i$$

为求坐标 z_C，由于重心在物体内占有确定的位置，可将物体连同坐标系 $Oxyz$ 一起绕 x 轴顺时针转 90°，使 y 轴向下，这样各重力 $\boldsymbol{P}_i$ 及其合力 $\boldsymbol{P}$ 都与 y 轴平行。这也相当于将各重力及其合力相对于物体按逆时针方向转 90°，使之与 y 轴平行，如图 3-10 中虚线箭头所示。这时，再对 x 轴取矩，得

$$-Pz_C = -(P_1z_1 + P_2z_2 + \cdots + P_nz_n) = -\sum P_iz_i$$

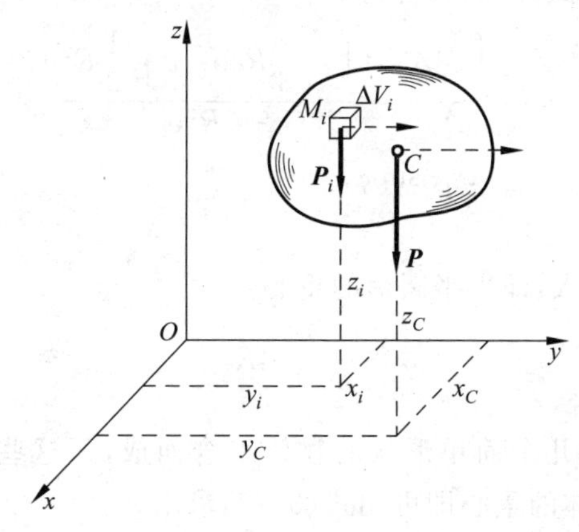

图　3-10

由以上三式可得计算重心坐标的公式,即

$$x_C=\frac{\sum P_i x_i}{\sum P_i},\quad y_C=\frac{\sum P_i y_i}{\sum P_i},\quad z_C=\frac{\sum P_i z_i}{\sum P_i}\tag{3-23}$$

物体分割得越多,即每一小块体积越小,则按式(3-23)计算的重心位置越准确。在极限情况下可用积分计算。

如果物体是均质的,由式(3-23)可得

$$x_C=\frac{\int_V x\,\mathrm{d}V}{V},\quad y_C=\frac{\int_V y\,\mathrm{d}V}{V},\quad z_C=\frac{\int_V z\,\mathrm{d}V}{V}\tag{3-24}$$

式中 V 为物体的体积。显然,均质物体的重心就是**几何中心**,即**形心**。

例 3-4 试求图 3-11 所示半径为 R,圆心角为 2φ 的扇形面积的重心。

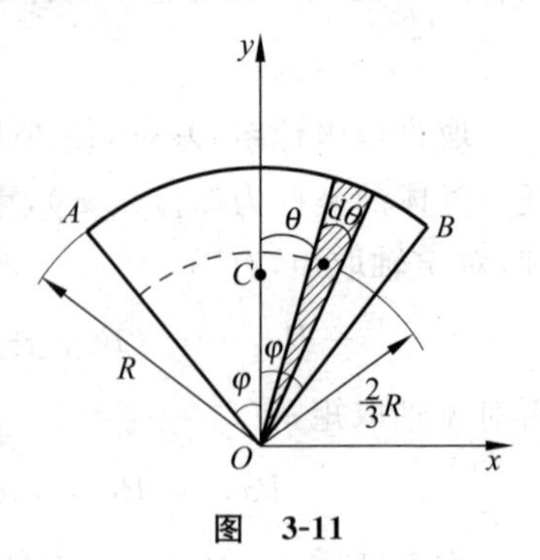

图 3-11

解 取中心角的平分线为 y 轴。由于对称关系,重心必在这个轴上,即 $x_C=0$,现在只需求出 y_C。把扇形面积分成无数无穷小的面积素(可看作三角形)、每个小三角形的重心都在距顶点 O 为 $\frac{2}{3}R$ 处。任一位置 θ 处的微小面积 $\mathrm{d}A=\frac{1}{2}R^2\mathrm{d}\theta$,其重心的 y 坐标为 $y=\frac{2}{3}R\cos\theta$,扇形总面积为

$$A=\int\mathrm{d}A=\int_{-\varphi}^{\varphi}\frac{1}{2}R^2\mathrm{d}\theta=R^2\varphi$$

由形心坐标公式(3-24),可得

$$y_C=\frac{\int y\mathrm{d}A}{A}=\frac{\int_{-\varphi}^{\varphi}\frac{2}{3}R\cos\ \theta\cdot\frac{1}{2}R^2\mathrm{d}\theta}{R^2\varphi}$$

$$=\frac{2}{3}R\,\frac{\sin\varphi}{\varphi}$$

如将 $\varphi=\frac{\pi}{2}$ 代入,即得半圆形的重心

$$y_C=\frac{4R}{3\pi}$$

若一个物体由几个简单形状的物体组合而成,而这些物体的重心是已知的,那么整个物体的重心即可用式(3-23)求出。

例 3-5 试求图 3-12 所示振动沉桩器中的偏心块的重心。已知:$R=$

100 mm，$r=17$ mm，$b=13$ mm。

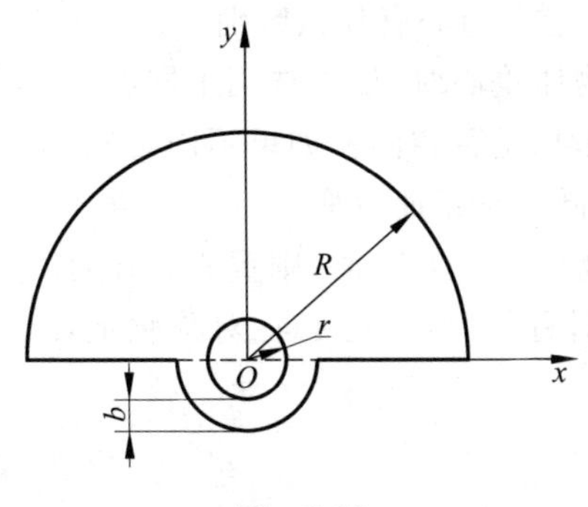

图　3-12

解　将偏心块看成由三部分组成，即半径为 R 的半圆 A_1，半径为 $r+b$ 的半圆 A_2 和半径为 r 的小圆 A_3。A_3 是切去的部分，所以面积应取负值。今使坐标原点与圆心重合，且偏心块的对称轴为 y 轴，则有 $x_C=0$。设 y_1，y_2，y_3 分别是 A_1，A_2，A_3 重心的坐标，由例 3-4 的结果可知：

$$y_1=\frac{4R}{3\pi}=\frac{400}{3\pi},\quad y_2=\frac{-4(r+b)}{3\pi}=-\frac{40}{\pi},\quad y_3=0$$

于是，偏心块重心的坐标为

$$\begin{aligned}y_C&=\frac{A_1y_1+A_2y_2+A_3y_3}{A_1+A_2+A_3}\\&=\frac{\frac{\pi}{2}\times 100^2\times\frac{400}{3\pi}+\frac{\pi}{2}\times(17+13)^2\times\left(\frac{-40}{\pi}\right)-(17^2\pi)\times 0}{\frac{\pi}{2}\times 100^2+\frac{\pi}{2}(17+13)^2+(-17^2\pi)}\\&=40.01(\text{mm})\end{aligned}$$

工程中一些外形复杂或质量分布不均的物体很难用计算方法求其重心，此时可用实验方法测定重心位置，如悬挂法，称重法。

思　考　题

3-1　如何求力在空间坐标轴上的投影？

3-2　力对轴之矩的意义是什么？怎样计算力对轴的矩？在什么情况下力对轴之矩为零？

3-3　在正方体的顶角 A 和 B 处，分别作用着力 $\boldsymbol{F}_2$ 和 $\boldsymbol{F}_1$，如思考题 3-3 图示。分别求二力在坐标轴上的投影和对三坐标轴的矩。

3-4 空间平行力系的简化结果是什么?

3-5 何谓形心?它与重心有什么区别?

3-6 计算同一物体重心时,如果选用不同的坐标系,由此得到重心坐标是否相同?如果不同,是否意味着物体重心位置随坐标系而改变?

3-7 如果均质物体有一对称面,则重心必在对称面上;如果有一个对称轴,则重心必在对称轴上,为什么?

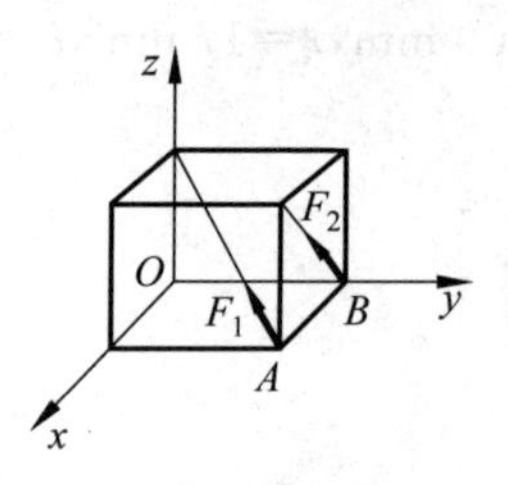

思考题 3-3 图

习　　题

3-1 若摇臂起重机拉力 $F=13$ kN,如图所示。求力 $\boldsymbol{F}$ 对转动轴 z 轴的矩,并求对坐标轴 x 与 y 轴的矩。

3-2 挂物架如图所示,三杆的重量不计,用铰链连结于 O 点,平面 BOC 是水平的,且 $BO=OC$,角度如图所示。若在 O 点挂一重物,其重为 $P=1$ kN,求三杆所受之力。

3-3 图示空间桁架,在节点 A 上作用一力 $\boldsymbol{F}=10$ kN,试求各杆的内力。

3-4 三轮车连同上面的货物共重 $P=3$ kN,重力作用线通过 C 点,求车子静止时各轮对水平地面的压力。

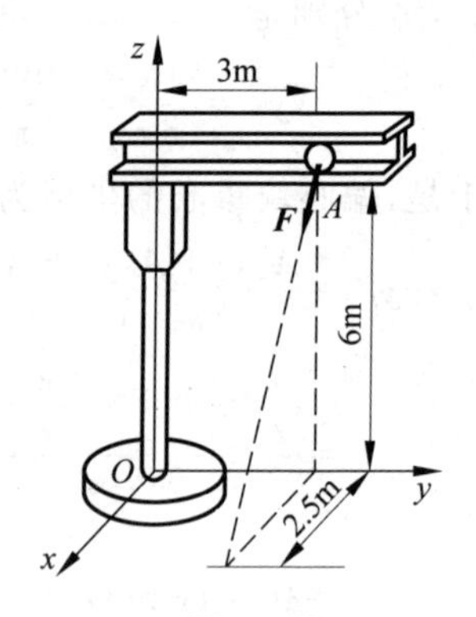

习题 3-1 图

3-5 某传动轴以 A,B 两轴承支承,圆柱直径齿轮的节圆直径 $d=17.3$ cm,压力角 $\alpha=20°$,在法兰盘上作用一力偶矩为 $M=1030$ N·m 的力偶。如轮轴自重和摩擦不计,求传动轴匀速转动时 A,B 两轴承的约束力。

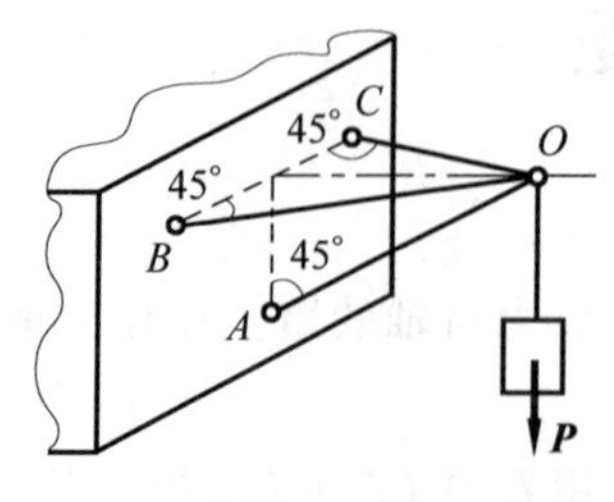

习题 3-2 图

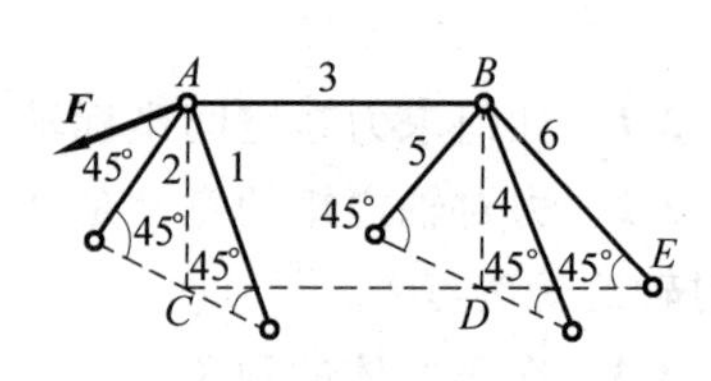

习题 3-3 图

3-6　均质长方形板 $ABCD$ 重 $P=200\text{N}$，用球铰链 A 和蝶形铰 B 固定在墙上，并用绳 EC 维持在水平位置，求绳的拉力和支座约束力。（提示：B 处沿 y 方向无约束力。）

3-7　水平传动轴装有两皮带轮 C 与 D，可绕 AB 轴转动。皮带轮直径 $r=20$ cm，$R=25$ cm，$a=b=50$ cm，$c=100$ cm。套在 C 轮上的皮带是水平的，张力 $F_1=2F_1'=5$ kN，套在 D 轮上的皮带与铅垂线成角 $\alpha=30°$，张力 $F_2=2F_2'$。求平衡时，张力 F_2 与 F_2' 之值并求皮带张力所引起轴承的约束力。

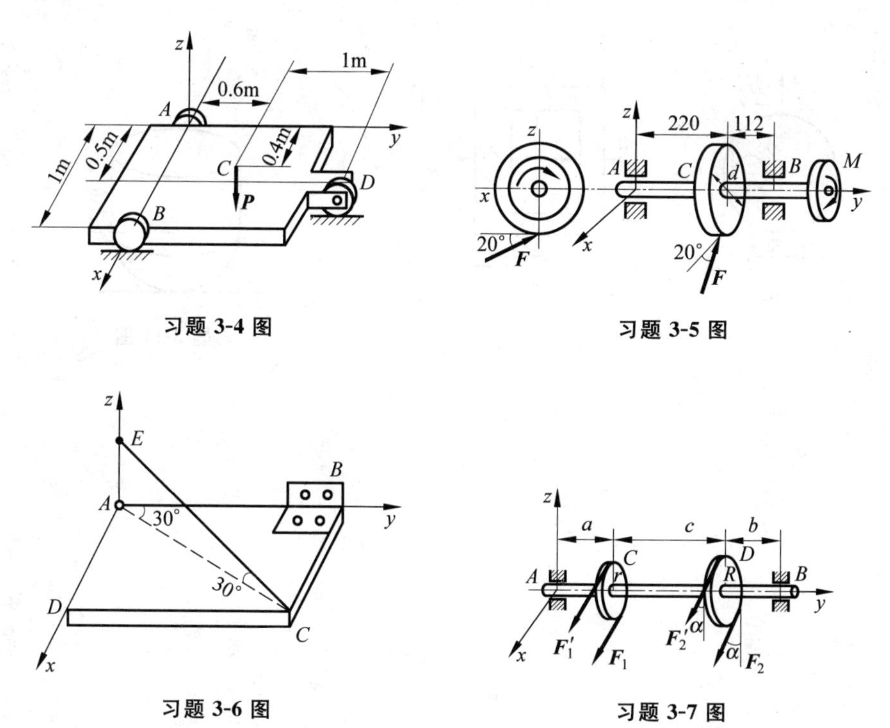

习题 3-4 图　　习题 3-5 图

习题 3-6 图　　习题 3-7 图

3-8　平行力系由五个力组成，力的大小和作用线的位置如图所示。图中坐标单位为 cm。求平行力系合力大小及作用点位置。

3-9　求图中所示平面图形的形心位置。图中单位为 mm。

3-10　试求图示阴影部分的形心位置。图(b)中单位为 mm。

3-11　图示均质物体由半径为 r 的圆柱体和半径为 r 的半球体相结合组成，要使该物体重心位于半球体圆心 C 点，求圆柱体的高 h。

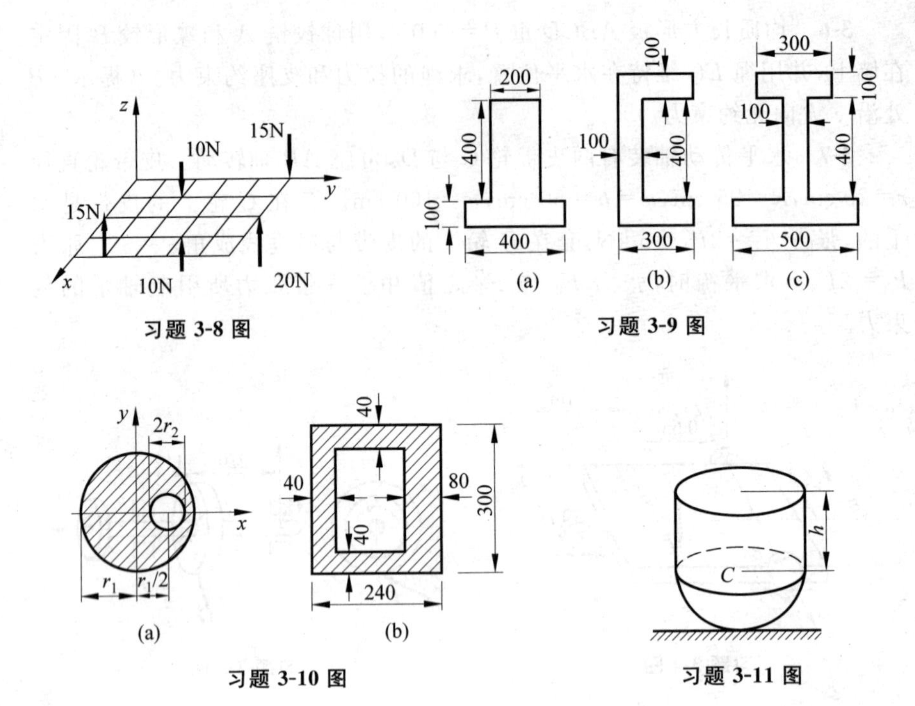

习题 3-8 图

习题 3-9 图

习题 3-10 图

习题 3-11 图

第4章 材料力学基本假设及杆件内力

4.1 外力及其分类

外力是指外部物体对构件的作用力,包括外加载荷和约束力。

1. 按外力的作用方式分为:体积力和表面力

(1) 体积力:连续分布于物体内部各点上的力,如物体的自重和惯性力。

(2) 表面力:作用于物体表面上的力,又可分为分布力和集中力。分布力是连续作用于物体表面的力,如作用于船体上的水压力等;集中力是作用于一点的力,如火车车轮对钢轨的压力等。

2. 按外力的性质分为:静载荷和动载荷

(1) 静载荷:载荷缓慢地由零增加到某一定值后,不再随时间变化,保持不变或变动很不显著,称为静载荷。

(2) 动载荷:载荷随时间而变化。动载荷可分为构件具有较大加速度、交变载荷和冲击载荷三种情况。

交变载荷是随时间作周期性变化的载荷;冲击载荷是物体的运动在瞬时内发生急剧变化所引起的载荷。

材料力学主要研究受静载荷作用的构件。

4.2 构件的承载能力

运用静力学知识,研究工程构件在载荷作用下的内效应,确定构件在正常工作条件下的承载能力,是材料力学的中心内容。

工程中常见的各种机械和结构物,例如机床和桥梁等,都是由一些构件组成的。构件是组成机械的零件或结构的元件的统称。在载荷作用下,构件的形状与尺寸必将发生改变,称为变形。卸去载荷后能够消失的变形为**弹性变形**,而残留下来的不能消失的变形则为**塑性变形**,或称**残余变形**。

作为工程构件,必须具有足够的承受载荷的能力(简称**承载能力**),才可保证工程结构或机械的正常工作,为此需要满足以下要求:

(1) 构件应具有足够的**强度**。强度是构件抵抗破坏的能力。构件在载荷作用下出现过大塑性变形或发生断裂都是由于强度不足而造成的,称为强度失效或破坏。例如,一个电动机的传动轴,在外力偶矩作用下扭成了麻花形;机床主轴因载荷过大而断裂等。因此,为能使构件正常工作,就必须具有足够的抵抗破坏的能力。

(2) 构件应具有足够的**刚度**。刚度反映了构件抵抗弹性变形的能力。有些场合下,构件受载后虽没破坏,但由于产生的弹性变形过大,而超出了正常工作所允许的要求,称为刚度失效。例如一般的传动轴,若弯曲变形过大,就会使齿轮啮合不良,影响传动精度,也会引起轴颈与轴承的急剧磨损,产生振动和噪音。又如桥式吊车梁,若变形过大,将使梁上小车在行驶时出现爬坡现象,引起梁的强烈振动。故此工程上要求,构件必须具有足够的抵抗弹性变形的能力。

(3) 构件应具有足够的**稳定性**。稳定性反映了构件保持原有平衡形态的能力。有些构件,例如千斤顶的螺杆过于细长,则当所加轴向压力达到或超过某一限度时,就有可能突然丧失原有的平衡形态,而产生显著的弯曲变形,这种现象称为丧失稳定(简称失稳)。显然,失稳是构件正常工作所不允许的。

综上所述,构件在载荷作用下,无论是强度失效,还是刚度失效,或是失稳,都说明构件已失去了正常工作的能力,统称为**失效**。显然,上述三个方面的要求是工程构件应该满足的三个彼此独立的正常工作条件。按其要求,可以设想把构件横截面尺寸尽量取得大一些,其材料质量尽量选择得高一些，但实践及理论分析计算都证明这未必奏效，而且材料的作用往往又得不到充分发挥，同时也会导致浪费或结构的笨重等。相反，如果将构件的横截面尺寸设计得过小或形状不合理，或所用材料质量较差，则在载荷作用下它将发生过度的变形或断裂，从而失去正常工作的能力。显然，要解决这样一个矛盾的统一问题，就决定了材料力学的任务应该是：研究构件在载荷作用下的变形和破坏规律，为设计构件时选择适宜的材料、确定合理的截面形状和尺寸提供基本理论和计算方法，以保证强度、刚度和稳定性要求的满足，从而达到构件在载荷作用下既安全可靠又经济适用的目的。简言之，就是要合理地解决构件的承载能力问题。

4.3　变形固体及其基本假设

在外力作用下，一切构件都将发生变形，而工程中的构件一般均由固体材料制成，如金属与合金，工业陶瓷，聚合物等，所以构件一般都是具有变形的固体。

在材料力学中为了简化计算，常需略去一些次要因素，作出如下假设。

(1) 连续性假设：认为整个物体所占空间内毫无空隙地充满物质。

(2) 均匀性假设：认为物体内的任何部分，其力学性能相同。

(3) 各向同性假设：认为物体内在各个不同方向上的力学性能相同。

(4) 小变形假设：假设构件的变形与其原始尺寸相比很小。由于变形很小，因而在分析构件的平衡关系时，可以不考虑外力作用点由于构件变形所产生的位移，而按构件的原有形状和尺寸进行计算，其结果一般都能与实验结果较好地吻合。

综上所述，在材料力学中，是把工程中的实际材料视为均匀、连续和各向同性的**变形固体**，它是一种理想的力学模型，一般只限于研究构件处于弹性变形范围内的小变形情况。因为上述四个假设是材料力学理论分析的基础，故也可称它们为“**材料力学的基本假设**”，而可称前三个假设为“**变形固体的基本假设**”。

满足各向同性假设的材料称为各向同性材料，如钢、铜、玻璃等；不符合各向同性假设的材料称为各向异性材料，如木材、胶合板、加有钢筋的混凝土材料、某些人工合成材料、复合材料等。

4.4 杆件变形的基本形式

工程中对其纵向尺寸远大于横向尺寸的构件,称为杆件。对轴线是直线,且各横截面都相等的杆件,则称为等截面直杆(简称等直杆),它是材料力学的主要研究对象。

当杆件受到不同情况的外力作用时,也将会产生不同形式的变形。其基本形式有:轴向拉伸或压缩、剪切、扭转、弯曲。这几种基本变形相对应的外力条件及变形特征如图 4-1 所示。

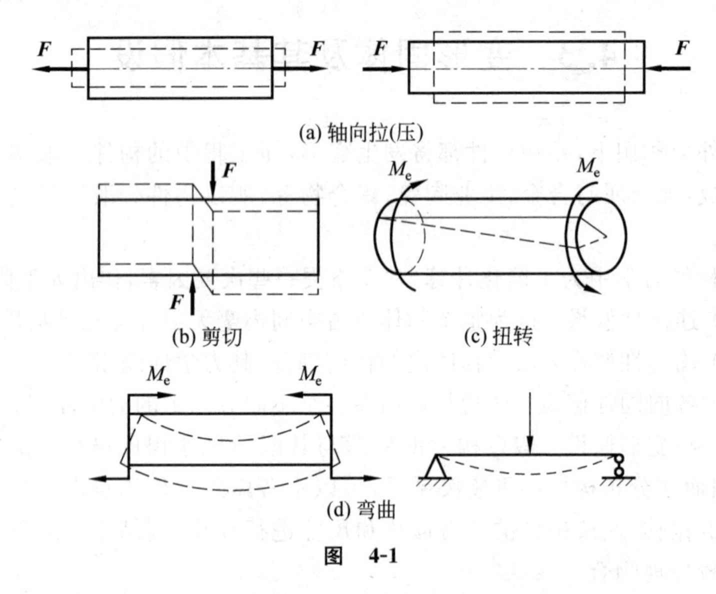

图 4-1

当杆件同时发生两种或两种以上基本变形时称为组合变形。组合变形将在讨论基本变形之后讲述。

4.5 内力 截面法

1. 内力

物体因受外力作用而变形,其各部分之间相对位置改变而引起的相互作用就是**内力**。

值得注意的是:当物体不受外力作用时,内部各质点之间依然存在着相互作用力，但材料力学中所指的内力，是指在外力作用下材料抵抗变形而引起内力的变化量，即“附加内力”，为简便起见，今后就称此为内力。它与构件所受外力密切相关，即随着外力的作用而产生，随着外力的增加而增大，当达到一定数值时会引起构件破坏。

2. 截面法

为进行强度、刚度计算必须由已知的外力确定未知的内力，而内力为作用力和反作用力，对整体而言不出现，为此必须采用截面法，将内力暴露。

截面法：用假想平面把构件分成两部分，以显示并确定内力的方法。如图 4-2 所示，为了显示出构件在外力作用下 m—m 截面上的内力，用平面假想地把构件分成Ⅰ、Ⅱ两部分，两部分之间必定出现大小相等、方向相反的相互作用力，如图 4-2(b)，(c)所示。任取其中一部分，例如Ⅰ，作为研究对象，被假想截开的任一部分上的内力必定与外力相平衡。

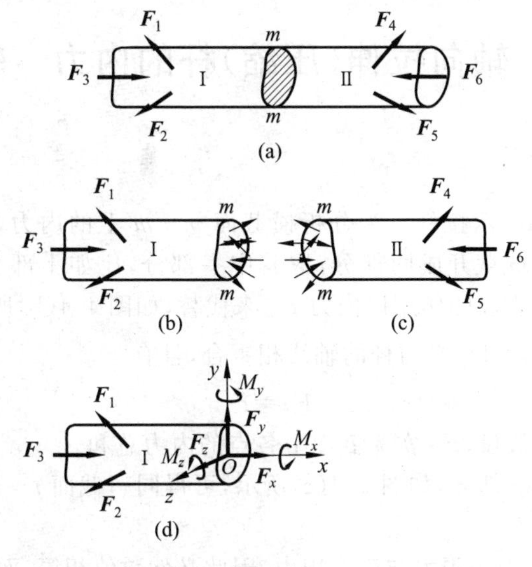

图　4-2

根据连续性假设，则内力为连续分布力，用平衡方程，求其分布内力的合力，如图 4-2(d)所示。六个内力分量为：$\boldsymbol{F}_x$，$\boldsymbol{F}_y$，$\boldsymbol{F}_z$，M_x，M_y，M_z。

截面法可归纳为以下三步骤：

(1)“切”——欲求某一截面上的内力，就沿该截面用一假想平面将物体分为两部分；

(2)“代”——两部分之间的相互作用用力代替；

(3)“平衡”——建立其中任一部分的平衡条件，求未知内力。

上述步骤也可以简述为：一截为二，去一留一，平衡求力。

例 4-1 试求图 4-3 所示悬臂梁 $m—m$ 截面上的内力。

解 截面法

(1)“切”

(2)“代”图 4-3(b)

(3)“平衡”

$\sum F_y=0, F_S-F=0$

$\sum M_O=0$(O 为截面 $m—m$ 的形心)，

$M-Fa=0$

求得：

$F_S=F$

$M=Fa$

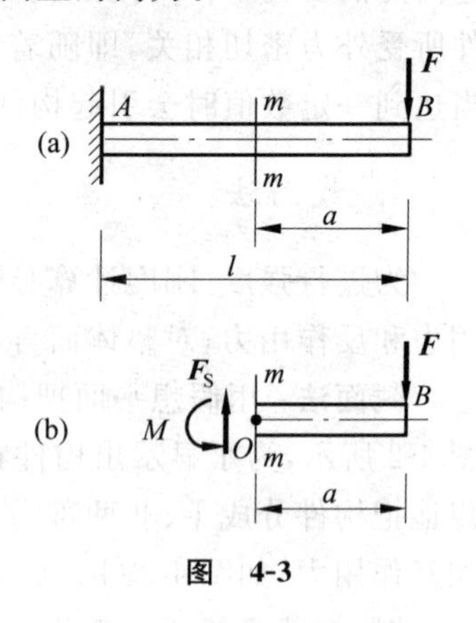

图 4-3

4.6 轴向拉伸(压缩)杆的内力 轴力

1. 轴力

如图 4-4(a)所示拉杆。为分析横截面 $m—m$ 上的内力，首先以假想的平面把杆沿 $m—m$ 截开成两部分，取其中一部分，比如Ⅰ部分为研究对象，并将杆Ⅱ段对杆Ⅰ段的作用以内力 F_N 来代替，如图 4-4(b)所示。由平衡条件 $\sum F_x=0$ 可知，F_N 必与杆的轴线相重合，且有

$$F_N=F$$

根据连续性假设，F_N 实为截面上各点的内力总和。

如果取杆的Ⅱ部分，如图 4-4(c)所示，可得同一截面 $m—m$ 上的内力值 $F'_N=F$。

F_N 与 F'_N 实为作用力与反作用力，因此必然数值相等，而方向相反。

对于图 4-5(a)所示压杆，同样求得其横截面 $m—m$ 上的内力亦与杆轴线相重合，其数值 $F_N=F$。

由上面分析可见，不论是拉杆，还是压杆，横截面上的内力均与杆轴线相重合，此种内力称为**轴力**，以 F_N 表示。为了使所求得的同一截面上的轴力不仅大小相等，而且符号相同，特对轴力进行符号规定如下：引起纵向伸长变形的轴力为正，称为拉力，如图 4-4(b)，(c)所示，可见拉力是背离截面的；引起纵向缩短变形的轴力为负，称为压力，如图 4-5(b)，可见压力是指向截面的。

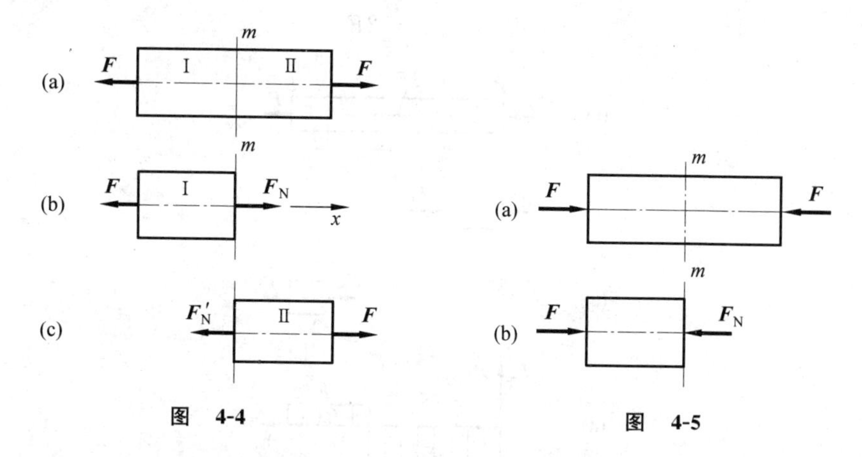

图　4-4　　　　图　4-5

以上所用的**截面法**是材料力学分析内力的基本方法。但必须注意，在使用截面法之前不允许使用刚体上力或力偶的可移性原理及静力等效原则，因为这将部分或全部地改变杆件的变形性质。

2. 轴力图

下面利用截面法分析较为复杂的拉压杆的内力。如图 4-6(a)所示的拉压杆，由于在截面 C 上有外力，因而 AC 段和 CB 段的轴力将不相同，为此必须逐段分析。利用截面法，沿 AC 段的任一截面 1—1 将杆切开成两部分，取左部分来研究，其受力图如图 4-6(b)所示，由平衡方程

$$\sum F_x = 0, \quad F_{N1} + 2F = 0$$

得

$$F_{N1} = -2F$$

结果为负值，表明 F_{N1} 的方向与假设相反，即为压力。

沿 CB 段的任一截面 2—2 将杆截开成两部分，取右段研究，其受力图如图 4-6(c)所示，由平衡方程得

$$F_{N2} = F$$

结果为正，表明 F_{N2} 与假设方向相同，为拉力。

由以上分析可见，杆件在受力较为复杂的情况下，各横截面的轴力是不相同的，为了更直观、更形象地表示轴力沿杆轴线的变化情况，常采用图形表示法。作图时以沿杆轴方向的坐标 x 表示横截面的位置，以垂直于杆轴的坐标 F_N 表示轴力，这样，轴力沿杆轴的变化情况即可用图形表示，这种图形称为**轴力图**。从轴力图上即可确定最大轴力的数值及所在截面的位置。习惯上将正值的轴力画在上侧，负值的轴力画在下侧。上例的轴力图如图 4-6(d)所示。由图可见，绝对值最大的轴力在 AC 段内，其值为

$$|F_N|_{max} = 2F$$

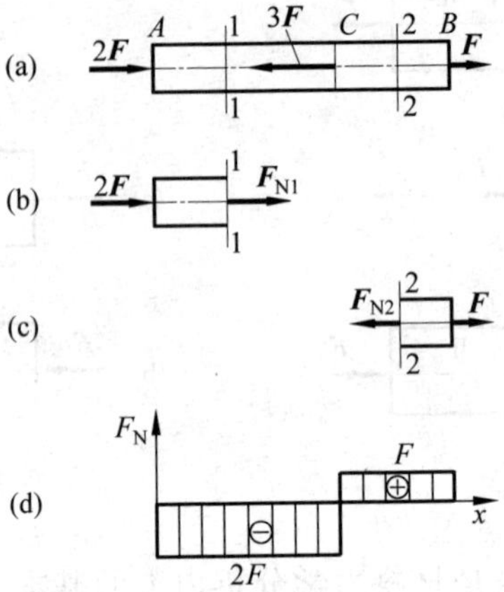

图 4-6

4.7 梁的弯曲内力 剪力和弯矩

梁在外载荷作用下,其任一截面的内力也可以用前面已介绍的截面法求得。

1. 截面法求梁的内力

图 4-7(a)所示梁在外力(包括约束力)作用下处于平衡,为了显示内力,假定用截面 m—m 在距 A 支座为 a 处将梁截为两部分,显然每部分都是平衡的。以左段作为研究对象,如图 4-7(b)所示,其右段对左段的作用可用一个与横截面相切的未知力 F_S 和一个未知力偶 M 来代替。由平衡方程式容易求得未知力 F_S 和未知力偶矩 M。

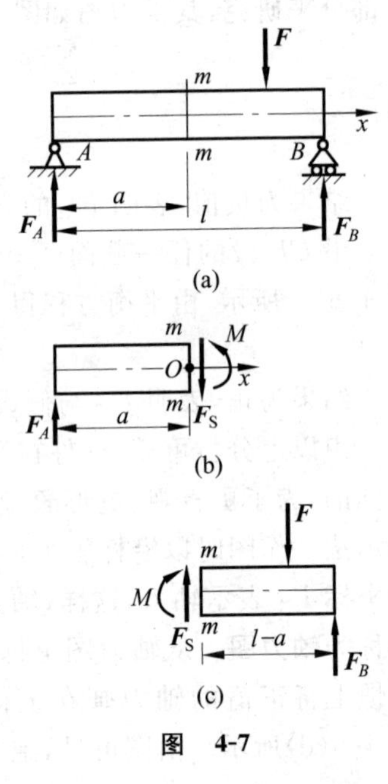

图 4-7

由 $\sum F_y = 0, F_A - F_S = 0$,得

$$F_S = F_A$$

F_S 称为横截面 m—m 上的**剪力**。

由 $\sum M_O = 0$(矩心 O 点为 m—m 截面形心),即

$$M - F_A a = 0$$

得

$$M = F_A a$$

M 称为横截面 m—m 上的**弯矩**。

同理，取右段梁为研究对象，如图 4-7(c)所示，也可求得 F_S 和 M。

2. 剪力、弯矩的正负号规定

为了使所求得的同一截面上的剪力和弯矩不仅在数值上相等，而且正负号一致，须按梁的变形情况来规定内力的符号。

剪力：截面上的剪力使截面邻近微段作顺时针转动时为正，否则为负(图 4-8(a)，(b))。

弯矩：截面上的弯矩使截面邻近微段的上部受压、下部受拉时为正，即下凸为正，否则为负(图 4-8(c)，(d))。

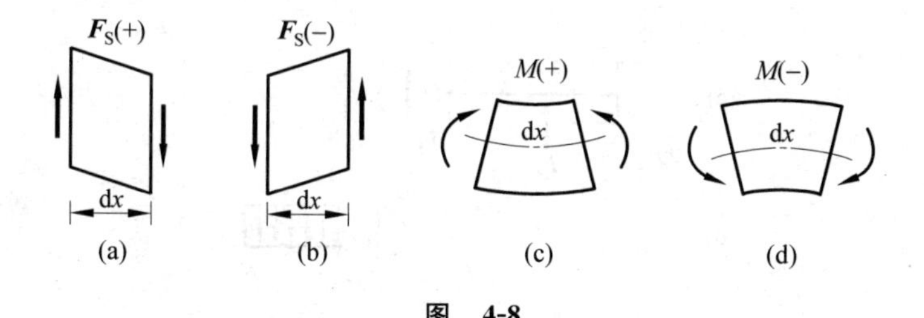

图　4-8

下面举例说明怎样用截面法求梁指定截面上的内力。

例 4-2　计算图 4-9(a)所示外伸梁中 2—2 截面及无限接近于支座 A 与支座 B 的 1—1、3—3 截面上的剪力与弯矩。

解　(1) 计算支座反力

选整体梁为研究对象，

由 $\sum M_B = 0$，$qa^2 - F_A \cdot 2a - \frac{1}{2}qa^2 = 0$，得

$$F_A = \frac{qa^2 - \frac{1}{2}qa^2}{2a} = \frac{1}{4}qa$$

由 $\sum F_y = 0$，$F_A + F_B - qa = 0$，得

$$F_B = qa - F_A = qa - \frac{1}{4}qa = \frac{3}{4}qa$$

可验证

$$\sum M_A = qa^2 + F_B \cdot 2a - qa \cdot \frac{5}{2}a$$

$$=qa^2+\frac{3}{4}qa\cdot 2a-\frac{5}{2}qa^2=0$$

说明上述计算正确。

为方便使用,在以下的计算中均假设截面上的剪力和弯矩为正,此称为“设正法”。

(2) 计算1—1截面上的剪力F_{S1}和弯矩M_1

用截面1—1把梁截开,取梁的左段为研究对象,如图4-9(b)所示。

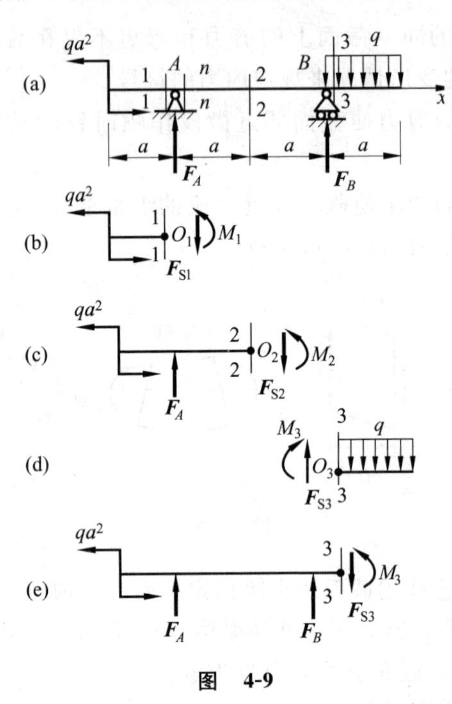

图 4-9

由 $\sum F_y=0$,得

$$F_{S1}=0$$

由 $\sum M_{O_1}=0, qa^2+M_1=0$,得

$$M_1=-qa^2$$

负号表示所设方向与实际方向相反,实际应为负弯矩。

(3) 用同样方法计算2—2截面上的剪力F_{S2}与弯矩M_2

如图4-9(c)所示,由 $\sum F_y=0, F_A-F_{S2}=0$,得

$$F_{S2}=F_A=\frac{1}{4}qa$$

由 $\sum M_{O_2}=0, qa^2+M_2-F_Aa=0$,得

$$M_2 = -\frac{3}{4}qa^2 \text{(负弯矩)}$$

(4) 计算 3—3 截面上的剪力 F_{S3} 和弯矩 M_3

取 3—3 截面右边梁段为研究对象,如图 4-9(d)所示,显然较为简便,并由平衡方程 $\sum F_y = 0$ 和 $\sum M_{O_3} = 0$ 可以分别得到 $F_{S3} = qa$, $M_3 = -\frac{1}{2}qa^2$。

如果仍利用截面 3—3 左边梁段为研究对象,如图 4-9(e)所示,也可得到 F_{S3}, M_3 的同样结果。但应注意,此时 F_{S3} 中包含有 F_B,而 M_3 中不包含 F_B,这是由于 3—3 截面无限靠近 B 支座,因而 F_B 对 3—3 截面形心之矩为零。建议读者自行计算无限接近于支座 A 的右边截面 n—n 上的剪力和弯矩,并与截面 1—1 进行比较。

由上述剪力和弯矩的求取过程,可以总结出由外力直接计算梁任一截面上内力的规则:

(1) 某截面左边梁段上所有向上的外力,或某截面右边梁段上所有向下的外力,使该截面上产生正剪力,即"左上右下,剪力为正",否则产生负剪力。

(2) 某截面左边梁段上外力(力或力偶)对截面形心之矩为顺时针转向,或某截面右边梁段上外力对截面形心之矩为逆时针转向,使该截面上产生正弯矩,即"左顺右逆,弯矩为正",否则产生负弯矩。

或者换种说法,"所有向上的外力产生正的弯矩,反之产生负的弯矩",力偶引起的弯矩可直接观察梁段变形而得,即"下凸为正,反之为负"。

(3) 某截面上剪力 F_S 的大小,等于该截面左边(或右边)梁段上所有横向外力的代数和。

(4) 某截面上弯矩 M 的大小,等于该截面左边(或右边)梁段上所有外力对该截面形心之矩的代数和。

利用这些规则求弯曲内力时,可不再列出平衡方程,而直接根据截面左边或右边梁上的外力来确定梁横截面上的剪力和弯矩。

3. 剪力方程和弯矩方程

前面我们研究了求解梁任一横截面上的内力方法,并且知道在一般情况下,梁横截面上的剪力和弯矩是随横截面的位置变化的。若横截面位置用沿梁轴线的坐标 x 表示,则梁各个横截面上的剪力和弯矩可以表示为坐标 x 的函数,即

$$\begin{cases} F_S = F_S(x) \\ M = M(x) \end{cases} \tag{4-1}$$

上述二式分别叫做剪力方程和弯矩方程,列剪力方程和弯矩方程时,一般是以梁左端点为坐标原点。

通过剪力方程和弯矩方程,可以了解各横截面上剪力和弯矩沿梁轴线方向的变化情况,从而确定内力数值最大的截面。为了更形象地反映这种变化情况,可根据剪力方程和弯矩方程,把变化情况用图形表示出来,这种图形就是剪力图和弯矩图。

4. 根据剪力方程和弯矩方程绘制剪力图和弯矩图

剪力图和弯矩图的作法可仿照轴力图,即选定比例尺,把剪力值或弯矩值作为纵坐标,梁轴线为横坐标,绘出 $F_S(x)$和 $M(x)$的图线。

基本方法是,首先写出剪力方程和弯矩方程,然后按数学中作函数图形的方法由剪力方程和弯矩方程绘出剪力图和弯矩图。

下面通过例题来说明具体方法和步骤。

例 4-3 在均布载荷作用下的悬臂梁如图 4-10(a)所示。试作梁的剪力图和弯矩图。

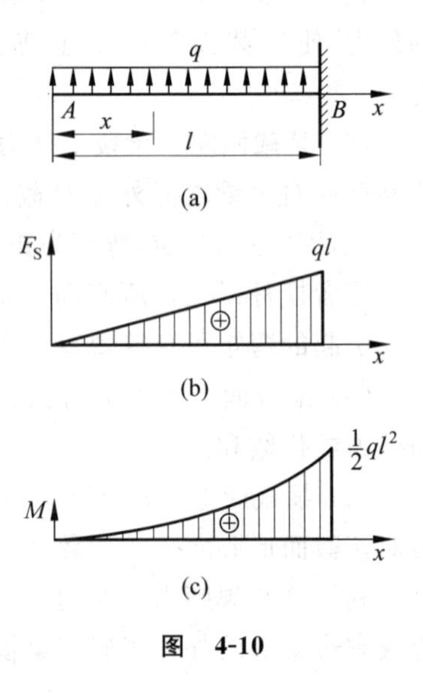

图 4-10

解 选取坐标系如图所示。宜用 x 截面左侧的外力来计算剪力和弯矩。这样,便可不必首先求出支反力,而直接算出 F_S 和 M 为

$$F_S(x) = qx \quad (0 \leqslant x < l) \tag{a}$$

$$M(x) = qx \cdot \frac{x}{2} = \frac{qx^2}{2} \quad (0 \leqslant x < l) \tag{b}$$

式(a)表明,剪力图是一斜直线,只要确定两点就可定出这一斜直线,如图 4-10(b)所示。式(b)表明,弯矩图是一抛物线,要多确定曲线上的几点,才能画出这条曲线。例如

$$x = 0, M = 0; \quad x = \frac{l}{4}, M = \frac{1}{32}ql^2$$

$$x = \frac{l}{2}, M = \frac{1}{8}ql^2; \quad x = l, M = \frac{1}{2}ql^2$$

最后绘出弯矩图如图 4-10(c)所示。

例 4-4　简支梁受集度为 q 的均布载荷作用，如图 4-11(a)所示，试列出梁的剪力方程和弯矩方程，绘制 F_S 图和 M 图，并求 $|F_S|_{max}$ 和 $|M|_{max}$。

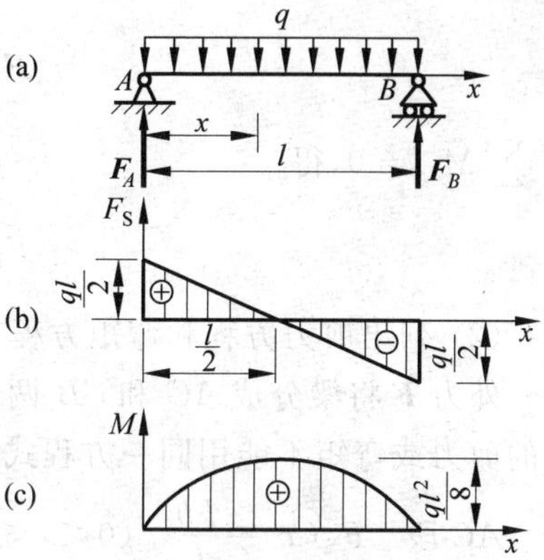

图　4-11

解　(1) 求支座反力

根据梁的对称关系，可知两个支座反力相等，即

$$F_A = F_B = \frac{1}{2}ql$$

(2) 列剪力方程和弯矩方程

取任一截面 x，则

$$F_S(x) = F_A - qx = \frac{1}{2}ql - qx \quad (0 < x < l) \tag{a}$$

$$M(x) = F_A x - \frac{1}{2}qx^2 = \frac{1}{2}qlx - \frac{1}{2}qx^2 \quad (0 \leqslant x \leqslant l) \tag{b}$$

(3) 绘 F_S 图和 M 图

由剪力方程(a)知剪力图为一直线，由两点：$x=0, F_S=\frac{1}{2}ql$ 和 $x=l$，$F_S=-\frac{1}{2}ql$，即可画出剪力图(图 4-11(b))。

由弯矩方程(b)知弯矩图为一抛物线，至少需计算三个主要点的值，例如 $x=0, M=0$；$x=l, M=0$；$x=\frac{l}{2}, M=\frac{1}{8}ql^2$。绘出弯矩图见图 4-11(c)。

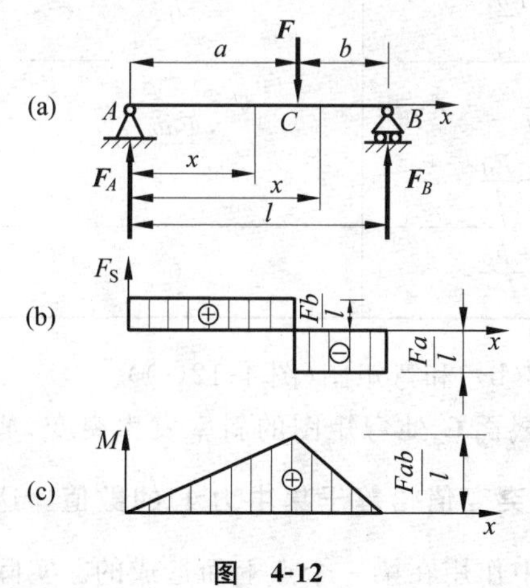

图　4-12

(4) 求 $|F_S|_{max}$ 和 $|M|_{max}$

由 F_S 图和 M 图可知，在接近 A，B 两端的截面上 $|F_S|_{max}=\frac{1}{2}ql$；在梁中点截面(剪力 $F_S=0$)，$M_{max}=\frac{1}{8}ql^2$。

例 4-5　图 4-12(a)所示一简支梁，在 C 点处受集中力 $\boldsymbol{F}$ 作用。绘此梁的剪力图和弯矩图。

解　(1) 计算支座反力

考虑梁的整体平衡，由

$\sum M_B = 0$ 得

$$F_A = \frac{Fb}{l}$$

由 $\sum M_A = 0$,得

$$F_B = \frac{Fa}{l}$$

(2) 列出剪力方程和弯矩方程

外力 **F** 将梁分成 AC 和 CB 两段,梁在该两段内的内力是不同的,因此梁的剪力或弯矩不能用同一方程式来表示,应分段列出。

AC 段 $F_S(x)=\frac{Fb}{l} \quad (0<x<a)$ (a)

$$M(x)=\frac{Fb}{l}x \quad (0\leqslant x\leqslant a) \tag{b}$$

CB 段 $F_S(x)=F_A-F=\frac{Fb}{l}-F=-\frac{Fa}{l} \quad (a<x<l)$ (c)

$$M(x)=F_Ax-F(x-a)=\frac{Fb}{l}x-F(x-a)=Fa-\frac{Fa}{l}x \quad (a\leqslant x\leqslant l) \tag{d}$$

(3) 绘制剪力图和弯矩图

由式(a)可知 AC 段剪力图是一条水平线。由式(b)可知,AC 段弯矩图是一条斜直线。由(c),(d)二式分别知道 CB 段剪力图是一条水平线,弯矩图是一条斜直线。各主要点处的 $F_S(x)$ 和 $M(x)$ 见下表。

x	F_S	M
0	A 截面右侧 $\frac{Fb}{l}$	0
a	C 截面 左侧 $\frac{Fb}{l}$ 右侧 $-\frac{Fa}{l}$	$\frac{Fab}{l}$
l	B 截面右侧 $\frac{-Fa}{l}$	0

分别画出两段梁的剪力图(图 4-12(b))和弯矩图(图 4-12(c))。

由图 4-12 可见,在**集中力 F 作用截面 C 处**弯矩图的斜率发生突变,**剪力图的数值由** $\left(+\frac{Fb}{l}\right)$ 突变为 $\left(-\frac{Fa}{l}\right)$,**突变值恰等于集中力 F 的数值**。这种突变现象是由于我们假设力 **F** 是集中作用在梁一个点上而造成的。实际上载荷不可能作用在一个点上，而是作用在一微段上，因而剪力和弯矩的变化在微段上还是逐渐变化的。图 4-13 表示出了梁段在这载荷作用下的剪力图和弯矩图。然而在进行梁的计算时，重要的是要求出最大剪力和最大弯矩，因此，在实用上仍采用图 4-12 的剪力图和弯矩图。同样，也可解释集中力偶作用处弯矩图的突变现象。从而不难理解：**在集中力作用截面处，剪力方程为开区间，在集中力偶作用截面处，弯矩方程为开区间。**

还应指出，实用中，在绘制内力图时，由于坐标轴比较明确，因此往往在图中不再画出坐标轴（图 4-13），而要求标明图名称、正负号、控制点的数据及单位。有时剪力图、弯矩图中的阴影线也可省略。

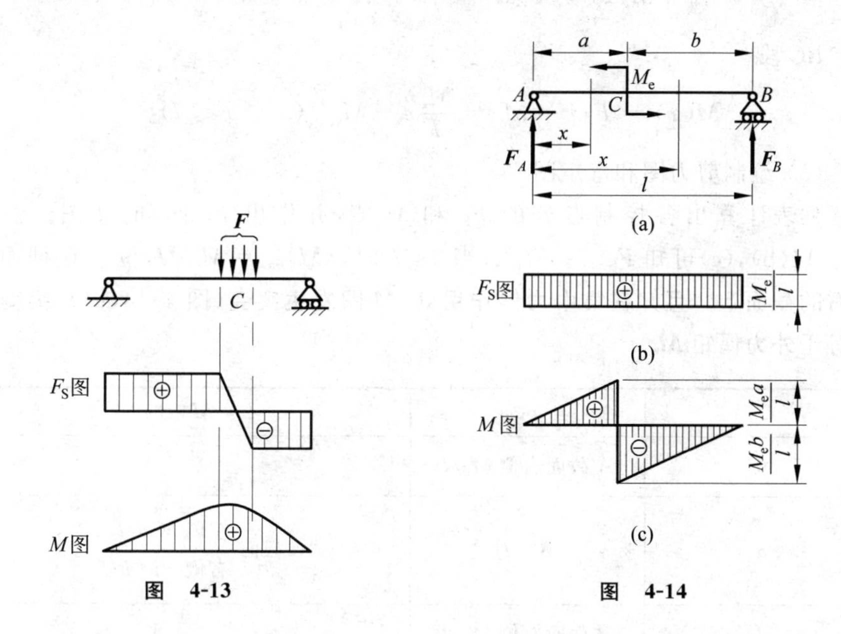

图　4-13　　　　图　4-14

例 4-6　图 4-14 表示一简支梁，受一矩为 M_e 的集中力偶作用，试作此梁的剪力图和弯矩图，并确定 $|F_S|_{max}$ 和 $|M|_{max}$。

解　(1) 求支座反力

由平衡方程 $\sum M_B = 0$ 和 $\sum M_A = 0$，可得

$$F_A = \frac{M_e}{l}(\uparrow)$$

$$F_B = -\frac{M_e}{l}(\downarrow)$$

由平面力偶系的平衡条件可知，两支座反力必构成一反向力偶与原集中力偶平衡，即：力偶只能由力偶来平衡，由此也可得 F_A 与 F_B。

(2) 写出剪力方程和弯矩方程

写剪力方程时,因外力在 AC 段和 BC 段上引起的剪力都一样,故剪力方程不需分段写,即

$$F_S(x)=\frac{M_e}{l}\quad(0<x<l)$$

列弯矩方程时,外力在 AC 段和 BC 段上引起的弯矩不一样,需分段写,有

AC 段

$$M(x)=F_Ax=\frac{M_e}{l}x\quad(0\leqslant x<a)$$

BC 段

$$M(x)=F_Ax-M_e=\frac{M_e}{l}x-M_e\quad(a<x\leqslant l)$$

(3) 绘制剪力图和弯矩图

列表计算出各控制点处的 F_S 和 M 值,并作出 F_S 图和 M 图。由图 4-14(b),(c)可知 $F_{S\max}=M_e/l$;当 $a<b$ 时,$|M|_{\max}=M_eb/l$,位于 C 截面稍右的截面上。且知**在集中力偶作用处,$\boldsymbol{M}$ 图发生突变**(图 4-14(c)),**突变值等于外力偶矩 $\boldsymbol{M}_e$**。

x	F_S	M
0	A 截面右侧 M_e/l	0
a	M_e/l	C 截面 左侧 M_ea/l 右侧 $-M_eb/l$
l	B 截面左侧 M_e/l	0

5. 弯矩、剪力与分布载荷集度间的微分关系及其应用

如果将上述例题中的弯矩方程对 x 求一次导数,就可以得到剪力方程;将剪力方程对 x 求一次导数,就得到分布载荷集度。这种关系是普遍存在的。利用这些关系,可以很方便地校核或绘制剪力图和弯矩图。

(1) 弯矩、剪力和分布载荷集度间的微分关系

现以图 4-15(a)所示简支梁左端为坐标原点选取坐标系。梁上分布载荷集度 q 是 x 的连续函数,并规定方向向上为正。现在在分布载荷作用段任一截面 x 处,设其上剪力与弯矩均为正,截取微段梁 $\mathrm{d}x$ 进行讨论,因为 $\mathrm{d}x$

很微小，故可视其上的分布载荷为均布，微段受力如图4-15(b)所示。考虑微段的平衡，有

$$\sum F_y = 0,\quad F_S + q\mathrm{d}x - (F_S + \mathrm{d}F_S) = 0$$

整理后可得

$$\frac{\mathrm{d}F_S}{\mathrm{d}x} = q \tag{4-2}$$

再取微段梁右端截面的形心 O 为矩心，由平衡方程

$$\sum M_O = 0,$$

$$-M - F_S\mathrm{d}x - \frac{1}{2}q(\mathrm{d}x)^2 + (M + \mathrm{d}M) = 0$$

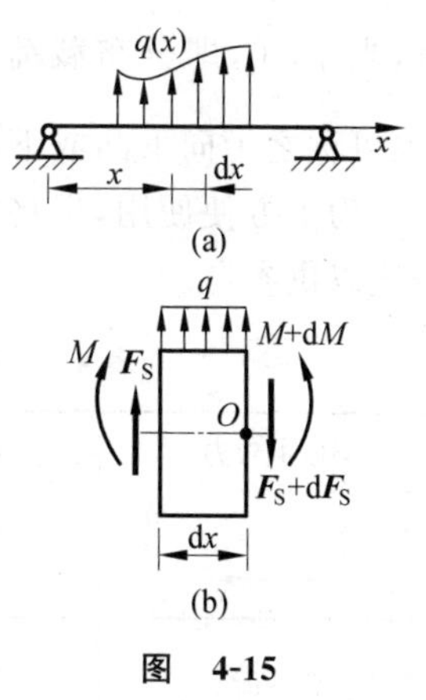

图　4-15

略去二阶微量后得到

$$\frac{\mathrm{d}M}{\mathrm{d}x} = F_S \tag{4-3}$$

将式(4-3)再对 x 求一次导数，并考虑式(4-2)可得

$$\frac{\mathrm{d}^2M}{\mathrm{d}x^2} = \frac{\mathrm{d}F_S}{\mathrm{d}x} = q \tag{4-4}$$

以上三式表示了梁任一截面上的弯矩、剪力与分布载荷集度间的微分关系。从几何意义而言，式(4-2)说明剪力图上某点的切线斜率就等于梁上该点处的分布载荷集度(大小相等，符号相同)；式(4-3)说明弯矩图上某点的切线斜率就等于梁上与该点对应截面上的剪力。

(2) 利用弯矩、剪力和分布载荷集度间的微分关系绘制剪力图和弯矩图

利用式(4-2)～式(4-4)，并结合梁上载荷的具体情况，可以得出关于剪力图、弯矩图的一些变化规律，依据这些规律就会更简捷地校核或绘制剪力图和弯矩图。

① 在无分布载荷作用的梁段上($q=0$)，由于 $q=\frac{\mathrm{d}F_S}{\mathrm{d}x}=0$，故 $F_S=$常数，即剪力图为一水平直线。又因为 $F_S=\frac{\mathrm{d}M}{\mathrm{d}x}=$常数，所以相应的弯矩图应为一斜直线，其斜率随 F_S 值而定。由此可知，对于只有集中力或集中力偶作用的梁，其剪力图和弯矩图必是由直线构成的(参见图4-12和图4-14)。

② 在均布载荷作用下的梁段，由于 $q=\frac{\mathrm{d}F_S}{\mathrm{d}x}=$常数$\neq 0$，故剪力图为一斜直线，其斜率随 q 而定，相应的弯矩图则为二次抛物线。由于 $\frac{\mathrm{d}M}{\mathrm{d}x}=F_S$，因此在 $F_S=0$ 的横截面处，弯矩图斜率为零，弯矩在此截面处有极值。具体而

言,当 $q>0$,即分布载荷方向向上时,由于 $\frac{\mathrm{d}^2M}{\mathrm{d}x^2}=q>0$,故弯矩图为凹曲线(也可称之为向下凸或下凸);反之,即 $q<0$ 时,弯矩图为凸曲线(即上凸)。

为了方便使用,现将以上规律和剪力图、弯矩图的特征用列表 4-1 形式表述以供参考。

表 4-1 几种载荷作用下的剪力图与弯矩图特征

梁段上外力	剪力图	弯矩图	$\|M\|_{max}$所在截面的可能位置	应用举例
无载荷	水平线	 ($F_S>0$) ($F_S<0$)		图 4-12
$q>0$ 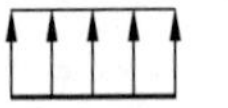		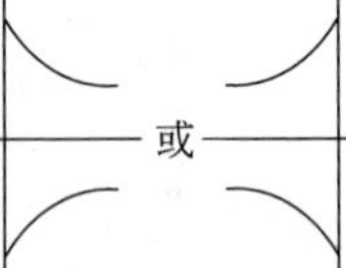 或	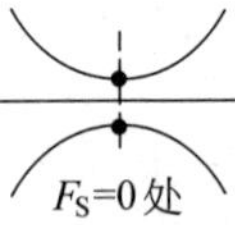	图 4-10
$q<0$			$F_S=0$处	图 4-11
集中力 (**F**)作用处	有突变 突变值 =F	转折(有尖角)	**F**作用处	图 4-12
集中力偶作用处(矩为 M_e)	不变化	有突变 突变值 =M_e	M_e 作用截面的某一侧	图 4-14

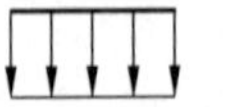

建议读者用自己的话总结出均布载荷指向与弯矩图凸凹性之间的关系,比如:**均布载荷的指向总是与弯矩图的凸向相反或开口一致等**。

例 4-7 图 4-16(a)所示外伸梁,受集中力偶及均布载荷作用,试作其剪力图和弯矩图。

解 (1) 求支反力

设 $\boldsymbol{F}_A$,$\boldsymbol{F}_B$(方向如图示),由平衡方程

$$\sum M_B=0,\text{得 } F_A=\frac{1}{2}qa$$

$$\sum M_A=0,\text{得 } F_B=\frac{3}{2}qa$$

(2) 作剪力图和弯矩图

根据梁上的外力情况,画剪力 F_S 图与弯矩 M 图时,应将梁分为 CA 段和 AB 段。

F_S 图:CA 段梁上无横向力作用,剪力为零;AB 段内有方向向下的均布

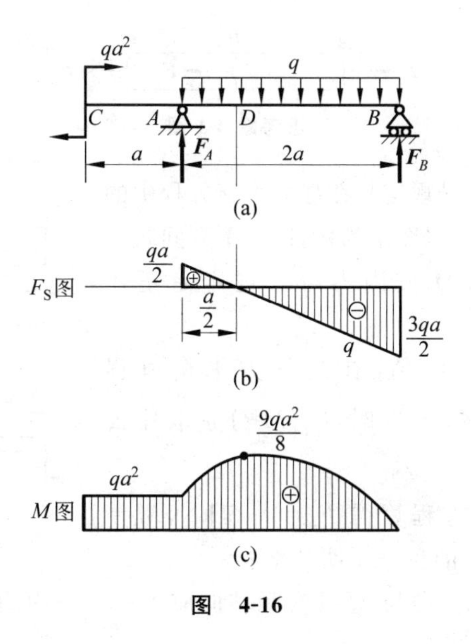

图 4-16

载荷作用，F_S 图为斜向右下方的直线。在该段的左端截面，由于有方向向上的集中力 F_A 作用，A 右邻截面剪力值 $F_{SA}^{R}=F_A=\frac{1}{2}qa$。同理，$B$ 左邻截剪力值 $F_{SB}^{L}=-F_B=-\frac{3}{2}qa$。由此两个控制点，即可画出 F_S 图（图 4-16(b)）。从图中可见，AB 段内存在剪力为零的截面 D，且距 A 端为 $\frac{a}{2}$。建议读者自己总结出 F_S 图的突变方向与集中力指向之间的关系。

M 图：梁的 CA 段，由于 C 端面有顺时针转向的外力偶矩 qa^2 作用，故 M 图由零向上突变 qa^2，该段内剪力为零，M 图为水平线。梁的 AB 段内，$q<0$，M 图为凸向上的抛物线。在 $F_S=0$ 的 D 截面处，M 图线斜率为零，弯矩存在极值。B 端为铰支座，其上无集中力偶作用，故该处弯矩为零。综合讨论结果，可画出全梁的 M 图（图 4-16(c)）。对图 4-16(c) 中弯矩极值的求取，可借助弯矩方程，也可借助剪力、弯矩图，建议读者自己完成。

思 考 题

4-1 如思考题 4-1 图所示受力杆 ABC，在求各段内力时，可否将各力按力的可传性原理都移至 A 点上，为什么？

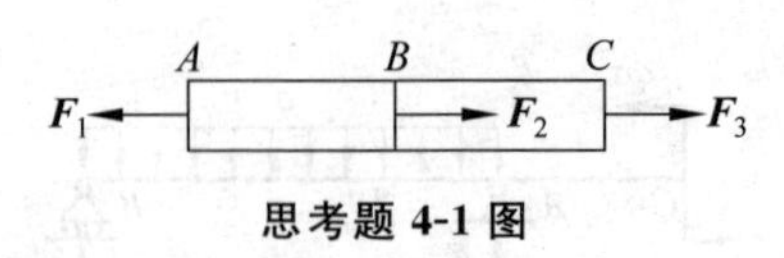

思考题 4-1 图

4-2 内力的符号规定与在静力平衡方程中的符号规定有何区别？以图示为例，回答下列问题：

(1) 图设 F_S，M 按内力符号规定是正还是负？

(2) 为求 F_S，M 值，在列静力平衡方程 $\sum F_y=0$ 和 $\sum M_O=0$ 时，F_S，M 分别取什么符号？

(3) 今由平衡方程算得 $F_S=-5\ \text{kN}$，$M=-8\ \text{kN}\cdot\text{m}$，答案中的负号说明什么？

思考题 4-2 图

(4) F_S 的实际方向与 M 的实际转向应怎样？按内力符号规定，其正负号应如何取？

4-3 图示 m—m截面上剪力、弯矩各等于多少？为什么？

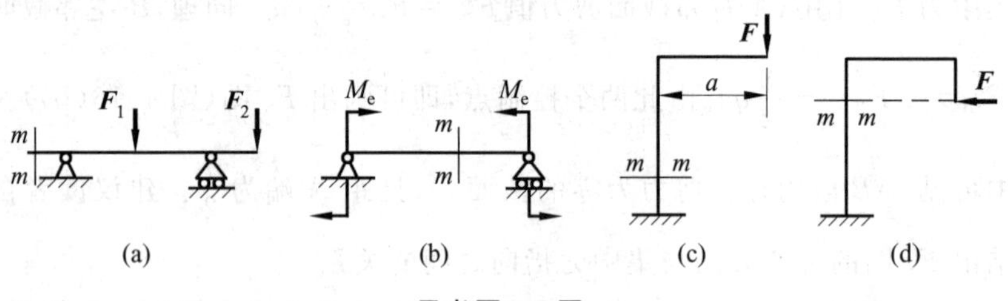

思考题 4-3 图

习 题

4-1 试计算图示各杆各段的轴力，并作各杆的轴力图。

4-2 求图示各梁中指定截面上的剪力和弯矩。

4-3 列出图示各梁的剪力方程和弯矩方程，作出剪力图和弯矩图，并求 $|F_S|_{max}$ 及 $|M|_{max}$。

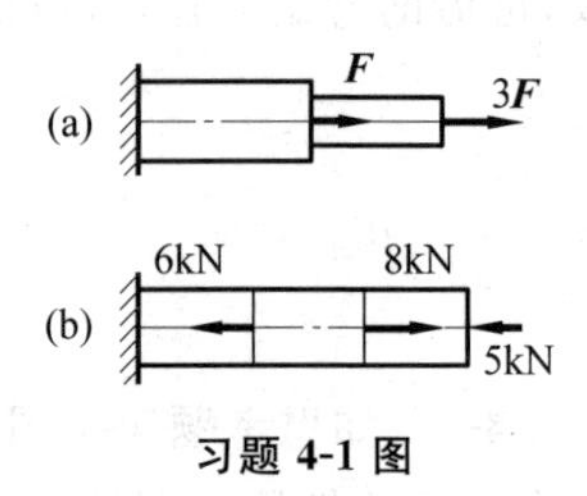

习题 4-1 图

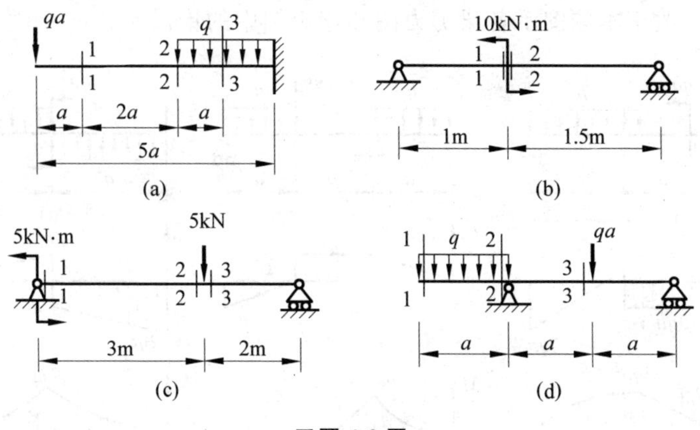

习题 4-2 图

4-4　根据弯矩、剪力和载荷集度间的微分关系，试作习题 4-3 图示各梁的剪力图和弯矩图。

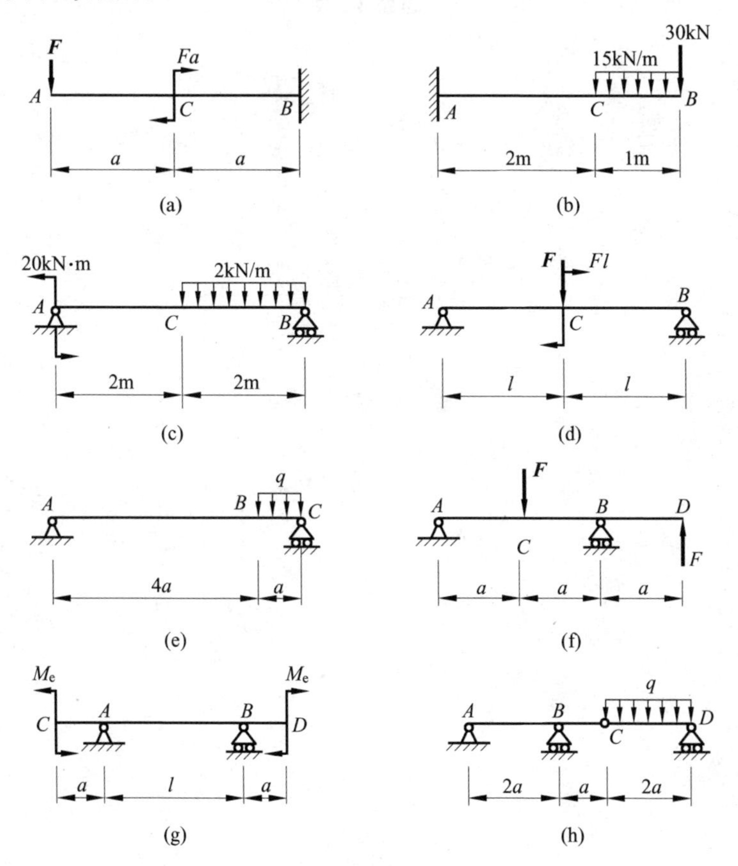

习题 4-3 图

4-5 改正本题图示各梁剪力图和弯矩图中的错误。

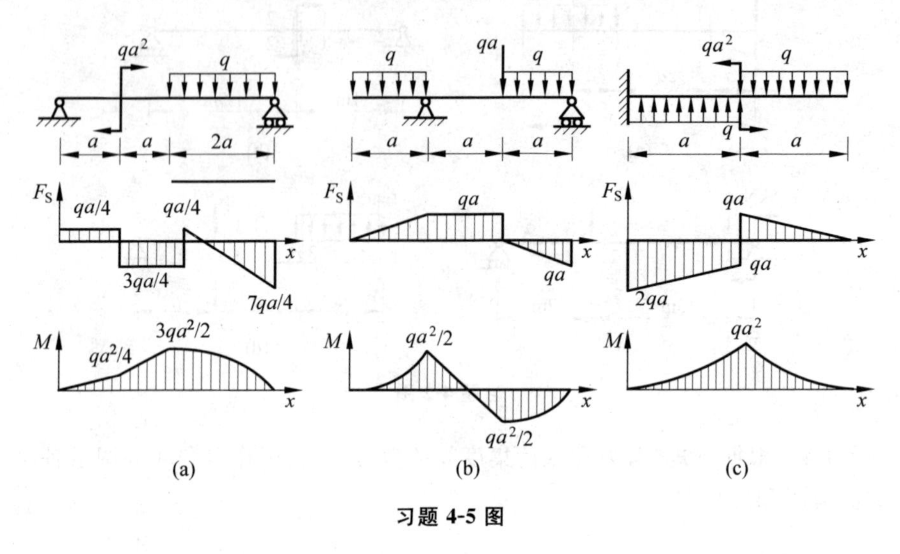

习题 4-5 图

第5章 拉伸、压缩和剪切

本章主要研究等直杆的轴向拉伸和轴向压缩，阐述拉压时的强度和变形计算、材料在拉压时的力学性质及简单超静定问题；介绍剪切构件的受力和变形特点及实用强度计算法。

5.1 轴向拉伸和压缩的概念

工程结构和机械中，常会遇到因外力作用而产生拉伸或压缩变形的杆件。如图5-1(c)所示三角支架的AB和BC杆；图5-1(d)中，挑担式平筛的钢丝绳；图5-1(e)中内燃机的连杆及图5-1(f)中桁架的下弦杆和上弦杆。这些构件均可视为直杆，其受力图和变形形式可简化为图5-1(a)，(b)所示的情况，其中实线表示受力前杆件的外形，虚线则表示受力变形后的形状。由此看出，这些杆件受力的共同特点是：外力（或外力合力）的作用线与杆轴线重合；变形的特点是：杆件产生沿轴线方向的伸长或缩短，我们把这种变形形式称为**轴向拉伸**（图5-1(a)）或**轴向压缩**（图5-1(b)），这类杆件称为拉杆或压杆。

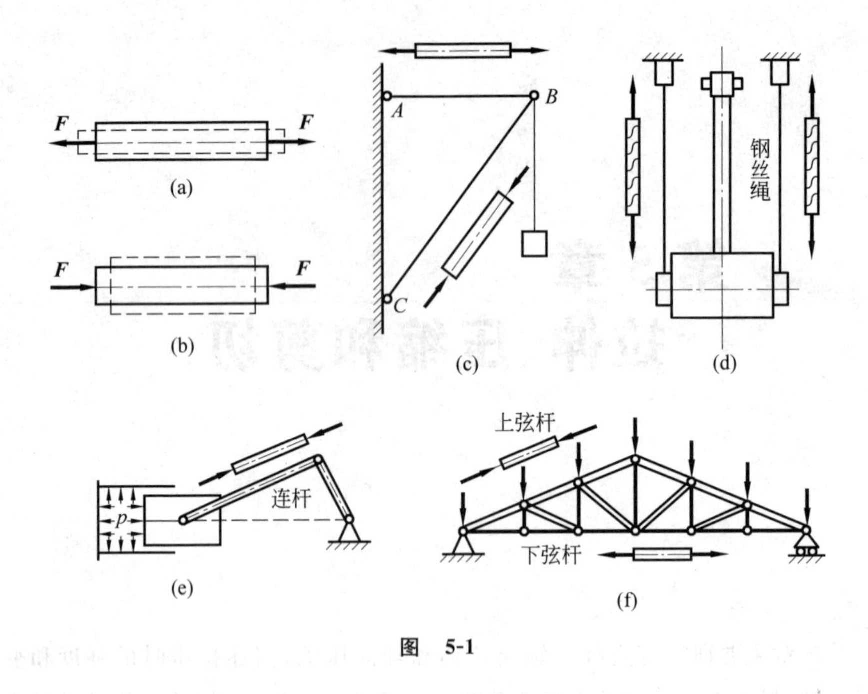

图 5-1

5.2 拉(压)杆内的应力

1. 应力的概念

应用截面法可以求出横截面上的内力——轴力,但还不能判断构件的强度。例如,材料相同的两根拉杆,一根较粗,一根较细,在逐渐增加相同拉力的情况下,细杆首先被拉断。显然,具有相同轴力的两杆,它们抵抗破坏的能力并不相同。这表明杆件的强度不仅与轴力有关,而且与横截面尺寸有关。因此,必须知道度量分布内力大小的分布内力集度,以及材料承受荷载的能力。杆件截面上的分布内力集度,称为**应力**。如果围绕 m—m 截面上的 K 点取微面积 ΔA,$\Delta \boldsymbol{F}$ 为作用在 ΔA 上的合力(图 5-2(a)),则 $\frac{\Delta \boldsymbol{F}}{\Delta A}$ 的比值为 ΔA 上的平均应力。一般情况下,整个截面上的内力并非均匀分布,所以平均应力不能真实反映内力在 K 点的强弱程度。但随 ΔA 的减小,其上内力的分布也趋均匀,并接近于 K 点内力的真实情况。当 ΔA 趋于零时,相应的极限值 $\boldsymbol{p}=\lim\limits_{\Delta A\to 0}\frac{\Delta \boldsymbol{F}}{\Delta A}=\frac{\mathrm{d}\boldsymbol{F}}{\mathrm{d}A}$ 即为 K 点的内力集度,称为 K 点的总应力。$\boldsymbol{p}$

一般既不与截面垂直，也不与截面相切。通常总将 $\boldsymbol{p}$ 分解为垂直于截面的分量 $\boldsymbol{\sigma}$（称为**正应力**）和切于截面的分量 $\boldsymbol{\tau}$（称为**切应力**）（图 5-2(b)）。对于应力分量，通常规定离开截面的正应力为正，指向截面的正应力为负，即拉应力为正，压应力为负；而对于截面内部（靠近截面）的一点，产生顺时针力矩的切应力为正，反之为负。

m
ΔF
ΔA
K
m
(a)
p m
τ
σ
K
m
(b)

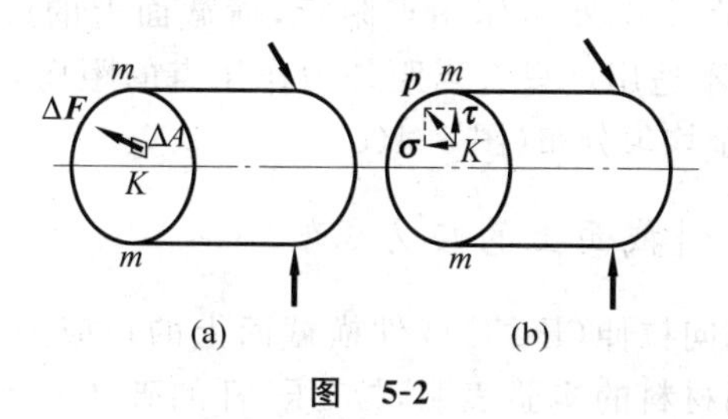

图 5-2

在国际单位制中，应力的单位为 Pa。1 帕＝1 牛/米^2（1 Pa＝1 N/m^2）。实用中，Pa 这个单位太小，常用千帕（1 kPa＝10^3 Pa），兆帕（1 MPa＝1 M·N/m^2＝1 N/mm^2＝10^6 Pa）或吉帕（1 GPa＝10^9 Pa）。

2. 拉(压)杆横截面上的应力

为找出横截面上任一点处的应力，必须先知道横截面上内力的分布规律，而内力的分布又与变形有关，为此，必须由实验观察杆件的变形。

为观察杆件的变形，实验前，在杆的表面画出两条横向线 1—1 和 2—2，如图 5-3(a)所示，然后在杆两端加一对轴向外力 $\boldsymbol{F}$，此时，可以观察到 1—1、2—2 线依次平行移至 1′—1′、2′—2′的位置，且仍为横向直线。根据所观察到的变形现象，假定杆内部变形和其表面变形相同，则可以假定横截面在变形后仍为平面（垂直于杆的轴线），这个假设称为**平面假设**。再设想杆是由很多纵向纤维所组成，由平面假设可见，所有纵向纤维伸长相同，由材料均匀连续的假设，可以推断出内力均匀连续地分布在横截面上，即横截面上各点处的正应力均相同（图 5-3(b)）。若杆的横截面面积为 A，则拉压杆横截面上的应力为

$$\sigma = \frac{F_{\mathrm{N}}}{A} \tag{5-1}$$

式(5-1)就是拉压杆横截面上正应力的计算公式。

(a)
F
1 2
1′ 2′
1′ 2′
1 2
F
(b)
F
σ
F_N

图 5-3

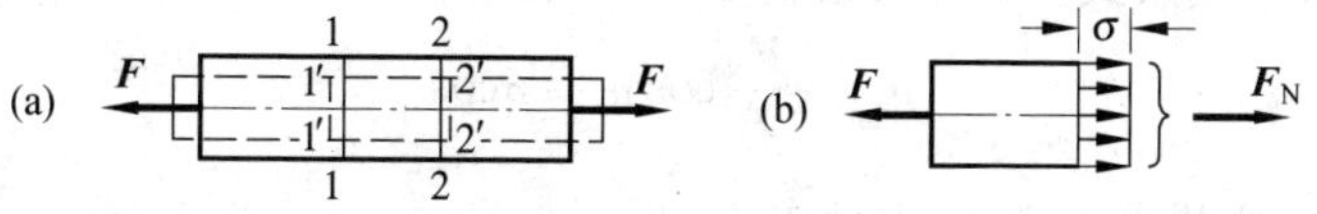

由于已规定了轴力的正负号,由式(5-1)可知,正应力的正负号与轴力正负号是一致的。

式(5-1)是在横截面上正应力均匀分布的条件下得到的,因此使用时应该注意:①外力(或外力合力)的作用线必须与杆件轴线相重合,否则横截面上应力将不是均匀分布(该类问题将在第8章中讨论);①对于等截面或截面缓慢变化的直杆,在集中外力作用点附近,横截面上的应力为非均匀分布(图5-4(b)),公式不适用。只有当距外力作用点的距离 a 大于杆件横向尺寸 b 后,应力方趋于均匀分布(图5-4(c))。

3. 拉(压)杆斜截面上的应力

前面讨论了轴向拉伸(压缩)杆件横截面上的正应力,作为今后强度计算的依据。但不同材料的实验表明,拉(压)杆的破坏并不总是沿横截面发生,有时也沿斜截面发生。因此,为了能够全面了解杆件的强度,还需要进一步研究斜截面上的应力。

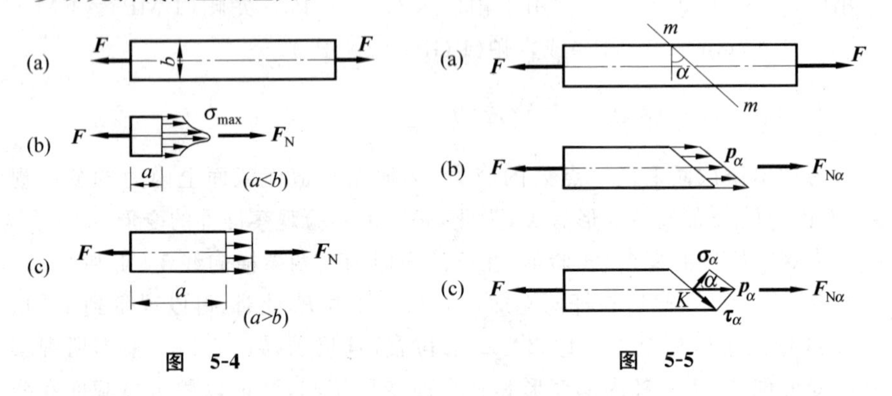

图 5-4　　图 5-5

以拉杆为例,现分析与横截面夹角为 α 的任意斜截面 $m—m$ 上的应力(图5-5(a))。由截面法求得 $m—m$ 截面上的轴力(图5-5(b)) $F_{N\alpha}=F$,可见斜截面 $m—m$ 上的轴力 $F_{N\alpha}$ 与横截面上的轴力 F_N 数值相等。实验证明,应力在斜截面上也是均匀分布的。以 $\boldsymbol{p}_\alpha$ 表示 $m—m$ 斜截面上的应力,则有

$$p_\alpha = \frac{F_{N\alpha}}{A_\alpha} \tag{a}$$

式中 A_α 为斜截面 $m—m$ 的面积,与横截面面积 A 的关系为

$$A_\alpha = \frac{A}{\cos\alpha} \tag{b}$$

将式(b)代入式(a),并考虑到 $F_{N\alpha}=F_N$,可得

$$p_\alpha = \frac{F_N}{A}\cos\alpha = \sigma\cos\alpha \tag{c}$$

式中 $\sigma=\dfrac{F_N}{A}$ 为横截面上 K 点的正应力。

把 $\boldsymbol{p}_\alpha$ 分解为垂直于斜截面的正应力$\boldsymbol{\sigma}_\alpha$及切于斜截面的切应力$\boldsymbol{\tau}_\alpha$(图 5-5(c))。利用式(c)可得 $m—m$ 斜截面上 K 点的正应力$\boldsymbol{\sigma}_\alpha$及切应力$\boldsymbol{\tau}_\alpha$的计算表达式

$$\begin{cases}\sigma_\alpha = p_\alpha \cos\alpha = \sigma\cos^2\alpha \\ \tau_\alpha = p_\alpha \sin\alpha = \dfrac{\sigma}{2}\sin 2\alpha\end{cases} \tag{5-2}$$

对于压杆,式(5-2)也同样适用,只是式中的 σ_α 和 σ 为压应力。

由式(5-2)可以看出:

(1) 该式即为拉压杆斜截面上的应力计算公式。只要知道横截面上的正应力 σ 及斜截面与横截面夹角 α,就可以求出该斜截面上的正应力 σ_α 和切应力 τ_α。

(2) σ_α 和 τ_α 都是夹角 α 的函数,即在不同 α 角的斜截面上,正应力与切应力是不同的。

(3) 当 $\alpha=0°$时,$\sigma_{0°}=\sigma_{\max}=\sigma$,$\tau_{0°}=0$;

当 $\alpha=45°$时,$\tau_{45°}=\tau_{\max}=\dfrac{\sigma}{2}$,$\sigma_{45°}=\dfrac{\sigma}{2}$;

当 $\alpha=90°$时,$\sigma_{90°}=0$,$\tau_{90°}=0$。

由此表明:在拉压杆中,斜截面上不仅有正应力还有切应力;在横截面上正应力最大;与横截面夹角为45°的斜截面上切应力最大,其值等于横截面上正应力的一半;与横截面垂直的纵向截面上不存在任何应力,说明杆的各纵向"纤维"之间无牵拉也无挤压作用。

5.3 拉(压)杆的变形

当杆受轴向力作用时(图 5-6),杆的长度发生纵向伸长或缩短,即产生纵向变形;同时杆的横向尺寸也随之缩小或增大,即产生横向变形。设杆原长为 l,横向尺寸为 b,杆受拉伸或压缩后,长度变为 l_1,横向尺寸变为 b_1,则杆的纵向变形为

$$\Delta l = l_1 - l$$

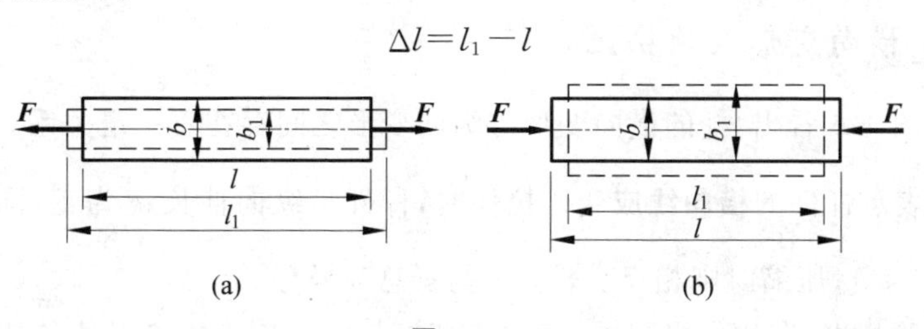

图 5-6

Δl 称为绝对伸长或绝对缩短。杆的横向变形为

$$\Delta b = b_1 - b$$

下边分别对杆的纵向变形和横向变形进行研究。

1. 纵向变形及胡克定律

纵向伸长 Δl 只反映杆的总变形量,而无法说明沿杆长度方向上各段的变形程度。由于拉压杆各段的伸长是均匀的,因此,其变形程度可以用每单位长度的纵向伸长(即 $\Delta l/l$)来表示。每单位长度的伸长(或缩短)称为**线应变**,用 ε 表示。于是,拉压杆的纵向线应变为

$$\varepsilon = \frac{\Delta l}{l}$$

由该式可知,由于拉杆的纵向伸长 Δl 为正,压杆的纵向缩短 Δl 为负,故线应变在杆伸长时为正,缩短时为负。

实验指出,当外力 $\boldsymbol{F}$ 不超过某一限度时,拉压杆的纵向变形 Δl 与轴力 F_{N}、杆原长 l 成正比,与横截面面积 A 成反比。即

$$\Delta l \propto \frac{Fl}{A} \quad 或 \quad \Delta l = \frac{Fl}{EA} = \frac{F_{\mathrm{N}} l}{EA} \tag{5-3}$$

式(5-3)称为**胡克定律**。式中比例系数 E 称为材料的弹性模量,它表示在拉压时材料抵抗弹性变形的能力,其值随材料而异,可由实验测定。EA 称为杆件的拉(压)刚度,它反映了杆件抵抗拉伸(或压缩)变形的能力,如果其他条件相同,EA 越大时,变形就越小。

把 $\frac{\Delta l}{l} = \varepsilon$ 及 $\frac{F_{\mathrm{N}}}{A} = \sigma$ 代入式(5-3),则可得到胡克定律的另一种表达形式,即

$$\varepsilon = \frac{\sigma}{E} \quad 或 \quad \sigma = E\varepsilon \tag{5-4}$$

式(5-4)可表述为:当应力不超过某一限度时,应力与应变成正比。这一限度称为材料的比例极限,以 σ_{p} 表示,可通过实验测定(见5.4节)。

2. 横向变形及泊松比

由图5-6看出,杆的横向变形与纵向变形之间存在着一定关系。现在以 $\varepsilon' = \frac{\Delta b}{b}$ 表示杆件的**横向线应变**。拉伸时,杆件沿纵向伸长,ε 为正,同时横向缩小、ε' 为负;压缩时则相反。显然 ε 与 ε' 总为异号。

实验指出,在比例极限内,横向应变 ε' 与纵向应变 ε 绝对值的比为一常

量，即$\frac{|\varepsilon'|}{|\varepsilon|}=\nu$，但考虑到$\varepsilon'$与$\varepsilon$符号相反，故有

$$\varepsilon'=-\nu\varepsilon \tag{5-5}$$

式中，比例系数ν称为**泊松比或横向变形系数**，其值随材料不同而异，由实验测定。

表 5-1 列出了几种常用材料的弹性常数E,ν值。

表 5-1　弹性常数 E,ν 值

	钢	铝合金	铜	铸铁	混凝土	木材(顺纹)
E/GPa	200～220	70～72	100～120	80～160	10～30	8～12
ν	0.24～0.3	0.26～0.33	0.33～0.35	0.23～0.27	0.1～0.18	

例 5-1　一钢制阶梯杆如图 5-7(a)所示。已知轴向力$F_1=50$ kN，$F_2=20$ kN，各段杆长$l_1=120$ mm，$l_2=l_3=100$ mm，横截面面积$A_1=A_2=500\ \text{mm}^2$，$A_3=250\ \text{mm}^2$，钢的弹性模量$E=200$ GPa，试求各段杆的纵向变形和线应变。

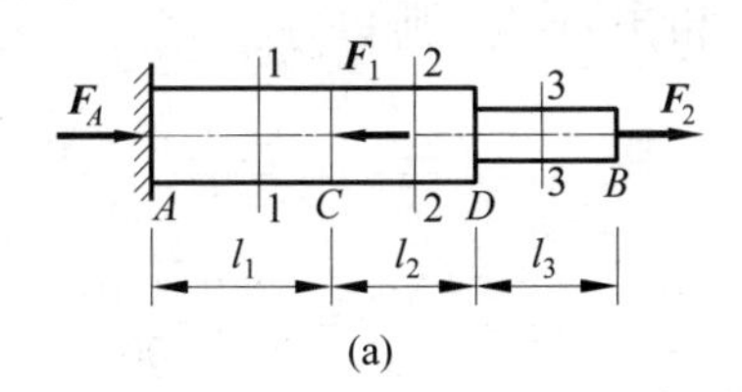

(a)

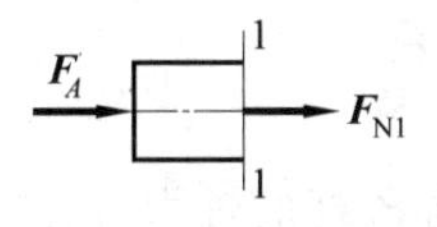

(b)

F_N　20kN　⊕　x　⊖　30kN

(c)

图　5-7

解　(1) 计算内力

设A端约束力为F_A(图 5-7(a))，由平衡方程

$$\sum F_x=0,\quad F_A-F_1+F_2=0$$

得

$$F_A=30\ \text{kN}$$

沿截面 1—1 将杆截开，取左段杆为研究对象，并设该截面上的轴力F_{N1}为拉力(图 5-7(b))，由平衡条件得$F_{N1}=-F_A=-30$ kN(负号表示图中所设方向与实际相反)。如果取截面 1—1 右边杆段为研究对象，则不必求约束力，此时F_{N1}的数值和符号与取左段杆时相同。

同理可得截面 2—2 和 3—3 上的轴力为

$$F_{N2}=F_{N3}=20\ \text{kN}$$

轴力图如图 5-7(c)所示。

(2) 计算纵向变形

胡克定律式(5-3)是在等直杆且轴力沿杆长为常量的情况下得到的。

因此对于该题所指情况,其应力和变形应逐段计算。图5-7(a)所示阶梯杆的变形应分三段计算,其总变形量Δl_{AB}为各段杆变形量的代数和。即

$$\Delta l_{AB} = \Delta l_1 + \Delta l_2 + \Delta l_3$$

式中:
$$\Delta l_1=\frac{F_{N1}l_1}{EA_1}=\frac{-30\times10^3\times120}{200\times10^3\times500}=-3.6\times10^{-2}(\text{mm})$$

$$\Delta l_2=\frac{F_{N2}l_2}{EA_2}=\frac{20\times10^3\times100}{200\times10^3\times500}=2.0\times10^{-2}(\text{mm})$$

$$\Delta l_3=\frac{F_{N3}l_3}{EA_3}=\frac{20\times10^3\times100}{200\times10^3\times250}=4.0\times10^{-2}(\text{mm})$$

所以有$\Delta l_{AB}=-3.6\times10^{-2}+2.0\times10^{-2}+4.0\times10^{-2}=2.4\times10^{-2}(\text{mm})$,结果为正值,表示整根杆$AB$受力后伸长了。

(3) 计算线应变

由于$\varepsilon=\frac{\Delta l}{l}$,所以有

$$\varepsilon_1=\frac{\Delta l_1}{l_1}=\frac{-3.6\times10^{-2}}{120}=-3.0\times10^{-4}\quad(\text{压应变})$$

$$\varepsilon_2=\frac{\Delta l_2}{l_2}=\frac{2.0\times10^{-2}}{100}=2.0\times10^{-4}\quad(\text{拉应变})$$

$$\varepsilon_3=\frac{\Delta l_3}{l_3}=\frac{4.0\times10^{-2}}{100}=4.0\times10^{-4}\quad(\text{拉应变})$$

另法:根据各段杆的轴力,由式$\sigma=\frac{F_N}{A}$计算出相应的应力,再根据式$\varepsilon=\frac{\sigma}{E}$计算出各段杆的应变值,建议读者自己完成。

例 5-2 求图5-8(a)所示铰接简单桁架节点B的位移。已知钢杆1的弹性模量$E_1=200$ GPa,长度$l_1=1$ m,横截面积$A_1=600$ mm^2;木杆2的$E_2=10$ GPa,$l_2=866$ mm,$A_2=10\times10^3$ mm^2;载荷$F=10$ kN。

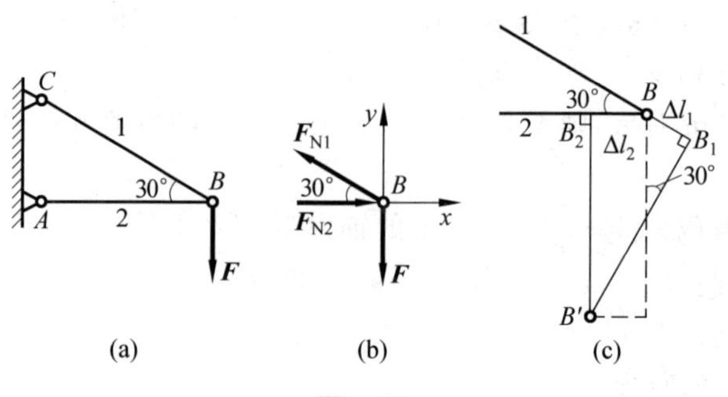

图 5-8

解 节点位移是指结构的节点在结构变形中位置的改变。本例通过对铰接简单桁架节点的位移计算，为今后解决复杂问题奠定基础。在本例中，可先求出两杆的长度改变，再借助几何关系求取节点 B 的位移。

节点 B 的受力情况如图 5-8(b)所示，求得杆 1,2 的轴力分别为

$$F_{N1}=2F(\text{拉}),\quad F_{N2}=\sqrt{3}F(\text{压})$$

(1) 计算各杆的轴向变形

设想将 1,2 两杆在节点处拆开，使各杆处于自由伸缩状态，则由胡克定律可得

$$\Delta l_1=\frac{F_{N1}l_1}{E_1A_1}=\frac{2\times10\times10^3\times1\times10^3}{200\times10^3\times600}=0.167(\text{mm})\quad(\text{伸长})$$

$$\Delta l_2=\frac{F_{N2}l_2}{E_2A_2}=\frac{\sqrt{3}\times10\times10^3\times866}{10\times10^3\times10\times10^3}=0.15(\text{mm})\quad(\text{缩短})$$

(2) 求节点 B 的位移

首先应该明确：加载前后，两杆始终铰接于节点；需先确定节点 B 位移后的新位置。

确切来说，结构变形后节点 B 应在分别以 A,C 为圆心，以变形后 1,2 两杆的长度为半径所作圆弧的交点处。但是，由于杆的变形很小，所作圆弧则必然很短，因此可用其切线代替。这样，分别过两杆变形后的杆端位置 B_1 和 B_2 作 AB_2 和 CB_1 的垂线，它们的交点 B' 亦可视为节点 B 的新位置，$\overline{BB'}$ 则可近似认为是节点 B 的位移，图 5-8(c)是 B 点位移的放大图。由几何关系可得 B 点的水平位移 Δ_{Bx} 和垂直位移 Δ_{By} 分别为

$$\Delta_{Bx}=BB_2=\Delta l_2=0.15(\text{mm})$$

$$\Delta_{By}=B'B_2=\frac{\Delta l_1}{\sin 30^\circ}+\frac{\Delta l_2}{\tan 30^\circ}=0.594(\text{mm})$$

故 B 点的总位移可由式 $\Delta_B=BB'=\sqrt{\Delta_{Bx}^2+\Delta_{By}^2}$ 求得。用几何法求铰接简单桁架节点位移是运用小变形假设的实例，所得结果与精确解相比相差很小。

5.4 材料在拉伸和压缩时的力学性能

材料受力过程中，在强度和变形方面所表现的性能，称为**材料的力学性能或机械性质**。工程中的材料，一般被划分为两类。如砖石、玻璃、混凝土、铸铁等被称为**脆性材料**；铜、铝、合金钢和低碳钢等则为**塑性材料**。实验研究中，因为铸铁和低碳钢的力学性能比较典型，故将重点讨论。

试验是在常温(即室温)、静载荷下进行的。

为了使实验结果能相互比较,对于试件的形状和尺寸,都有所规定。对金属材料,最常用的标准试件如图5-9所示,取长为l的一段作为工作段,l称为标距,d为直径。对于长试件,$l=10d$;对于短试件,$l=5d$。

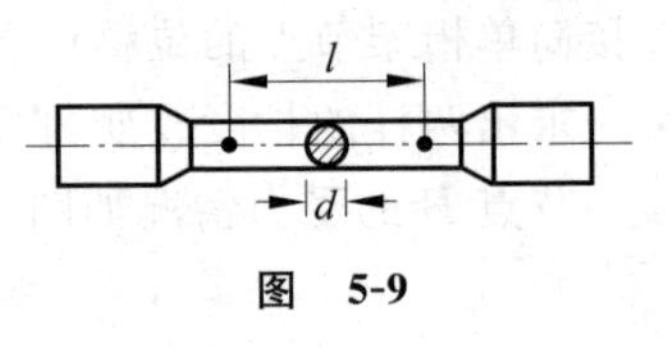

图 5-9

实验在万能实验机(或拉伸实验机)上进行。实验时,先将试件装在实验机的夹头中,装好变形仪,然后开动机器,缓慢地施加拉力,在实验过程中,观察试件的变形和出现的现象,记录下一系列的拉力F和其相应的变形Δl,作出F与Δl的关系曲线,称为**试件的拉伸图**(图5-10)。显然试件的拉伸图不仅与试件的材料有关,而且与试件的尺寸有关。为了消除试件尺寸的影响,将拉力F除以试件横截面的原面积A,得到正应力$\sigma=\dfrac{F}{A}$;把伸长量Δl除以试件工作段的原长l,得到线应变$\varepsilon=\Delta l/l$。分别以σ与ε为纵坐标和横坐标作出**应力-应变图**或**σ-ε曲线**(图5-11)。因为A,l均为常量,所以该图与试件的拉伸图形状相似,但它反映的是材料的力学性能。

1. 低碳钢在拉伸时的力学性能

图5-10、图5-11分别是低碳钢的F-Δl曲线和σ-ε曲线。

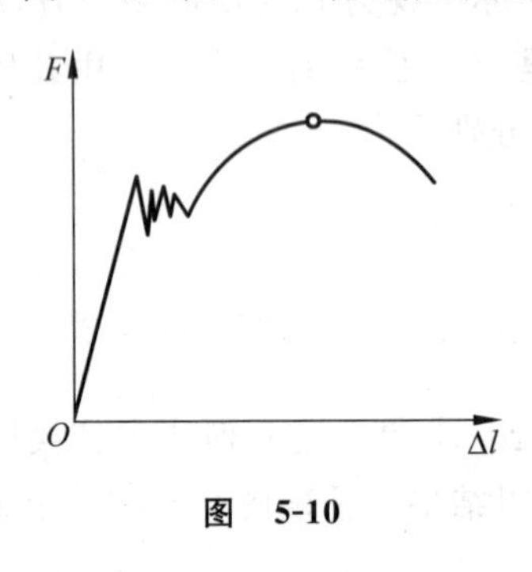

图 5-10

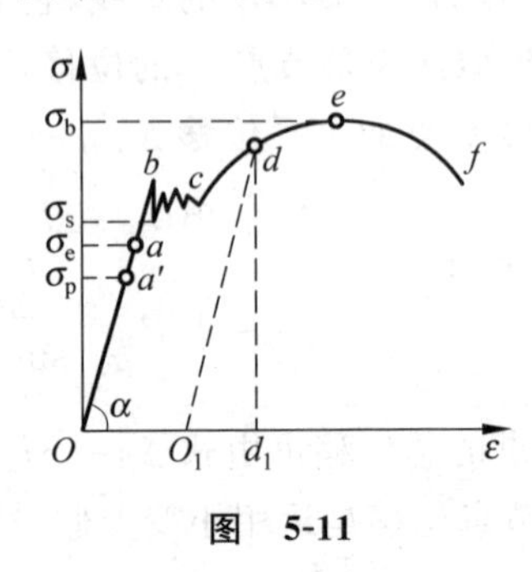

图 5-11

(1) 根据低碳钢应力-应变图特点,可将其分为以下四个阶段。

① 弹性阶段　由图可见Oa'为直线,说明在此过程中应力与应变成正比,即胡克定律成立,这时材料是线性弹性的。该段直线的最高点a'的应力,称为材料的**比例极限**,以σ_p表示,低碳钢的$\sigma_p\approx200\ \text{MPa}$。图中倾角$\alpha$的正切$\tan\alpha=\dfrac{\sigma}{\varepsilon}=E$,显然$Oa'$直线的斜率等于材料的弹性模量$E$。过$a'$点后,曲线微弯,胡克定律不再成立。如果在$a$点或其前边的点卸载,应力会

逐渐减小到零，此时变形也随之消失，材料的这种性质称为材料的**弹性**。因此，Oa 这一阶段称为弹性阶段。相应于 a 点的应力称为材料的**弹性极限**，以 σ_e 表示。a 到 a' 很接近，即 σ_p 和 σ_e 很接近，在工程上常认为 $\sigma_p \approx \sigma_e$。

② 屈服阶段　当曲线到达 b 点后，应力不再增大，而变形继续增加，好像材料已经丧失抵抗变形的能力。从 b 到 c，在 σ-ε 曲线上出现上、下微微抖动（或水平）的一段，这一阶段称为材料的屈服阶段。此阶段的最小应力称为材料的**屈服极限**，以 σ_s 表示，A3 钢的 $\sigma_s = 240$ MPa。在此阶段，如果试件表面抛光，可以看到试件表面有许多与试件轴线约成 45°角的条纹线，称为**滑移线**（图 5-12），是材料内部晶体相互错动而引起的。

③ 强化阶段　经过屈服后，要使试件再变形，就要增大拉力，即材料又具有了抵抗变形的能力。这种现象称为强化，从 c 到 e 这一阶段称为强化阶段。到达 e 点时的应力，是试件的最大应力，称为材料的**强度极限**，以 σ_b 表示，A3 钢的 $\sigma_b \approx 400$ MPa。

④ 局部变形阶段　当应力达到 e 点之后，试件在某一局部横截面显著收缩，这种现象称为**颈缩现象**（图 5-13）。由于颈缩现象的出现，试件所需要的拉伸载荷迅速减小，最后试件被拉断。

(2) 卸载和再加载时材料的力学性能

当应力超过了弹性极限，比如在强化阶段的 d 点，若卸载，曲线将沿着平行于 $a'O$ 回到横坐标轴（O_1 点），可见有一部分的变形 OO_1 是不能消失的，这部分变形为**塑性变形**，材料的这种性质，称为材料的**塑性**。由图 5-11 可见，当应力到达屈服极限时，材料将出现显著的塑性变形。卸载后，如果再加载荷，则应力-应变曲线基本沿着 O_1def 变化。如果把卸载后的试件（已有塑性变形）当作新试件进行实验，其 σ-ε 图如图 5-14 所示。与未经卸载的 σ-ε 图（图 5-11）相比较可见，经卸载后试件的比例极限、屈服极限都提高了，而断裂后的塑性变形则减小了，这种现象称为**冷作硬化**。工程中常利用冷作硬化来提高试件的强度。在零件的加工过程中，常出现冷作硬化，这样给下一步工序增加了困难，为了消除冷作硬化现象，在零件加工工艺过程中，一般都要适当安排退火处理。

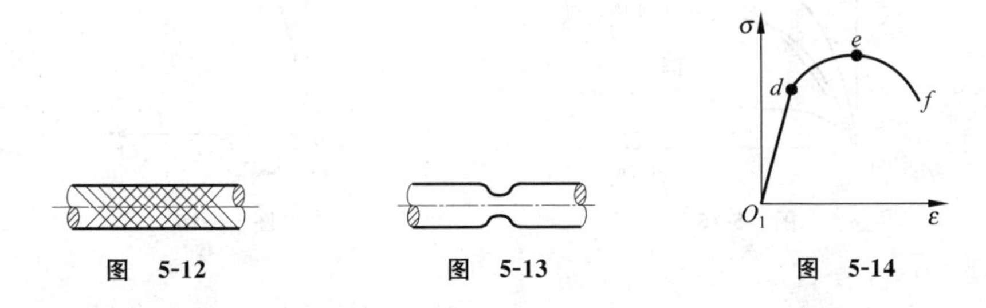

图　5-12　　图　5-13　　图　5-14

(3) 材料的塑性指标

一般说来,材料出现显著的塑性变形,对于构件的正常工作是不利的。因而也是不允许的。因此,材料的屈服极限是衡量材料强度的重要指标。但是,有时候我们又要利用材料的塑性性质。例如很多受冲击载荷的构件和在压力下加工成型的构件,又要求材料具有一定的塑性。反映材料塑性变形能力的指标,称为**塑性指标**。工程中通常以下列两个数值之一表示塑性指标。

① 延伸率 δ

试件断裂后的相对伸长

$$\delta = \frac{l_1 - l}{l} \times 100\% \tag{5-6}$$

其中,l 为试件原来的标距,l_1 为试件断裂后的标距。A3 钢的延伸率 $\delta \approx 20\% \sim 30\%$。

② 断面收缩率 ψ

$$\psi = \frac{A - A_1}{A} \times 100\% \tag{5-7}$$

其中,A 为试件原来的横截面面积,A_1 为试件断裂后颈缩处的最小横截面面积。A3 钢的断面收缩率 $\psi \approx 60\% \sim 70\%$。

通常将 $\delta \geqslant 5\%$ 的材料称为塑性材料,而 $\delta < 5\%$ 的材料称为脆性材料。

2. 其他塑性材料在拉伸时的力学性能

图 5-15 中绘出了几种材料的应力-应变曲线。由这些曲线可见,这几种材料与低碳钢相同的是,都有较大的塑性变形,同属于塑性材料,不同的是这些材料无明显的屈服阶段。对于这类塑性材料,由国家标准规定,取产生 0.2%的塑性应变时的应力作为材料的屈服极限,称为**名义屈服极限**,以 $\sigma_{0.2}$ 表示(图 5-16)。

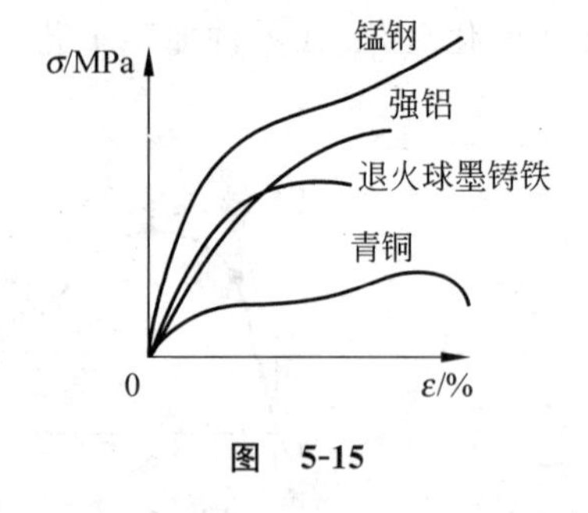

图 5-15

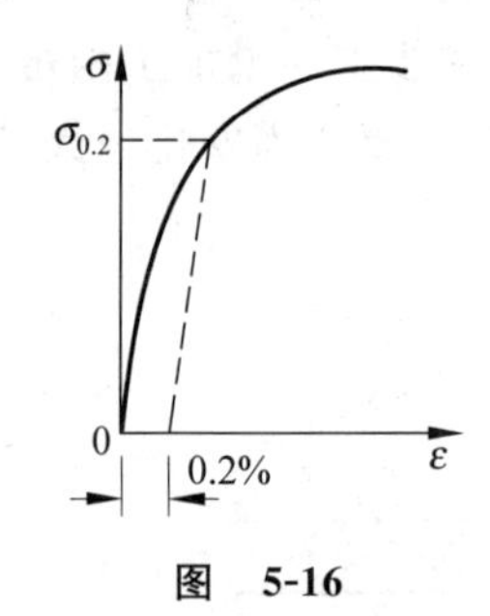

图 5-16

图5-17为铸铁在拉伸时的应力-应变曲线。由图可见，在拉应力较小时铸铁就被拉断，即在其横截面产生断裂破坏时变形也很小，没有明显的屈服和颈缩现象。σ-ε曲线中无直线部分，应力与应变不成比例。但因变形很小，在较低应力范围内，可用割线代替曲线。这样，就近似认为应力与应变成比例，即胡克定律成立。

3. 材料在压缩时的力学性能

对金属材料受压试件，常做成圆柱形如图5-18所示，高度通常为直径的1.5～3.0倍，即$H=1.5\sim3.0d$。

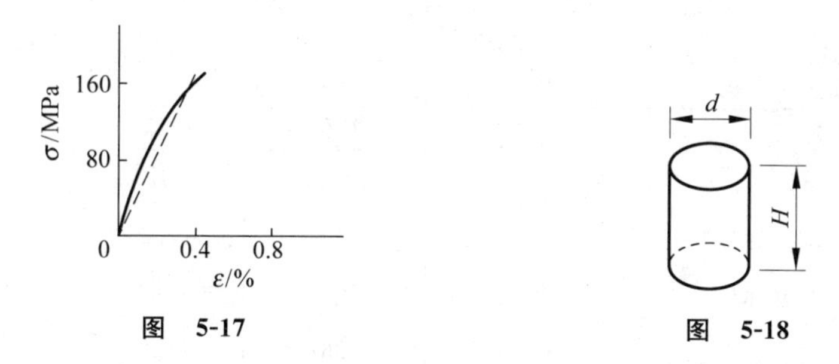

图　5-17　　　图　5-18

将低碳钢试件进行压缩实验，σ-ε曲线如图5-19所示。为了便于比较，图5-19还画出了低碳钢在拉伸时的σ-ε曲线。由图5-19可见，低碳钢在拉压时具有相同的比例极限和相同的屈服极限。因此，认为低碳钢在拉、压时强度相同。

低碳钢压缩时，由于它是塑性材料，当应力达到屈服极限以后，塑性变形占主要地位，试件压成鼓形，直到最后压成薄饼(图5-19)。因此测不出强度极限和塑性指标。

图5-20示出铸铁在拉压时的σ-ε曲线。由图可见，此两条曲线相类似，同样没有直线部分，没有屈服现象，在变形很小时就断裂。但是，压缩强度极限提高，约为拉伸强度极限的4～5倍，说明抗压能力远大于抗拉能力。

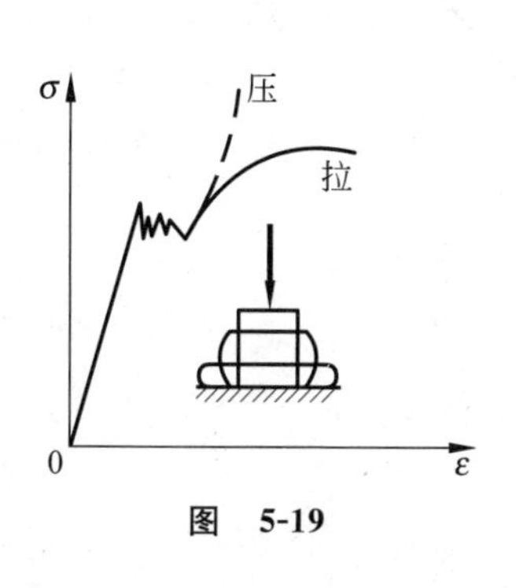

图　5-19

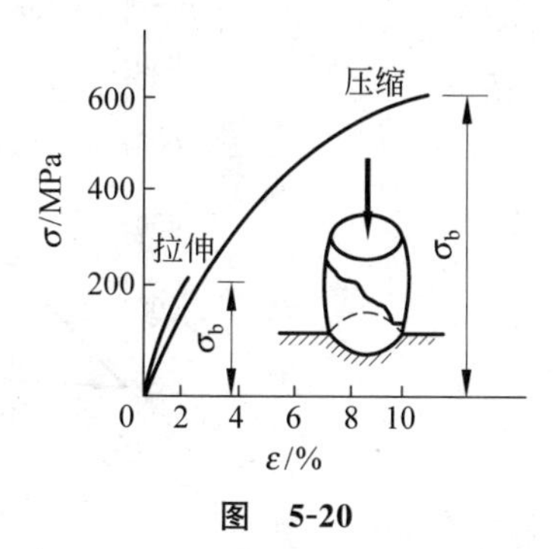

图　5-20

铸铁在拉伸断裂时,断面为横截面;而压缩断裂时,断面约与轴线成45°的倾角。

表5-2中列出了几种常用材料在拉压时的力学性能以供参考。

表 5-2 几种材料在拉压时的主要力学性能(常温、静载下)

材料名称	σ_s/MPa	σ_b/MPa		δ_5/%
A3钢	216～235	373～461		25～27
A5钢	255～275	490～608		19～21
40钢	333	569		19
45钢	353	598		16
16锰钢	274～343	471～510		19～21
QT45—5	324	441		5
		拉伸	压缩	
HT15—33		98.1～274	637	
混凝土200(标号)		1.6	14.2	
混凝土300(标号)		2.1	21	
红松(顺纹)		96	32.2	

注:表中δ_5是指$l=5d$的标准试件的延伸率。QT是球墨铸铁,HT是灰口铸铁。

4. 复合材料与高分子材料在拉伸时的力学性能

近年来,复合材料得到广泛应用。复合材料具有强度高、刚度大与密度小的特点。碳/环氧(即碳纤维增强环氧树脂基体)是一种常用复合材料,图5-21所示为某种碳/环氧复合材料沿纤维方向与垂直于纤维方向的拉伸应力-应变曲线。可以看出,材料的力学性能随加力方向变化,即为各向异

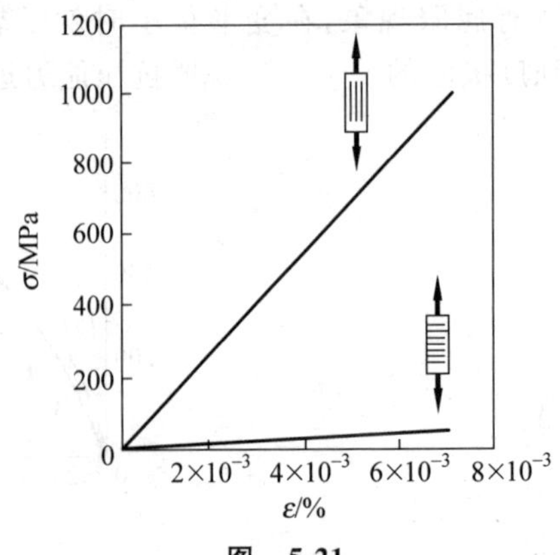

图 5-21

性，而且，断裂时残余变形很小。其他复合材料亦具有类似特点。

高分子材料也是一种常用的工程材料，图5-22所示为几种典型高分子材料的拉伸应力-应变图。有些高分子材料在变形很小时就发生断裂，即属于脆性材料；而有些高分子材料的伸长率甚至高达500%～600%。高分子材料的一个显著特点是，随着温度升高，不仅应力-应变曲线发生很大变化，而且，材料经历了由脆性、塑性到粘弹性的转变。所谓粘弹性，是指材料的变形不仅与应力的大小有关，而且与应力作用所持续的时间有关。

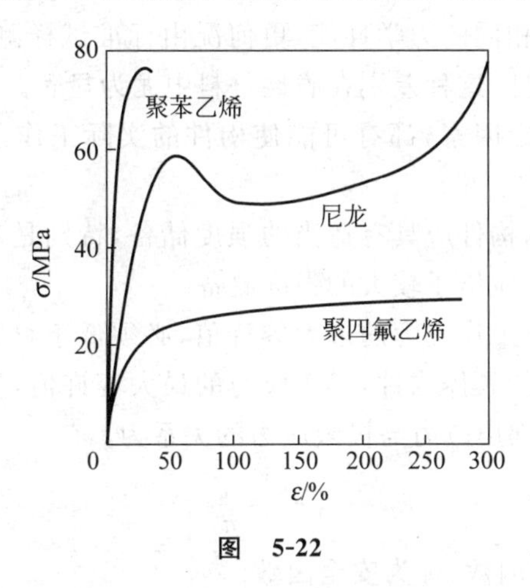

图 5-22

5.5 失效 拉(压)杆的强度条件

1. 失效与许用应力

前述实验表明，当正应力达到强度极限 σ_b 时，会引起断裂；当正应力达到屈服极限 σ_s 时，将产生屈服或出现显著塑性变形。构件工作时发生断裂显然是不容许的，构件工作时发生屈服或出现显著塑性变形一般也是不容许的。所以从强度方面考虑，断裂是构件破坏或失效的一种形式。同样，屈服或出现显著塑性变形，也是构件失效的一种形式，一种广义的破坏。

根据上述情况，通常将强度极限与屈服极限统称为材料的**极限应力**，并用 σ_u 表示。对于脆性材料，强度极限为其惟一强度指标，因此以强度极限作为极限应力；对于塑料材料，由于其屈服极限 σ_s 小于强度极限 σ_b，故通常以屈服极限作为极限应力。

根据分析计算所得构件之应力，称为工作应力。在理想的情况下，为了

充分利用材料的强度,可使构件的工作应力接近于材料的极限应力。但实际上不可能,原因如下:

(1) 作用在构件上的外力常常估计不准确;

(2) 构件的外形与所受外力往往比较复杂,进行分析计算常常需要采用一些简化,因此,计算所得应力(即工作应力)通常均带有一定程度的近似性;

(3) 实际材料的组成与品质等难免存在差异,不能保证构件所用材料与标准试样具有完全相同的力学性能,更何况由标准试样测得的力学性能,本身也带有一定分散性,这种差别在脆性材料中尤为显著。

所有这些不确定因素,都有可能使构件的实际工作条件比设想的要偏于不安全的一面。

为了确保安全,构件应具有适当的强度储备,特别是对于因破坏将带来严重后果的构件,更应给予较大的强度储备。

由此可见,构件工作应力的最大容许值,必须低于材料的极限应力。对于由一定材料制成的具体构件,工作应力的最大容许值,称为材料的**许用应力**,并用$[\sigma]$表示。许用应力与极限应力的关系为

$$[\sigma]=\frac{\sigma_u}{n} \tag{5-8}$$

式中,n 为大于1的因数,称为**安全因数**。

如上所述,安全因数是由多种因素决定的。在一般静强度计算中,对于塑性材料,按屈服极限所规定的安全因数 n_s,通常取为1.5～2.2;对于脆性材料,按强度极限所规定的安全因数 n_b,通常取为3.0～5.0,甚至更大。表5-3所列为几种常见材料许用应力值。

表 5-3 几种材料许用应力值(常温、静载下)

材料名称	许用应力/MPa	
	轴向拉伸	轴向压缩
A3钢	170	170
16锰钢	230	230
灰口铸铁	34～54	160～200
混凝土200(标号)	0.44	7
混凝土300(标号)	0.6	10.3
红松(顺纹)	6.4	10

2. 强度条件

为了保证构件具有足够的强度，必须使最大工作应力不超过许用应力，即

$$\sigma_{\max}=\frac{F_{N}}{A}\leqslant[\sigma] \tag{5-9}$$

式(5-9)称为拉压杆的**强度条件**。根据强度条件，可解决工程中关于强度方面的三种实际问题。

(1) 强度校核

当已知构件的材料、尺寸及所受载荷时，根据式(5-9)可进行强度校核。

(2) 截面尺寸设计

当已知构件所受载荷及所用材料时，由式(5-9)计算出构件所需的横截面面积

$$A\geqslant\frac{F_{N}}{[\sigma]} \tag{5-10}$$

由截面面积 A，再视截面形状，从而设计出安全的截面尺寸。

(3) 确定许可载荷

当已知构件的材料和尺寸时，由式(5-9)计算构件所能承受的最大轴力，即

$$F_{N}\leqslant A[\sigma] \tag{5-11}$$

然后，再根据静力平衡条件确定构件的许可载荷。

最后还须指出，如果工作应力 $\sigma_{\max}$ 超过了许用应力$[\sigma]$，但只要相对误差

$$\frac{\sigma_{\max}-[\sigma]}{[\sigma]}\times 100\%<5\% \tag{5-12}$$

时，工程设计中仍然是允许的。

例 5-3 钢木结构如图 5-23(a)所示，钢杆 1 横截面积 $A_1=600\ \text{mm}^2$，许用应力 $[\sigma]_1=160\ \text{MPa}$；木杆 2 的横截面积 $A_2=10\times10^3\ \text{mm}^2$，许用压应力$[\sigma]_2=7\ \text{MPa}$。

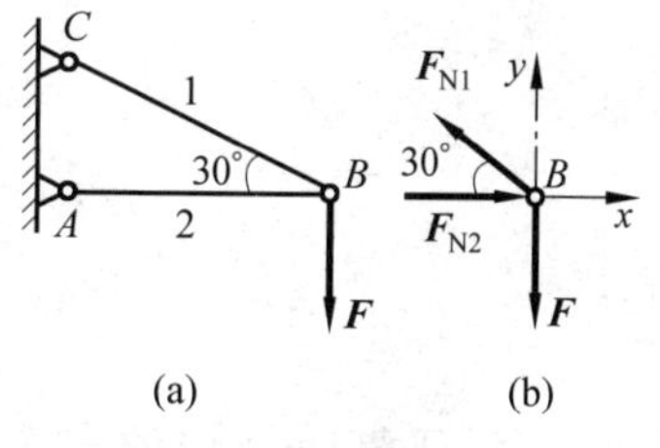

图 5-23

(1) 当 $F=10\ \text{kN}$ 时，试校核结构的强度；

(2) 求 B 处载荷 F 的最大允许值$[F]$；

(3) $[F]$作用下，杆 1 横截面积以多大为宜。

解 首先进行受力分析。A,B,C 三处均为铰接(图 5-23(a))，杆 1 与杆

2为二力杆。图5-23(b)为节点B的受力情况,由平衡条件可求得两杆内力与载荷F间的关系,即

$$\sum F_y = 0,\quad F_{N1}\sin 30^\circ - F = 0,\quad F_{N1} = \frac{F}{\sin 30^\circ} = 2F(\text{拉}) \tag{a}$$

$$\sum F_x = 0,\quad F_{N2} - F_{N1}\cos 30^\circ = 0,\quad F_{N2} = F_{N1}\cos 30^\circ = \sqrt{3}F(\text{压}) \tag{b}$$

(1) 当$F=10$ kN时,校核两杆强度

将$F=10$ kN分别代入式(a),(b),求得

$$F_{N1}=20\ \text{kN}(\text{拉}),\quad F_{N2}=17.3\ \text{kN}(\text{压})$$

根据强度条件,即由式(5-9)进行强度校核:

钢杆1中的拉应力

$$\sigma_1 = \frac{F_{N1}}{A_1} = \frac{20\times 10^3}{600} = 33.3(\text{MPa}) < [\sigma]_1$$

木杆2中的压应力

$$\sigma_2 = \frac{F_{N2}}{A_2} = \frac{17.3\times 10^3}{10\times 10^3} = 1.7(\text{MPa}) < [\sigma]_2$$

显然两杆的强度是足够的,且都有强度储备,故可加大工作载荷F。

(2) 求取F的最大允许值$[F]$

由强度条件求取钢杆1的最大轴力,即

$$F_{N1} \leqslant A_1[\sigma]_1$$

由此可得

$$2F \leqslant 600\times 160\times 10^{-3}$$

所以

$$F \leqslant 48\ \text{kN}$$

木杆2的最大轴力

$$F_{N2}\leqslant A_2[\sigma]_2$$

于是

$$\sqrt{3}F \leqslant 10\times 10^3\times 7\times 10^{-3}$$

所以

$$F \leqslant 40.4\ \text{kN}$$

因此,为保证整体结构的安全,节点B处载荷F的最大允许值为$[F]=40.4$ kN。

显然钢杆1的横截面积过大,说明有多余材料储备。

(3) 取工作吊重为$[F]=40.4$ kN,重新设计钢杆1的横截面积

由强度条件,钢杆1的横截面积应为

$$A_1 \geqslant \frac{F_{N1}}{[\sigma]_1} = \frac{2F}{[\sigma]_1} = \frac{2\times 40.4\times 10^3}{160} = 505(\mathrm{mm}^2)$$

取 $A_1 = 500\mathrm{mm}^2$。此时钢杆1中的工作应力为

$$\sigma_{\max} = \frac{F_{N1}}{A_1} = \frac{20\times 40.4\times 10^3}{500} = 161.6(\mathrm{MPa})$$

因为

$$\frac{\sigma_{\max} - [\sigma]}{[\sigma]} = \frac{161.6 - 160}{160} = 1\% < 5\%$$

所以取 $A_1 = 500\ \mathrm{mm}^2$ 是允许的。

例 5-4 一变截面柱在 A 与 C 处承受外力的作用，如图 5-24(a)所示。若柱子材料的抗压许用应力 $[\sigma] = 40$ MPa，试设计此柱各段正方形截面所需的边长。

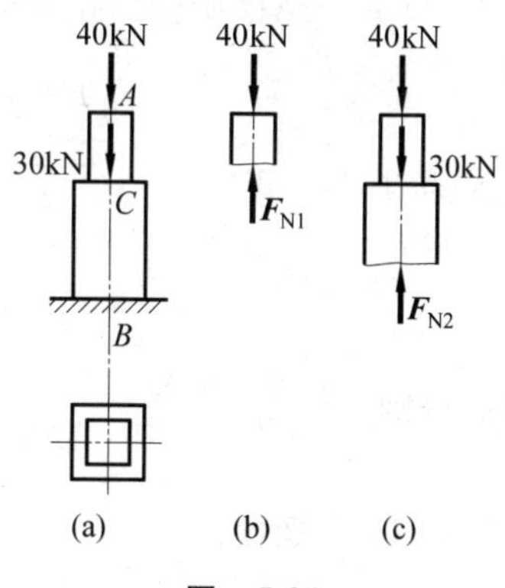

图 5-24

解 (1) 确定柱子各段的内力

由截面法可知，AC 段与 CB 段的轴力应分别为 $F_{N1} = 40$ kN，$F_{N2} = 30$ kN$+40$ kN$=70$ kN，且都为压力。

(2) 设计截面尺寸

由强度条件，即式(5-10)可知，AC 段所需的截面积为

$$A_1 \geqslant \frac{F_{N1}}{[\sigma]} = \frac{40\times 10^3}{40} = 1000(\mathrm{mm}^2)$$

故正方形截面的边长

$$b_1 = \sqrt{A_1} = \sqrt{1000} = 31.6(\mathrm{mm}) \approx 32(\mathrm{mm})$$

同理

$$A_2 \geqslant \frac{F_{N2}}{[\sigma]} = \frac{70\times 10^3}{40} = 1750(\mathrm{mm}^2)$$

$$b_2 = \sqrt{A_2} = \sqrt{1750} = 41.8(\mathrm{mm}) \approx 42(\mathrm{mm})$$

例 5-5 蒸汽机的汽缸如图 5-25 所示，汽缸的内径 $D = 400$ mm，工作压力 $p = 1.2\times 10^6\ \mathrm{N/m^2}$。汽缸盖和汽缸用直径为 18 mm 的螺栓连结。若活塞杆材料的 $[\sigma] = 50$ MPa，螺栓材料的 $[\sigma] = 40$ MPa，试求活塞杆的直径 d 及螺栓的个数 n。

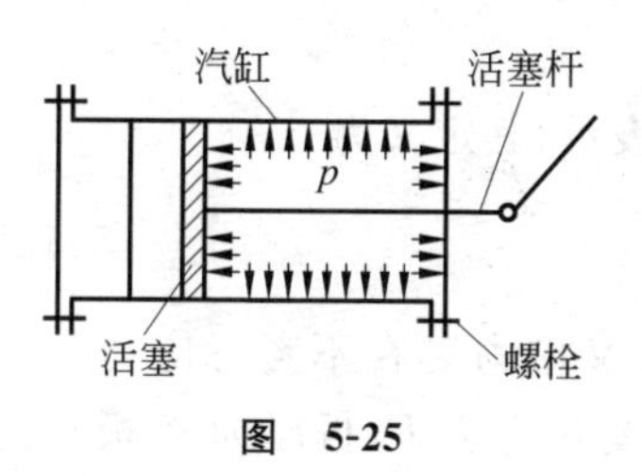

图 5-25

解 (1) 活塞杆因作用于活塞上的蒸汽压力而受拉，所受拉力可由蒸汽压力及活塞面积求取(因活塞杆横截面面积远比活塞面

积小,故可略去),即

$$F=pA=1.2\left(\frac{\pi}{4}\times400^2\right)$$

由式(5-10)可得

$$\frac{\pi}{4}\times d^2\geqslant\frac{1.2\left(\frac{\pi}{4}\times400^2\right)}{50}$$

$$d^2\geqslant3840$$

所以

$$d\geqslant62\ \mathrm{mm}$$

(2) n 个螺栓所受的拉力应与汽缸盖所受的压力相等,即

$$F=pA=1.2\left(\frac{\pi}{4}\times400^2\right)$$

由式(5-10)可知

$$n\left(\frac{\pi}{4}\times18^2\right)\geqslant\frac{1.2\left(\frac{\pi}{4}\times400^2\right)}{40}$$

由此得到

$$n\geqslant14.8$$

故需用 15 个螺栓。

5.6 应力集中与材料疲劳

1. 应力集中

由于构造与使用等方面的需要,许多构件常常带有沟槽(如螺纹)、孔和圆角(构件由粗到细的过渡圆角)等。在外力作用下,构件中邻近沟槽、孔或圆角的局部范围内,应力急剧增大。例如,图 5-26(a)所示含圆孔的受拉薄板,圆孔处截面 A—A 上的应力分布如图 5-26(b)所示,最大应力 $\sigma_{\max}$ 显著超过该截面的平均应力。由于截面急剧变化所引起的应力局部增大现象,称为**应力集中**。

应力集中的程度用所谓**应力集中因数** K 表示,其定义为

$$K=\frac{\sigma_{\max}}{\sigma_{\mathrm{n}}}\tag{5-13}$$

式中,σ_{n} 为名义应力;$\sigma_{\max}$ 为最大局部应力。名义应力是在不考虑应力集中的条件下求得的。例如上述含圆孔薄板,若所受拉力为 F,板厚为 δ,板宽为

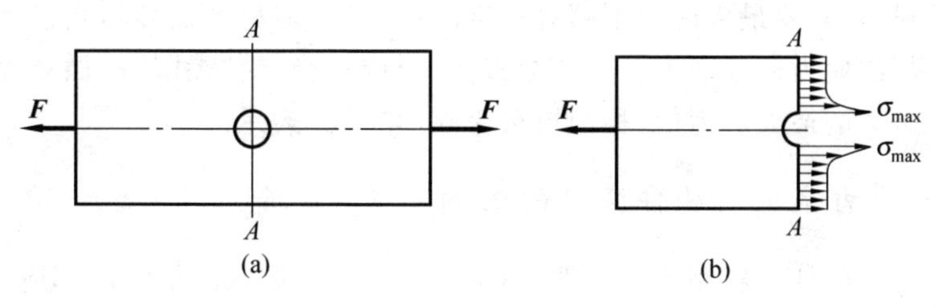

图　5-26

b，孔径为 d，则截面 $A—A$ 上的名义应力为

$$\sigma_n=\frac{F}{(b-d)\delta}$$

最大局部应力 σ_{max} 则由解析理论（如弹性力学）、实验或数值方法（如有限元法与边界元法等）确定的。

2. 交变应力与材料疲劳

在机械和工程结构中，许多构件常常受到随时间循环变化的应力（图 5-27），即所谓**交变应力**或**循环应力**。

实验表明，在交变应力作用下的构件，虽然所受应力小于材料的静强度极限，但经过应力的多次重复后，构件将产生可见裂纹或完全断裂，而且，即使是塑性很好的材料，断裂时也往往无显著的塑性变形。在交变应力作用下，构件产生可见裂纹或完全断裂的现象，称为**疲劳破坏**。

实验还表明，材料承受的应力 σ 愈大，破坏前所能经受的应力循环次数 N 即疲劳寿命愈短。例如碳钢的应力与相应寿命的关系曲线（即所谓应力-寿命曲线或 S-N 曲线）如图 5-28 所示。

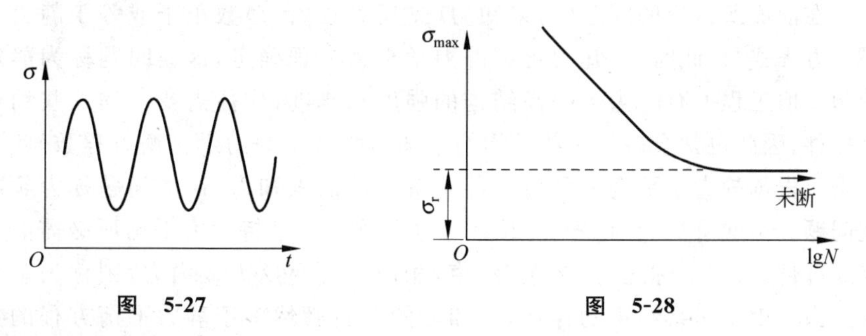

图　5-27　　图　5-28

从图中可以看出，应力越小，疲劳寿命越长，而当应力减小至某一数值后，S-N 曲线趋向于水平直线。

实验表明，钢和铸铁等的 S-N 曲线均具有上述特点。这说明，对于钢和铸铁等材料,只要最大应力不超过一定限度(其值随材料而异),它们即可经历“无限”次应力循环而不发生疲劳破坏。材料能经受“无限”次循环而不发生疲劳破坏的最大应力值,称为**持久极限**,并用 σ_r 表示。

3. 应力集中对构件强度的影响

对于由脆性材料制成的构件,当由应力集中所形成的最大局部应力 σ_{max} 到达强度极限时,构件即发生破坏。因此,在设计脆性材料构件时,应考虑应力集中的影响。

对于由塑性材料制成的构件,应力集中对其在静载荷作用下的强度则几乎无影响。因为当最大应力 σ_{max} 达到屈服应力 σ_s 后,如果继续增大载荷,则所增加的载荷将由同一截面的未屈服部分承担,以致屈服域不断扩大(图 5-29),应力分布逐渐趋于均匀化。所以,在研究塑性材料构件的静强度问题时,通常可以不考虑应力集中的影响。

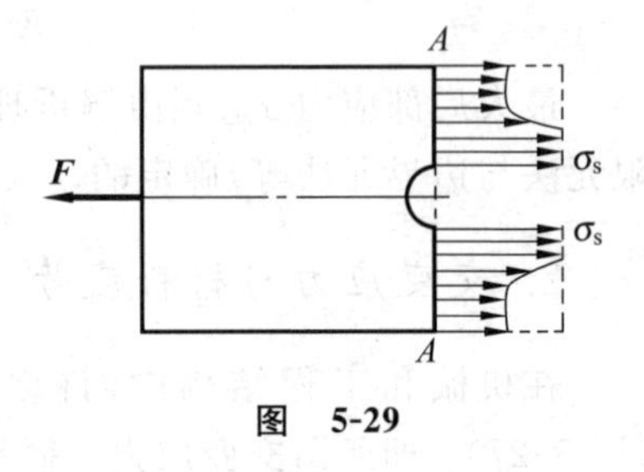

图 5-29

然而,应力集中促使疲劳裂纹的形成与扩展,因而对构件(无论是塑性还是脆性材料)的疲劳强度影响极大。所以,在工程设计中,要特别注意减小构件的应力集中。

5.7 简单拉压超静定问题

在前面所讨论的问题中,未知力(支反力或内力)数小于或等于静力学平衡方程式数,此时,未知力可由静力学平衡方程确定,这类问题称为**静定问题**。但工程上有时为了提高结构的强度和刚度,往往需要增加一些约束或杆件,因此也常会碰到一些结构的未知力数大于静力学平衡方程数,此时如果只根据静力学平衡方程将不能求解全部的未知力,这类问题称为**超静定问题**。由此可见,在超静定问题中,存在着多于维持静力平衡所必需的支座或杆件,习惯上称之为“多余”约束,相应的支座反力或内力,则称为多余未知力。由于多余约束的存在,未知力的数目必然多于静力平衡方程的数目,这个差数就称为**超静定的次数**。

解决超静定问题,除了静力学平衡方程外,还需找一些补充方程。由于结构各部分间的变形要协调,可以得到各部分变形间的几何关系方程,称为变形的几何方程或变形的协调方程。再利用变形与轴力间的物理关系——胡克定律，就可以得到以轴力表示的变形协调方程即补充方程。在实际问题中通常都能找到足够的补充方程，连同静力学平衡方程，使得方程的个数与未知力的个数相等，从而确定全部未知力。

下面举例进一步说明拉压超静定问题的解法。

例 5-6　图 5-30(a)所示超静定对称桁架，设1,2两杆的长度、横截面面积和材料均相同，即 $l_1=l_2=l, A_1=A_2=A, E_1=E_2=E$；3杆的横截面面积及弹性模量分别为 A_3 和 E_3。试求铅垂力 $\boldsymbol{F}$ 作用下各杆的轴力。

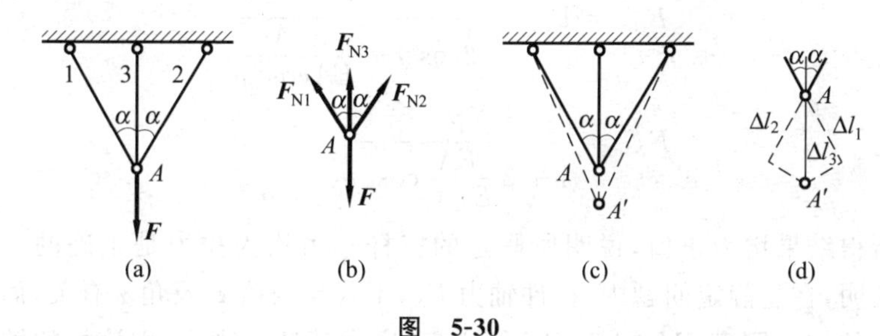

图　5-30

解　此桁架中共有三杆汇交于 A 点，其轴力皆为未知量，但对于平面汇交力系只可建立两个平衡方程，故为一次超静定问题，必须建立一个补充方程。

(1) 建立静力平衡方程

在力 $\boldsymbol{F}$ 作用下，三杆均伸长，必须假定三杆的轴力均为拉力，故得节点 A 的受力情况如图 5-30(b)。由对称关系可知

$$F_{N1}=F_{N2} \tag{a}$$

另一平衡方程则为

$$\sum F_y=0,\quad F_{N1}\cos\alpha+F_{N2}\cos\alpha+F_{N3}-F=0 \tag{b}$$

将式(a)代入式(b)即得

$$2F_{N1}\cos\alpha+F_{N3}-F=0 \tag{c}$$

(2) 建立变形几何方程

三杆受力变形后仍铰接于 A 点，且根据该桁架在几何、物理及其受力方面的对称性，可知 A 点应沿铅垂方向下移(图 5-30(c))，故1,2两杆伸长量相等，即 $\Delta l_1=\Delta l_2$。它们与3杆伸长量 Δl_3 间的关系如图 5-30(d)所示。由此列出的变形几何方程为

$$\Delta l_1=\Delta l_3\cos\alpha \tag{d}$$

(3) 建立物理方程

在三杆均处于线性弹性阶段内，由胡克定律可知，变形 $\Delta l_1,\Delta l_3$ 与轴力

F_{N1},F_{N3}之间的物理关系式为

$$\Delta l_1=\frac{F_{N1}l}{E_1A_1},\quad \Delta l_3=\frac{F_{N3}l_3}{E_3A_3}=\frac{F_{N3}l\cos\alpha}{E_3A_3} \tag{e}$$

(4) 建立补充方程,即以轴力表示的变形协调方程

将式(e)代入式(d)即得到

$$F_{N1}=F_{N3}\frac{EA}{E_3A_3}\cos^2\alpha \tag{f}$$

最后联立求解平衡方程(c)和补充方程(f),整理后得

$$F_{N1}=F_{N2}=\frac{F}{2\cos\alpha+\dfrac{E_3A_3}{EA\cos^2\alpha}}$$

$$F_{N3}=\frac{F}{1+2\dfrac{EA}{E_3A_3}\cos^3\alpha}$$

所得结果均为正值,说明所假定的三杆轴力均为拉力是正确的。该结果还说明,在超静定问题中,杆件轴力 F_N,不仅与载荷 $\boldsymbol{F}$ 及角 α 有关,而且还与杆件的拉压刚度 EA 有关。一般说来,增大某杆的刚度,则该杆的轴力也相应增大,这在静定问题中是没有的,是超静定问题的一个重要特点。

例 5-7 图 5-31(a)所示结构,横梁 AB 可视为刚性梁,杆 1,2 的材料及横截面积均相同,许用应力[σ],试求两杆所需的横截面面积。已知载荷 $\boldsymbol{F}$ 及有关几何尺寸,且略去梁和杆的自重。

解 (1) 问题分析

取横梁为研究对象,受力图如图 5-31(b)。由受力图可见,这是一个平面一般力系,可列出三个静力平衡方程,而未知力数却有四个,因此这是一个一次超静定问题。求解时除三个静力平衡方程外,还必须再列一个补充方程。

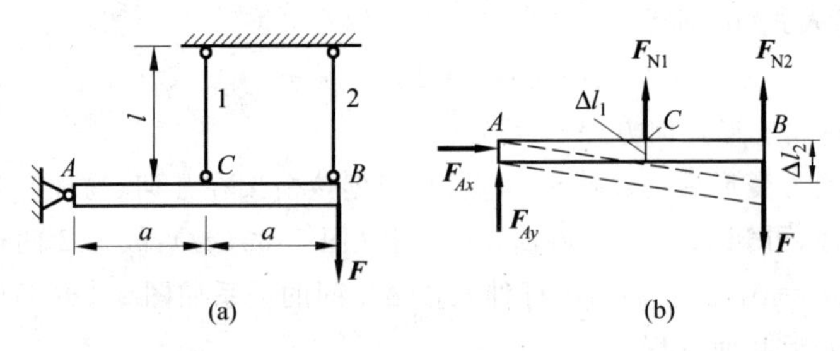

图 5-31

(2) 静力平衡方程

由 $\sum M_A=0$ 得到

$$F_{N1}+2F_{N2}=2F \tag{a}$$

虽然还可列出 $\sum F_x=0$ 和 $\sum F_y=0$ 两个方程，但又出现两个未知力 F_{Ax} 和 F_{Ay}，与求解问题无关，可以不列。

(3) 变形几何方程

为找到各杆变形间的关系，根据变形的协调性和变形很小的假设，可以认为横梁倾斜后各点的位移垂直于原梁轴，平行于原梁轴线的位移是属高阶小量，略去不计。由此，可作出变形后的变形图(图5-31(b))。由图可见

$$\Delta l_2=2\Delta l_1 \tag{b}$$

式(b)就是变形的几何方程或变形协调方程。

(4) 物理方程

由胡克定律，变形 Δl_1，Δl_2 与轴力 F_{N1}，F_{N2} 间的物理关系为

$$\Delta l_1=\frac{F_{N1}l}{E_1A_1},\quad \Delta l_2=\frac{F_{N2}l}{E_2A_2} \tag{c}$$

(5) 补充方程

将式(c)代入式(b)，得到以轴力表示的变形协调方程即补充方程：

$$\frac{F_{N2}l}{E_2A_2}=2\frac{F_{N1}l}{E_1A_1} \tag{d}$$

代入题设条件后得

$$F_{N2}=2F_{N1}=\frac{4}{5}F \tag{e}$$

(6) 计算横截面面积

由于已选定两杆截面积相等，又由式(e)知 $F_{N2}>F_{N1}$，所以应按 F_{N2} 来计算所需的截面积，于是得到

$$A_2=A_1\geqslant\frac{F_{N2}}{[\sigma]}=2\frac{F_{N1}}{[\sigma]}=\frac{4F}{5[\sigma]}$$

由计算结果看出，杆1的截面积不能由 $\frac{F_{N1}}{[\sigma]}=\frac{2F}{5[\sigma]}$ 来设计，所以在超静定结构中，欲使两杆内的工作应力同时接近许用应力是不可能的，这与静定结构不同。显然杆1的截面积不得已而选大，正说明了超静定结构中某些部分往往有多余的材料储备这样一个事实，这就是超静定结构的又一个特点。

在超静定结构中还应该注意装配应力及温度应力的影响。所谓装配应力，即整个结构未受载荷作用前，由于对构件的制造误差，因装配而引起的应力，故也称为初应力。例如，图5-31(a)所示杆件系统，若中间杆3制成后的长度比设计值短，那么在装配时1,2杆就会被压短，而3杆就会拉长，于是在未受到载荷 F 作用情况下各杆中已产生了应力。这种应力的存在虽有不

利的一面,但也可以加以利用,比如机械制造中的紧密配合及建筑中所用的预应力钢筋混凝土梁等;超静定结构中,还由于"多余"约束的存在而使得构件不能自由变形,因此由温度变化引起的变形必将在构件内引起内力,与之相应的应力即为温度应力。其值有时是很大的,因此也引起了工程中的足够重视。

5.8 连接接头的实用计算

本节将介绍剪切构件的受力和变形特点以及可能的破坏形式,并通过铆钉、键等连接件讨论剪切和挤压强度计算。

1. 剪切的概念

工程中,在构件彼此间起连接作用的连接件常受到剪切作用。如图5-32(a),(b)所示的铆钉(或销钉、螺栓)和键。将它们从连接部分取出(图5-32(c),(d)),加以简化便得到剪切的受力和变形简图(图5-32(e),(f))。由图可见,剪切的受力特点是:作用在杆件上的是一对等值、反向、作用线相距很近的横向力(即垂直于杆轴线的力);剪切的变形特点是:在两横向力之间的横截面将沿力的方向发生相对错动。杆件的这种变形称为**剪切变形**,发生相对错动的截面称为剪切面,如图5-32(c),(d),(f)中的$m—m$横截面。

杆件在发生剪切变形的同时,常伴随有挤压变形。如图5-32(a)所示的铆钉与钢板接触处,图5-32(b)中的键与轮、键与轴的接触处,很小的面积上需要传递很大的压力,极易造成接触部位的压溃。因此,在进行剪切计算的同时,也须进行挤压计算。

剪切变形或挤压变形只发生于连接构件的某一局部,而且外力也作用在此局部附近,所以其受力和变形都比较复杂,难以从理论上计算它们的真实工作应力。这就需要寻求一种反映剪切或挤压破坏实际情况的近似计算方法,即实用计算法。根据这种方法算出的应力只是一种名义应力。

下面我们通过铆钉连接的强度计算,来说明实用计算的方法。

2. 剪切的实用计算

图5-33(a)所示为受剪切的铆钉,若外力$\boldsymbol{F}$过大,铆钉将沿着剪切面被剪断(图5-33(b))。为校核铆钉在剪切面上的强度,需要首先用截面法确定此截面上的内力。将铆钉沿剪切面截开,取下半部分为研究对象

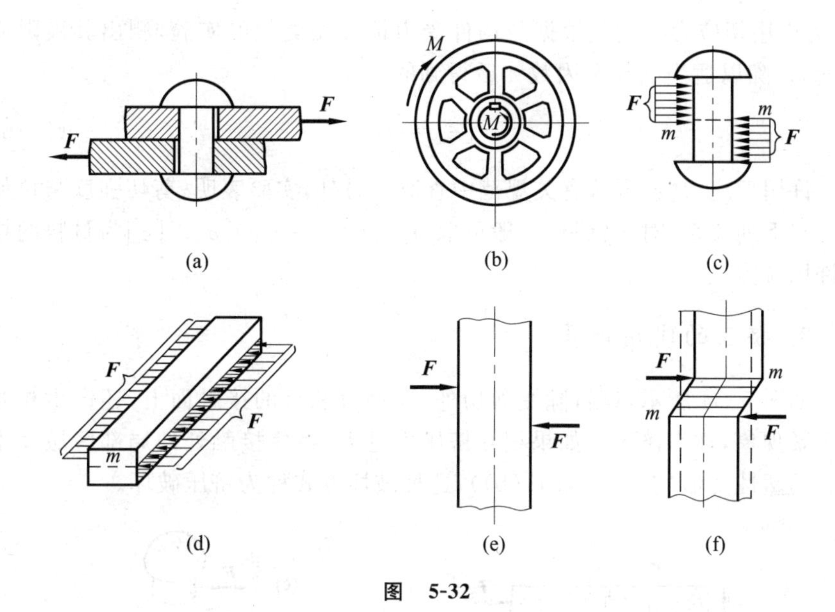

图　5-32

(图 5-33(c)),为了保持平衡,截面上的内力(内力的合力)必与截面相切。这种与截面相切的内力称为**剪力**,以 F_S 表示。由平衡方程得

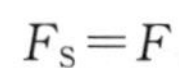

$$F_S=F$$

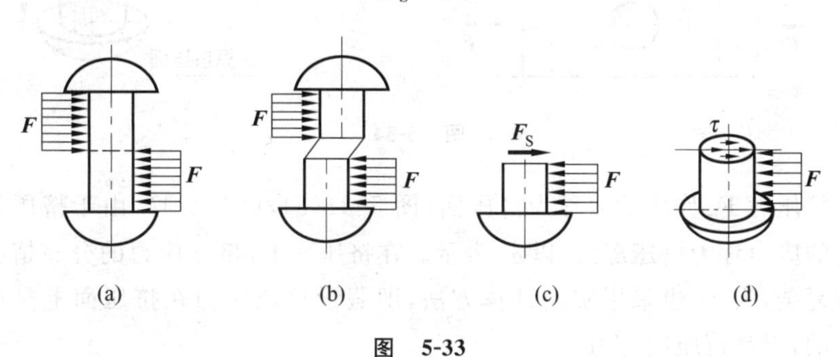

图　5-33

剪切面上的应力称为**切应力**,用 τ 表示。在实用计算中,假定切应力在剪切面上均匀分布(图 5-33(d)),于是得切应力的计算公式为

$$\tau=\frac{F_S}{A_S} \tag{5-14}$$

式中 A_S 为剪切面的面积。

为了保证构件有足够的强度,要求其工作时的应力小于许用应力。因此,剪切的强度条件是

$$\tau=\frac{F_S}{A_S}\leqslant[\tau] \tag{5-15}$$

$[\tau]$为许用切应力。它是根据与构件受力情况相类似的实验,测出其极限应力 τ_u,再除以适当的安全因数 n 后得到的。即

$$[\tau]=\frac{\tau_u}{n} \tag{5-16}$$

许用切应力$[\tau]$可从有关规范中查取。另外,实验表明,剪切强度与拉伸强度有下列关系:对于钢材,一般可取$[\tau]=(0.6\sim0.8)[\sigma]$。$[\sigma]$为材料的拉伸许用应力。

3. 挤压的实用计算

如图 5-34 所示,铆钉除受剪切外,在铆钉和板的接触面上,还产生相互的压紧现象,称为**挤压**。如果相互挤压力过大,将使接触处的局部区域发生显著的塑性变形(图 5-34(a),(b)),这种破坏方式称为挤压破坏。

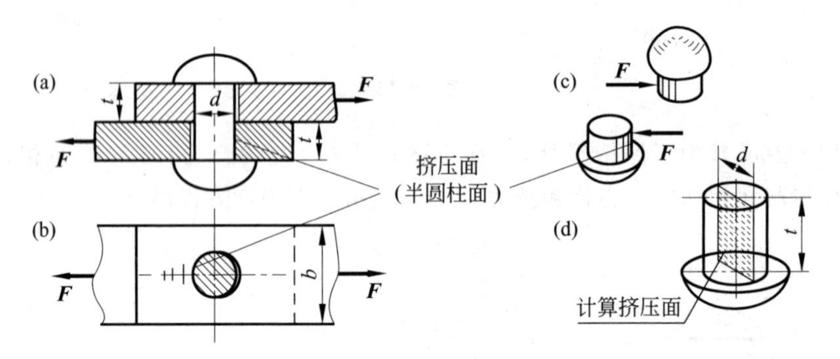

图 5-34

挤压力 $\boldsymbol{F}_{bs}$作用的面称为挤压面(图 5-34(a),(b),(c)),由于挤压力而引起的应力称为**挤压应力**,以σ_{bs}表示。在挤压面上,挤压应力的分布情况也比较复杂,为此,也采用实用计算方法,即假设挤压应力在挤压面上是均匀分布的,于是挤压应力为

$$\sigma_{bs}=\frac{F_{bs}}{A_{bs}} \tag{5-17}$$

式中 A_{bs}为挤压面的计算面积。当挤压面为平面时,计算挤压面即为实际挤压面;当挤压面为半圆柱面时,用挤压面的正投影面的面积作为计算挤压面,如图 5-34(d),$A_{bs}=d\times t$。于是挤压的强度条件为

$$\sigma_{bs}=\frac{F_{bs}}{A_{bs}}\leqslant[\sigma_{bs}] \tag{5-18}$$

$[\sigma_{bs}]$为材料的挤压许用应力,可从有关规范中查取,其值由实验测定:先测出挤压破坏时的挤压力,再由式(5-17)算出破坏时的极限挤压应力,然后除

以安全因数。对于钢材，一般可取$[\sigma_{bs}]=(1.7\sim2)[\sigma]$。

例5-8 如图5-35(b)所示，键为轮与轴的连接部件。已知轴的直径$d=70$ mm，键的尺寸为$b\times h\times l=20$ mm$\times12$ mm$\times100$ mm，传递转矩$M=2$ kN·m，键的许用应力$[\tau]=60$ MPa，$[\sigma_{bs}]=160$ MPa，试校核键的强度。

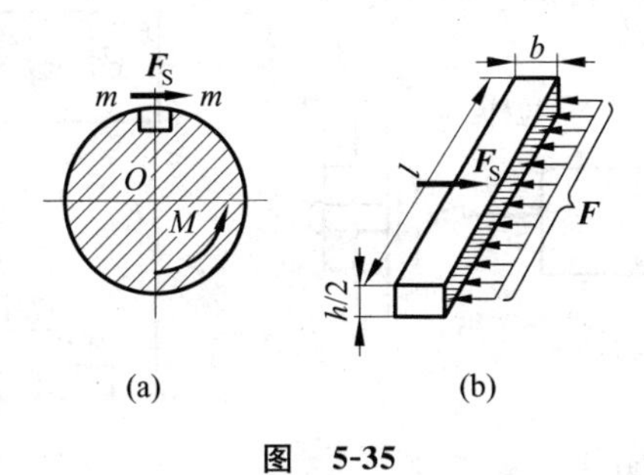

图 5-35

解 键除受剪切外，还受轮和轴的挤压作用。为此，需对键进行剪切和挤压的强度校核。

(1) 校核键的剪切强度

把键沿剪切面m—m切开(图5-32(d))，取轴和下部分键为整体来研究(图5-35(a))。键在m—m截面上的剪力为F_S，由平衡方程$\sum M_O=0$有$M-F_S\dfrac{d}{2}=0$，解得$F_S=\dfrac{2M}{d}$，键的切应力为

$$\tau=\frac{F_S}{A_S}=\frac{2M}{dbl}=\frac{2\times2\times10^6}{70\times20\times100}=28.6(\text{MPa})<[\tau]$$

故键的抗剪切强度足够。

(2) 校核键的挤压强度

考虑键在m—m截面以下部分(图5-35(b))，由平衡方程得

$$F_{bs}=F_S=\frac{2M}{d}$$

挤压面的面积为

$$A_{bs}=\frac{h}{2}l$$

键的挤压应力为

$$\sigma_{bs}=\frac{F_{bs}}{A_{bs}}=\frac{4M}{dhl}=\frac{4\times2\times10^6}{70\times12\times100}=95.3(\text{MPa})<[\sigma_{bs}]$$

故键的抗挤压强度足够。

由以上计算可知，键的强度足够。

例 5-9 图 5-36(a)所示拉杆,用四个直径相同的铆钉固连在格板上,拉杆与铆钉材料相同,试校核铆钉和拉杆的强度。已知:$F=80\ \mathrm{kN}$,$b=80\ \mathrm{mm}$,$t=10\ \mathrm{mm}$,$d=16\ \mathrm{mm}$,$[\tau]=100\ \mathrm{MPa}$,$[\sigma_{bs}]=300\ \mathrm{MPa}$,$[\sigma]=160\ \mathrm{MPa}$。

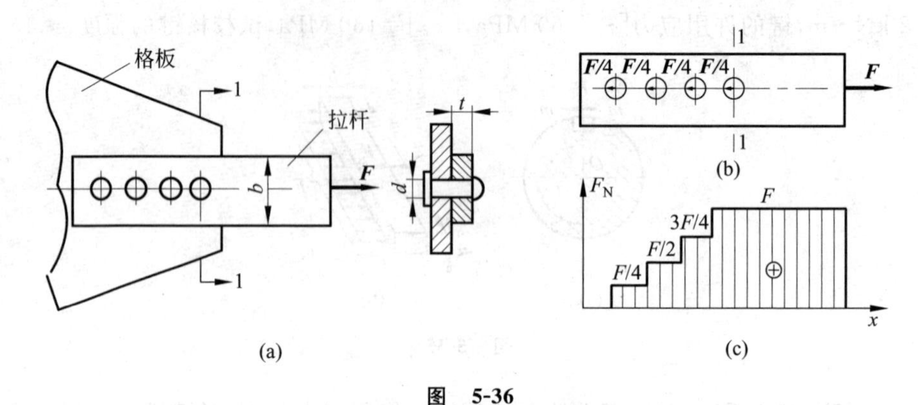

图 5-36

解 (1) 计算铆钉的剪切强度

首先计算各铆钉剪切面上的剪力。因为图 5-36(a)所示各铆钉的材料及直径均相同,且外力作用线通过铆钉群受剪面的形心,故可认为各铆钉受剪面上的剪力相同,即均为

$$F_S=\frac{F}{4}=\frac{80}{4}=20(\mathrm{kN})$$

相应的切应力为

$$\tau=\frac{4F_S}{\pi d^2}=\frac{4\times20\times10^3}{3.14\times16^2}=99.5(\mathrm{MPa})<[\tau]$$

(2) 计算挤压强度

每个铆钉和拉杆的相互挤压力为

$$F_{bs}=F_S=20\ \mathrm{kN}$$

所以有

$$\sigma_{bs}=\frac{F_{bs}}{A_{bs}}=\frac{F_{bs}}{td}=\frac{20\times10^3}{10\times16}=125(\mathrm{MPa})<[\sigma_{bs}]$$

(3) 计算拉杆的拉伸强度

拉杆受力情况及轴力图如图 5-36(b),(c)所示。显然,横截面 1—1 为危险截面,则杆中最大拉应力为

$$\sigma_{max}=\frac{F_{Nmax}}{(b-d)t}=\frac{80\times10^3}{(80-16)\times10}=125(\mathrm{MPa})<[\sigma]$$

由以上计算可以看出,铆钉与拉杆均满足强度要求。

思　考　题

5-1　如思考题 5-1 图所示受力杆件，AB 段和 BC 段的横截面积分别为 A_1 和 A_2，则各段横截面上应力是否为

$$\sigma_1=\frac{F}{A_1},\quad \sigma_2=\frac{F}{A_2}$$

思考题 5-1 图

5-2　钢的 $E=200$ GPa，铝的 $E=71$ GPa，问在相同的应力下，其应变是否相同？

5-3　材料不同，截面面积亦不同的两根拉杆，受相同的轴向拉力作用，问：(1)轴力是否相同？(2)应力是否相同？(3)应变是否相同？(4)强度是否相同？

5-4　有一试件，测得 $\varepsilon=0.002$，已知材料的 $E=200$ GPa，$\sigma_{\mathrm{p}}=200$ MPa，则其应力是否为

$$\sigma=E\varepsilon=200\times10^3\times0.002=400(\mathrm{MPa})$$

5-5　三根杆的尺寸相同但材料不同，其应力-应变图如思考题 5-5 图所示。试问哪一种材料的：(1)强度高？(2)刚度大？(3)塑性好？

5-6　在表面为平面的杆件上画一条斜直线 AB，当杆件受沿轴向的应力 p 作用而均匀拉伸时(思考题 5-6 图)，该斜直线作平行移动吗？为什么？

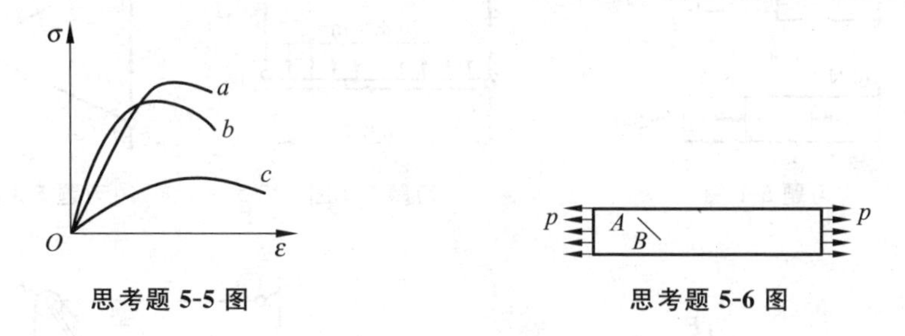

思考题 5-5 图　　思考题 5-6 图

5-7　试判断思考题 5-7 图各结构是否为超静定结构？几次超静定？(F 及 α 为已知)

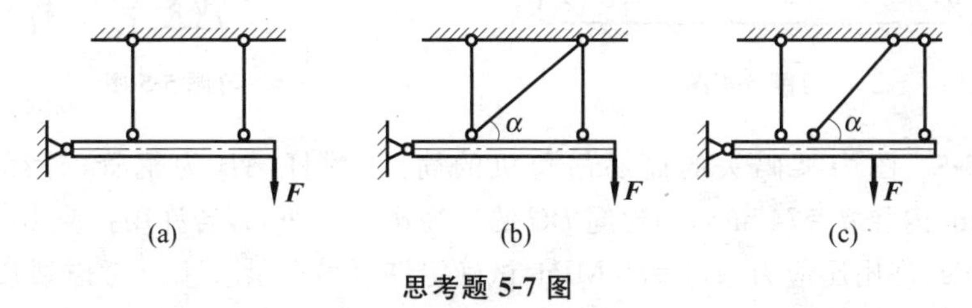

思考题 5-7 图

5-8 何谓剪切变形？在怎样的外力作用下产生剪切变形？

5-9 何谓挤压变形及挤压应力？与一般压缩变形及压应力有何区别？

习　题

5-1 试求图示钢杆横截面上的最大工作应力，且求杆的总变形。设杆各段长度均为 $l=400$ mm，其横截面面积粗段为 $A_1=200\ \text{mm}^2$，细段为 $A_2=100\ \text{mm}^2$，钢的弹性模量 $E=200$ GPa，设 $F=125$ N。

5-2 一结构受力如图示，杆 AB，AD 均由两根等边角钢组成。已知材料的许用应力$[\sigma]=170$ MPa，试选择 AB 杆和 AD 杆的截面型号。

5-3 图示结构，杆 BC 由两根 10 号槽钢组成，$[\sigma]_{BC}=160$ MPa；杆 AB 是 20 a 工字钢，$[\sigma]_{AB}=100$ MPa。试求许用载荷$[F]$。

5-4 图为某压榨机简图，欲得到 200 kN 的压榨力，AC，BC 杆都采用工字钢，其许用应力$[\sigma]=80$ MPa(考虑到其他因素，降低了许用应力)，$\alpha=15°$，不计摩擦，试选择工字钢号码。

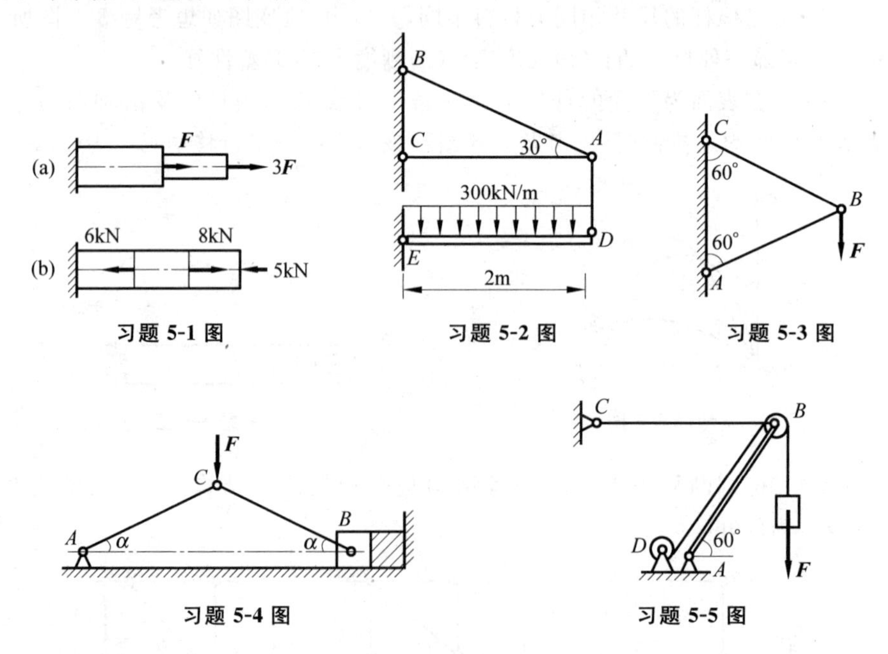

习题 5-1 图　　习题 5-2 图　　习题 5-3 图

习题 5-4 图　　习题 5-5 图

5-5 图为某码头的简易吊包机的简图，撑杆 AB 为钢管，外径 $D=80$ mm，内径 $d=74$ mm，钢丝绳 BC 的直径 $d_1=20$ mm，若许用拉应力$[\sigma_t]=70$ MPa，许用压应力$[\sigma_c]=30$ MPa，试确定许可吊重量$[F]$。(考虑到其他因素，如动荷、细长杆的稳定，因而降低了许用应力。）

5-6　图为某一储油箱，重为 400 kN，承受侧压力 100 kN，由杆 AD，BC，AC 支持着。设各杆都由四根相同的等边角钢组成，杆 AD 是四根 25 mm×25 mm×3 mm 角钢，杆 BC 是四根 63 mm×63 mm×5 mm 角钢，杆 AC 是四根 40 mm×40 mm×5 mm 角钢，设钢杆的压缩许用应力$[\sigma_c]$=100 MPa，问结构是否安全？

5-7　图示结构，AB 为刚性梁，CD 为斜拉杆，载荷 F 可沿梁移动。试问为使斜拉杆用料最少，斜拉杆与水平梁间的夹角 α 应为何值？

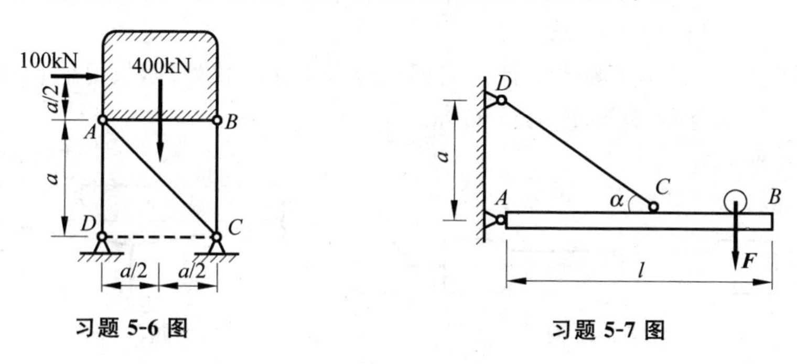

习题 5-6 图　　　　习题 5-7 图

5-8　图示结构中，AB 为刚性梁，杆 1，2 由同一材料做成，$[\sigma]$=160 MPa，F=40 kN，E=200 GPa。求：(1)两杆的横截面面积。(2)若使 AB 只作向下平移，不作转动时，两杆的横截面面积又为多少？

5-9　实验机的结构如图所示，实验机的拉杆 CD 和试件 AB 的材料均为低碳钢，其 σ_p=200 MPa，σ_s=240 MPa，σ_b=400 MPa，实验机的最大拉力为 100 kN。

(1) 实验机作拉断实验时，试件直径最大可达多少？

(2) 设计时，若取实验机的安全因数 n=2，则 CD 杆的横截面积为多少？

(3) 若试件直径 d=10 mm，今欲测弹性模量 E，则所加最大载荷为多少？

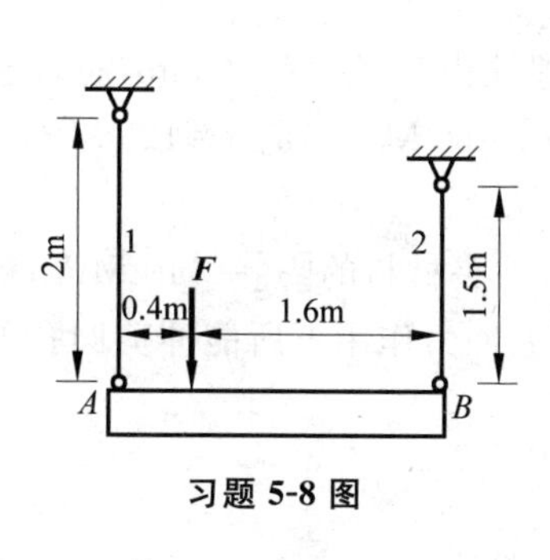

习题 5-8 图

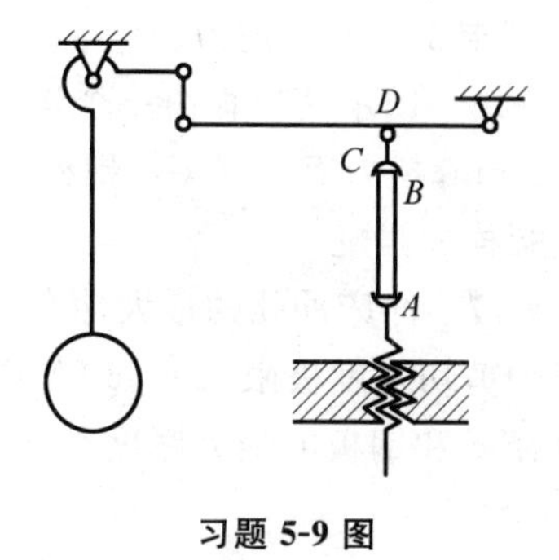

习题 5-9 图

5-10 图示矩形截面试件,$b=29.8\ \mathrm{mm}$,$h=4.1\ \mathrm{mm}$,在拉伸实验时,每增加 3 kN 的拉力,测得纵向线应变 $\varepsilon=120\times10^{-6}$,横向线应变 $\varepsilon'=-38\times10^{-6}$,试求材料的弹性模量 E 和横向变形系数 ν。

5-11 原来定点 A 与 B 之间水平地悬挂一直径 $d=1\ \mathrm{mm}$ 的钢丝(习题 5-11 图虚线所示)。现将载荷 $\boldsymbol{F}$ 作用于中点 C,当钢丝的相对伸长达到 0.5%时,即被拉断。试求:

(1) 在拉断时钢丝内的正应力;

(2) C 点下降的距离;

(3) 在此瞬时力 $\boldsymbol{F}$ 的大小。

注:钢丝自重可略去不计。因钢丝经过冷作硬化处理,故可假设在断裂前只有弹性变形,且知 $E=200\ \mathrm{GPa}$。

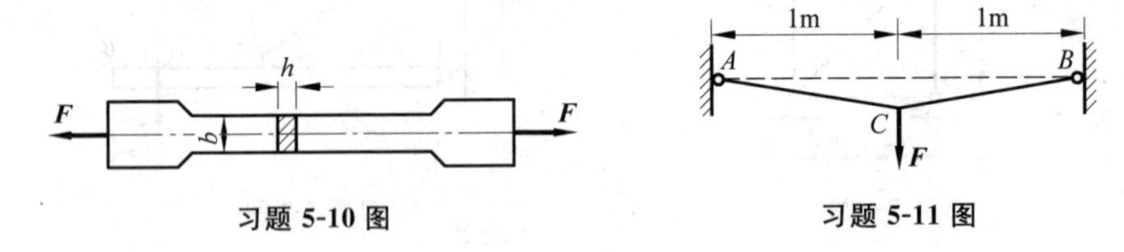

习题 5-10 图　　习题 5-11 图

5-12 图示等截面直杆,横截面面积为 A,两端固定,受轴向载荷 $\boldsymbol{F}$ 作用,试计算杆内的最大拉应力和最大压应力值。

5-13 图示结构中三根杆的材料、横截面积及长度均相同,并分别为 E,A,l,在节点 A 处受铅垂方向的载荷 $\boldsymbol{F}$ 作用,试计算节点 A 的垂直位移。

习题 5-12 图

5-14 图示木柱,由四根横截面积分别为 $A=186\ \mathrm{mm^2}$ 的角钢所加强。已知 $E_{木}=10\ \mathrm{GPa}$,$E_{钢}=200\ \mathrm{GPa}$,立柱所受轴向载荷 $F=100\ \mathrm{kN}$。试计算木柱和角钢所受压力和正应力。

5-15 如图所示结构,AB 为刚性杆,杆 1,2 材料相同,横截面积 $A_1=2A_2$,试求 1,2 杆的内力。

5-16 图示两块板由一个螺栓连接。螺栓内直径 $d=24\ \mathrm{mm}$,每块板厚 $t=12\ \mathrm{mm}$,拉力 $F=27\ \mathrm{kN}$,螺栓许用应力$[\tau]=60\ \mathrm{MPa}$,$[\sigma_{bs}]=120\ \mathrm{MPa}$。试校核螺栓的强度。

5-17 冲床冲孔的最大冲力为 400 kN,冲头材料的$[\sigma]=440\ \mathrm{MPa}$,被冲钢板的剪切强度极限 $\tau_b=360\ \mathrm{MPa}$,求在最大冲力作用下所能冲剪圆孔的最小直径 d 和钢板的最大厚度 δ。

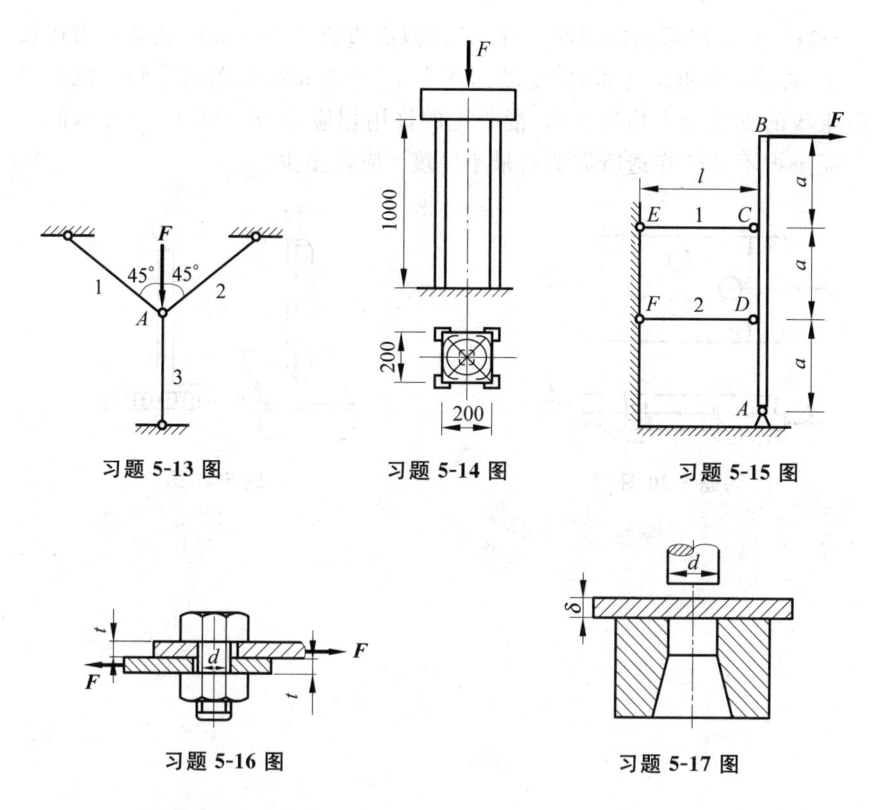

习题 5-13 图　　习题 5-14 图　　习题 5-15 图

习题 5-16 图　　习题 5-17 图

5-18　图为用键连接的手柄摇轴，键的尺寸 $b\times h\times l=10\ \text{mm}\times 8\ \text{mm}\times 35\ \text{mm}$，许用应力 $[\tau]=60\ \text{MPa}$，摇柄套的许用挤压应力 $[\sigma_{bs}]=200\ \text{MPa}$，求加在摇柄端部的力 $\boldsymbol{F}$ 可达到多大。

5-19　图示两块钢板，用 3 个铆钉连接。已知 $F=50\ \text{kN}$，板厚 $t=6\ \text{mm}$，材料的许用应力 $[\tau]=100\ \text{MPa}$，$[\sigma_{bs}]=280\ \text{MPa}$，试求铆钉直径 d。若利用现有的直径 $d=12\ \text{mm}$ 的铆钉，则铆钉数应该是多少？

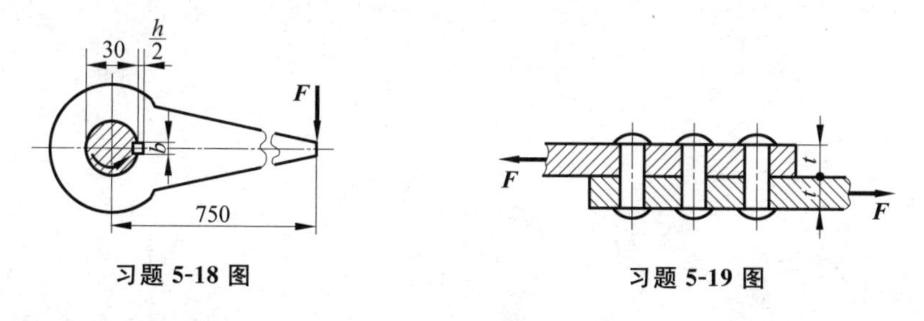

习题 5-18 图　　习题 5-19 图

5-20　图为铆钉连接结构，若已知 $F=80\ \text{kN}$，$b=80\ \text{mm}$，$t=10\ \text{mm}$，$d=16\ \text{mm}$，$[\sigma]=160\ \text{MPa}$，$[\tau]=120\ \text{MPa}$，$[\sigma_{bs}]=340\ \text{MPa}$。试校核结构的强度（在铆接中，假设每个铆钉受力相同）。

5-21 正方形截面的混凝土柱,其横截面边长为200 mm,其基底为边长 $a=1$ m 的正方形混凝土板,所受轴向压力 $F=100$ kN,如图示。假设地基对混凝土板的支反力为均匀分布,混凝土的许用切应力为$[\tau]=1.5$ MPa,问为使混凝土板不被柱穿透所需要的最小厚度 t 应是多少?

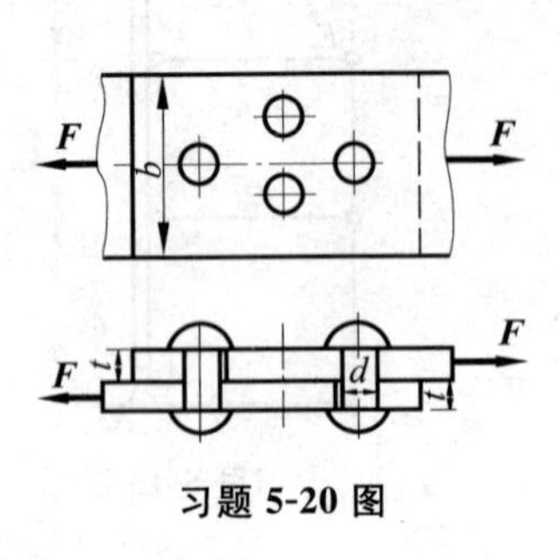

习题 5-20 图

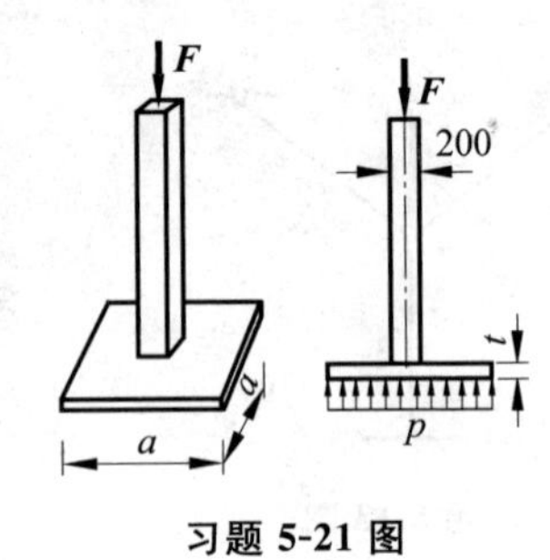

习题 5-21 图

第 6 章 扭　　转

本章主要讨论等直圆杆的扭转，首先是内力计算，然后研究强度和刚度计算。

6.1　扭转的概念

工程实际中，有许多承受扭转的杆件。如图 6-1(a)所示汽车转向轴 AB，驾驶员通过方向盘把力偶($\boldsymbol{F}$,$\boldsymbol{F}'$)作用于转向轴的 A 端，在转向轴的 B 端，则受到来自转向器的阻抗力偶矩 M_e 的作用。这样，就使转向轴 AB 产生扭转变形。又如搅拌器的主轴(图 6-1(b))以及机器的传动轴等。

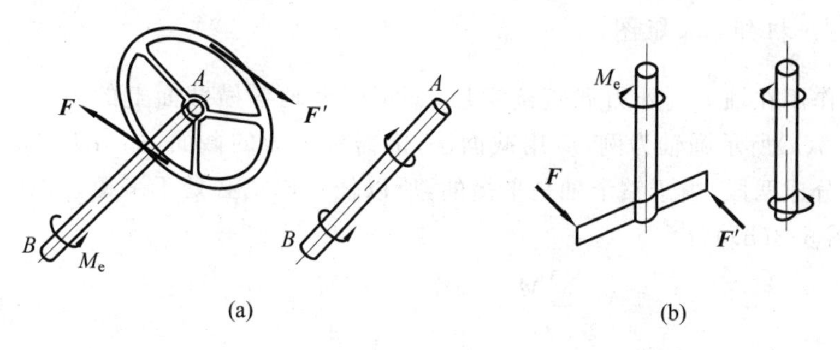

图　6-1

可以看出,这些杆件的受力特点是:所受到的外力是一些转向不同的力偶,作用在垂直于杆轴的平面内。其变形特点:各横截面绕杆的轴线发生相对转动,杆件的这种变形形式称为**扭转变形**。杆件任意两截面间相对转过的角度,称为**扭转角**。图 6-2 中的 φ 角表示两端截面的相对扭转角。

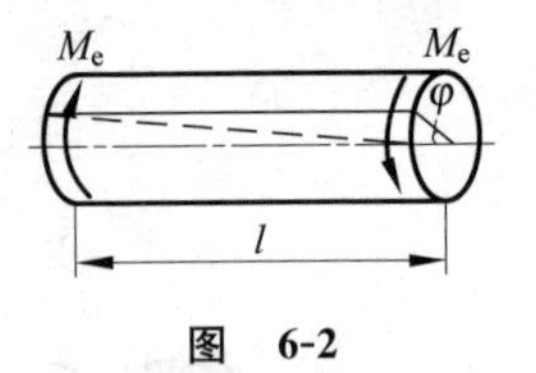

图 6-2

工程中凡以扭转变形为主要变形的构件称为**轴**。本章主要讨论等直圆轴(杆)的扭转问题,这是机械传动中应用较多的。

6.2 圆轴扭转时的内力

研究圆轴扭转的强度和刚度问题,首先需要计算作用于轴上的外力偶矩和横截面上的内力。

1. 外力偶矩

工程实际中,作用于轴上的外力偶矩往往不是直接给出的,而只是给定轴的传递功率 P 和每分钟的转速 n(r/min)。由此换算出作用于轴上的外力偶矩 M_e,即

$$M_e = 9549\frac{P}{n}(\text{N}\cdot\text{m}) \tag{6-1a}$$

式中 P 的单位为千瓦(kW),或

$$M_e = 7024\frac{P}{n}(\text{N}\cdot\text{m}) \tag{6-1b}$$

式中 P 的单位为马力(1公制马力=0.7355 kW=735.5 N·m/s)。

2. 扭矩、扭矩图

作用在轴上的外力偶矩确定后,即可研究轴各横截面上的内力。现以图 6-3(a)所示圆轴为例,应用截面法,沿需求内力的截面,如沿 m—m 截面把轴分成两段,由于整个轴是平衡的,所以任一段也必处于平衡。现研究左段(图 6-3(b)),由

$$\sum M_x = 0,\quad T - M_e = 0$$

得

$$T = M_e$$

式中,T 称为 m—m 截面上的**扭矩**,它是使左段保持平衡的内力偶矩。

同样，若以右段为研究对象(图 6-3(c))，也可求出截面 $m—m$ 上的扭矩 T，其大小仍同图 6-3(b)中所示 T。但根据作用与反作用原理，两者转向必相反。为了使由两段轴求得的同一截面上的扭矩有相同的正负号，对扭矩的符号作如下规定：按右手螺旋法则将右手的四指沿着扭矩的旋转方向，当大拇指的指向与该扭矩所作用横截面的外法线方向一致时，扭矩为正，否则为负。图 6-3 所示的扭矩 T 均为正。

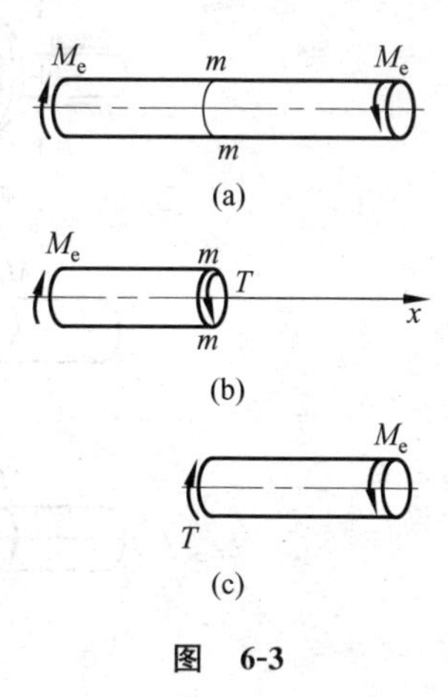

图 6-3

若作用于轴上的外力偶矩多于两个，扭矩需要分段计算，此时为了表示横截面上的扭矩沿轴线的变化情况，需要绘出扭矩图，即以平行于轴线的横坐标表示截面位置，以垂直于轴线的纵坐标表示扭矩的数值，这样绘出的图线称为**扭矩图**。扭矩图可以反映出扭矩的最大值及等直杆情况下的危险截面位置。

下面以例题来说明扭矩的计算及扭矩图的绘制。

例 6-1 如图 6-4(a)所示一等圆截面传动轴，其转速 $n=150$ r/min，主动轮 A 的输入功率 $P_A=45$kW，从动轮 B 的输出功率 $P_B=25$kW。略去轴承的摩擦力，求轴上各横截面上的扭矩，并作扭矩图。

解 因为轴以等速转动，主动轮 A 的输入功率应等于从动轮 B 和 C 的输出功率之和。所以轮 C 传递功率为 $P_C=P_A-P_B=20$kW。

按式(6-1a)计算各轮子的外力偶矩：

$$M_A = 9549\,\frac{P_A}{n} = 9549 \times \frac{45}{150} = 2.86 \times 10^3\,(\text{N}\cdot\text{m})$$

$$M_B = 9549\,\frac{P_B}{n} = 9549 \times \frac{25}{150} = 1.59 \times 10^3\,(\text{N}\cdot\text{m})$$

$$M_C = 9549\,\frac{P_C}{n} = 9549 \times \frac{20}{150} = 1.27 \times 10^3\,(\text{N}\cdot\text{m})$$

应用截面法，根据平衡条件 $\sum M_x = 0$，得轴各截面上的扭矩分别为

$T_1 = 0$

$T_2 = -M_C = -1.27 \times 10^3\ \text{N}\cdot\text{m}$

$T_3 = M_A - M_C = 1.59 \times 10^3\ \text{N}\cdot\text{m}$ （或由图 6-4(d) 得 $T_3 = M_B$）

$T_4 = 0$

T_2 为负值说明原来对 T_2 所假定的方向与实际扭矩方向相反。按照关

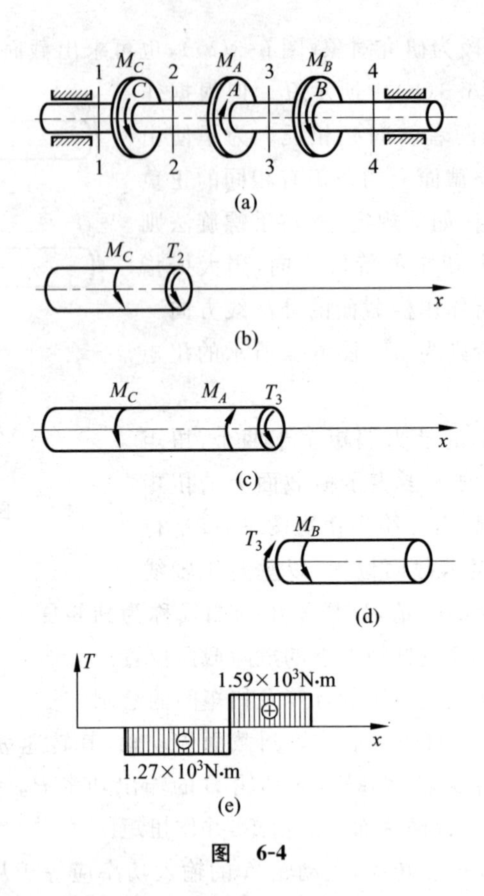

图 6-4

于扭矩的符号规定,图中假设的方向是扭矩的正向。

根据上述结果绘制扭矩图。为此,取平行于轴线的横坐标 x 表示各横截面的位置,以垂直于轴线的纵坐标表示各横截面上扭矩 T 的数值,按适当的比例尺,将正扭矩画在 x 坐标轴的上方,负的画在下方,如图 6-4(e)所示。由图可见,最大扭矩发生在轴的 AB 段,且最大扭矩值为 $T_{\max}=1.59\times10^3$ N·m。

对于等直圆轴,扭矩最大的截面为危险截面。在阶梯轴情况下由于轴各段截面尺寸不同,扭矩最大的截面不一定是危险截面。

讨论:对同一根轴来说,若将主动轮置于从动轮一侧,例如将轮 A 与轮 B 对换位置,绘出扭矩图(图 6-5),则扭矩最大值 $|T|_{\max}=2.86\times10^3$ N·m。显然,轴所承受的最大扭矩增加了。因

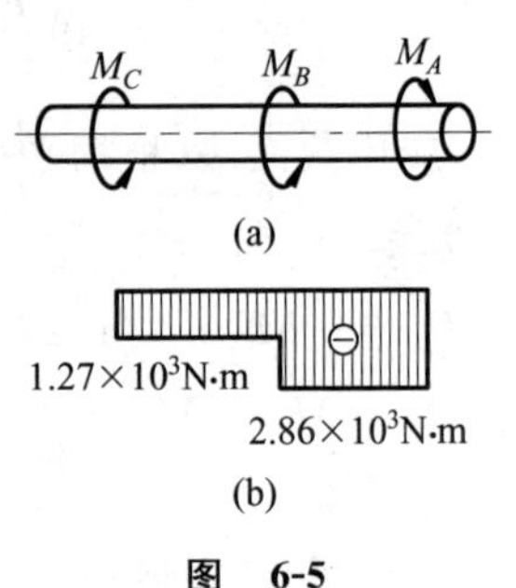

图 6-5

此，从强度和经济观点考虑，将主动轮置于从动轮之间是比较合理的。

6.3　圆轴扭转时的应力及强度条件

1. 横截面上的应力

为了对圆轴进行强度计算，在求出横截面上的扭矩后，还须进一步分析横截面上的应力。这属于超静定问题，因此需要从静力、几何和物理三个方面来讨论。

(1) 变形几何关系　为了确定扭转时圆轴内部的应力分布规律，仍可通过实验观察其表面的变形现象。此时在轴的表面画上圆周线和纵向线，并在轴的两端施加外力偶矩 M_e，使其产生扭转变形(图 6-6)。可以观察到：各纵向线倾斜了同一个微小角度 γ，这种纵向线与圆周线所夹角的改变量 γ 称**切应变**；各圆周线形状、大小及其间距离均不变，只是绕轴线作了相对转动。对以上实验现象可作如下分析：①圆轴的横截面像刚性圆盘一样仍保持为平面，只是绕杆轴线转动了一个角度，这就是圆轴扭转的平面假设；②因为圆周线的间距不变，所以圆轴扭转时横截面上没有正应力；③由于产生了切应变 γ，说明横截面上有切应力 τ 存在；④由于圆周线的形状和大小均没有变化，说明没有沿径向的切应力存在，所以切应力的方向垂直于半径。

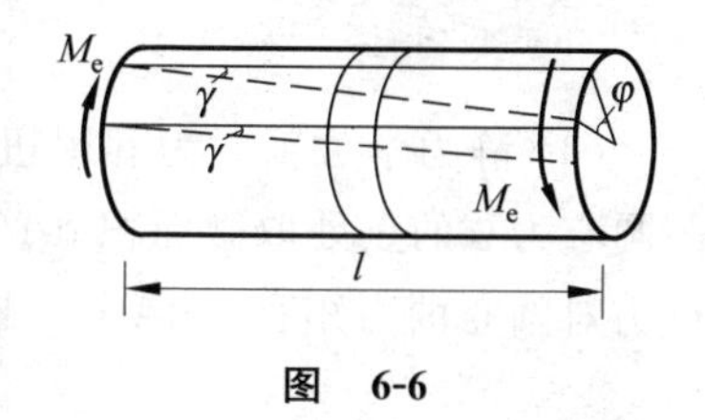

图　6-6

根据平面假设，可从受扭的圆轴中取出长为 $\mathrm{d}x$ 的一段(图 6-7(a))，其中 $\mathrm{d}\varphi$ 代表两端截面的相对扭转角。由图看出，$bb'=R\mathrm{d}\varphi=\gamma\mathrm{d}x$，所以圆截面周边上各点处的切应变为

$$\gamma \approx \frac{bb'}{ab} = \frac{R\mathrm{d}\varphi}{\mathrm{d}x}$$

它在垂直于半径的平面内。由于$\frac{\mathrm{d}\varphi}{\mathrm{d}x}$对同一横截面上的各点为一常量，因此在截面内随着半径 ρ 的减小各点切应变 γ_ρ 也减小，即 $\gamma_\rho=\rho\frac{\mathrm{d}\varphi}{\mathrm{d}x}$。显然，在轴心处切应变应该为零。

(2) 切应力与切应变的物理关系　实验表明，在弹性范围内，切应力与切应变存在以下关系：

$$\tau = G\gamma$$

这就是**剪切胡克定律**。G 为切变模量。横截面上各点处的切应力表达式为

$$\tau_\rho = G\gamma_\rho = G\rho\frac{d\varphi}{dx} \tag{6-2}$$

其分布规律如图6-7(b)。

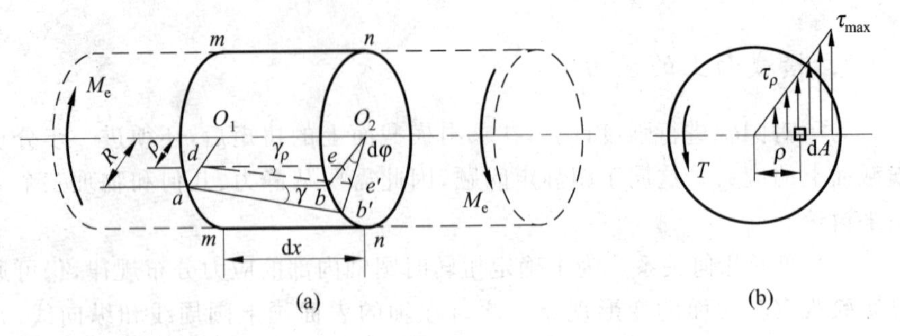

图 6-7

(3) 静力学关系　为利用扭矩与切应力间的静力学关系,可在横截面上距圆心为 ρ 的点处取微面积 dA(图6-7(b)),作用在微面积上的力为 $\tau_\rho dA$,该力对圆心的力矩是 $\tau_\rho dA\cdot\rho$,截面上这些微力矩的合成应等于扭矩 T,即

$$T = \int_A \rho\tau_\rho dA \tag{a}$$

式中 A 为整个横截面的面积。

将式(6-2)的 τ_ρ 值代入式(a),得

$$T = G\frac{d\varphi}{dx}\int_A \rho^2 dA \tag{b}$$

记 $I_p = \int_A \rho^2 dA$,I_p 是只与横截面形状和尺寸有关的几何量,称为横截面的**极惯性矩**,其常用单位为 m^4 或 mm^4。参考附录A。将 I_p 代入式(b),得

$$T = GI_p\frac{d\varphi}{dx} \tag{c}$$

则

$$\frac{d\varphi}{dx} = \frac{T}{GI_p} \tag{d}$$

将式(d)代入式(6-2),于是得到横截面上任一点处切应力的计算公式:

$$\tau_\rho = \frac{T\rho}{I_p} \tag{6-3}$$

当 $\rho_{max} = R$ 时,切应力也达最大值,即 $\tau_{max} = \frac{TR}{I_p}$。显然,圆形截面的周边上各点处切应力最大。

上式中 R 及 I_p 都是与横截面几何尺寸有关的量，可合并为一个量，令 $W_p = I_p/R$，则上式可写为

$$\tau_{\max} = \frac{T}{W_p} \tag{6-4}$$

式中 W_p 称为**抗扭截面系数**，常用单位为 m^3 或 mm^3。

应该注意，式(6-4)在导出时使用了胡克定律，所以当 $\tau_{\max}$ 不超过材料的剪切比例极限时方可使用。

2. 斜截面上的应力

已知等直圆杆扭转时横截面上周边各点处的切应力最大，为全面了解杆内的应力情况，进一步讨论这些点处斜截面上的应力。为此，在圆杆的表面处用横截面、径向截面以及与表面平行的面截取一微小的正六面体，称为**单元体**(图 6-8(a))。在其左、右两侧面(即杆的横截面)上只有切应力 τ，其方向与 y 轴平行，在其前、后两平面(即与杆表面平行的面)上无任何应力。由于单元体处于平衡状态，故由平衡方程 $\sum F_y = 0$ 可知，单元体在左、右两侧面上的内力元素 $\tau \mathrm{d}y\mathrm{d}z$ 应是大小相等、指向相反的一对力，并组成一个力偶，其矩为 $(\tau \mathrm{d}y\mathrm{d}z)\mathrm{d}x$。为满足另两个平衡条件 $\sum F_x = 0$ 和 $\sum M_z = 0$，在单元体的上、下两平面上将有大小相等、指向相反的一对内力元素 $\tau' \mathrm{d}x\mathrm{d}z$，并组成其矩为 $(\tau' \mathrm{d}x\mathrm{d}z)\mathrm{d}y$ 的力偶。该力偶矩与前一力偶矩数量相等而转向相反，从而可得

$$\tau' = \tau \tag{6-5}$$

式(6-5)表明，两相互垂直平面上的切应力 τ 和 τ' 数值相等，且均指向(或背离)该两平面的交线，称为**切应力互等定理**。该定理具有普遍意义，在同时有正应力的情况下同样成立。单元体(图 6-8(a))在其两对互相垂直的平面上只有切应力而无正应力的这种状态，称为**纯剪切应力状态**。由于这种单元体的前、后两面上无任何应力，故将其改用平面图(6-8(b))表示。

现分析在单元体内垂直于前、后两平面的任一斜截面 ef 上的应力，斜截面的外向法线 n 与 x 轴间的夹角为 α，并规定从 x 轴至截面外向法线逆时针转动时 α 为正值，反之为负值。应用截面法，研究其左边部分(图 6-8(c))的平衡。设斜截面 ef 的面积为 $\mathrm{d}A$，则 eb 面和 bf 面的面积分别为 $\mathrm{d}A\cos\alpha$ 和 $\mathrm{d}A\sin\alpha$。选择参考轴 ξ 和 η 分别与斜截面 ef 平行和垂直(图 6-8(c))，由平衡方程

$$\sum F_\eta = 0,\quad \sigma_\alpha \mathrm{d}A + (\tau \mathrm{d}A\cos\alpha)\sin\alpha + (\tau' \mathrm{d}A\sin\alpha)\cos\alpha = 0$$

和

$$\sum F_\xi = 0,\quad \tau_\alpha \mathrm{d}A - (\tau \mathrm{d}A\cos\alpha)\cos\alpha + (\tau' \mathrm{d}A\sin\alpha)\sin\alpha = 0$$

利用切应力互等定理公式,经整理后,即得任一斜截面 ef 上的正应力和切应力的计算公式分别为

$$\sigma_\alpha = -\tau\sin 2\alpha \tag{a}$$

$$\tau_\alpha = \tau\cos 2\alpha \tag{b}$$

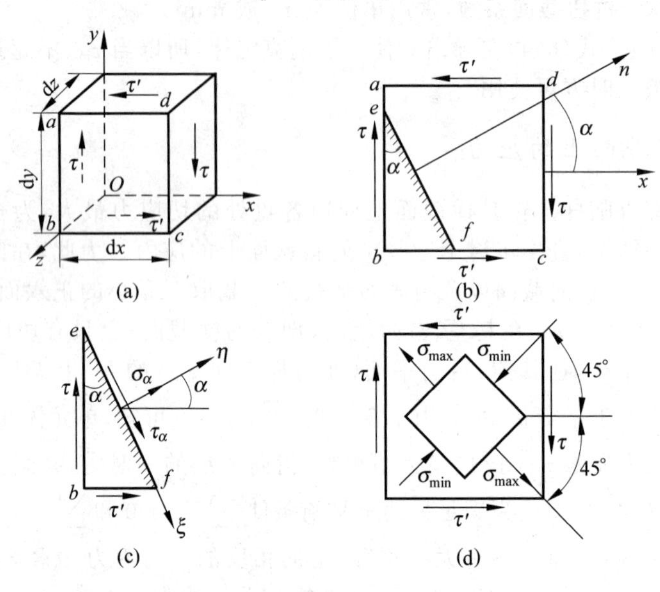

图 6-8

由式(b)可知,单元体的四个侧面(分别为 $\alpha=0°$ 和 $\alpha=90°$)上的切应力绝对值最大,均等于 τ。而由式(a)可知,在 $\alpha=-45°$ 和 $\alpha=45°$ 两斜截面上的正应力分别为

$$\sigma_{-45°} = \sigma_{\max} = +\tau$$

和

$$\sigma_{45°} = \sigma_{\min} = -\tau$$

即该两截面上的正应力分别为 σ_α 中的最大值和最小值,即一为拉应力,另一为压应力,其绝对值都等于 τ,且最大、最小正应力的作用面与最大切应力的作用面之间互成 45°,如图 6-8(d)。附带指出,这些结论是纯剪切应力状态的特点,并不限于等直圆杆在扭转时这一特殊情况。

在圆杆的扭转实验中,对于剪切强度低于拉伸强度的材料(例如低碳钢),破坏是从杆的最外层沿横截面发生剪断产生的,而对于拉伸强度低于剪切强度的材料(例如铸铁),其破坏是由杆的最外层沿与杆轴线约成 45°倾角的螺旋形曲面发生拉断而产生的。

3. 强度条件

在进行圆轴扭转的强度计算时,需先由扭矩图确定危险截面。设危险截面上的扭矩是 T,则由式(6-4)可得最大切应力 τ_{max}。为不使圆轴破坏以保证正常工作,就必须使 τ_{max}不超过应力的许用值。因此圆轴扭转时的强度条件为

$$\tau_{max} = \frac{T}{W_p} \leqslant [\tau] \tag{6-6}$$

式中$[\tau]$是扭转时材料的许用切应力。实验与理论计算均指出,在静荷下,$[\tau]$的值可由拉伸时材料的$[\sigma]$值来确定。对于塑性材料

$$[\tau] = (0.5 \sim 0.6)[\sigma]$$

对于脆性材料

$$[\tau] = (0.8 \sim 1.0)[\sigma]$$

由于轴类零件一般除受扭转作用外,也常受到弯曲作用,且考虑到动荷因素的影响,切应力的许用值通常比静荷下取得更低。

例 6-2 一空心轴,外径 $D=90$ mm,壁厚 $t=2.5$ mm,轴所传递的最大扭矩为 $T=1.5$ kN·m。如果把轴改为实心轴,要求最大切应力不变,试确定实心轴的直径,并比较两种轴的重量。

解 (1) 计算空心轴的最大切应力

$$\tau_{max} = \frac{T}{W_p} = \frac{16T}{\pi D^3(1-\alpha^4)} = \frac{16\times 1.5\times 10^6}{\pi\times 90^3[1-(0.944)^4]} = 51(\mathrm{MPa})$$

式中 $\alpha=\frac{d}{D}=\frac{90-2\times 2.5}{90}=0.944$。

(2) 确定实心轴的直径

由于题目要求轴的最大切应力不变,故实心轴的最大切应力也应该为51MPa,即

$$\tau_{max} = \frac{T}{W_p} = \frac{16\times 1.5\times 10^6}{\pi\times d_0^3} = 51(\mathrm{MPa})$$

则实心轴的直径为

$$d_0 = \sqrt[3]{\frac{16\times 1.5\times 10^6}{\pi\times 51}} = 53.1(\mathrm{mm})$$

(3) 比较空心轴与实心轴的重量

两根轴材料和长度均相同,因此它们的重量比等于它们的横截面面积之比,即

$$重量比=\frac{\frac{\pi}{4}(D^2-d^2)}{\frac{\pi}{4}d_0^2}=0.31$$

可见,扭转构件采用空心圆截面时能节约大量材料。这可从圆轴扭转时横截面上的应力分布规律来说明。实心轴中心部分的材料受到的切应力很小(图 6-9(a)),没有充分发挥作用。因此,工程实际中往往将轴制成空心的(图 6-9(b)),如以钢管代替实心轴,不仅节约材料,还可减轻轴的重量。但应注意,管壁不可过薄,更不应将截面制成开口形状(图 6-9(c)),否则抗扭能力将大为降低。

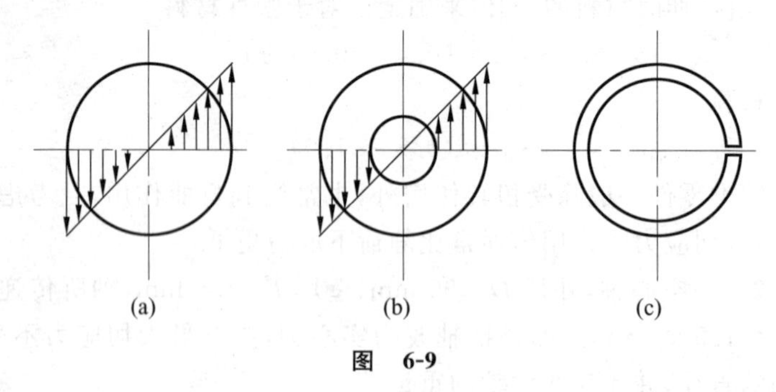

图 6-9

例 6-3 图 6-10 所示为板式桨叶搅拌器,已知电动机的功率为 17kW,机械传动效率为 90%,搅拌轴的转速为 60 r/min。上、下层搅拌桨叶所受阻力不同(图中未画出上层桨叶),消耗的功率分别为总功率的 35%和 65%。搅拌轴用 $\phi117\times6$ mm 不锈钢管制成,材料的许用切应力$[\tau]=30$ MPa,工作在腐蚀介质中,其腐蚀裕度为 $C=1$ mm。试校核轴的强度。

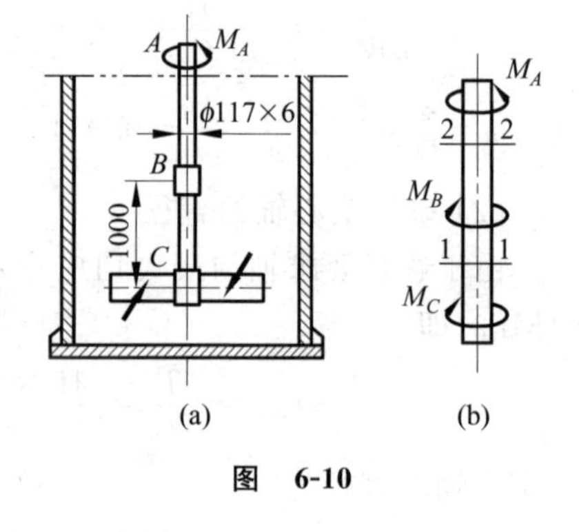

图 6-10

解 (1) 作用于搅拌轴上的外力偶矩的换算

电动机对轴的有效输入功率为 $17\times90\%=15.3$(kW),故电动机给予轴的主动力偶矩为

$$M_A=9549\times\frac{15.3}{60}=2.43\times10^3(\text{N}\cdot\text{m})$$

上、下层桨叶形成的反力偶矩分别为

$$M_B=2.43\times10^3\times35\%=0.85\times10^3(\text{N}\cdot\text{m})$$

$$M_C = 2.43 \times 10^3 \times 65\% = 1.58 \times 10^3 (\mathrm{N \cdot m})$$

(2) 轴的扭矩计算

在等速转动时，主动外力偶与反力偶平衡。由截面法可求得 1—1 和 2—2 横截面上的扭矩分别为

$$T_1 = 1.58 \times 10^3 (\mathrm{N \cdot m})$$

$$T_2 = 2.43 \times 10^3 (\mathrm{N \cdot m})$$

则搅拌轴所传递的最大扭矩为

$$T_{\max} = T_2 = 2.43 \times 10^3 (\mathrm{N \cdot m})$$

(3) 轴的强度校核

由于轴工作在腐蚀介质中，校核强度时应将轴的外径减去腐蚀裕度，即轴的外径 $D=117-1\times2=115(\mathrm{mm})$，其内径 $d=117-6\times2=105(\mathrm{mm})$。

$$W_{\mathrm{p}} = \frac{\pi D^3}{16}(1-\alpha^4) = \frac{3.14 \times 115^3}{16}\left[1-\left(\frac{105}{115}\right)^4\right] = 92.9 \times 10^3 (\mathrm{mm^3})$$

轴内最大工作切应力

$$\tau_{\max} = \frac{T_{\max}}{W_{\mathrm{p}}} = \frac{2.43 \times 10^3 \times 10^3}{92.9 \times 10^3} = 26.2(\mathrm{MPa})$$

因为 $\tau_{\max}<[\tau]$，所以轴能安全工作。

6.4 圆轴扭转时的变形及刚度条件

在研究轴的扭转问题时，除考虑强度要求外，为使轴不至有过大的扭转变形，还需要考虑刚度要求。

圆轴的扭转变形用横截面间绕轴线的相对扭转角 φ 来度量(图 6-2)。根据 6.3 节中的式(d)可求得相距 l 的两横截面间的相对扭转角为

$$\varphi = \int_l \mathrm{d}\varphi = \int_0^l \frac{T}{GI_{\mathrm{p}}}\mathrm{d}x$$

对于 T 为常值的等直圆轴，则

$$\varphi = \frac{Tl}{GI_{\mathrm{p}}} \tag{6-7}$$

扭转角 φ 以弧度(rad)表示，且规定其转向与扭矩 T 的转向相同，故其正负号随 T 的正负号而定。式中 GI_{p} 反映了截面抵抗扭转变形的能力，称为扭转刚度。

工程上圆轴受扭时，为消除长度的影响，要求以单位长度的扭转角 φ'

表示:

$$\varphi' = \frac{\mathrm{d}\varphi}{\mathrm{d}x} = \frac{T}{GI_p}(\mathrm{rad/m})$$

故圆轴扭转的刚度条件为

$$\varphi' = \frac{T}{GI_p} \times \frac{180}{\pi} \leqslant [\varphi'] \tag{6-8}$$

式中,$[\varphi']$为许用的单位长度扭转角,其单位是度/米((°)/m);T,G,I_p 的单位分别为 N·m,Pa,m^4。

对于$[\varphi']$值,是根据载荷性质和不同的工作条件等生产上的要求来确定的,其具体数值可查有关机械设计手册。

在选取轴径时,常按刚度条件进行初步计算,再按强度条件进行校核,也可同时按强度条件和刚度条件算出轴径,再取其大者。

例 6-4 设例 6-1 中的等圆截面传动轴各轮之间的距离均为 $l=2$ m,求轴的直径,并计算两相邻轮子间的单位长度扭转角和各轮之间的相对扭转角。已知$[\tau]=40$ MPa,$G=80$ GPa。

解 由例 6-1 知最大扭矩 $T_{max}=1.59\times10^3$ N·m,代入式(6-6)得

$$\tau_{max} = \frac{1.59\times10^3\times10^3}{W_p} \leqslant 40$$

于是所需抗扭截面系数为

$$W_p \geqslant \frac{1.59\times10^6}{40} = 39\ 750(\mathrm{mm}^3)$$

而

$$W_p = \frac{\pi d^3}{16}$$

所以

$$d \geqslant \sqrt[3]{\frac{16\times39\ 750}{\pi}} = 58.7(\mathrm{mm})$$

实际可取 $d=60$ mm,则截面的极惯性矩为

$$I_p = \frac{\pi d^4}{32} = \frac{\pi\times60^4}{32} = 1\ 272\ 000(\mathrm{mm}^4) = 1.272\times10^{-6}(\mathrm{m}^4)$$

此时,轴 CA 段及 AB 段内的单位长度扭转角分别为

$$\varphi'_2 = \frac{T_2}{GI_p}\times\frac{180}{\pi} = \frac{-12.7\times10^3}{80\times10^9\times1.27\times10^{-6}}\times\frac{180}{\pi} = -0.716[(°)/\mathrm{m}]$$

$$\varphi'_3 = \frac{T_3}{GI_p}\times\frac{180}{\pi} = \frac{1.59\times10^3}{80\times10^9\times1.27\times10^{-6}}\times\frac{180}{\pi} = 0.897[(°)/\mathrm{m}]$$

则轮 A 与 C 及轮 B 与 A 间的相对扭转角分别为

$$\varphi_{A-C} = \varphi_2' l_2 = -0.716 \times 2 = -1.43^\circ$$
$$\varphi_{B-A} = \varphi_3' l_3 = 0.897 \times 2 = 1.79^\circ$$

轮 B 与 C 之间的相对扭转角为以上两相对扭转角的代数和，所以

$$\varphi_{B-C} = -1.43^\circ + 1.79^\circ = 0.36^\circ$$

例 6-5　桥式起重机如图 6-11 所示，若传动轴传递的力矩为 $M_e = 1.08\ \text{kN} \cdot \text{m}$，材料的许用切应力 $[\tau] = 40\ \text{MPa}$，$G = 80\ \text{GPa}$，同时规定 $[\varphi'] = 0.5(^\circ)/\text{m}$，试设计该实心传动轴的直径。

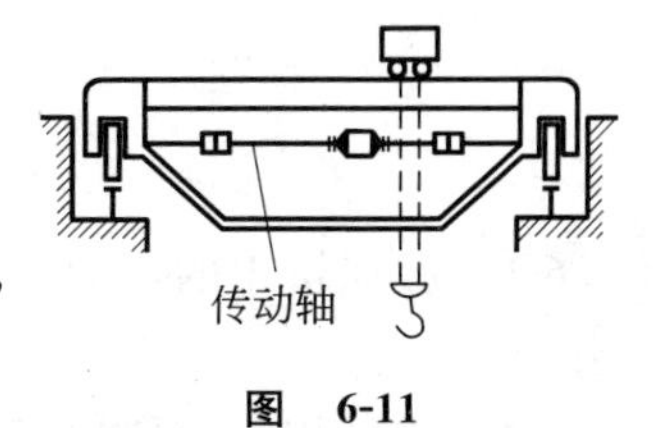

图　6-11

解　用截面法得轴的扭矩 $T = 1.08\ \text{kN} \cdot \text{m}$，利用强度条件式(6-6)，即

$$\tau_{\max} = \frac{T}{W_p} \leqslant [\tau]$$

式中

$$W_p = \frac{\pi d^3}{16}$$

所以有

$$d \geqslant \sqrt[3]{\frac{16 \times T}{\pi[\tau]}} = \sqrt[3]{\frac{16 \times 1.08 \times 10^3}{\pi \times 40 \times 10^6}} = 51.6 \times 10^{-3}(\text{m})$$

再按刚度条件(6-8)进行校核，有

$$\varphi'_{\max} = \frac{T}{GI_p} \times \frac{180}{\pi} = \frac{1.08 \times 10^3}{80 \times 10^9 \times \dfrac{\pi \times 0.0516^4}{32}} \times \frac{180}{\pi} = 1.07[(^\circ)/\text{m}] > [\varphi']$$

可见，按强度条件所得 $d = 51.6 \times 10^{-3}\ \text{m}$ 不能满足刚度要求，故改为按刚度条件设计该轴的直径。由式(6-8)有

$$\frac{T}{GI_p} \times \frac{180}{\pi} \leqslant [\varphi']$$

即

$$\frac{T}{G\dfrac{\pi d^4}{32}} \times \frac{180}{\pi} \leqslant [\varphi']$$

故得

$$d \geqslant \sqrt[4]{\frac{32T}{G\pi[\varphi']} \times \frac{180}{\pi}} = \sqrt[4]{\frac{32 \times 1.08 \times 10^3}{80 \times 10^9 \times \pi \times 0.5} \times \frac{180}{\pi}} = 63 \times 10^{-3}(\text{m})$$

所以，为同时满足强度和刚度条件，实心传动轴的直径应取 $d = 63\ \text{mm}$。

应该指出，工程中受扭杆件除圆形截面外还会遇到矩形、方形等截面形状。实验表明，非圆形截面杆在发生扭转变形后，其横截面不再保持为平面

而产生了翘曲,此时平面假设不再适用。因此根据平面假设所导出的圆形截面杆件的应力及变形计算公式是不能用于非圆形截面杆件扭转问题的。另外,研究还表明,在面积相同的各种实心杆件中,圆杆具有最大的扭转刚度。但应注意,对于带有裂缝的圆截面杆,杆件的扭转刚度将大大降低。

思考题

6-1 减速箱中的传动轴,通常高速轴直径较小,而低速轴直径较大,为什么?

6-2 直径相同,材料不同的两根皆为1m长的实心圆轴,在相同的扭矩作用下,其最大切应力τ_{max}、单位长度扭转角φ'、最大切应变γ_{max}是否相同?

6-3 一实心圆轴及一空心圆轴受扭时,若承受相同的扭矩,且轴材料与长度也相同,为何空心轴较实心轴用料合理?

6-4 图示轴1与套筒2牢固地结合在一起,材料的切变模量分别为G_1,G_2,两端承受扭转力偶矩。试问,怎样的条件方可使轴与套筒承受的扭矩相同?

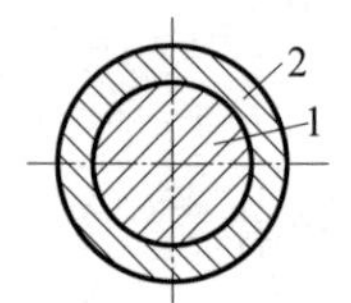

思考题6-4图

6-5 一空心圆轴,外径为D、内径为d,其极惯性矩I_p和抗扭截面系数W_p按下式计算是否正确?

$$I_p = I_{p外} - I_{p内} = \frac{\pi D^4}{32} - \frac{\pi d^4}{32}, \quad W_p = W_{p外} - W_{p内} = \frac{\pi D^3}{16} - \frac{\pi d^3}{16}$$

6-6 木材制的圆杆,在受到扭转破坏时,将首先出现纵向裂纹,为什么?

习题

6-1 (1) 用截面法分别求图示各杆指定截面上的扭矩,并在截开后的截面上画出扭矩的转向;

(2) 作图示各杆的扭矩图。

6-2 T为圆杆横截面上的扭矩,试画出截面上与T对应的切应力分布图。

6-3 图示实心圆轴受外力偶矩M_e作用,m—m为横截面,试沿其半径OA和OB,画出在横截面及纵截面上的切应力分布图。

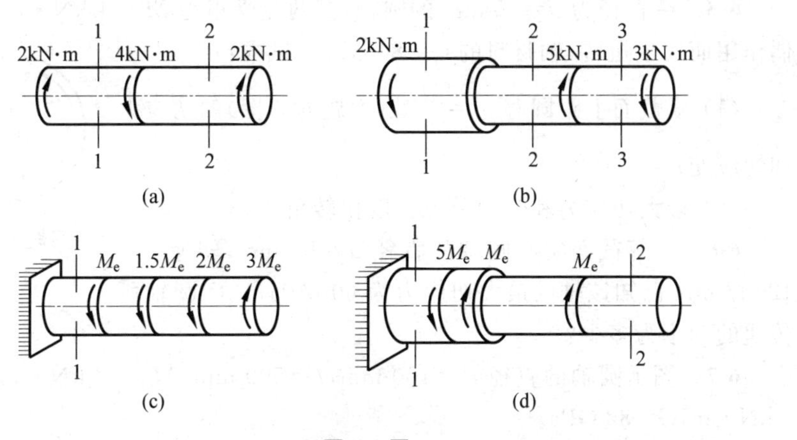

习题 6-1 图

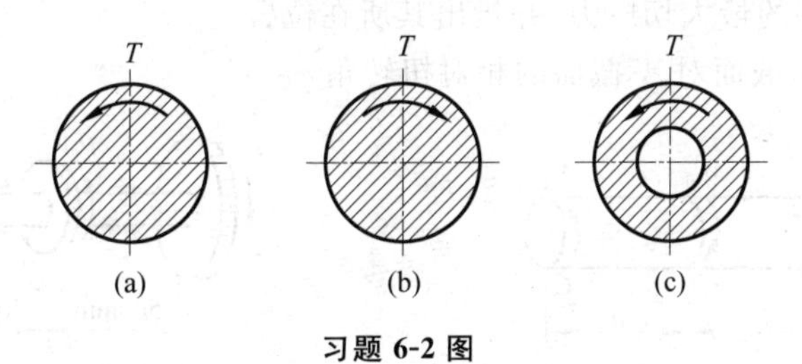

习题 6-2 图

6-4　实心轴的直径 $d=100$ mm，长 $l=1$ m，其两端所受外力偶矩 $M_e=14$ kN·m，轴材料的 $G=80$ GPa，求：

(1) 最大切应力及两端截面间的相对扭转角；

(2) 图示截面上 A,B,C 三点处切应力的数值及方向。

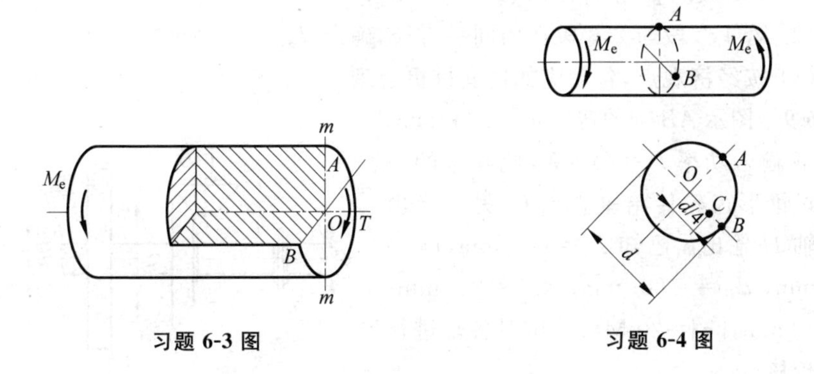

习题 6-3 图　　习题 6-4 图

6-5 一直径为 $d=50$ mm 的圆轴,其两端受矩为 $M_e=1$ kN·m 的外力偶作用而发生扭转,轴材料的 $G=80$ GPa。试求:

(1) 横截面上距圆心 $\rho_A=\dfrac{d}{4}$ 处(习题6-5图)的切应力和切应变;

(2) 最大切应力和轴的单位长度扭转角。

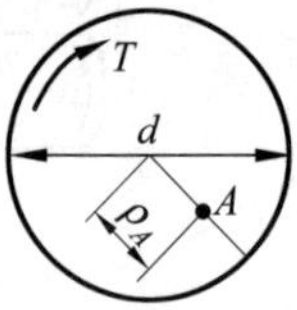

习题 6-5 图

6-6 一等截面实心圆轴的直径 $d=50$ mm,转速 $n=120$ r/min,已知该轴的最大切应力为 60 MPa,试问圆轴所传递的功率为多少?

6-7 图示圆轴的直径 $d=100$ mm,$l=500$ mm,$M_{e1}=7$ kN·m,$M_{e2}=5$ kN·m,$G=82$ GPa。

(1) 试作轴的扭矩图;

(2) 求轴的最大切应力,并指出其所在位置;

(3) 求 C 截面对 A 截面的相对扭转角 φ_{C-A}。

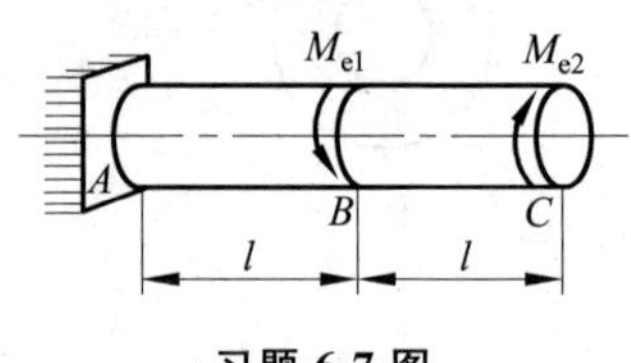

习题 6-7 图

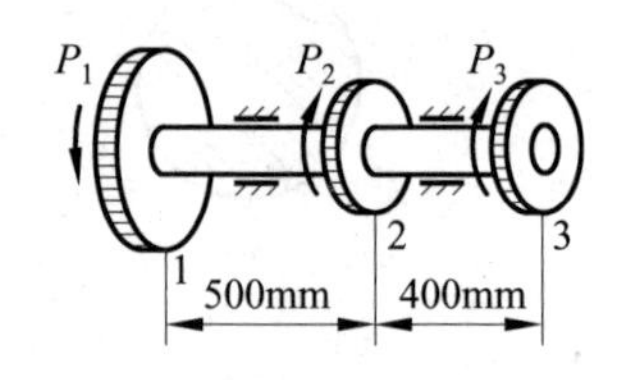

习题 6-8 图

6-8 传动轴的转速 $n=498$ r/min,主动轮1输入功率 $P_1=368$ kW,从动轮2,3分别输出功率 $P_2=147$ kW,$P_3=221$ kW。已知 $[\tau]=70$ MPa,$[\varphi']=1(^\circ)/\text{m}$,$G=80$ GPa,试按强度和刚度条件求:

(1) 1,2段的直径 d_1;2,3段的直径 d_2;

(2) 若1,2段与2,3段选用同一直径,确定 d;

(3) 按经济观点,各轮应如何安排更合理。

6-9 图示 AB 轴的转速 $n=120$ r/min,从 B 轮输入功率 $P=44$ kW,此功率的一半通过锥形齿轮传给垂直轴 C,另一半由水平轴 H 输出。已知 $D_1=600$ mm,$D_2=240$ mm,$d_1=100$ mm,$d_2=80$ mm,$d_3=60$ mm,$[\tau]=20$ MPa。试对各轴进行强度校核。

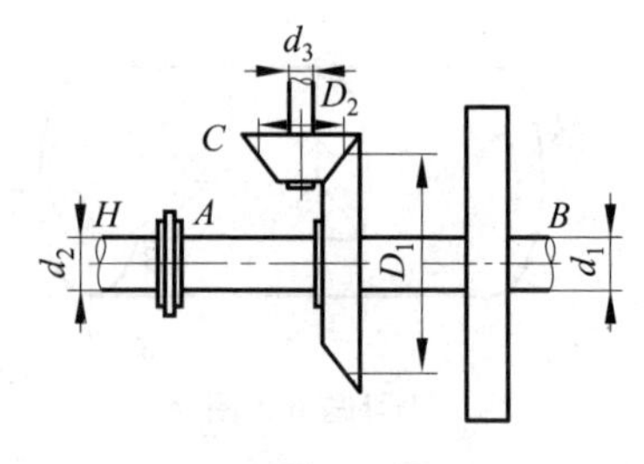

习题 6-9 图

6-10 实心轴和空心轴通过牙嵌式离合器连接在一起，已知轴的传递功率 $P=7.5$ kW，转速 $n=100$ r/min，材料的许用切应力$[\tau]=40$ MPa。试选择实心轴直径 d_1 和内、外直径比值为 1/2 的空心轴外径 D_2，并比较空心轴与实心轴的重量。

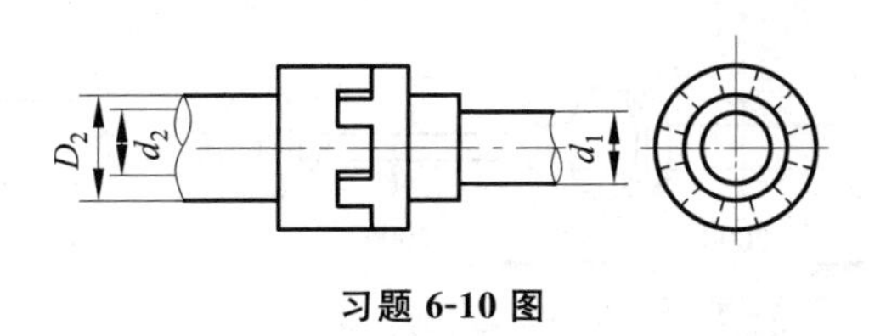

习题 6-10 图

6-11 钢轴的直径 $d=80$ mm，承受外力偶矩 $M_e=2.4$ kN·m 的作用，材料的许用切应力$[\tau]=48$ MPa，$G=80$ GPa，许用单位长度扭转角$[\varphi']=0.2(°)/\text{m}$，试校核该轴的强度和刚度。

6-12 一带有框式搅拌桨叶的主轴，受力情况如图示，搅拌轴由电动机经过减速箱及圆锥齿轮带动。已知电动机的功率为 2.8 kW，机械传动的效率为 85%，搅拌轴的转速为 5 r/min，轴的直径为 $d=75$ mm，轴的材料为 45 号钢，许用切应力$[\tau]=60$ MPa，试校核轴的强度。

6-13 图示钢制传动轴，转速 $n=300$ r/min，主动轮传入功率 $P_1=368$ kW，不计轴承摩擦损失，三个从动轮输出功率分别为 $P_2=P_3=110.5$ kW，$P_4=147$kW，轴材料的许用切应力$[\tau]=40$ MPa，单位长度许用扭转角$[\varphi']=0.3(°)/\text{m}$，切变模量 $G=80$ GPa，试选择轴的直径 d。若改用内外径之比 $\alpha=0.5$ 的空心圆轴，试按上述条件选择轴的外径 D，并比较两种轴的重量。

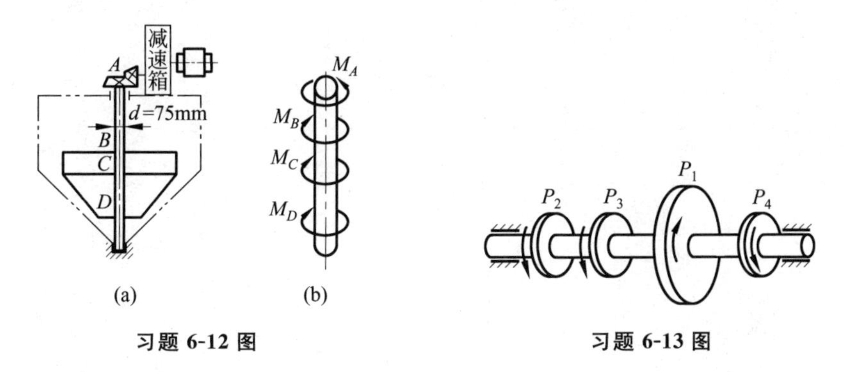

习题 6-12 图　　习题 6-13 图

6-14 图示一外径为 100 mm、内径为 80 mm 的空心圆轴，与一直径为 80 mm 的实心圆轴用键相连接，在 A 轮处由电动机带动，输入功率 $P_A=150$ kW；B，C 轮负载相同为 $P_B=P_C=75$ kW。已知轴转速为 $n=300$ r/min，许用切应力$[\tau]=40$ MPa；键的尺寸为 $b\times h\times l=10\text{ mm}\times10\text{ mm}\times30\text{ mm}$，其

许用切应力$[\tau]=100$ MPa,许用挤压应力为$[\sigma_{bs}]=280$ MPa。

(1) 作扭矩图;

(2) 校核空心轴及实心轴的强度(不考虑键槽的影响);

(3) 求所需键数。

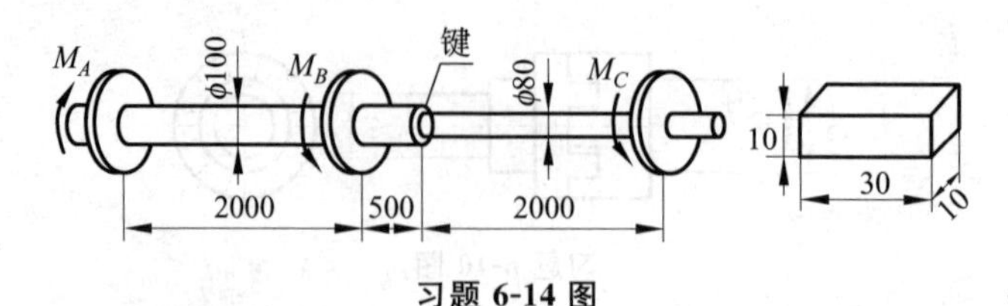

习题 6-14 图

6-15 图示一简单摩擦离合器,从一轴向另一轴传递力偶,离合器中两离合板是直径均为 d 的圆形,且借助法向力压在一起。假设力 $\boldsymbol{F}$ 均匀地分布在离合板的接触面上,已知两离合板之间的静滑动摩擦因数为 f,试求该离合器在不产生滑动时所能传递的最大扭矩 T。

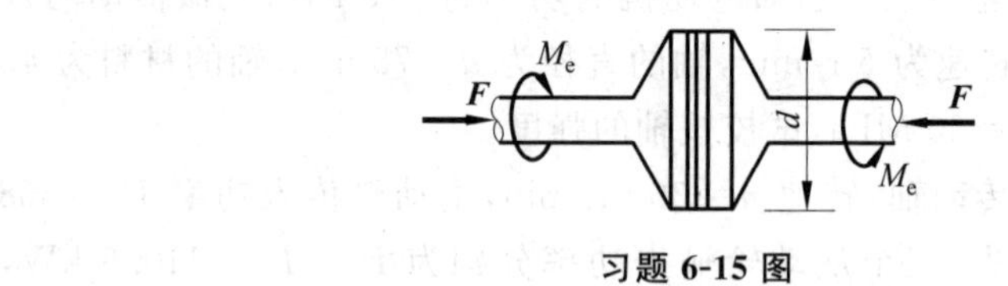

习题 6-15 图

第7章 弯　曲

本章主要研究等直梁平面弯曲时的内力(剪力和弯矩)、应力(以正应力为主)和变形(挠度和转角)计算;解决梁的强度、刚度计算问题;分析梁的合理截面;介绍简单超静定梁的解法。

7.1 平面弯曲的概念

1. 弯曲变形与平面弯曲

弯曲变形是工程中常见的一种变形形式。例如,火车轮轴受到来自车厢的压力和铁轨支反力的作用而产生的变形(图 7-1),轧辊轴受到轧制压力的作用(图 7-2)以及高大的塔器受到水平方向风载的作用所产生的变形(图 7-3)等,这些构件(杆件)受力和变形的共同特点是:在力偶或垂直于轴线的横向力作用下,原为直线的轴线弯成了曲线,构件的这种变形称为**弯曲变形**。工程中,凡是以弯曲变形为主的构件常称为**梁**。

梁的横截面通常都具有对称轴,如图 7-4(a)所示的截面。对称轴与梁轴线所组成的平面称为纵向对称面,如图 7-4(b)所示的阴影面。如果外力位于该平面内,则梁的轴线将在这个纵向对称面内弯曲成一条平面曲线,这种弯曲平面与外力平面相重合的弯曲称为**平面弯曲**。关于这种有纵向对称面的平面弯曲乃是最基本、最简单的,也是工程中最常见到的一种弯曲形式,称为对称弯曲。本章将只研究对称弯曲。

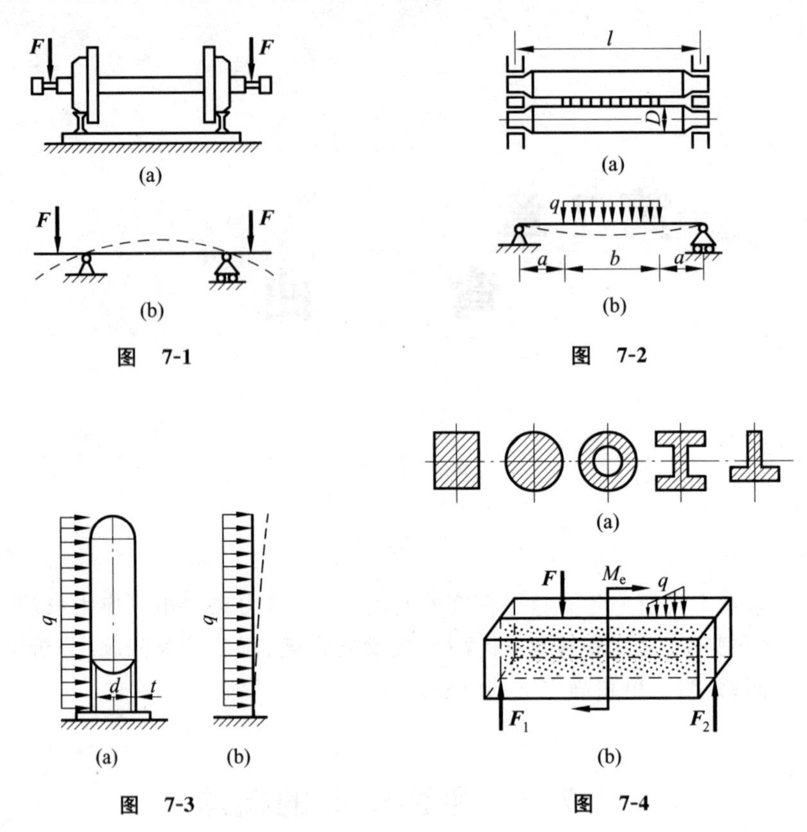

(a) (b) 图 7-1

(a) (b) 图 7-2

(a) (b) 图 7-3

(a) (b) 图 7-4

2. 计算简图与梁的种类

为了对梁进行内力计算,首先要把梁的实际结构简化为计算简图,图7-1～图7-3中的(b)图为其对应结构的简图,简化原则是:

(1) 尽可能地反映结构的真实受力情况;

(2) 尽可能使计算简化。

以上两条原则是互相制约的,必须妥善考虑,所取计算简图的正确与否要看计算结果是否符合实际。

梁上的载荷有三种形式:集中载荷、分布载荷和集中力偶。均匀分布的载荷也称均布载荷,分布于梁单位长度上的载荷量称为载荷集度,以q(N/m或kN/m)表示。

梁的支承方式可简化为滚动支座、固定铰支座和固定端支座。两支座间的距离称为梁的跨度。

根据支承形式的不同，可将梁分为三类：简支梁(图 7-2(b))、外伸梁(图 7-1(b))和悬臂梁(图 7-3(b))。对于支座反力能用静力平衡方程式求出的梁称为**静定梁**；否则称为**超静定梁**。以下重点分析前者，对于后者将在7.5 节中进行讨论。

7.2 梁横截面上的应力及强度条件

本章前两节介绍了如何求梁各截面的剪力和弯矩，但仍不能解决强度问题，为此还需研究梁弯曲时横截面上的应力。本节将要研究若知道某截面弯矩和剪力后，如何求该截面上各点的正应力和切应力。

1. 纯弯曲时梁横截面上的应力

图 7-5 所示简支梁在 C,D 二处受有集中载荷 $\boldsymbol{F}$，其剪力图和弯矩图如图 7-5(b),(c)。此时我们看到 CD 梁段任一截面上其内力只有弯矩而无剪力，通常把这种横截面上只有常量弯矩而无剪力的情况称做**纯弯曲**。在梁两端的梁段中，各个截面上既有弯矩又有剪力，通常把这种情况称为**横力弯曲**或**剪切弯曲**。

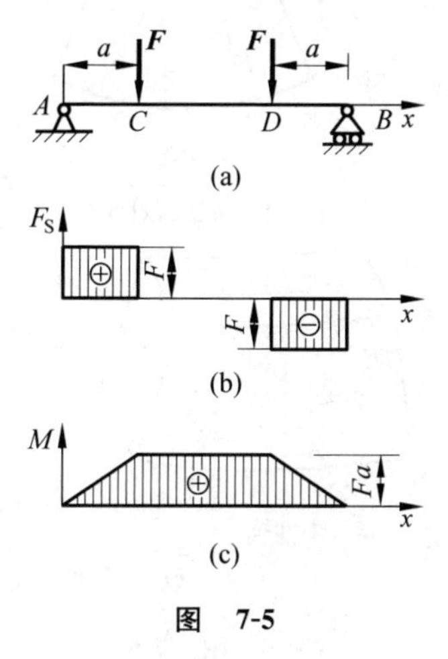

图 7-5

纯弯曲时，梁横截面上只有正应力，下面推导之。

要推导纯弯曲时梁横截面上的正应力计算公式，需综合考虑到几何、物理和静力平衡三方面的条件。为了使公式推导简化，我们先观察梁弯曲变形时的情况，从而得出某些假设。对侧面画有方格的橡皮模型梁进行实验观察时，得到其变形情况如图 7-6(a),(b),(c)所示。

(1) 在变形前，表面上与梁轴线垂直的直线，例如 mm、nn 在变形后仍旧与弯曲了的梁轴线(称挠曲线)保持垂直，即各个小方格的直角在变形以后仍旧是直角。

(2) 设想梁是由无数纵向纤维组成，则梁变形后凸边纤维伸长了，凹边纤维缩短了。因此梁内一定存在一层既不伸长也不缩短的纤维，我们称这一层纤维为**中性层**，中性层与横截面的交线称为**中性轴**。

根据以上的实验观察,可以作出如下假设:

(1) 在纯弯曲时,梁的横截面在弯曲后仍然保持为平面(平面假设)。

(2) 各纵向纤维互不挤压(即各层纵向纤维只产生单向拉伸或压缩,各层纤维之间互不作用)。

(3) 各层纤维的变形与它所在截面宽度上的位置无关(即在同一高度处的所有纤维伸缩情况相同)。

根据以上假设,再考虑几何、物理、静力学三方面条件,我们来推导正应力计算公式。

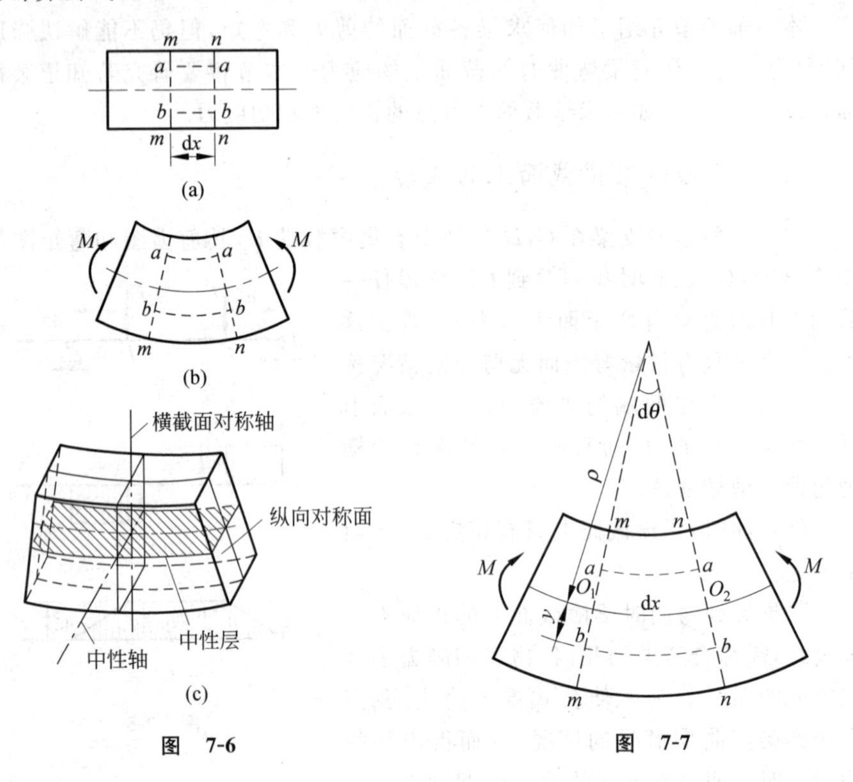

图 7-6　　　图 7-7

(1) 几何方面

由图7-7可看出,梁变形后,包含直线 mm 和 nn 的两个横截面,在梁挠曲线的曲率中心处相交,令 $\mathrm{d}\theta$ 为此二平面的夹角,以 ρ 为梁挠曲线的曲率半径,此两截面相距为 $\mathrm{d}x$,则梁挠曲线的曲率为

$$\frac{1}{\rho}=\frac{\mathrm{d}\theta}{\mathrm{d}x} \tag{a}$$

距中性层距离为 y 的纵向纤维 bb 原长 $\mathrm{d}x=\rho\mathrm{d}\theta$,伸长后总长为 $(\rho+y)\mathrm{d}\theta$,相应应变为

$$\varepsilon = \frac{(\rho + y)\mathrm{d}\theta - \rho\mathrm{d}\theta}{\rho\mathrm{d}\theta} = \frac{y\mathrm{d}\theta}{\rho\mathrm{d}\theta} = \frac{y}{\rho} \tag{b}$$

式(b)表示纯弯曲时，某纵向纤维的应变 ε 与其到中性层的距离 y 成正比。应当指出：式(b)完全由几何条件推导出来，与组成梁的材料性质无关。

(2) 物理方面

由拉压胡克定律可知

$$\sigma = E\varepsilon = E\frac{y}{\rho} \tag{c}$$

式(c)表明梁横截面上各点的正应力与其到中性轴的距离 y 成正比，中性轴处的正应力为零。

横截面上正应力分布如图 7-8(a)、(b)所示。

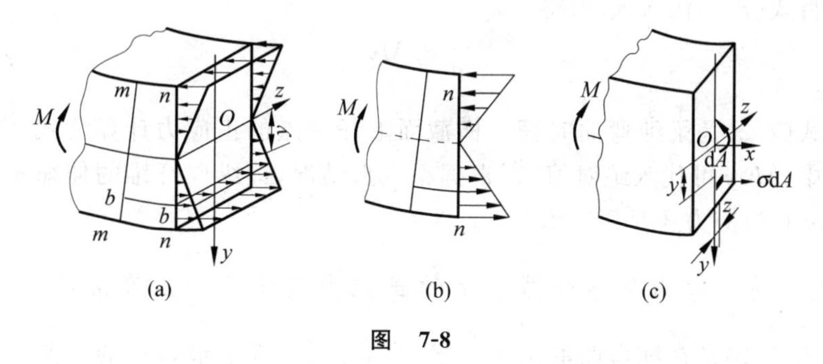

图 7-8

(3) 静力学方面

从纯弯曲梁中用两个横截面截出一梁段(图 7-8(c))，在横截面上的微内力元素 $\sigma\mathrm{d}A$ 构成了一个与截面垂直的空间平行力系，考虑到梁段的平衡，应有

$$\sum F_x = 0, \quad \int_A \sigma\mathrm{d}A = 0$$

即

$$\int_A E\frac{y}{\rho}\mathrm{d}A = \frac{E}{\rho}\int_A y\mathrm{d}A = 0 \tag{d}$$

由于 $\frac{E}{\rho} \neq 0$，为满足式(d) 只有 $\int_A y\mathrm{d}A = 0$。由此可知，中性轴(z 轴) 必通过横截面形心。

截面上微内力 $\sigma\mathrm{d}A$ 组成的力矩，由于对于 y 轴是对称的，故使平衡方程 $\sum M_y = 0$ 自然满足。

同时由平衡方程 $\sum M_z = 0$ 得

$$M=\int_A \sigma y\mathrm{d}A=\int_A\left(E\frac{y}{\rho}\right)y\mathrm{d}A=\frac{E}{\rho}\int_A y^2\mathrm{d}A \tag{e}$$

令$\int_A y^2\mathrm{d}A=I_z$,称为截面对 z 轴(中性轴)的**惯性矩**。于是式(e)可写为

$$\frac{1}{\rho}=\frac{M}{EI_z} \tag{7-1}$$

式中,$\frac{1}{\rho}$为梁挠曲线的曲率,反映了梁的弯曲程度;EI_z 称为梁的**抗弯刚度**,EI_z 越大,曲率越小,梁越不易弯曲,因此 EI_z 反映了梁抵抗弯曲变形的能力。

将式(7-1)代入式(c)得

$$\sigma=\frac{My}{I_z} \tag{7-2}$$

式(7-2)是梁纯弯曲时任一横截面上任一点的正应力计算公式。实际计算中,M,y 可代入绝对值,再根据梁变形情况,即纵向纤维的伸缩来直接判断 σ 是拉应力还是压应力。

2. 横力弯曲时梁横截面上的正应力及正应力强度条件

式(7-2)是在纯弯曲的情况下导出的。但工程上最常见的弯曲是横力弯曲,这时梁横截面上不仅有正应力,而且还有切应力,此时横截面将发生翘曲(不符合纯弯曲时的平面假设,各层纵向纤维之间也存在挤压)。但精确分析指出,对于跨度与横截面高度之比 l/h 大于 5 的梁,仍可按式(7-2)计算正应力,误差不大,满足工程要求。

横力弯曲时,各截面弯矩不是常量。所以计算最大正应力时,弯矩和 y 都应取最大绝对值。即

$$\sigma_{\max}=\frac{|M|_{\max}|y|_{\max}}{I_z}=\frac{|M|_{\max}}{\dfrac{I_z}{|y|_{\max}}}=\frac{|M|_{\max}}{W_z} \tag{7-3}$$

式中 $W_z=I_z/|y|_{\max}$称为**抗弯截面系数**。W_z 大,σ 就小,截面抗弯强度就高,因此 W_z 是衡量截面抗弯强度的一个几何量。

最大正应力 $\sigma_{\max}$所在的截面为**危险截面**,危险截面上的最大应力点为**危险点**。对于等截面梁,$\sigma_{\max}$发生在弯矩为最大的横截面(即危险截面)上且离中性轴最远点处。可以证明(从略),此点处的切应力等于零。所以可以效仿单向拉伸(或压缩)时强度条件的形式,即限制 $\sigma_{\max}$不超过材料的许用弯曲正应力[σ],由此得梁弯曲时的正应力强度条件为

$$\sigma_{max}=\frac{M_{max}}{W_z}\leqslant[\sigma] \tag{7-4}$$

对抗拉抗压强度相同的塑性材料，只要使全梁绝对值最大的工作应力$|\sigma|_{max}$不超过许用应力即可，而对抗拉强度和抗压强度不同的脆性材料(如铸铁)，则分别要求最大拉应力不超过材料的许用拉应力，最大压应力不超过材料许用压应力。

与前几章情况相同，根据强度条件式(7-4)可对梁进行弯曲强度校核、截面选择和确定许用载荷。

例 7-1　现将图 7-9(a)所示的下轧辊简化为一简支梁(图 7-9(b))，在中部所受轧制压力可看作集度为$q=12.25\times10^3$ kN/m 的均布载荷。辊身直径 $D=760$ mm，辊颈直径 $d=570$ mm，其他尺寸如图示。材料的许用弯曲正应力$[\sigma]=80$ MPa。试校核轧辊的强度。

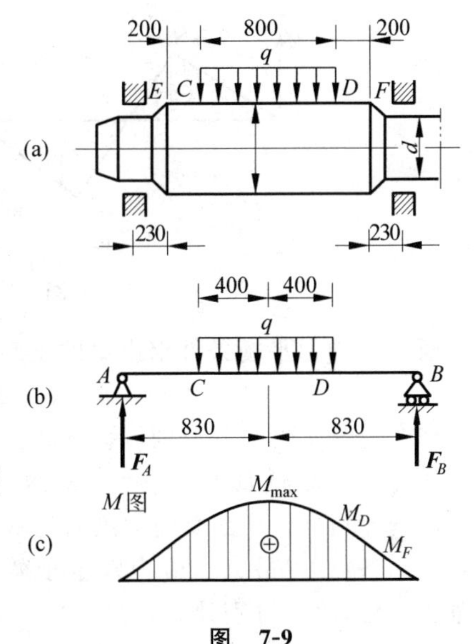

图　7-9

解　由静力平衡方程求得支座反力

$$F_A=F_B=\frac{ql_{CD}}{2}=\frac{12.25\times10^3\times0.8}{2}$$
$$=4.9\times10^3(\text{kN})$$

作出弯矩图(图 7-9(c))，由弯矩图知梁跨中横截面上有 $M_{max}=3.09\times10^3$ kN·m$>M_D=2.11\times10^3$ kN·m，该截面可能是危险截面，其最大弯曲正应力为

$$\sigma_{max}=\frac{M_{max}}{W_z}=\frac{3.09\times10^3\times10^6}{\pi\times760^3/32}=71.54(\text{MPa})<[\sigma]$$

在辊径截面 F 上 $M_F=1.127\times10^3$ kN·m，虽然 $M_F<M_{max}$，但因截面尺寸较小，也应进行强度校核。该截面上的最大弯曲正应力为

$$\sigma_{max}=\frac{M_F}{W_z}=\frac{1.127\times10^3\times10^6}{\pi\times570^3/32}=61.7(\text{MPa})<[\sigma]$$

由以上计算看出，轧辊的强度是满足要求的。

例 7-2　图 7-10(a)表示一 T 形截面铸铁梁，$F_1=9$ kN，$F_2=4$ kN。铸铁的许用拉应力为$[\sigma_t]=30$ MPa，许用压应力为$[\sigma_c]=60$ MPa。T 形横截面尺寸如图 7-10(b)所示。已知截面对形心轴 z 的惯性矩 $I_z=763$ cm^4，且

$y_1=52$ mm。试校核梁的强度。

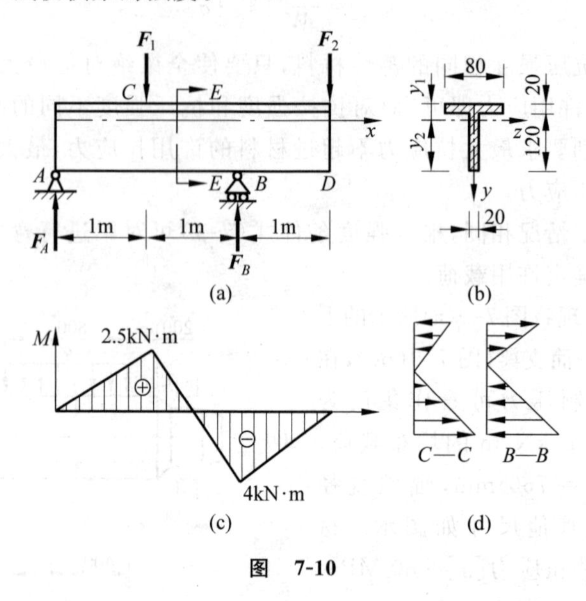

图 7-10

解 由静力平衡条件求出梁的支座反力为

$$F_A=2.5\ \text{kN},\quad F_B=10.5\ \text{kN}$$

作弯矩图如图7-10(c)所示。最大正弯矩在截面C上,$M_C=2.5$ kN·m;最大负弯矩在截面B上,$M_B=-4$ kN·m。

由M图看出,B截面处梁段的变形为上凸,因此最大拉应力发生于截面的上边缘各点处,最大压应力发生于截面下边缘的各点处。由于截面对中性轴不对称,故应分别计算,有

$$\sigma_t=\frac{M_B y_1}{I_z}=\frac{4\times10^6\times52}{763\times10^4}=27.2(\text{MPa})$$

$$\sigma_c=\frac{M_B\mid y_2\mid}{I_z}=\frac{4\times10^6(120+20-52)}{763\times10^4}=46.2(\text{MPa})$$

在截面C上虽然弯矩M_C小于M_B的绝对值,但M_C是正弯矩,此段梁的变形为下凸,因此最大拉应力发生于截面的下边缘各点,而这些点到中性轴的距离又比较远,因而就有可能发生比截面B还要大的拉应力。有

$$\sigma_t=\frac{M_C y_2}{I}=\frac{2.5\times10^6(120+20-52)}{763\times10^4}=28.8(\text{MPa})$$

C截面的σ_c,就不需计算了,其理由请读者自己思考。

C、B两截面上应力分布情况如图7-10(d)所示。

从以上计算可知,最大拉应力或最大压应力都未超过许用应力,此梁安全。

例7-3 图7-11所示悬臂梁是工字形截面,已知$F=40$ kN,$l=6$ m,

$[\sigma]=150\ \text{MPa}$，试利用附录C中型钢规格表选择型号。

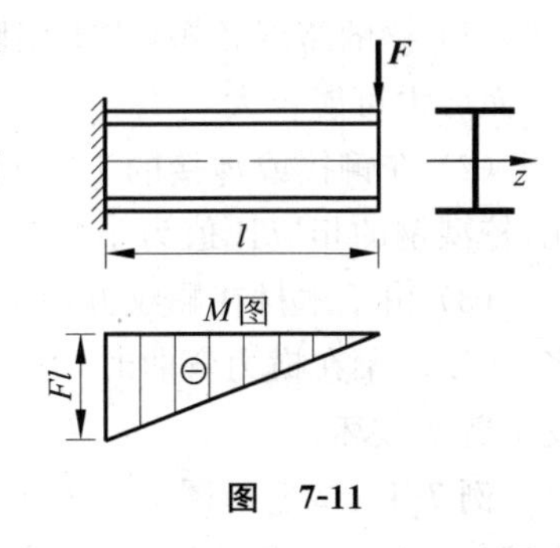

图 7-11

解 由弯矩图可见，最大弯矩发生在固定端处，其值为

$$|M|_{\max}=Fl=40\times6=240(\text{kN}\cdot\text{m})$$

由式(7-4)得抗弯截面系数

$$W_z\geqslant\frac{M_{\max}}{[\sigma]}=\frac{240\times10^6}{150}=1.6\times10^6(\text{mm}^3)=1600(\text{cm}^3)$$

查附录C型钢规格表，选用45c工字钢，其 $W_z=1570\ \text{cm}^3$，与梁所必需的 $1600\ \text{cm}^3$ 相差不到5%。因此采用此工字钢时，

$$\sigma_{\max}=\frac{M_{\max}}{W_z}=\frac{240\times10^6}{1.57\times10^6}=152.87(\text{MPa})>[\sigma]$$

但

$$\frac{\sigma_{\max}-[\sigma]}{[\sigma]}=\frac{152.87-150}{150}\approx2\%<5\%$$

故可选用45c号工字钢，既安全也经济。

3. 梁横截面上的切应力

由上节知道横力弯曲时，梁截面上既有弯矩又有剪力，因而截面上既有正应力又有切应力。一般来说正应力是梁破坏的主要原因，但在某些情况下，切应力也可能成为梁破坏的主要因素。

理论分析证明，对矩形截面、工字形截面、圆截面、圆环截面等，它们的最大切应力都发生在中性轴处，其数值为

$$\tau_{\max}=K\frac{F_{\mathrm{S}}}{A}=K\tau_{\mathrm{m}}\tag{7-5}$$

式中，K 是截面形状系数(表7-1)；τ_{m} 是截面平均切应力(对工字形截面是腹板平均切应力)。

表 7-1 截面形状系数表

	矩 形	工字形	圆	圆 环
K	1.5	1	$\frac{4}{3}$	2

一般情况下，按正应力强度条件设计的截面，可使切应力远小于许用切应力，但在下列情况下，要注意校核梁的切应力。

(1) 梁的跨度较短,或支座附近有较大载荷,此时梁的最大弯矩可能较小,而剪力可能较大。

(2) 在铆接或焊接的工字形截面钢梁中,如果截面的腹板厚度与高度之比,较型钢的相应比值为小时,有可能发生剪切破坏。

(3) 由于木材在顺纹方向的许用切应力$[\tau]$常比其许用正应力$[\sigma]$低很多,所以木梁在横力弯曲时,有可能因中性层上切应力过大而使梁沿中性层发生剪切破坏。

例 7-4 试选择图 7-12(a)梁 AB 的截面尺寸,并对 $\sigma_{\max}$ 与 $\tau_{\max}$ 的值进行比较。已知 AB 是矩形木梁,弯曲许用正应力$[\sigma]=15.6$ MPa,许用切应力$[\tau]=1.7$ MPa,载荷 $F=45$ kN 可沿梁水平移动,矩形截面尺寸比例为 $b:h=2:3$。

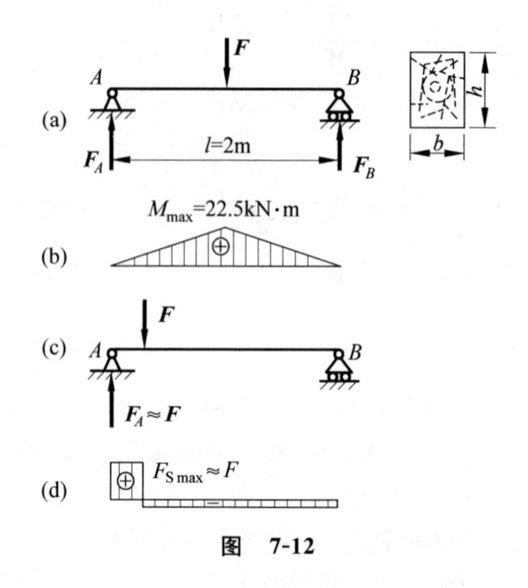

图 7-12

解 (1) 按最大正应力设计截面尺寸

载荷 F 移到梁跨中位置时,弯矩最大(图 7-12(b)),且为

$$M_{\max}=\frac{45}{2}\times 1=22.5(\text{kN}\cdot\text{m})$$

由

$$\sigma_{\max}=\frac{M_{\max}}{W_z}\leqslant[\sigma]$$

即

$$\sigma_{\max}=\frac{22.5\times 10^6}{\dfrac{\left(\dfrac{2}{3}h\right)\times h^2}{6}}\leqslant 15.6$$

得

$$h^3 \geqslant \frac{22.5 \times 10^6 \times 6 \times 3}{2 \times 15.6}$$

$$= 12.98 \times 10^6 (\text{mm}^3)$$

$$h \geqslant 235 \text{ mm}$$

取

$$h = 235 \text{ mm}$$

算得

$$b = 157 \text{ mm}$$

(2) 按最大切应力校核

当载荷 F 移到靠近支座 A(或 B)时,支座 A 与载荷之间的梁横截面上剪力达到最大(图 7-12(c),(d)),且接近 F 值,取

$$F_{\text{S}\max} = F = 45 \text{ kN}$$

由式(7-5)得

$$\tau_{\max} = 1.5\,\frac{F_\text{S}}{A} = \frac{1.5 \times 45 \times 10^3}{157 \times 235} = 1.83(\text{MPa}) > [\tau]$$

由于

$$\frac{\tau_{\max} - [\tau]}{[\tau]} \times 100\% = \frac{1.83 - 1.7}{1.7} \times 100\% = 7.6\% > 5\%$$

说明原设计的截面尺寸不能满足切应力强度条件,需重新设计。

$$\tau_{\max} = 1.5\,\frac{F_\text{S}}{bh} \leqslant [\tau]$$

即

$$1.5 \times \frac{45 \times 10^3}{\frac{2}{3}h \times h} \leqslant 1.7$$

得

$$h^2 \geqslant \frac{1.5 \times 45 \times 10^3 \times 3}{2 \times 1.7} = 5.956 \times 10^4 (\text{mm}^2)$$

$$h \geqslant 244 \text{ mm}$$

取

$$h = 244 \text{ mm}, \quad b = 163 \text{ mm}$$

最后确定此梁的矩形截面尺寸为 h=244 mm,b=163 mm。

(3) 弯曲正应力与弯曲切应力比较

根据所确定的 h,b 值,可计算出最大正应力为

$$\sigma_{\max} = \frac{M_{\max}}{W_z} = \frac{22.5 \times 10^6 \times 6}{163 \times 244^2} = 13.91(\text{MPa})$$

又

$$\tau_{\max}=[\tau]=1.7(\mathrm{MPa})$$

故

$$\frac{\tau_{\max}}{\sigma_{\max}}=\frac{1.5\dfrac{F_{\mathrm{S\,max}}}{A}}{\dfrac{M_{\max}}{W_z}}=\frac{1.5F/bh}{\dfrac{Fl}{4}\Big/\dfrac{bh^2}{6}}=\frac{1.5F}{bh}\times\frac{4bh^2}{6Fl}=\frac{h}{l}$$

代入数据可算得

$$\frac{\tau_{\max}}{\sigma_{\max}}=\frac{h}{l}=12.2\%$$

即最大弯曲切应力只是最大弯曲正应力的12.2%,且两者的比值等于梁的高跨比。对于非薄壁截面的一般细长梁,即前面所提到的$\dfrac{l}{h}>5$的梁,其最大切应力与最大正应力相比均很小,梁中主要的应力乃是正应力,因此一般只根据弯曲正应力强度条件对梁进行强度计算,无须再进行弯曲切应力强度校核。

7.3 梁的弯曲变形及刚度条件

上面我们研究了梁的强度问题,满足强度条件的梁不会发生强度破坏,但不一定能保证正常工作,如吊车梁,当其变形过大会影响行车的正常运行;造纸机上的轧辊若变形过大,生产出来的纸就会薄厚不均;机床主轴弯曲过大,变形就会影响加工工件的精度,因此只研究强度问题是不够的,还需讨论梁的变形情况。

1. 梁截面的挠度和转角

梁在载荷作用下产生内力,同时发生变形,轴线由一根直线弯曲成一条连续且光滑的平面曲线(图7-13),即梁的挠曲线或称挠曲轴。梁轴线上任一点(即梁某一横截面形心)在竖直方向的位移称为该**截面的挠度**,用w表示。梁弯曲时其横截面绕各自中性轴转动,转过的角度称为该**截面的转角**,用θ表示。挠度w和转角θ是度量梁变形的两个基本量。

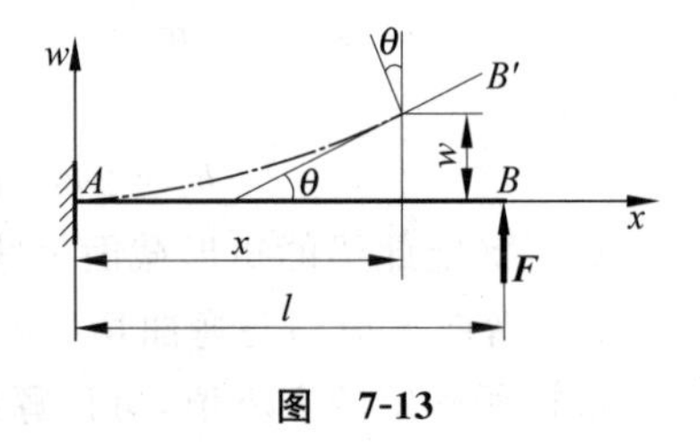

图 7-13

挠度和转角的符号规定。挠度向上为正，向下为负；转角逆时针转向为正，顺时针转向为负。图7-13中挠度和转角均为正。

由图7-13可知

$$\tan\theta = \frac{\mathrm{d}w}{\mathrm{d}x}$$

由于θ非常小，故可认为$\tan\theta \approx \theta$，因此

$$\theta = \frac{\mathrm{d}w}{\mathrm{d}x} \tag{7-6}$$

式(7-6)表示任一横截面的转角θ，等于x轴与挠曲线切线的夹角，即等于挠曲线的倾角。

2. 梁的挠曲线方程

在7.2节中，曾导出在纯弯曲时梁轴线的曲率可由式(7-1)决定，即

$$\frac{1}{\rho} = \frac{M}{EI}$$

为方便已将式中I_z简写为I。对于横力弯曲，一般剪力F_S对梁变形的影响很小，可忽略不计，所以式(7-1)仍可采用，需注意的是，这时的M和ρ不是常量，因此改写为

$$\frac{1}{\rho(x)} = \frac{M(x)}{EI} \tag{a}$$

另外，由微积分学，平面曲线上任一点的曲率为

$$\frac{1}{\rho(x)} = \pm\frac{\dfrac{\mathrm{d}^2 w}{\mathrm{d}x^2}}{\left[1+\left(\dfrac{\mathrm{d}w}{\mathrm{d}x}\right)^2\right]^{3/2}} \tag{b}$$

实际工程中的梁挠度很小，挠曲线平坦，故$\frac{\mathrm{d}w}{\mathrm{d}x}$是很小的量，$\left(\frac{\mathrm{d}w}{\mathrm{d}x}\right)^2$与1相比更微小，为高阶微量，可忽略不计，因此式(b)可近似写成

$$\frac{1}{\rho(x)} = \pm\frac{\mathrm{d}^2 w}{\mathrm{d}x^2} \tag{c}$$

由(a)，(c)二式得

$$\frac{\mathrm{d}^2 w}{\mathrm{d}x^2} = \pm\frac{M(x)}{EI} \tag{d}$$

式中正负号由弯矩的符号和w轴的方向而定。按图7-14建立的坐标系，w轴以向上为正，弯矩的正负号规定同前。当取$M(x)>0$时，梁的挠曲线呈凹形(凸向下)，其二阶导数$\frac{\mathrm{d}^2 w}{\mathrm{d}x^2}$在所选取的坐标系中也为正(图7-14(a))；反之，

当 $M(x)<0$ 时,挠曲线呈凸形(凸向上),$\frac{\mathrm{d}^2w}{\mathrm{d}x^2}<0$(图 7-14(b))。显然,式(d)两边正负号总是一致的,故可写为

$$\frac{\mathrm{d}^2 w}{\mathrm{d}x^2}=\frac{M(x)}{EI} \tag{7-7}$$

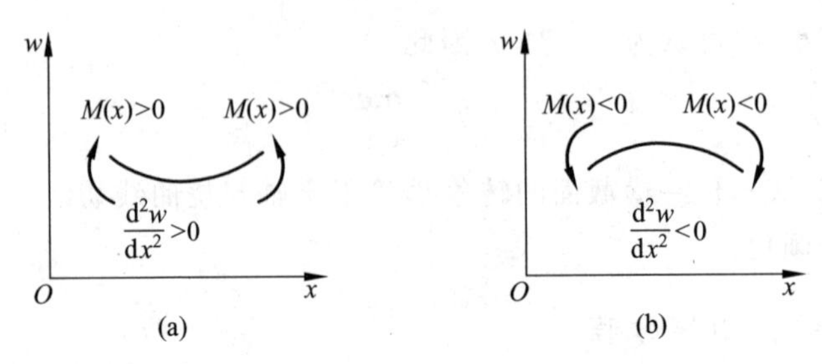

图 7-14

式(7-7)称为梁弯曲时**挠曲线近似微分方程**,它建立了内力和变形之间的关系,是研究弯曲变形的基本方程式,求解这一微分方程,可以得梁挠曲线方程,从而进一步求得截面的挠度和转角。

3. 积分法求梁的变形

对式(7-7)积分得转角方程

$$\frac{\mathrm{d}w}{\mathrm{d}x}=\frac{1}{EI}\int M\mathrm{d}x+C \tag{7-8}$$

再积分一次得挠曲线方程(也称挠度方程)

$$w=\frac{1}{EI}\int\left[\int M\mathrm{d}x\right]\mathrm{d}x+Cx+D \tag{7-9}$$

式(7-8)和式(7-9)中的 C,D 是积分常数,可按梁的边界条件求出。下面举例说明如何求梁的变形。

例 7-5 有一均布载荷作用的简支梁如图 7-15 所示,EI 为常数,试求此梁的最大挠度 $w_{\max}$ 和两端截面的转角 θ_A 和 θ_B。

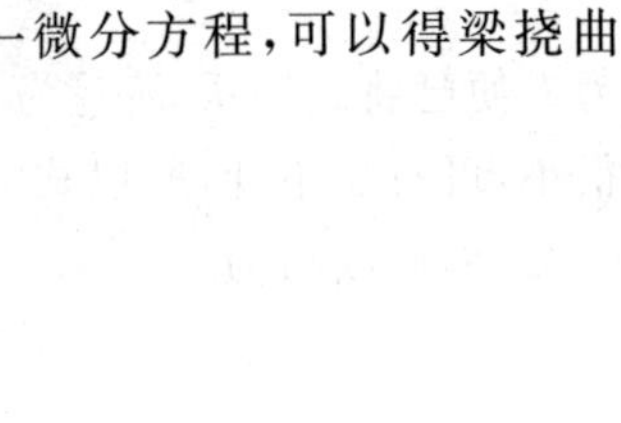

解 (1) 写出挠曲线近似微分方程

由平衡条件求出支座反力

$$F_A=F_B=\frac{ql}{2}$$

图 7-15

弯矩方程为

$$M(x)=\frac{ql}{2}x-\frac{qx^2}{2}$$

挠曲线方程为

$$\frac{\mathrm{d}^2 w}{\mathrm{d}x^2}=\frac{1}{EI}\left(\frac{ql}{2}x-\frac{qx^2}{2}\right)$$

(2) 积分求挠曲线

$$\theta=\frac{\mathrm{d}w}{\mathrm{d}x}=\frac{1}{EI}\left[\frac{ql}{4}x^2-\frac{qx^3}{6}+C\right] \tag{a}$$

$$w=\frac{1}{EI}\left[\frac{ql}{12}x^3-\frac{qx^4}{24}+Cx+D\right] \tag{b}$$

(3) 由边界条件确定积分常数

在支座两端不产生挠度，故得边界条件为

$$x=0\text{ 时}，\quad w=0；\quad x=l\text{ 时}，\quad w=0$$

分别代入式(b)得

$$D=0，\quad C=-\frac{ql^3}{24}$$

把积分常数代入式(a)和式(b)得转角方程为

$$\theta=\frac{1}{EI}\left[\frac{qlx^2}{4}-\frac{qx^3}{6}-\frac{ql^3}{24}\right]$$

挠曲线方程为

$$w=\frac{1}{EI}\left[\frac{qlx^3}{12}-\frac{qx^4}{24}-\frac{ql^3x}{24}\right]$$

(4) 求 $w_{\max}$，θ_A 和 θ_B

当 $x=\dfrac{l}{2}$ 时

$$w_{\max}=\frac{-5ql^4}{384EI}$$

负号表示 ω 方向向下。

当 $x=0$ 时

$$\theta_A=\frac{-ql^3}{24EI}$$

负号表示顺时针转动。

当 $x=l$ 时

$$\theta_B=\frac{ql^3}{24EI}$$

正号表示反时针转动。

例 7-6 承受集中载荷 $\boldsymbol{F}$ 的简支梁如图 7-16 所示，EI 为常数，试求出此梁的挠曲线方程和转角方程。

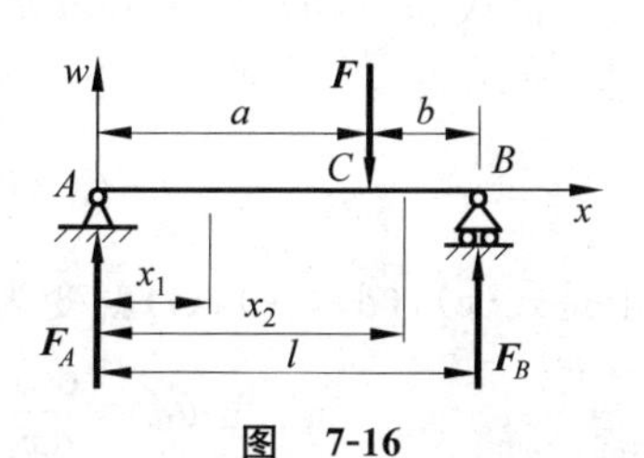

图 7-16

解 由平衡条件求出的支座反力分别为

$F_A=\dfrac{Fb}{l}$,$F_B=\dfrac{Fa}{l}$,方向如图示。计算步骤与例7-5仍相同,现只着重讨论几个注意的问题。

(1) 根据梁受力情况,弯矩方程需分段写出,挠度、转角方程也需分别表示。

$$M(x_1)=\frac{Fb}{l}x_1 \quad (0\leqslant x_1\leqslant a) \tag{a}$$

$$M(x_2)=\frac{Fb}{l}x_2-F(x_2-a) \quad (a\leqslant x_2\leqslant l) \tag{b}$$

将式(a)和(b)代入式(7-7),且积分得

$$\theta_1=\frac{\mathrm{d}w_1}{\mathrm{d}x_1}=\frac{1}{EI}\left[\frac{Fb}{l}\times\frac{x_1^2}{2}+C_1\right] \tag{c}$$

$$w_1=\frac{1}{EI}\left[\frac{Fb}{l}\times\frac{x_1^3}{6}+C_1x_1+D_1\right] \tag{d}$$

$$\theta_2=\frac{1}{EI}\left[\frac{Fb}{l}\times\frac{x_2^2}{2}-F\frac{(x_2-a)^2}{2}+C_2\right] \tag{e}$$

$$w_2=\frac{1}{EI}\left[\frac{Fb}{l}\times\frac{x_2^3}{6}-F\frac{(x_2-a)^3}{6}+C_2x_2+D_2\right] \tag{f}$$

这样需求出四个积分常数。

(2) 确定积分常数

积分常数由梁的边界条件及分段处的连续条件决定,即

当 $x_1=0$ 时

$$w_1=0 \tag{g}$$

当 $x_2=l$ 时

$$w_2=0 \tag{h}$$

此外在 AC 和 BC 两段梁交接处,由于变形是连续的,即交接处左右两段梁应有相等的挠度和相等的转角,所以 $x_1=x_2=a$ 处应有

$$\theta_1=\theta_2 \tag{i}$$

$$w_1=w_2 \tag{j}$$

将式(g),(h),(i),(j)分别代入式(c),(d),(e),(f),并联立求解,可得

$$D_1=D_2=0$$

$$C_1=C_2=-\frac{Fb}{6l}(l^2-b^2)$$

于是式(c),(d),(e),(f)就变为

$$\theta_1=\frac{\mathrm{d}w_1}{\mathrm{d}x_1}=\frac{-Fb}{6lEI}(l^2-3x_1^2-b^2) \tag{k}$$

$$w_1 = \frac{-Fbx_1}{6lEI}(l^2 - x_1^2 - b^2) \tag{l}$$

$$\theta_2 = \frac{-Fb}{6lEI}\left[(l^2 - b^2 - 3x_2^2) + \frac{3l}{b}(x_2 - a)^2\right] \tag{m}$$

$$w_2 = \frac{-Fb}{6lEI}\left[(l^2 - b^2 - x_2^2)x_2 + \frac{l}{b}(x_2 - a)^3\right] \tag{n}$$

(3) 最大挠度位置

该梁的最大挠度应在 $\theta=0$ 处,取 $\theta=\frac{\mathrm{d}w}{\mathrm{d}x}=0$ 时,w 有极值。在本例中,设 $a>b$,由式(k)可知,当 $x_1=0$ 时,$\theta_1<0$;当 $x_1=a$ 时,$\theta_1>0$,故 $\theta=0$ 的截面位置肯定在 AC 段。

令

$$\theta_1 = \frac{\mathrm{d}w_1}{\mathrm{d}x_1} = 0$$

解得

$$x_1 = \sqrt{\frac{l^2 - b^2}{3}}$$

处,梁有最大挠度。

讨论:

当 $b \to 0$ 时

$$x_1 = \sqrt{\frac{l^2}{3}} = 0.577l \tag{o}$$

当 $b=\frac{l}{2}$ 时

$$x_1 = 0.5l \tag{p}$$

从式(o)和式(p)可以看出,集中载荷 $\boldsymbol{F}$ 的位置对于最大挠度位置的影响并不大。因此。对于简支梁可不管集中载荷 $\boldsymbol{F}$ 的位置如何,也可不论载荷形式,只要挠曲线上无拐点,都可认为最大挠度发生在梁的中点,并近似地用梁中点处的挠度来代替梁的实际最大挠度。

从上面例题可见,如果梁上载荷较复杂,弯矩方程式分段就多,积分常数也多,确定积分常数的运算就变得十分冗繁。但是,随着计算机应用的普及,也可将这些繁琐的计算编制成相应的程序,从而解决有关的问题。实际工程计算中,由于并不需要求出转角和挠度的普遍方程式,而只需确定某些特定截面的转角和挠度,因此将梁在某些简单载荷作用下的变形列入附录 D 中,再运用下述叠加法也可以较方便地解决一些弯曲变形问题。

4. 叠加法求梁的变形

在材料服从胡克定律,且弯曲变形很小的前提下,数学理论已经证明梁的挠度和转角都与载荷呈线性关系,即当梁同时受几个载荷作用时,由每一个载荷所引起的梁的变形将不受同时作用的其他载荷的影响。于是,就可以分别计算梁在每个载荷单独作用下的变形,然后将所得变形代数相加,即可得到梁在几个载荷同时作用下的总变形,这种方法称为**叠加法**。

例 7-7 利用叠加法,求图 7-17 中所示简支梁在跨中的挠度 w。

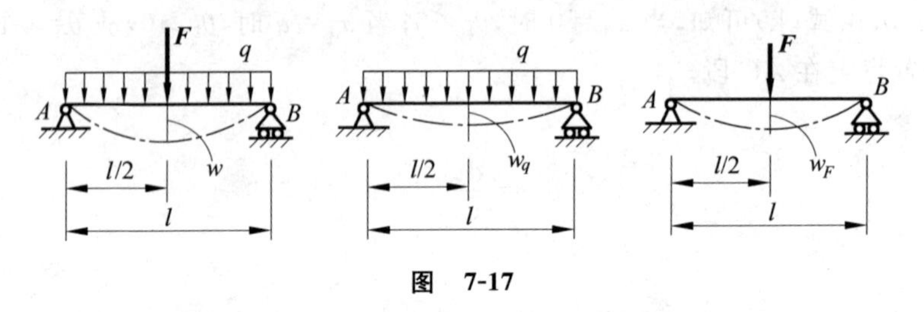

图 7-17

解 由附录 D 查得,均布载荷单独作用引起的跨中挠度为

$$w_q = -\frac{5ql^4}{384EI}$$

集中力单独作用引起的跨中挠度为

$$w_F = -\frac{Fl^3}{48EI}$$

则由叠加法得梁跨中的总挠度为

$$w = w_q + w_F = -\left(\frac{5ql^4}{384EI} + \frac{Fl^3}{48EI}\right)$$

例 7-8 简支梁 AB,受载荷作用如图 7-18 所示。试求梁 A 端的截面转角、挠曲线方程及跨中的挠度。

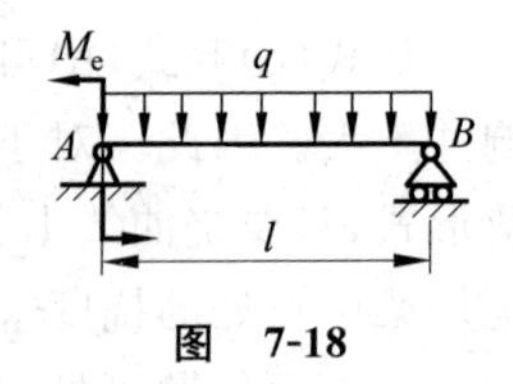

图 7-18

解 由附录 D 查得,力偶单独作用引起的 A 端截面转角为 $\theta_{AM_e} = \frac{M_e l}{3EI}$,均布载荷单独作用引起的 A 端截面转角为 $\theta_{Aq} = -\frac{ql^3}{24EI}$,叠加二者,便可得力偶与均布载荷共同作用时在 A 端截面引起的总转角为

$$\theta_A = \theta_{AM_e} + \theta_{Aq} = \frac{M_e l}{3EI} - \frac{ql^3}{24EI}$$

同理可得所求的挠曲线方程为

$$w = w_{M_e} + w_q = \frac{M_e x}{6EIl}(l-x)(2l-x) - \frac{qx}{24EI}(l^3 - 2lx^2 + x^3)$$

当 $x=\frac{l}{2}$ 时，跨中挠度为

$$w = \frac{M_e l^2}{16EI} - \frac{5ql^4}{384EI}$$

5. 梁的刚度条件

所谓刚度校核，就是要限制梁的变形不超过某一规定的允许值，故梁的刚度条件为

$$w_{max} \leqslant [w] \tag{7-10}$$

$$\theta_{max} \leqslant [\theta] \tag{7-11}$$

式中 $[w]$ 和 $[\theta]$ 分别为允许挠度和允许转角。根据梁的工作性质，可有不同要求，例如行车大梁 $[w]=\left(\frac{1}{700}\sim\frac{1}{400}\right)l$。在机械设计中设计转轴时，还要对轴的转角加以限制，例如对转轴在支座处的允许转角 $[\theta]$ 一般限制在 0.005～0.001rad 范围内。

7.4　提高梁抗弯能力的措施及工程实例

提高梁的抗弯能力，就是为了在安全、经济的原则下提高梁的承载能力。这需要从强度、刚度两个方面加以综合考虑。下面将围绕这两方面问题进行讨论。

1. 提高梁弯曲强度的措施

弯曲正应力强度条件

$$\sigma_{max} = \frac{M_{max}}{W} \leqslant [\sigma]$$

是控制一般细长梁强度的主要因素。为方便，已将式(7-3)中的 W_z 简写为 W。从这个条件看出，要提高梁的承载能力可从以下三个方面入手。

(1) 合理安排梁的支承及合理布局载荷，以降低弯矩的最大值

如图 7-19(a)所示均布载荷作用下的简支梁，$M_{max}=\frac{1}{8}ql^2=0.125ql^2$。若将两端支座向内移动 $0.2l$(图 7-19(b))，则 $M_{max}=\frac{ql^2}{40}=0.025ql^2$，只为前

者的$\frac{1}{5}$。显然按(b)图安排支座,载荷还可加大,或者说梁的截面尺寸可作相应减小。图 7-19(c)所示龙门吊车大梁,其支承点已向中间略作移动,就是利用这种办法降低 M_{max} 的实例。

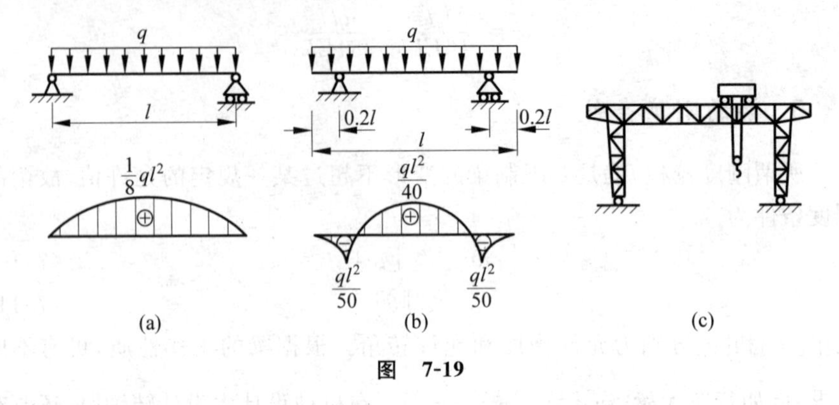

图 7-19

图 7-20(a)所示简支梁中部受集中力 $\boldsymbol{F}$ 作用,$M_{max}=\frac{Fl}{4}$。若将 $\boldsymbol{F}$ 移向一侧,如图 7-20(b)所示位置,则 M_{max} 可降为$\frac{5}{36}Fl$;在可能情况下,把集中力分散为较小的力(图 7-20(c))或改变为分布载荷,M_{max} 的值将会进一步降低。由此可见,合理布局载荷,也可降低 M_{max}。

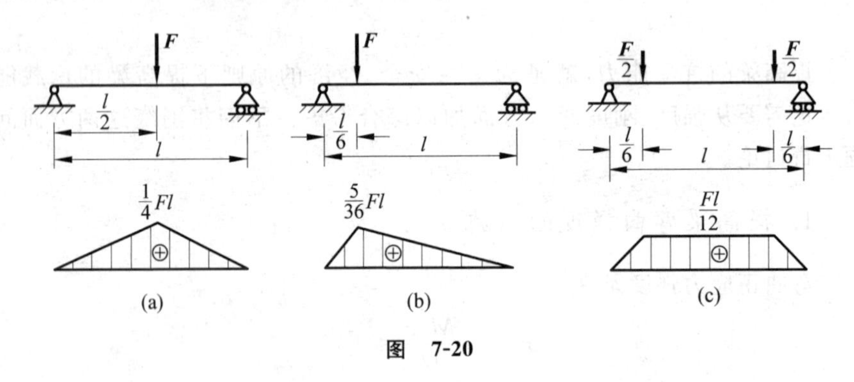

图 7-20

(2) 采用合理截面形状,以提高抗弯截面系数 W 值

合理的截面形状对提高梁的抗弯能力,节省材料,减轻自重非常重要。所谓**梁的合理截面**应该是在尽可能小的截面面积 A 下,获得尽可能大的抗弯截面系数 W(或惯性矩 I)。以比值 W/A 来衡量截面的合理程度,其比值越大,截面就越经济合理。如表 7-2 所示的截面,圆形的合理性最差,其次是矩形。这是因为弯曲正应力在中性轴附近很小,而圆截面却在中性轴附近

集结了较多的材料，使其不能充分发挥作用，对此应将实心圆改为环形截面。同样，可将矩形截面中性轴附近的材料挖去放在离中性轴较远处，变成工字形截面，或挖空变为箱形截面（图 7-21）。工字形、箱形、槽形等截面形式，大部分材料都距中性轴较远，以承担较大正应力，这样既可充分发挥材料的作用，又可增大抗弯截面系数 W（或惯性矩 I）从而提高了梁的抗弯强度和抗弯刚度，同时也减轻了梁的自重，节省了材料。

表　7-2

	矩　形	圆　形	环　形	槽　形	工字形
截面形状	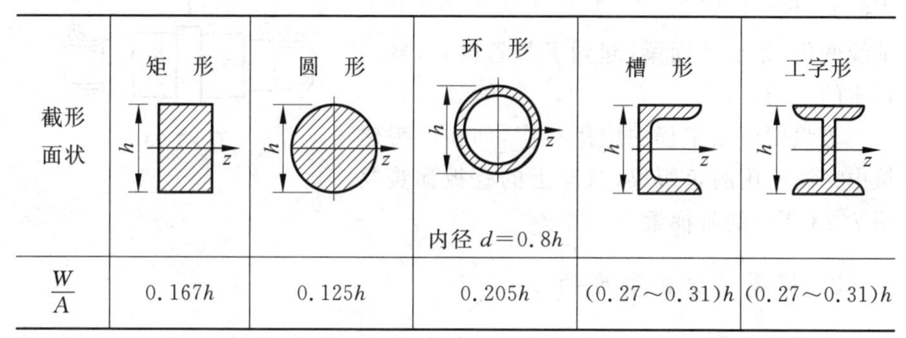		内径 $d=0.8h$		
$\frac{W}{A}$	$0.167h$	$0.125h$	$0.205h$	$(0.27\sim0.31)h$	$(0.27\sim0.31)h$

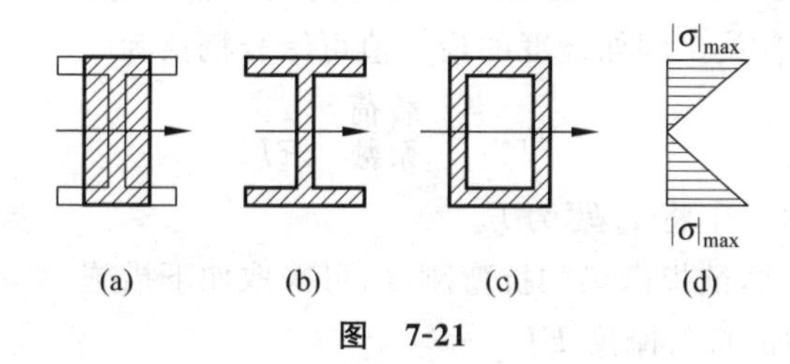

图　7-21

还需指出，对抗压强度大于抗拉强度的脆性材料，则应采用上、下不对称的截面，并使中性轴偏向受拉侧，如图 7-22 中所表示的一些截面。若使最大拉应力 $\sigma_{t,max}$ 与最大压应力 $\sigma_{c,max}$ 同时达到相应的许用应力，则可得比值：

$$\frac{\sigma_{t,max}}{\sigma_{c,max}}=\frac{M_{max}y_1}{I_z}\Big/\frac{M_{max}y_2}{I_z}=\frac{y_1}{y_2}=\frac{[\sigma_t]}{[\sigma_c]}$$

这样就会使中性轴上、下两侧的材料都能充分发挥作用。

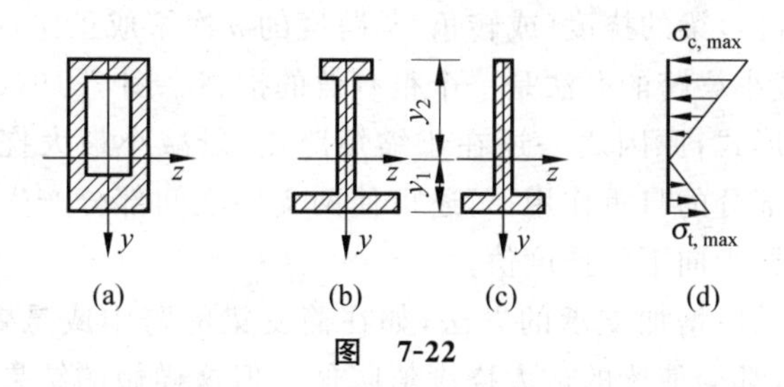

图　7-22

(3) 采用$\sigma_{max}=[\sigma]$的等强度梁,可充分发挥材料作用

前边所述等截面梁在横力弯曲时,各截面上的弯矩是不等的,此时只有在弯矩为最大值的截面上σ_{max}才有可能接近或达到$[\sigma]$,其他各截面上的正应力值都较低,材料没有被充分利用。为能有效地利用材料,且又减轻自重,可使梁各个横截面上的最大正应力σ_{max}值均相等,这种梁称为**等强度梁**。如果再使$\sigma_{max}=[\sigma]$,则可使材料的作用得以充分发挥。根据强度条件$\sigma_{max}=\frac{M(x)}{W(x)}=[\sigma]$可知,等强度梁的各横截面将沿梁轴线变化,是变截面梁,起到了节省材料,减轻自重的作用。

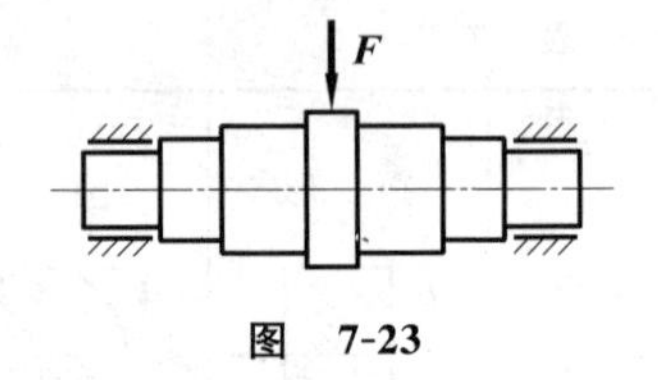

图 7-23

等强度梁在工程中应用很广,如在厂房建筑中广泛使用的鱼腹梁,汽车上的叠板弹簧及图7-23所示的阶梯梁等。

2. 提高梁弯曲刚度的措施

由附录D可看出,梁的变形除了与梁的支承和载荷情况有关外,还与材料、截面和跨度有关。例如挠度的最大值可综合概括为

$$w_{max}=\frac{载荷}{系数}\cdot\frac{l^n}{EI} \tag{a}$$

为简便起见,式(a)中将I_z写为I。

由式(a)可见,欲提高梁的抗弯刚度,可采取如下措施。

(1) 增大梁的抗弯刚度EI

由于各类钢材的弹性模量E值相差甚少,因此虽采用高强度钢可以大大提高梁的强度,但对增大梁的刚度却意义不大。于是极力增大截面的惯性矩I便成了提高刚度的主要途径。这样做的同时强度也可得以提高,例如上面所说的工字形、箱形等形状的截面,它们的共同特点是截面面积分布在距中性轴较远处,意在获得较大的W与I值。

(2) 减小梁的跨度或增加支承

由式(a)看出,梁的挠度(或转角)与跨度的n次幂成正比,因此为减小梁的变形,采取减小梁跨的办法是一个很有效的措施。图7-19(c)所示吊车大梁为两端外伸形式,原因之一还在于缩短跨度,以减小最大挠度值。同时,这种梁在外伸部分的自重作用下,还可使两支座之间部分产生向上弯曲,从而抵消一部分原为向下的挠度值。

利用对梁采取增加支承的办法,如在简支梁的跨中或悬臂梁的自由端增加一个支座,都会使梁的最大挠度值降低。但这样做的结果,原来的静定

梁就会变成超静定梁。

最后还需指出，由于弯矩是引起梁弯曲变形的主要因素，因此减小弯矩数值也是提高梁弯曲刚度的一项重要措施。

7.5 简单超静定梁的解法

前面所讨论的梁，其约束力及内力都可以通过静力平衡方程求出，这种梁称为**静定梁**。在7.4节中曾提到为了提高梁的弯曲刚度，可在悬臂梁的自由端或简支梁的中部加支座。显然，这对于维持梁的平衡来说是多余的约束，与其对应的约束力，可称为多余约束力。此时，单凭静力平衡方程已不能求出全部的未知力，我们把这种梁称为**超静定梁**。同时把未知力的数目与独立的静力平衡方程数目的差数，称为**超静定**次数。求解超静定梁的问题与解拉、压超静定问题一样，需要利用变形的协调条件和力与变形间的物理关系，建立补充方程。补充方程的数目等于超静定的次数。下面举例说明如何求解超静定梁的问题。

例 7-9 如图 7-24(a)所示超静定梁，求支座反力并绘出剪力图和弯矩图。

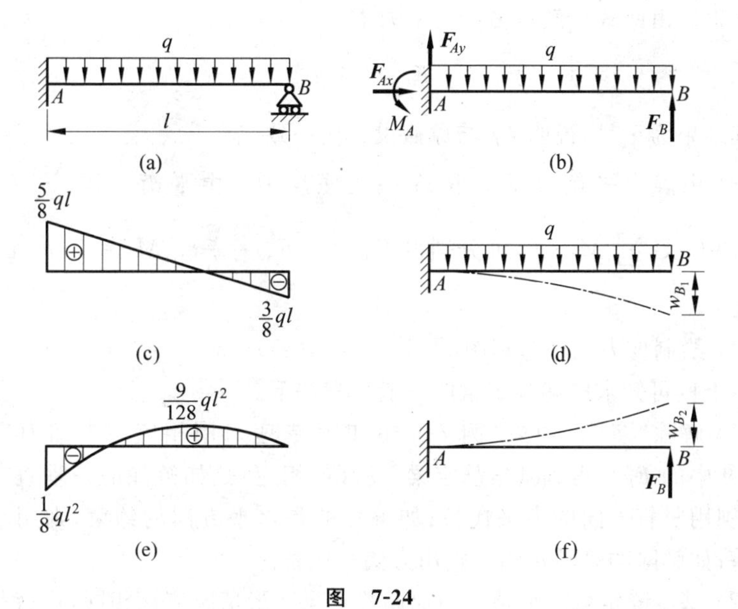

图 7-24

解 (1) 确定基本静定梁。图 7-24(a)所示的梁为一次超静定梁，若选

支座 B 为多余约束,设想将它解除后用未知反力 $\boldsymbol{F}_B$ 来代替,此时的结构形式上是静定的,称为基本静定梁(图7-24(b))。

(2) 根据变形协调条件和力与变形间的物理关系,建立补充方程,求出多余约束力。设基本静定梁受均布载荷 q 单独作用在 B 端产生的挠度为 w_{B_1}(图7-24(d))。同理 w_{B_2} 为未知力 $\boldsymbol{F}_B$ 在 B 端引起的挠度(图7-24(f))。由叠加法可得 q 与 $\boldsymbol{F}_B$ 共同作用时 B 端的挠度为

$$w_B = w_{B_1} + w_{B_2}$$

实际上 B 处的铰支座决定了梁在 B 端不可能产生垂直位移,即基本静定梁 AB 在 B 处的挠度应与原超静定梁 AB 在 B 处的挠度相等,而原超静定梁在 B 处的挠度为零,故可得变形协调条件为

$$w_B = w_{B_1} + w_{B_2} = 0 \tag{a}$$

查附录D,可得出力与变形间的物理关系,即

$$w_{B_1} = -\frac{ql^4}{8EI}, \quad w_{B_2} = \frac{F_B l^3}{3EI}$$

代入式(a),可得补充方程

$$-\frac{ql^4}{8EI} + \frac{F_B l^3}{3EI} = 0 \tag{b}$$

由于式(b)是由 B 处变形协调条件而得到的补充方程,故又可称为变形协调方程。由此式可解得多余约束力 $\boldsymbol{F}_B$ 为

$$F_B = \frac{3}{8}ql$$

其结果为正号,说明 $\boldsymbol{F}_B$ 与原假设方向一致。

(3) 由静力平衡方程求取 A 端支座反力。由平衡方程 $\sum F_x = 0$、$\sum F_y = 0$ 及 $\sum M_A = 0$,可分别得 $F_{Ax} = 0$,$F_{Ay} = \frac{5}{8}ql$,$M_A = \frac{1}{8}ql^2$(图7-24(b))。

(4) 绘制剪力图和弯矩图(图7-24(c),(e))。

由上例可知求解超静定梁的一般步骤如下。

(1) 解除“多余”约束(例7-9中如 B 支座),用相应的未知力来代替(例7-9中的 $\boldsymbol{F}_B$),得到基本静定梁。所谓“相应”是如解除的是垂直方向的约束,则用竖直方向的力来代替;如解除的是水平方向的约束,则用水平力来代替;如解除的是转角约束则用力偶来代替。

(2) 基本静定梁变形情况与原超静定梁变形情况应该相同,这就是变形协调条件,这种方法称为变形比较法。由变形协调条件和力与变形间的物理关系可得到补充方程。

（3）由平衡方程和补充方程求得全部支座反力，进一步可求得内力。

例 7-10　如图 7-25(a)所示结构，钢拉杆 AD 与梁 AC 在 A 处铰接。已知梁和拉杆用同样的钢材制成，钢梁横截面的惯性矩为 I，拉杆横截面的面积为 A，其余尺寸见图 7-25(a)。试求钢杆 AD 所受的拉力。

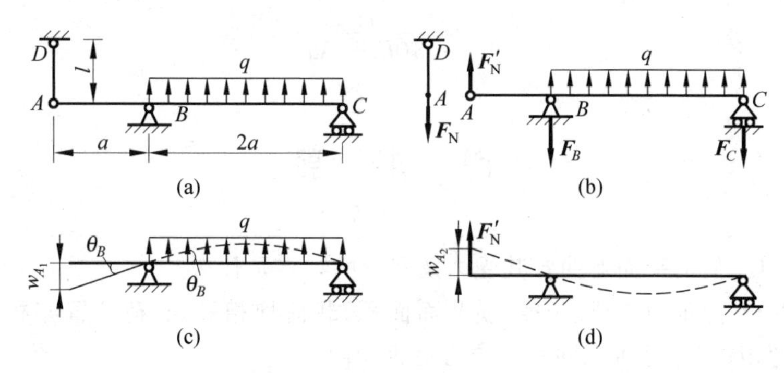

图　7-25

解　载荷加在梁上后，A 点将产生向下的位移，于是 AD 杆内产生拉力 $\boldsymbol{F}_N$，受力如图 7-25(b)。梁 AC 上的外力为一平面平行力系，有两个独立的平衡方程，但未知力为 $\boldsymbol{F}'_N$，$\boldsymbol{F}_B$ 和 $\boldsymbol{F}_C$，故梁为一次超静定，需建立一个补充方程。显然此处是把拉杆 AD 作为多余约束，相应的力 $\boldsymbol{F}'_N$就是拉杆作用于梁 AC 上的多余约束力(图 7-25(b))。拉杆 AD 和外伸梁 AC 受力变形后仍连结于 A 点。若以 w_A 表示梁受 q 和 $\boldsymbol{F}_N$ 共同作用时在 A 端产生的挠度，以 Δl 表示拉杆 AD 的伸长量，则变形协调条件为

$$w_A = \Delta l \tag{a}$$

即

$$w_{A1} + w_{A2} = \Delta l \tag{b}$$

现写出式(b)中各变形量与引起这些变形的力之间的关系式：w_{A1}，w_{A2} 分别表示梁 AC 受 q 及 $\boldsymbol{F}'_N$单独作用时在 A 端引起的挠度，对于图 7-25(c)，查附录 D 可知

$$w_{A1} = \theta_B \times a = \frac{q(2a)^3}{24EI} \times a = \frac{qa^4}{3EI}\ (\downarrow)$$

对于图 7-25(d)，查附录 D 可知

$$w_{A2} = \frac{F'_N a^2}{3EI}(2a + a) = \frac{F'_N a^3}{EI}\ (\uparrow)$$

而拉杆 AD 的伸长为

$$\Delta l = \frac{F_N l}{EA}\ (\downarrow)$$

将以上关系代入式(b),于是可得补充方程

$$\frac{qa^4}{3EI}-\frac{F'_{N}a^3}{EI}=\frac{F_{N}l}{EA} \tag{c}$$

注意 $F_{N}=F'_{N}$,最后解得梁对 AD 杆所产生的拉力为

$$F_{N}=\frac{qa^4A}{3(Il+Aa^3)}$$

思 考 题

7-1 何谓平面弯曲?其受力及变形的特点是什么?

7-2 图示简支梁,长度、横截面面积、载荷均相等,载荷位置亦相同,试问其弯矩、剪力是否相同?正应力是否相同?

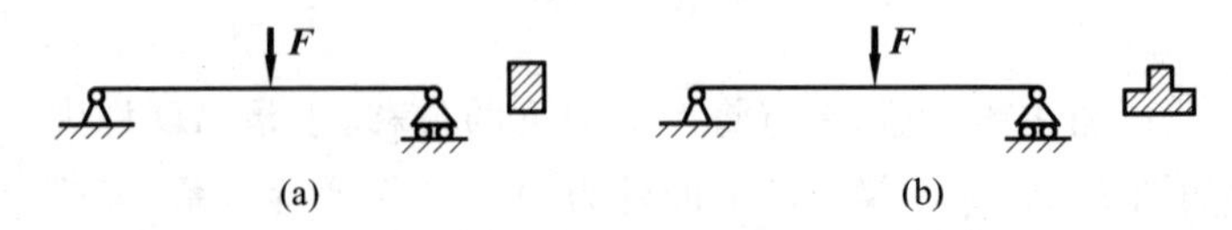

思考题 7-2 图

7-3 材料抗拉和抗压强度不相等时,在下列截面形状中,应选择什么形状合理?为什么?若抗拉和抗压强度相等,应选择什么形状的截面?为什么?

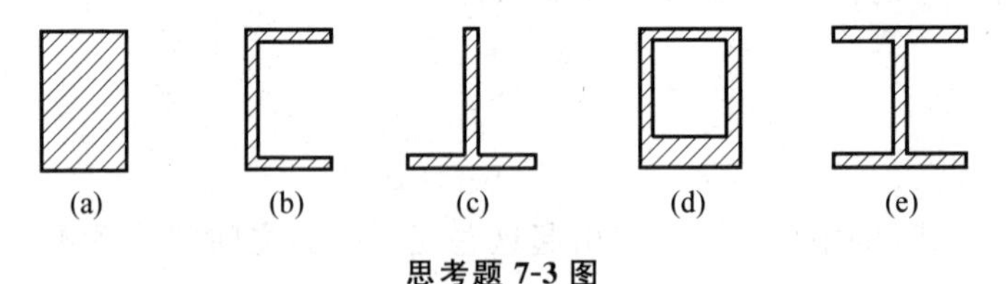

思考题 7-3 图

7-4 试画出下列截面上正应力分布图。

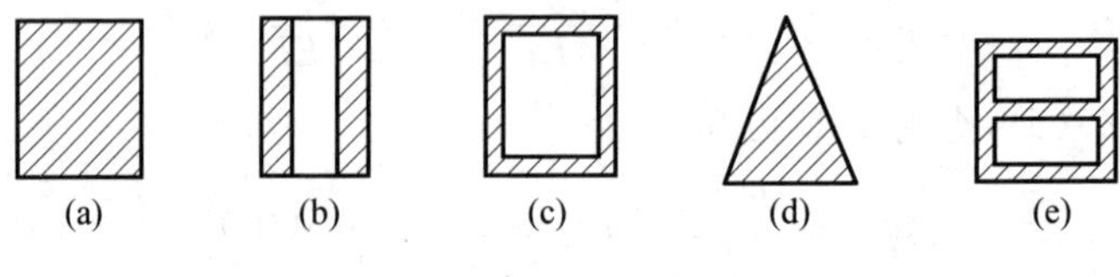

思考题 7-4 图

7-5 图示两截面对 z 轴的惯性矩 I_z 和抗弯截面模量 W_z 各表示什么特

性？题中计算结果正确吗？为什么？

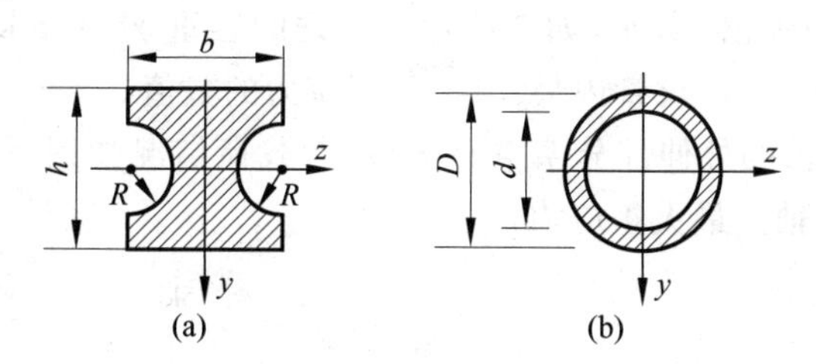

思考题 7-5 图

(a) $I_z=\dfrac{bh^3}{12}-\dfrac{\pi(2R)^4}{64}=\dfrac{bh^3}{12}-\dfrac{\pi R^4}{4}$

$W_z=\dfrac{bh^2}{6}-\dfrac{\pi(2R)^3}{32}=\dfrac{bh^2}{6}-\dfrac{\pi R^3}{4}$

(b) $I_z=\dfrac{\pi D^4}{64}-\dfrac{\pi d^4}{64}=\dfrac{\pi D^4}{64}(1-\alpha^4)$

$W_z=\dfrac{\pi D^3}{32}-\dfrac{\pi d^3}{32}=\dfrac{\pi D^3}{32}(1-\alpha^3)$

式中

$$\alpha=\frac{d}{D}$$

7-6 用积分法求图示梁挠曲线方程时，应分几段积分？将出现几个积分常数？依据什么条件确定其积分常数？

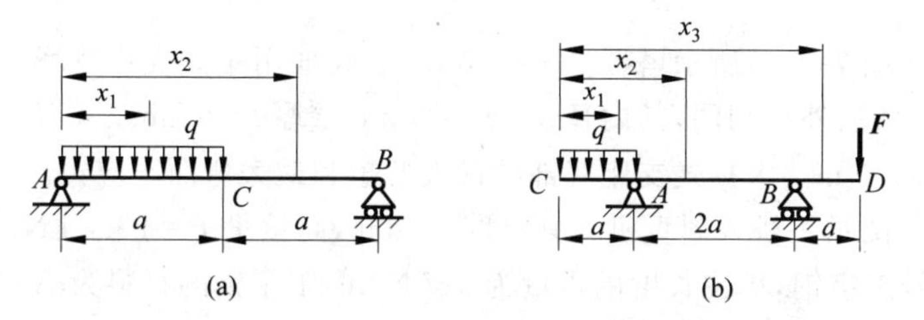

思考题 7-6 图

习 题

7-1 长度为 250 mm，截面尺寸为 $h\times b=0.8\ \text{mm}\times 25\ \text{mm}$ 的薄钢板卷尺，由于两端外力偶的作用而弯成中心角为 30°的圆弧。已知弹性模量 $E=2.1\times 10^5$ MPa。试求钢尺横截面上的最大正应力。

7-2 一外径为250 mm,壁厚为10 mm,长度 $l=12$ m的铸铁水管,两端搁在支座上,管中充满着水,如图所示。铸铁的容重 $\gamma_1=76$ kN/m^3,水的容重 $\gamma_2=10$ kN/m^3。试求管内最大拉、压正应力的数值。

7-3 某圆轴的外伸部分系空心圆截面,载荷情况如图所示。试作该轴的弯矩图,并求轴内最大正应力。

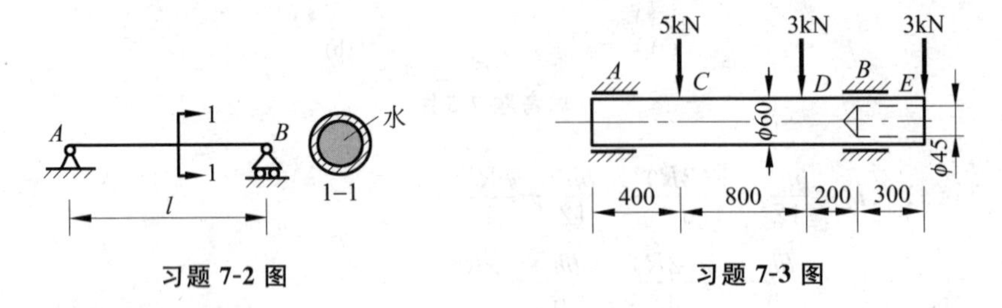

习题 7-2 图　　　　习题 7-3 图

7-4 图示外伸梁,用铸铁作成,横截面为槽形,承受集度 $q=10$ kN/m的均布载荷及集中载荷 $F=20$ kN作用。试求梁内最大正应力及其位置。已知:$I_z=4.0\times10^7$ mm^4,$y_1=140$ mm,$y_2=60$ mm。

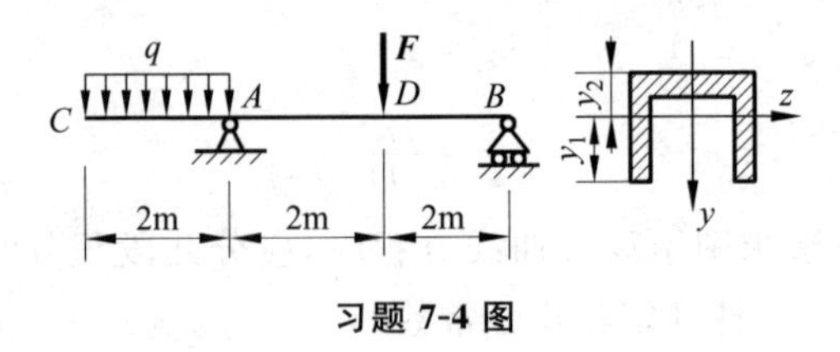

习题 7-4 图

7-5 图7-3(a)所示塔器高 $h=10$ m,塔底部用裙式支座支承。已知支座外径与塔的外径相同,其内径 $d=1000$ mm,壁厚 $t=8$ mm。塔所受风载荷为 $q=468$ N/m。求裙式支座底部的最大弯矩和最大弯曲正应力。

7-6 图示一桥式起重机大梁跨度 $l=8$ m,起重量 $P=29.4$ kN。大梁选用32 a号工字钢,单位长度的重量为527 N/m,工字钢的材料为A3钢,其许用弯曲正应力为[σ]=120 MPa,试按正应力校核大梁的强度。

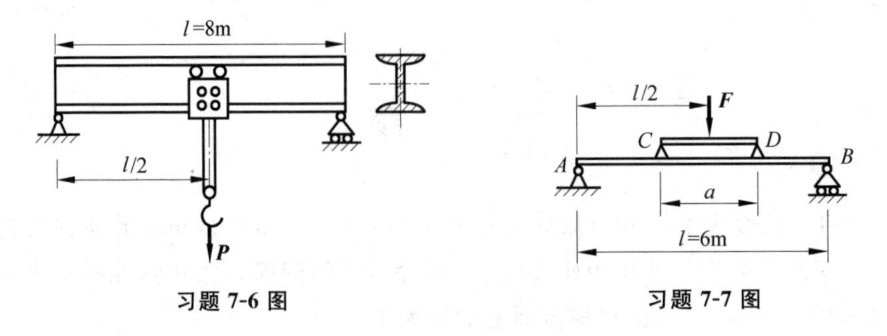

习题 7-6 图　　　　习题 7-7 图

7-7　当力 F 直接作用在梁 AB 中点时，梁内最大应力超过许用应力30％，为了消除这一过载现象，配置了如图所示的辅助梁 CD，试求辅助梁的最小跨度 a。

7-8　试计算在均布载荷作用下，图示圆截面简支梁内最大正应力和最大切应力，并指出它们发生于何处？

7-9　一矩形截面木梁，其截面尺寸及载荷如图，$q=1.3$ kN/m。已知 $[\sigma]=10$ MPa，$[\tau]=2$ MPa，试校核梁的正应力强度和切应力强度。

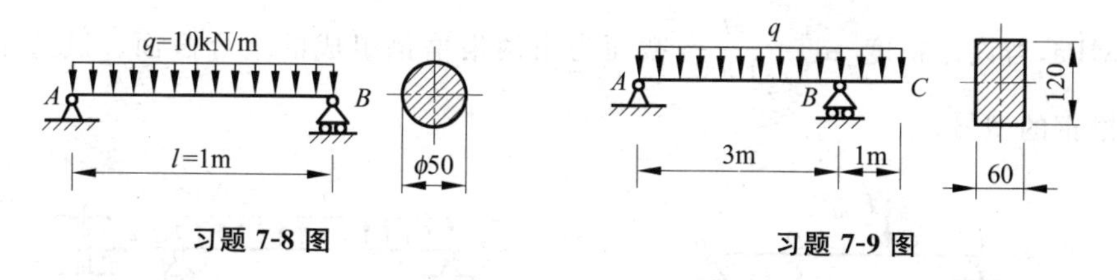

习题 7-8 图　　习题 7-9 图

7-10　截面为10号工字钢梁 AB，C 点由圆钢杆 CD 支承，已知梁及杆的许用应力 $[\sigma]=160$MPa，试求许用均布载荷集度 q 及圆钢的直径 d。

7-11　简支梁承受均布载荷如图示。材料的 $[\sigma]=160$MPa，试设计梁的截面：(1)圆截面；(2)$b/h=1/2$ 的矩形截面；(3)工字形截面。并求这三种截面梁的重量比，说明其合理性。

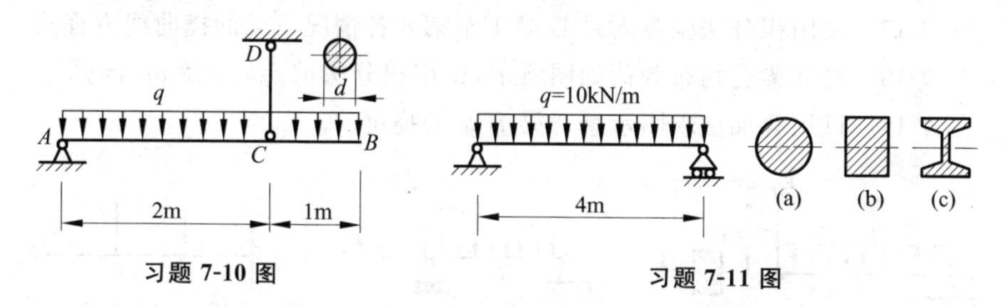

习题 7-10 图　　习题 7-11 图

7-12　一正方形截面的悬臂木梁，其尺寸及所受载荷如图所示。木料的许用应力 $[\sigma]=10$MPa，现需要在梁的截面 C 上中性轴处钻直径为 d 的圆孔，问在保证强度的条件下，圆孔的最大直径 d(不考虑圆孔处应力集中的影

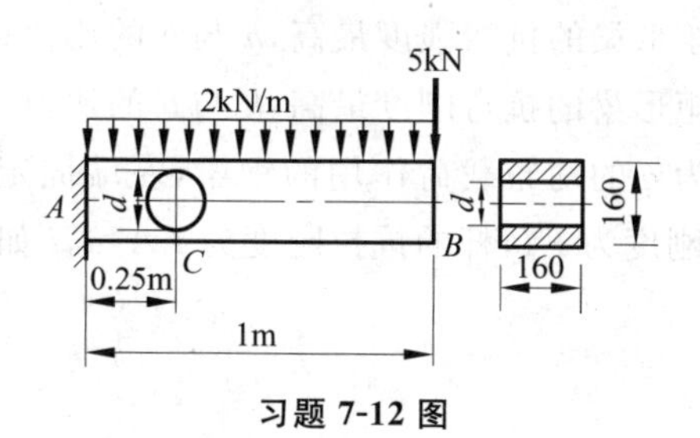

习题 7-12 图

响)可达多少?

7-13 图7-2所示轧辊轴直径 $D=280$ mm,跨长 $l=1000$ mm,$a=450$ mm,$b=100$ mm,轧辊材料的弯曲许用应力$[\sigma]=100$ MPa,求轧辊能承受的最大允许轧制力。

7-14 20 a工字钢梁的支承和受力情况如图所示,若$[\sigma]=160$ MPa,试求许用载荷$[F]$。

7-15 图示简支梁,$l=4$ m,$q=9.8$ kN/m,$[\sigma]=100$ MPa,$E=206\times10^3$ MPa,若许用挠度$[w]=\dfrac{l}{1000}$,截面为由两根槽钢组成的组合截面。试选定槽钢的型号。

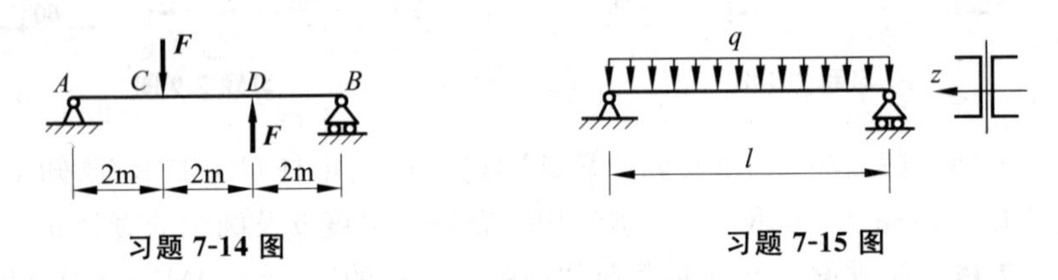

习题7-14图　　习题7-15图

7-16 图示梁右端由拉杆支承。已知梁截面为 $b\times h$ 的矩形,拉杆的横截面面积为 A,材料的 E 相同,试求拉杆的伸长及梁的跨中挠度。

7-17 试用积分法验算附录D第1至第8各情况下梁的挠曲线方程式。

7-18 外伸梁受均布载荷如图所示,试用积分法求 θ_A,θ_B 及 w_D,w_C。

7-19 试用叠加法求图示悬臂梁 B 端的挠度 w_B。

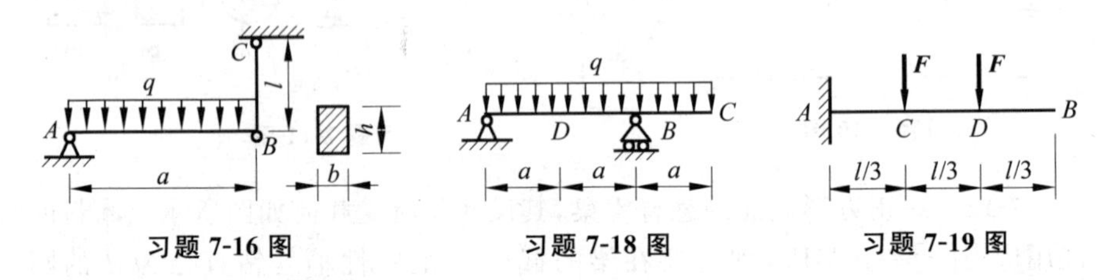

习题7-16图　　习题7-18图　　习题7-19图

7-20 图示圆木料,直径为 d,需要从中切取一矩形截面梁。试求:

(1) 欲使所切矩形梁的抗弯强度最高,h 与 b 的比值;

(2) 欲使所切矩形梁的抗弯刚度最高,h 与 b 的比值。

7-21 受集度为 q 的均布载荷作用的钢梁,左端固定,右端用钢拉杆支承。已知梁的抗弯刚度为 EI,杆的抗拉刚度为 EA,a,l 如图示。求杆 CB 内的轴力。

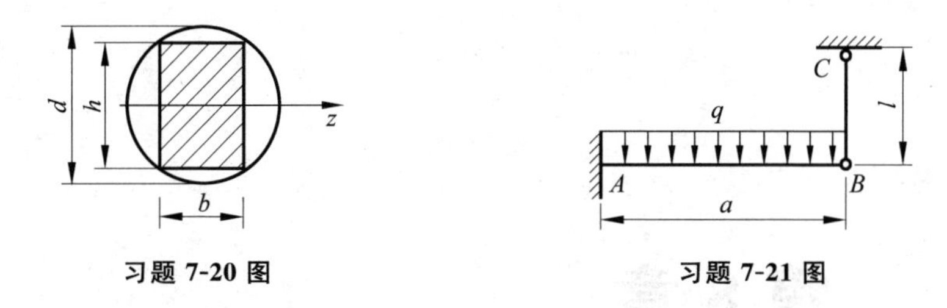

习题 7-20 图　　习题 7-21 图

7-22 试求图示各超静定梁的支座反力，并作 M 图。

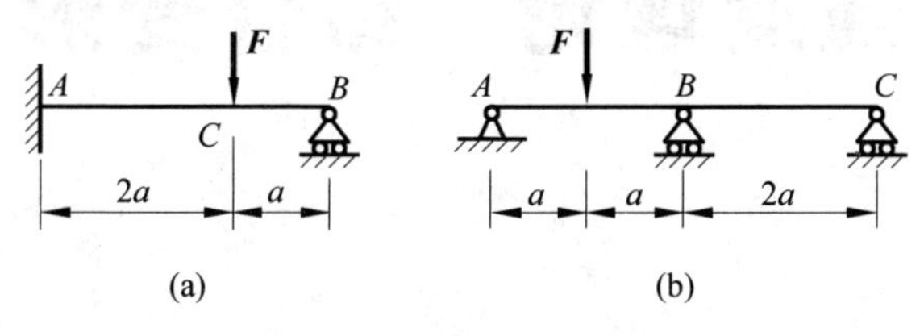

习题 7-22 图

7-23 试求图示各超静定梁的支座反力。

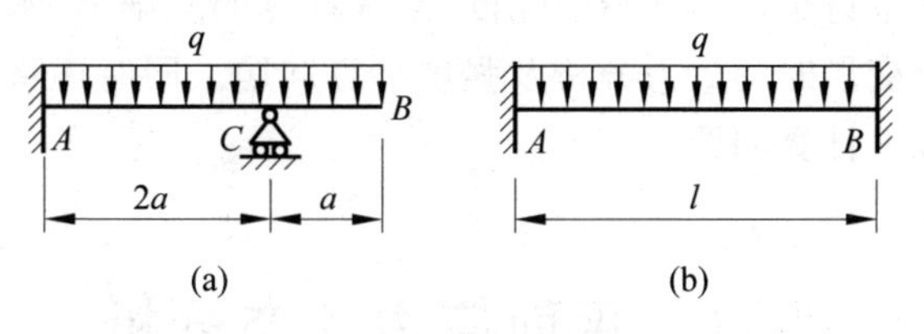

习题 7-23 图

第8章 强度理论　组合变形

在以前各章讨论基本变形的强度、刚度计算的基础上，本章将进一步研究构件在组合变形时的应力分析及强度计算问题。同时还将研究在复杂应力状态下的强度计算问题。

8.1　平面应力状态分析

工程中有许多构件在产生扭转变形的同时还产生弯曲变形，因此在构件的危险截面上既产生切应力同时也存在弯曲正应力，这种应力情况，一般均属于复杂应力状态。因此研究弯曲和扭转组合变形的强度计算，必须对应力状态分析及强度理论有一定认识。

1. 应力状态的概念

以前主要是研究杆件横截面上的应力，如讨论弯曲和扭转在横截面上应力分布规律时，已经知道应力的大小是随截面所取位置不同而变化的，同时还知道对某一定截面来说，由于所取点的位置不同，应力的大小也不同；在分析轴向拉伸(压缩)及扭转变形斜截面上应力时还发现对于同一点，过该点所取截面的方位不同，应力的大小也将发生变化。我们把**构件内一点处不同方位截面上应力的集合称作该点处的应力状态**。研究应力状态的方法，通常是在受力构件内围绕某一点切出一个微小的六面体，称为单元体，这个单元体六个面上的应力情况，就表达了该点处的应力状态。

2. 平面应力状态分析

为了研究受力构件内某一点处的应力状态，可以围绕该点取出一个单元体，例如研究图 8-1(a)所示矩形截面悬臂梁内 A 点处的应力状态，可用三对相互垂直的平面，围绕 A 点取出一个单元体，如图 8-1(b)所示。由于单元体各边长均为无穷小量，故可认为在单元体各个表面上的应力都是均匀的，而且任意一对平行平面（例如图 8-1(b)中的两侧面 ab' 和 dc' 或前、后面 ca 和 $a'c'$）上的应力是相等的。为了简便起见，将这种前、后两个面上应力为零的单元体，用平面图形来表示（图 8-1(c)）。至于梁横截面上 A 点处的应力，则可分别按式(7-5)梁弯曲时横截面上的切应力计算公式求得。由切应力互等定理，即可确定该单元体上、下表面上的切应力。

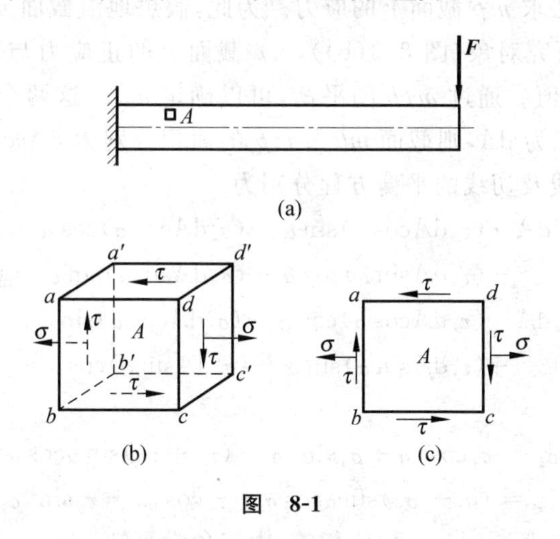

图　8-1

若单元体有一对平面上的应力等于零，即不等于零的应力分量均处于同一坐标平面内，则称为**平面应力状态**。平面应力状态的普遍形式如图 8-2 所示，即在其他两对平面上分别有正应力和切应力（σ_x，τ_x 和 σ_y，τ_y）。现研究在普遍形式的平面应力状态下，根据单元体各面上已知的应力分量来确定其任一斜截面上的未知应力分量，并从而确定该点处的最大正应力及其所在截面的方位。

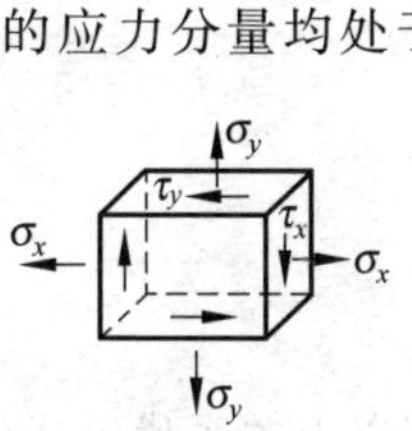

σ_y　τ_y　τ_x　σ_x　σ_x　σ_y

图　8-2

(1) 斜截面上的应力

设已知 σ_x，σ_y，τ_x，τ_y 的情况下，研究垂直于纸面的任意斜截面 mp（图 8-3(a)）上的应力情况。为此，首先规定出 σ，τ 以及 α 角正负号。

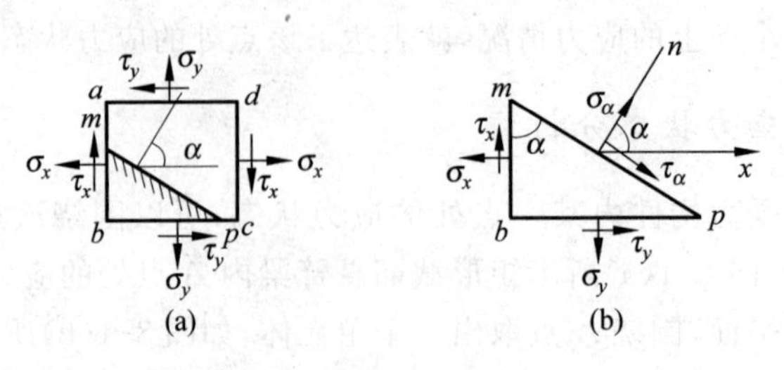

图 8-3

正应力 σ:仍以拉应力为正,压应力为负;

切应力 τ:当切应力有绕单元体内任意点作顺时针转动趋势时为正,反之为负;

角度 α:从 x 轴以逆时针转到外法线方向时为正,反之为负。

现用截面法求 mp 截面上的应力。为此,假想地沿截面 mp 将单元体截开,取 mbp 为研究对象(图 8-3(b)),mp 截面上的正应力与切应力用 $\sigma_\alpha,\tau_\alpha$ 表示,并设为正值。通过 mpb 的平衡,可以确定 $\sigma_\alpha,\tau_\alpha$ 这两个应力。今设斜截面 mp 的面积为 $\mathrm{d}A$,则截面 mb 及 mp 的面积分别为 $\mathrm{d}A\cos\alpha$ 和 $\mathrm{d}A\sin\alpha$,于是写出沿法线及切线的平衡方程分别为

$$\sigma_\alpha \mathrm{d}A+(\tau_x \mathrm{d}A\cos\alpha)\sin\alpha-(\sigma_x \mathrm{d}A\cos\alpha)\cos\alpha$$
$$+(\tau_y \mathrm{d}A\sin\alpha)\cos\alpha-(\sigma_y \mathrm{d}A\sin\alpha)\sin\alpha=0$$
$$\tau_\alpha \mathrm{d}A-(\tau_x \mathrm{d}A\cos\alpha)\cos\alpha-(\sigma_x \mathrm{d}A\cos\alpha)\sin\alpha$$
$$+(\tau_y \mathrm{d}A\sin\alpha)\sin\alpha+(\sigma_y \mathrm{d}A\sin\alpha)\cos\alpha=0$$

解之得

$$\sigma_\alpha=\sigma_x\cos^2\alpha+\sigma_y\sin^2\alpha-(\tau_x+\tau_y)\sin\alpha\cos\alpha \tag{a}$$

$$\tau_\alpha=(\sigma_x-\sigma_y)\sin\alpha\cos\alpha+\tau_x\cos^2\alpha-\tau_y\sin^2\alpha \tag{b}$$

按切应力互等定理,τ_x 与 τ_y 数值相等;由三角学可知:

$$\cos^2\alpha=\frac{1}{2}(1+\cos2\alpha)$$

$$\sin^2\alpha=\frac{1}{2}(1-\cos2\alpha)$$

$$2\sin\alpha\cos\alpha=\sin2\alpha$$

将以上关系代入式(a),(b)得

$$\sigma_\alpha=\frac{\sigma_x+\sigma_y}{2}+\frac{\sigma_x-\sigma_y}{2}\cos2\alpha-\tau_x\sin2\alpha \tag{8-1}$$

$$\tau_\alpha=\frac{\sigma_x-\sigma_y}{2}\sin2\alpha+\tau_x\cos2\alpha \tag{8-2}$$

此即斜截面应力的一般公式。利用该公式,当已知 σ_x,σ_y 和 τ_x 时就可以求出

任意 α 截面上的 σ_α 与 τ_α。

（2）应力圆

由上述两公式可知，当已知一平面应力状态单元体上的应力 σ_x,τ_x 和 $\sigma_y,\tau_y(=-\tau_x)$ 时，任一 α 截面上的应力 σ_α 和 τ_α 均以 2α 为参变量。从上两式中消去参变量 2α 后，即得

$$\left(\sigma_\alpha-\frac{\sigma_x+\sigma_y}{2}\right)^2+\tau_\alpha^2=\left(\frac{\sigma_x-\sigma_y}{2}\right)^2+\tau_x^2 \tag{a}$$

由上式可见，当斜截面随方位角 α 变化时其上的应力 $\sigma_\alpha,\tau_\alpha$ 在 σ-τ 直角坐标系内的轨迹是一个圆，其圆心位于横坐标轴（σ 轴）上，其横坐标为 $\frac{\sigma_x+\sigma_y}{2}$，半径为 $\sqrt{\left(\frac{\sigma_x-\sigma_y}{2}\right)^2+\tau_x^2}$，如图 8-4 所示。该圆习惯上称为**应力圆**，或称为**莫尔应力圆**。

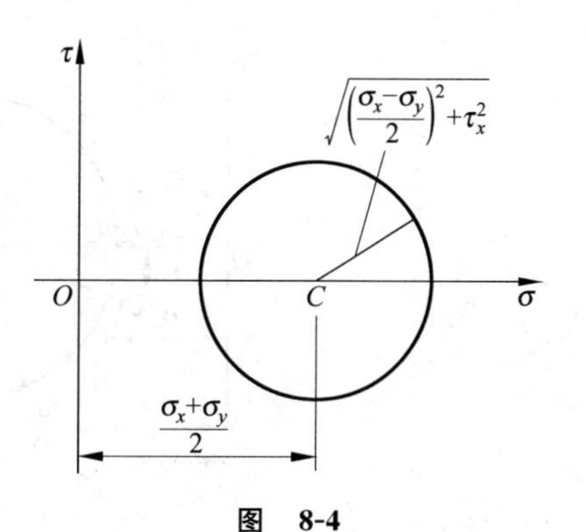

图　8-4

下面根据所研究单元体上的已知应力 σ_x,τ_x 和 $\sigma_y,\tau_y(=-\tau_x)$（图 8-5(a)），作出相应的应力圆，并确定 α 截面上的应力 σ_α 和 τ_α。在 σ-τ 直角坐标系内，按选定的比例尺，量取 $\overline{OB_1}=\sigma_x$，$\overline{B_1D_1}=\tau_x$ 得 D_1 点；量取 $\overline{OB_2}=\sigma_y$，$\overline{B_2D_2}=\tau_y$ 得 D_2 点（图 8-5(b)）。连接 D_1 和 D_2 两点的直线与 σ 轴相交于 C 点，以 C 点为圆心 $\overline{CD_1}$ 或 $\overline{CD_2}$ 为半径作圆。显然，该圆的圆心 C 点的横坐标为 $\frac{\sigma_x+\sigma_y}{2}$，半径 $\overline{CD_1}$ 或 $\overline{CD_2}$ 等于 $\sqrt{\left(\frac{\sigma_x-\sigma_y}{2}\right)^2+\tau_x^2}$，因而，该圆就是相应于该单元体应力状态的应力圆。由于 D_1 点的坐标为 (σ_x,τ_x)，因而，D_1 点代表单元体 x 平面上的应力。若要求单元体某一 α 截面上的应力 σ_α 和 τ_α，可从应力圆的半径 $\overline{CD_1}$ 按方位角 α 的转向转动 2α 角，得到半径 $\overline{CE}$，圆周上 E 点的 σ,τ 坐标分别满足式(8-1)和式(8-2)，分别代表 α 截面上的 σ_α 和 τ_α。

（3）主应力与主平面

由图 8-5(b)所示应力圆上可见，A_1 和 A_2 两点的横坐标分别为该单元体各截面上正应力中的最大值和最小值，在该两截面上的切应力（即 A_1，A_2 两点的纵坐标）均等于零。一点处切应力等于零的截面称为**主平面**，主平面上的正应力称为**主应力**。主应力是过一点处不同方位截面上正应力的极值。可以证明，一点处必定存在这样一个单元体，其三个相互垂直的平面均为主平面。三个相互垂直的主应力分别记为 σ_1，σ_2 和 σ_3，且规定按代数值大小的顺序排列，即 $\sigma_1\geqslant\sigma_2\geqslant\sigma_3$。

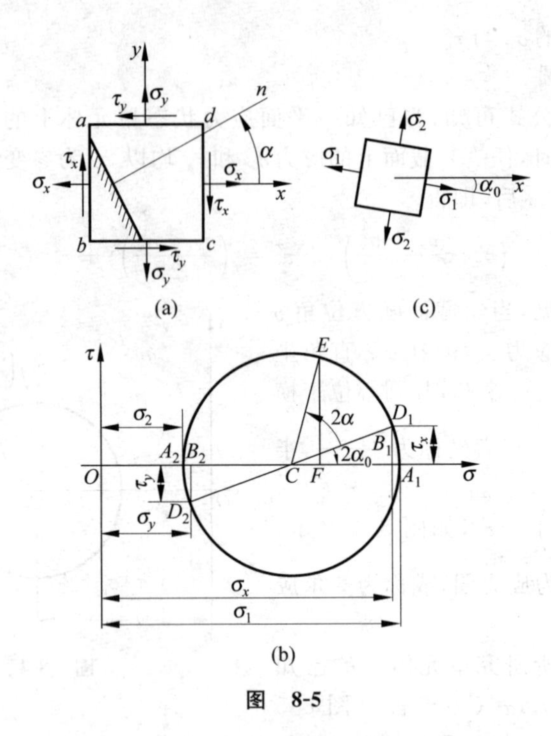

(a) (c)

(b)

图 8-5

在图 8-5(b)所示的应力圆上,A_1 和 A_2 两点的纵坐标均等于零,而横坐标分别为主应力 σ_1 和 σ_2。由图可得两主应力值的大小和方位为

$$\left.\begin{matrix}\sigma_{\max}\\ \sigma_{\min}\end{matrix}\right\}=\frac{\sigma_x+\sigma_y}{2}\pm\sqrt{\left(\frac{\sigma_x-\sigma_y}{2}\right)^2+\tau_x^2} \tag{8-3}$$

$$\tan 2\alpha_0=-\frac{2\tau_x}{\sigma_x-\sigma_y} \tag{8-4}$$

(4) 极值切应力及其截面位置

按照与前述同样方法,由应力圆,可以求切应力的极值及方位角。

$$\left.\begin{matrix}\tau_{\max}\\ \tau_{\min}\end{matrix}\right\}=\pm\sqrt{\left(\frac{\sigma_x-\sigma_y}{2}\right)^2+\tau_x^2} \tag{8-5a}$$

或

$$\left.\begin{matrix}\tau_{\max}\\ \tau_{\min}\end{matrix}\right\}=\pm\frac{1}{2}(\sigma_{\max}-\sigma_{\min}) \tag{8-5b}$$

$$\tan 2\alpha_1=\frac{\sigma_x-\sigma_y}{2\tau_x} \tag{8-6}$$

由上述可知两个极值切应力分别在互相垂直的截面内,其数值相等,方向相反。

例 8-1　低碳钢和铸铁的扭转试件破坏现象如图 8-6(a),(b)所示,前者沿横截面破坏,后者则沿着与轴线约成 45°倾角的螺旋面破坏,并且都是从试件表面开始,试分别解释其破坏原因。

解　(1) 分析试件表面任一点的应力状态

从试件表面一点截取一单元体,如图 8-6(c)所示,此应力状态为平面应力状态,由于单元体两对相互垂直的平面上只有切应力而无正应力,故称为纯剪切应力状态。其中 $\sigma_x=0,\sigma_y=0,\tau_x=\tau$,代入式(8-3)得主应力的大小和方向为

$$\left.\begin{matrix}\sigma_{\max}\\ \sigma_{\min}\end{matrix}\right\}=\frac{\sigma_x+\sigma_y}{2}\pm\sqrt{\left(\frac{\sigma_x-\sigma_y}{2}\right)^2+\tau_x^2}=\pm\tau$$

$$\tan 2\alpha_0=-\frac{2\tau_x}{\sigma_x-\sigma_y}=\infty,\quad 所以\ \alpha_0=-45°$$

即主平面位置在截面法线与 x 轴成 45°的斜面上。

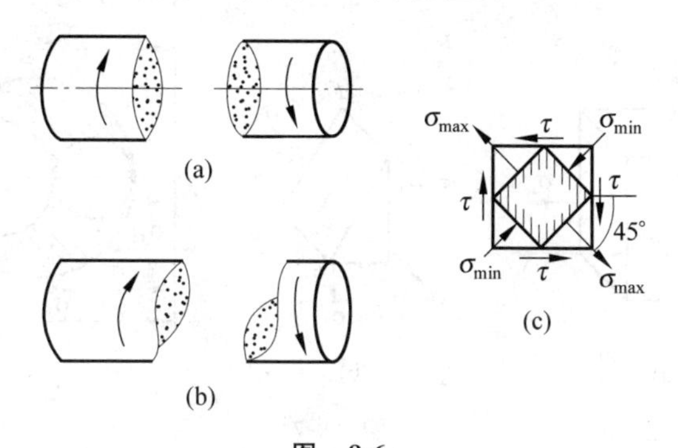

图　8-6

代入式(8-5)可得最大和最小切应力的大小和方向

$$\left.\begin{matrix}\sigma_{\max}\\ \sigma_{\min}\end{matrix}\right\}=\pm\sqrt{\left(\frac{\sigma_x-\sigma_y}{2}\right)^2+\tau_x^2}=\pm\tau$$

$$\tan 2\alpha_0=\frac{\sigma_x-\sigma_y}{2\tau_x}=0,\quad 所以\ \alpha_0=0$$

该切应力作用在其法线分别与 x 轴平行和垂直的面上。

(2) 分析扭转试件破坏原因

两种试件均从表面开始破坏是因为在构件的表面是应力最大的地方。根据以上应力状态分析,低碳钢沿横截面破坏,这正是 $\tau_{\max}$所在平面,可见破坏是被剪断的。由于 $\tau_{\max}=\sigma_{\max}$,因此说明低碳钢的抗剪能力低于其抗拉能力。铸铁试件是沿着与轴线约成 45°的螺旋面破坏,这正是 $\sigma_{\max}$所在的平面,可见是被拉断的。由于 $\sigma_{\max}=\tau_{\max}$,因此说明铸铁的抗拉能力低于抗剪能力。

8.2 三向应力状态分析

三向应力状态研究比较复杂,本节主要讨论三个主应力 σ_1,σ_2 和 σ_3 已知时,斜截面上的应力和三向应力状态的最大应力。

1. 三向应力圆

围绕受力构件内一点所取出的单元体,最一般的情况是单元体三对平面上都有正应力和切应力。但可以证明,在构件内任意一点总可以找到一个单元体,其三对相互垂直的平面均为主平面,主应力分别为 σ_1,σ_2 和 σ_3,如图 8-7(a)所示。

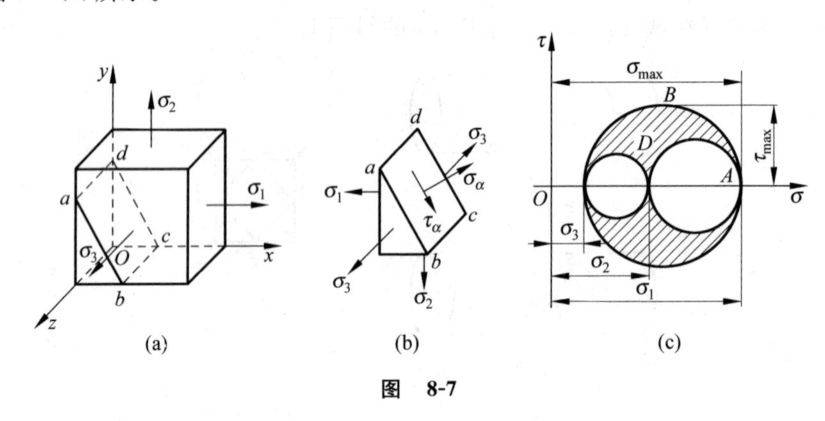

图 8-7

首先,研究其中与主应力 σ_3 平行的斜截面上的应力。沿斜截面 $abcd$ 将单元体截开,取其左边棱柱体为分离体(图 8-7(b)),进行平衡分析。由于主应力 σ_3 作用面的面积相等,故此两作用面上的力自行平衡,斜截面上的应力 σ_α 和 τ_α 与 σ_3 无关。因此,在 σ-τ 平面内,与该类斜截面对应的点,必位于由 σ_1 和 σ_2 所确定的应力圆上(图 8-7(c))。同理,与主应力 σ_2(或 σ_1)平行的各斜截面上的应力,可以由 σ_1 和 σ_3(或 σ_2 和 σ_3)确定的应力圆上的点表示。

2. 三向应力状态下最大应力

根据以上分析,在 σ-τ 平面内,代表任一截面应力的点,或者位于应力圆上,或者在三个应力圆围成的阴影范围内。因此,三向应力状态下最大正应力是图 8-7(c)所示应力圆 A 点横坐标

$$\sigma_{\max} = \sigma_1 \tag{8-7}$$

最大切应力则等于最大应力圆上 B 点纵坐标

$$\tau_{\max} = \frac{1}{2}(\sigma_1 - \sigma_3) \tag{8-8}$$

由 B 点位置可知，最大切应力所在截面与 σ_1 和 σ_3 主平面各成 45°角，并与 σ_2 主平面垂直。

上述公式同样适用于平面应力状态和单向应力状态。

例 8-2　单元体应力状态如图 8-8(a)所示，$\sigma_x=80$ MPa，$\tau_x=35$ MPa，$\sigma_y=20$ MPa，$\sigma_z=-40$ MPa。试作出应力圆，并求出主应力和最大切应力。

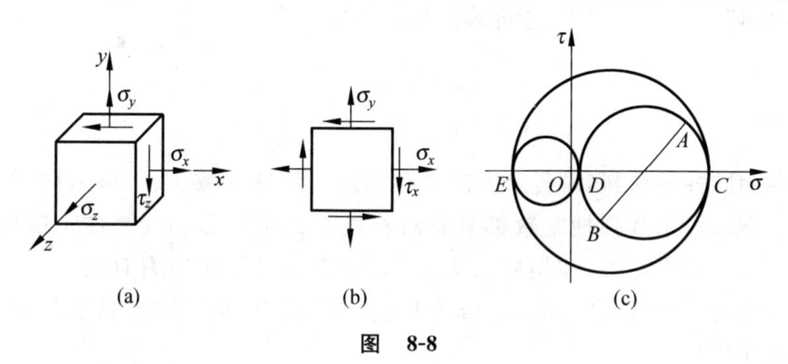

图　8-8

解　该单元体有一个已知主应力 σ_z，其他两个主应力和 σ_z 无关，可由 x 和 y 截面上应力确定。在 σ-τ 平面上由坐标(80,35)和(20,−35)分别确定 A，B 两点，以$\overline{AB}$为直径画圆并与 σ 轴交与 C、D 两点，从而确定两个主应力值分别为

$$\sigma_C = 96.1 \text{ MPa}$$
$$\sigma_D = 3.90 \text{ MPa}$$

将该单元体的三个主应力按其代数值大小顺序排列

$$\sigma_1 = 96.1 \text{ MPa}, \quad \sigma_2 = 3.90 \text{ MPa}, \quad \sigma_3 = -40.0 \text{ MPa}$$

依据三个主应力画出应力圆如图 8-8(c)所示，最大切应力为

$$\tau_{\max} = \frac{1}{2}(\sigma_1 - \sigma_3) = \frac{1}{2}(96.1 \text{ MPa} + 40 \text{ MPa}) = 68.1 \text{ MPa}$$

8.3　广义胡克定律

一般情况下，描述一点的应力状态需要 9 个应力分量(图 8-9)。本节讨论各向同性材料在复杂应力状态下的应力和应变关系。

材料处于单向应力状态下，在线弹性范围内，应力和应变之间存在线性

关系

$$\sigma = E\varepsilon \quad 或 \quad \varepsilon = \frac{\sigma}{E}$$

同时,轴向变形将引起横向尺寸发生变化,横向线应变可以表示为

$$\varepsilon' = -\nu\varepsilon = -\nu\frac{\sigma}{E}$$

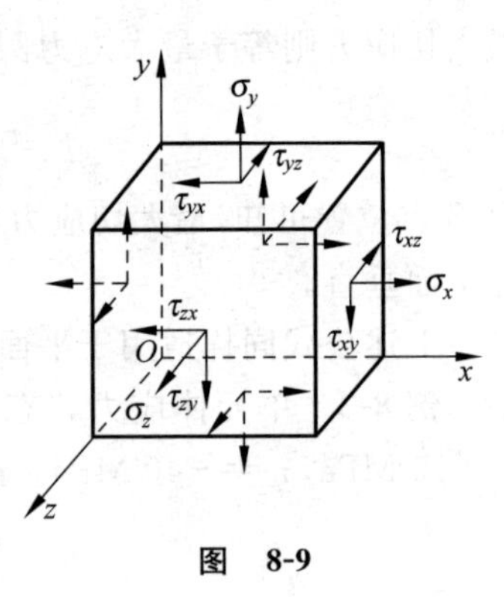

图 8-9

在纯剪切状态下,当切应力不超过剪切比例极限时,切应力和切应变之间满足剪切胡克定律

$$\tau = G\gamma \quad 或 \quad \gamma = \frac{\tau}{G}$$

对于各向同性的材料,沿各个方向具有相同的弹性常数 E、G 和 ν,同时材料沿任一方向对于其弹性常数都具有对称性。在小变形和线弹性范围内,线应变只与正应力有关,和切应力无关;而切应变只与切应力有关,与正应力无关。因此,沿坐标轴方向,正应力只引起线应变,而切应力只引起同一平面内的切应变。

复杂应力状态下,某一坐标轴方向的线应变,可先根据应力-应变之间关系,求出各应力分量在该坐标轴方向产生的线应变,最后应用叠加原理得出结果。例如,在 σ_x,σ_y 和 σ_z 单独作用时,x 轴方向的线应变分别为

$$\varepsilon'_x = \frac{\sigma_x}{E}, \quad \varepsilon''_x = -\nu\frac{\sigma_y}{E}, \quad \varepsilon'''_x = -\nu\frac{\sigma_z}{E}$$

当 σ_x,σ_y,σ_z 同时存在时,叠加上述结果得到 x 方向的线应变;同理可得 y 和 z 方向的线应变,它们分别为

$$\begin{cases} \varepsilon_x = \dfrac{1}{E}[\sigma_x - \nu(\sigma_y + \sigma_z)] \\ \varepsilon_y = \dfrac{1}{E}[\sigma_y - \nu(\sigma_z + \sigma_x)] \\ \varepsilon_z = \dfrac{1}{E}[\sigma_z - \nu(\sigma_x + \sigma_y)] \end{cases} \tag{8-9}$$

切应变 γ_{xy},γ_{yz},γ_{zx} 和相应切应力 τ_{xy},τ_{yz},τ_{zx} 的关系即剪切胡克定律为

$$\gamma_{xy} = \frac{\tau_{xy}}{G}, \quad r_{yz} = \frac{\tau_{yz}}{G}, \quad r_{zx} = \frac{\tau_{zx}}{G} \tag{8-10}$$

式(8-9)和式(8-10)称为广义胡克定律。

如果从受力构件任一点取出的单元体承受三个主应力 σ_1,σ_2,σ_3 作用,广义胡克定律可以表示为

$$\begin{cases} \varepsilon_1 = \dfrac{1}{E}[\sigma_1 - \nu(\sigma_2 + \sigma_3)] \\ \varepsilon_2 = \dfrac{1}{E}[\sigma_2 - \nu(\sigma_3 + \sigma_1)] \\ \varepsilon_3 = \dfrac{1}{E}[\sigma_3 - \nu(\sigma_1 + \sigma_2)] \end{cases} \tag{8-11}$$

在六个主平面上切应力等于零，因而沿主应力方向只有线应变，无切应变。与主应力 σ_1，σ_2，σ_3 相应的线应变分别记为 ε_1，ε_2，ε_3，称为主应变。主应变为一点处各方位线应变中的最大值和最小值。

8.4 强度理论

强度理论是解决复杂应力状态下强度条件如何建立的问题。

简单应力状态下的强度条件完全可以通过实验来建立，如杆件受轴向拉伸时，杆内各点的应力状态相同，都处于简单应力状态。此时，强度条件为

$$\sigma = \frac{F_N}{A} \leqslant [\sigma] = \frac{\sigma_u}{n}$$

式中极限应力 σ_u 由轴向拉伸实验测得。但在工程实际中，大多数受力构件的危险点处于复杂应力状态。例如弯扭组合变形时危险点就是处于复杂应力状态。此时，由于应力组合方式有多种可能性，如果仍用实验的方法来建立强度条件，显然是很困难的。为此，需要寻求一种能利用简单应力状态下的实验结果，来建立复杂应力状态时强度条件的方法。于是，人们综合了材料破坏的各种现象，经过分析、研究，针对导致材料破坏的主要原因，提出了各种不同的假说。**这些经过实践检验，证明在一定范围内成立的关于材料破坏原因的假说**，通常称为**强度理论**。

由于破坏形式的不同，强度理论也随之分为两类。前边在拉伸实验中已经指出，像低碳钢这类塑性材料，其破坏是以屈服为标志的；而铸铁这类脆性材料，其破坏则以脆性断裂为标志。这是材料处于单向应力状态的情况。但是一些实验指出，在复杂应力状态下，也会出现类似的破坏形式，例如：低碳钢这类塑性材料在三向拉伸的应力状态下，会发生脆性断裂；而铸铁这类脆性材料，在三向压缩的应力状态下，会首先发生显著的塑性变形。由此可见，材料的破坏可分为屈服（包含显著塑性变形）和脆断两种形式。强度理论也就分为两类。下边介绍常用的几个强度理论但只适用于常温和

静载的情况。

1. 最大拉应力理论(第一强度理论)

这一理论认为引起材料脆性断裂的因素是最大拉应力。即不论材料处于简单应力状态,还是复杂应力状态,只要构件内一点处的最大拉应力 σ_1 达到材料的极限应力 σ_u,材料就要发生脆性断裂破坏。于是材料处于复杂应力状态下脆性破坏的条件为

$$\sigma_1=\sigma_u$$

由此即可得这一强度理论的强度条件为

$$\sigma_1\leqslant[\sigma] \tag{8-12}$$

这一理论能很好地解释铸铁等脆性材料因拉伸或扭转产生的破坏现象,但对一点处任何截面都没有拉应力的情况就不适用,同时没考虑其他主应力的影响显然也不够合理。

2. 最大伸长线应变理论(第二强度理论)

该理论认为最大伸长线应变 ε_t 是引起材料脆性断裂的因素,也就是认为不论在什么样的应力状态下,只要构件内一点处的最大伸长线应变 ε_t(即 ε_1)达到了材料的极限值 ε_u,材料就会发生脆断破坏。其断裂条件为

$$\varepsilon_1=\varepsilon_u\quad(\varepsilon_1>0)$$

在单向拉伸时,最大拉应变的方向为轴线方向。材料发生脆性断裂时,失效应力为 σ_b,则材料发生断裂时轴线方向的最大拉应变为

$$\varepsilon_u=\frac{\sigma_b}{E}$$

根据广义胡克定律

$$\varepsilon_1=\frac{1}{E}[\sigma_1-\nu(\sigma_2+\sigma_3)]$$

因此

$$\sigma_1-\nu(\sigma_2+\sigma_3)=\sigma_b$$

由此建立的强度条件为

$$\sigma_1-\nu(\sigma_2+\sigma_3)\leqslant[\sigma] \tag{8-13}$$

这一理论与石料、混凝土等脆性材料在压缩时纵向开裂的现象是一致的。这一理论考虑了其余两个主应力 σ_2 和 σ_3 对材料强度的影响,在形式上较最大拉应力理论更为完善。一般地说,最大拉应力理论适用于脆性材料以拉应力为主的情况,而最大伸长线应变理论适用于压应力为主的情况。由于该理论在应用上不如最大拉应力理论简便,故在工程实践中应用较少,

但在某些工业部门(如在炮筒设计中)应用较为广泛。

3. 最大切应力理论(第三强度理论)

这一理论认为材料的塑性屈服破坏主要取决于最大切应力,即不论材料处于简单应力状态,还是复杂应力状态,只要最大切应力 τ_{max} 达到了材料屈服时的极限应力值 τ_u,材料就将发生屈服破坏。所以,第三强度理论又被称为最大切应力理论。于是,材料的塑性屈服破坏条件为

$$\tau_{max} = \tau_u$$

因为

$$\tau_{max} = \frac{1}{2}(\sigma_1 - \sigma_3), \quad \tau_u = \frac{\sigma_s}{2}$$

所以有

$$\sigma_1 - \sigma_3 = \sigma_s$$

将 σ_s 除以安全因数得[σ],则按第三强度理论建立的强度条件为

$$\sigma_1 - \sigma_3 \leqslant [\sigma] \tag{8-14}$$

这一理论很好地说明低碳钢试件拉伸时出现的滑移线,并与塑性材料的多种实验结果相接近。计算也较简便,故使用相当广泛。

4. 形状改变能密度理论(第四强度理论)

这一理论从能量观点解释了塑性材料屈服破坏的原因。

弹性体在外力作用下,由于变形而储存了能量,称为弹性体的应变能。单位体积内的应变能称为比能。在复杂应力状态下,单元体的形状和体积一般均发生改变。但是这一理论认为:不论材料处于何种应力状态,形状改变比能达到某一极限值时,就使材料发生塑性破坏。

由此建立的强度条件为(推导从略)

$$\sqrt{\frac{1}{2}[(\sigma_1 - \sigma_2)^2 + (\sigma_2 - \sigma_3)^2 + (\sigma_3 - \sigma_1)^2]} \leqslant [\sigma] \tag{8-15}$$

这一理论反映了受力和变形的综合影响,因此更全面。实验证明,对于塑性材料与实验结果比较符合,应用也很广泛。

综合以上各强度理论的强度条件,可写成下面的统一形式:

$$\sigma_r \leqslant [\sigma]$$

σ_r称为相当应力,是由三个主应力按一定形式组合而成的。按次序,相当应力可写成:

$$
\begin{cases}
\sigma_{r1} = \sigma_1 \\
\sigma_{r2} = \sigma_1 - \nu(\sigma_2 + \sigma_3) \\
\sigma_{r3} = \sigma_1 - \sigma_3 \\
\sigma_{r4} = \sqrt{\dfrac{1}{2}[(\sigma_1 - \sigma_2)^2 + (\sigma_2 - \sigma_3)^2 + (\sigma_3 - \sigma_1)^2]}
\end{cases}
$$

8.5 拉伸(压缩)与弯曲组合变形

以前各章分别研究了构件在拉伸、压缩、剪切、扭转和弯曲各种基本变形时的强度计算。事实上在工程中,多数构件在外力作用下,往往同时发生两种或两种以上基本变形,这种变形形式称为**组合变形**。例如图8-10(a)是一个夹紧零件的夹具,当受外力 $\boldsymbol{F}$ 时,夹具的立柱部分既产生拉伸变形同时也产生弯曲变形,所以立柱的变形就属于拉伸与弯曲的组合变形。

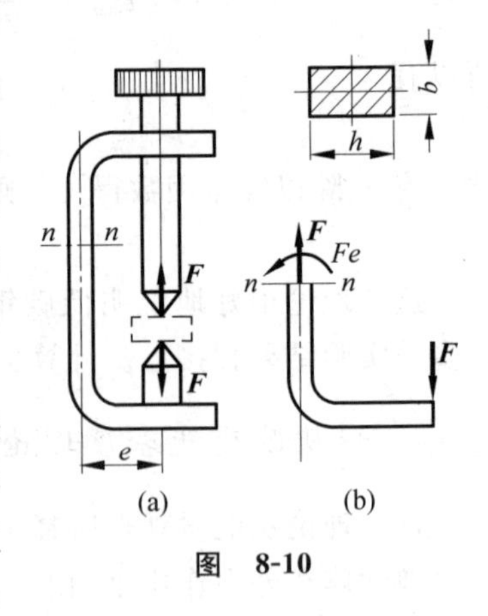

图 8-10

解决组合变形强度计算的基本方法是叠加法。在材料服从胡克定律,且在小变形情况下,每一种基本变形都是各自独立,互不影响的。因此在计算组合变形的应力时,首先可将构件所受的载荷进行适当分解或简化,使分解后的各载荷只产生基本变形,然后分别计算各种基本变形所引起的应力,再进行叠加,即得到组合变形时的应力。

1. 拉伸(压缩)与弯曲组合变形强度计算

设有一长为 l,横截面面积为 A 的矩形截面悬臂梁(图8-11(a)),在自由端有一集中力 $\boldsymbol{F}$ 作用在梁的纵向对称面内,且与轴线夹角为 φ。将力 $\boldsymbol{F}$ 在作用点处沿图示 x,y 方向分解为两个分力 $\boldsymbol{F}_x$ 和 $\boldsymbol{F}_y$,它们分别为

$$F_x = F\cos\varphi, \quad F_y = F\sin\varphi$$

轴向拉力 $\boldsymbol{F}_x$ 使杆发生轴向拉伸变形;横向力 $\boldsymbol{F}_y$ 使杆发生弯曲变形。略去弯曲的剪力影响,可见,在力 $\boldsymbol{F}$ 作用下杆件将发生弯曲与拉伸的组合变形。

(1) 应力计算　在任一距固定端为 x 的横截面上有轴力 $F_{\mathrm{N}}=F_x$,则拉

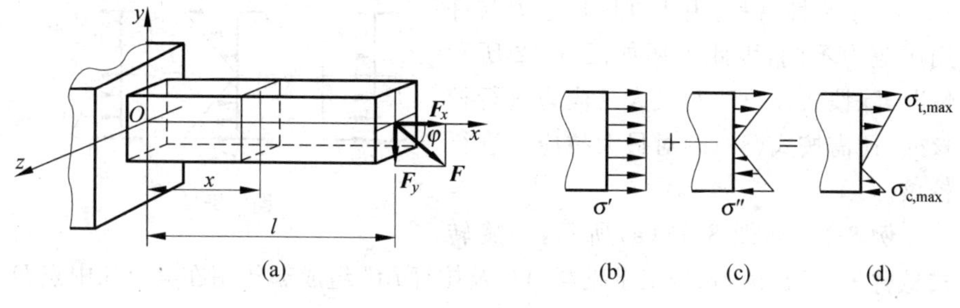

图　8-11

伸正应力(图 8-11(b))为

$$\sigma' = \frac{F_N}{A} \tag{a}$$

横向力 $\boldsymbol{F}_y$ 在该截面上引起弯矩 $M_z = -F_y(l-x)$，则弯曲正应力(图 8-11(c))为

$$\sigma'' = \pm \frac{M_z}{W_z} \tag{b}$$

当 $x=0$ 时，即固定端截面弯矩最大，故该截面为梁的危险截面。将此截面上的拉伸正应力 σ' 与弯曲正应力 σ'' 按代数和叠加，就得到危险截面上总的正应力，其分布沿截面高度按直线规律变化的情况，如图 8-11(d)所示。由图可知，危险截面上、下边缘的各点处分别有最大拉应力($\sigma_{t,max}$)和最大压应力($\sigma_{c,max}$)，它们的值分别为

$$\sigma_{t,max} = \frac{F_N}{A} + \frac{|M_z|_{max}}{W_z} \tag{c}$$

$$\sigma_{c,max} = \frac{F_N}{A} - \frac{|M_z|_{max}}{W_z} \tag{d}$$

应当注意，当式(d)中等号右边第一项大于第二项时，等号左边应改为最小拉应力($\sigma_{t,min}$)。

(2) 强度校核　由于危险截面的上边缘各点处拉应力最大，所以可与许用拉应力比较，以建立相应的强度条件

$$\sigma_{t,max} = \frac{F_N}{A} + \frac{|M_z|_{max}}{W_z} \leqslant [\sigma_t] \tag{8-16}$$

若外力 $\boldsymbol{F}$ 的作用使分力 $\boldsymbol{F}_x$ 为压力时，则梁的强度条件可为

$$|\sigma_{c,max}| = \left|\frac{F_N}{A} - \frac{|M_z|_{max}}{W_z}\right| \leqslant [\sigma_c] \tag{8-17}$$

对于塑性材料，

$$[\sigma_t] = [\sigma_c]$$

对于脆性材料,由于许用拉应力与许用压应力不同,因此若属如图8-12所示情况,除按式(8-17)对最大压应力进行校核外,还需按式(8-16)对最大拉应力进行校核。

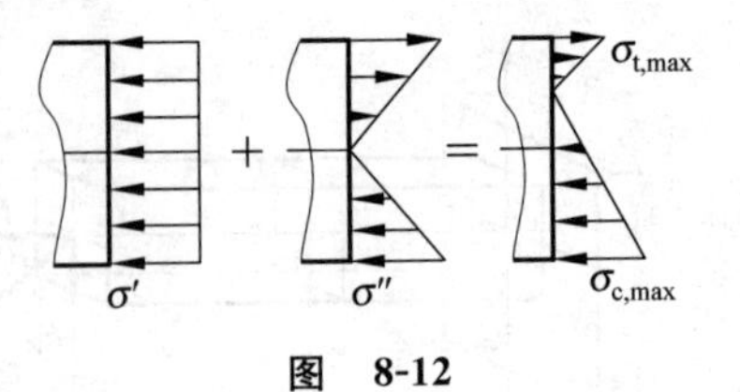

图 8-12

例 8-3 如图8-13(a)所示,一旋转式悬臂吊车架,由18号工字钢梁 AB 及拉杆 BC 组成。作用在梁 AB 中点 D 的集中载荷 $F=25$ kN,梁长 $l=2.6$ m。已知材料的许用应力 $[\sigma]=100$ MPa,试校核梁 AB 的强度。

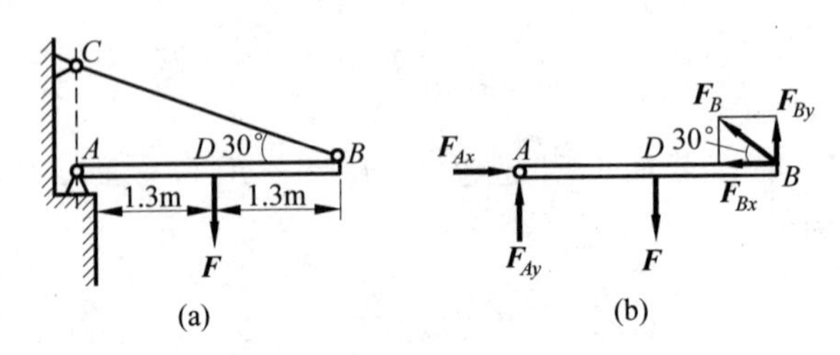

图 8-13

解 取梁 AB 为研究对象(图8-13(b)),作用在梁上的力有载荷 $\boldsymbol{F}$、拉杆的拉力 $\boldsymbol{F}_B$(以沿梁的水平分力 $\boldsymbol{F}_{Bx}$ 和铅垂分力 $\boldsymbol{F}_{By}$ 表示),以及支座 A 的支承反力 $\boldsymbol{F}_{Ay}$,$\boldsymbol{F}_{Ax}$。于是梁在平衡力系 $\boldsymbol{F}_{Ay}$,$\boldsymbol{F}$,$\boldsymbol{F}_{By}$ 作用下发生弯曲变形。同时,在平衡力系 $\boldsymbol{F}_{Ax}$,$\boldsymbol{F}_{Bx}$ 作用下发生轴向压缩变形。所以,梁的变形为弯曲与压缩的组合。

依平面一般力系平衡方程:

$$\sum F_x = 0,\quad F_{Ax} - F_B\cos 30^\circ = 0 \tag{a}$$

$$\sum F_y = 0,\quad F_{Ay} - F + F_B\sin 30^\circ = 0 \tag{b}$$

$$\sum M_A = 0,\quad F_B \times 2.6\sin 30^\circ - F \times 1.3 = 0 \tag{c}$$

所以

$$F_B = 25\text{ kN},\quad F_{Ax} = 21.6\text{ kN},\quad F_{Ay} = 12.5\text{ kN}$$

由型钢规格表查得18号工字钢的横截面积 $A=30.6\text{ cm}^2=3.06\times10^3\text{ mm}^2$,抗弯截面系数 $W=185\text{ cm}^3=1.85\times10^5\text{ mm}^3$。

梁 AB 在受到轴向压缩时,各横截面上的轴力均为 $F_N=-21.6$kN;梁 AB 在发生弯曲时,显然在横梁中点 D 的横截面上有最大弯矩,其值为

$$M_{\max} = \frac{Fl}{4} = \frac{25\times10^3\times2.6}{4} = 16.25\times10^3(\text{N}\cdot\text{m})$$

由此可见，D 截面为梁的危险截面。该截面的上边缘点正应力最大，且为压应力，其值为

$$\sigma_{c,\max}=\frac{F_N}{A}-\frac{M_{\max}}{W}=\frac{-21.6\times10^3}{3.06\times10^3}-\frac{16.25\times10^3\times10^3}{1.85\times10^5}=-94.9(\text{MPa})$$

根据式(8-16)进行强度校核，即

$$|\sigma_{c,\max}|=94.9\ \text{MPa}<[\sigma]$$

所以梁 AB 的强度是满足要求的。

例 8-4　如图 8-14(a)所示为一斜梁 AB，其横截面为 10 cm×10 cm 的正方形，若 $F=3$ kN，求最大拉应力和压应力各为多少？

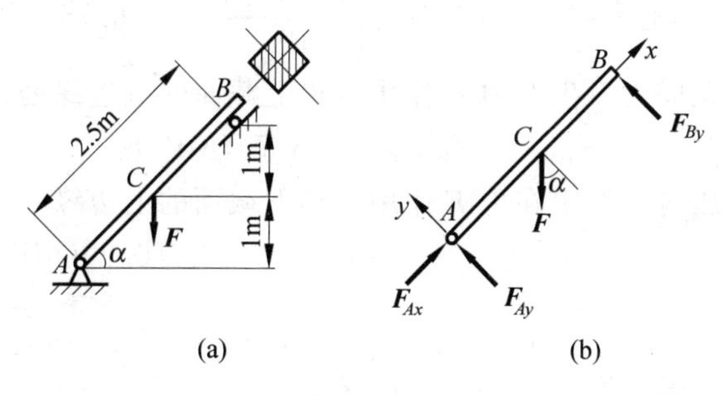

图　8-14

解　以 AB 为研究对象，绘出受力图如图 8-14(b)。

依平衡方程：

$$\sum F_x=0,\quad F_{Ax}-F\sin\alpha=0 \tag{a}$$

$$\sum F_y=0,\quad F_{Ay}+F_{By}-F\cos\alpha=0 \tag{b}$$

$$\sum M_A=0,\quad -F\cos\alpha\times1.25+F_{By}\times2.5=0 \tag{c}$$

由几何关系得 $\sin\alpha=\frac{2}{2.5}=0.8$，所以 $\alpha=53°$。

由式(a)得

$$F_{Ax}=2.4\ \text{kN}$$

由式(c)得

$$F_{By}=0.9\ \text{kN}$$

由式(b)得

$$F_{Ay}=0.9\ \text{kN}$$

AB 梁在大小为 F_{Ax}，$F\sin\alpha$ 的轴向力作用下使 AC 部分产生压缩变形，而 AB 梁在大小为 F_{Ay}，F_{By}，$F\cos\alpha$ 三个横向力作用下产生弯曲变形，故 AB 梁的 AC 段产生弯曲和压缩组合变形。

梁的 AC 段产生的压应力

$$\sigma' = \frac{F_N}{A} = -\frac{F_{Ax}}{A} = -\frac{2.4 \times 10^3}{100 \times 100} = -0.24(\text{MPa})$$

梁 AB 在 C 截面弯矩最大,有

$$M_{\max} = \frac{1}{4} \cdot F\cos\alpha \cdot l = \frac{1}{4} \times 3 \times 0.6 \times 2.5 = 1.125(\text{kN} \cdot \text{m})$$

$$W = \frac{1}{6}bh^2 = \frac{1}{6} \times 100 \times 100^2 = 1.66 \times 10^5(\text{mm}^3)$$

在 C 截面上下边缘处的弯曲正应力

$$\sigma''_{\max} = \pm\frac{M_{\max}}{W} = \pm\frac{1.125 \times 10^3 \times 10^3}{1.66 \times 10^5} = \pm 6.75(\text{MPa})$$

梁的最大拉应力发生在力 $\boldsymbol{F}$ 作用点稍上截面的下边缘处:

$$\sigma_{t,\max} = +\sigma''_{\max} = +6.75(\text{MPa})$$

梁的最大压应力发生在力 $\boldsymbol{F}$ 作用点稍下截面的上边缘处:

$$\sigma_{c,\max} = \sigma' + \sigma''_{\max} = -0.24 - 6.75 = -6.99(\text{MPa})$$

2. 偏心压缩(或拉伸)时的强度计算

在讲述简单拉伸或压缩时,曾认为载荷严格地沿杆轴线作用,实际上这是很难保证的,如图 8-15(a)所示短粗矩形截面杆,其上作用的压力 $\boldsymbol{F}$ 作用点不与横截面形心重合,而作用线与杆轴平行且距离为 e,这样的压缩称为偏心压缩,偏心压缩(或拉伸)也是弯曲与压缩(或拉伸)的组合变形问题。

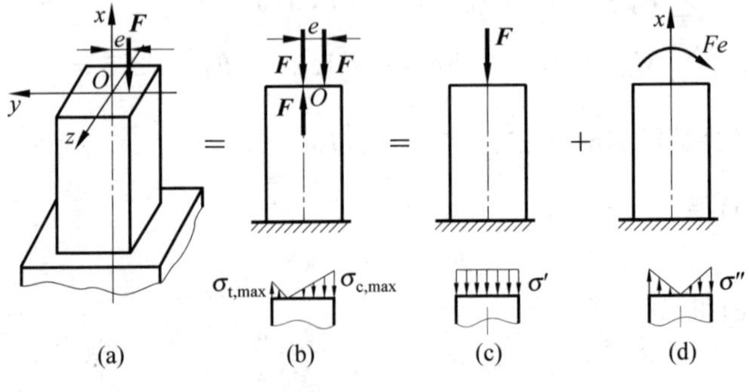

图 8-15

如果在自由端截面形心 O 点,作用一对大小相等,方向相反的 $\boldsymbol{F}$ 力(图 8-15(b)),显然并不改变杆的受力。这样,图 8-15(b)就可化为图 8-15(c)所示的轴向压缩和图 8-15(d)所示的纯弯曲的组合变形。

对于轴向压缩和纯弯曲，杆任一横截面上应力的情况是相同的。由轴力 $F_N=-F$ 所引起的压应力如图 8-15(c)所示，其值为 $\sigma'=-\frac{F}{A}$；由弯矩 $M=Fe$ 所引起的最大弯曲拉应力和最大弯曲压应力为 $\sigma''=\pm\frac{Fe}{W}$，如图 8-15(d)所示。利用叠加原理，可以得到任一横截面上的总应力，即

$$\sigma_{t,\max}=-\frac{F}{A}+\frac{Fe}{W}\text{（截面的左侧边缘各点）}\qquad\left(\text{设}\frac{Fe}{W}>\frac{F}{A}\right)$$

$$\sigma_{c,\max}=-\frac{F}{A}-\frac{Fe}{W}\text{（截面的右侧边缘各点）}$$

总的正应力沿截面宽度的分布情况如图 8-15(b)所示。

对于塑性材料的杆件，右边缘各点上应力的绝对值最大，最危险，故可建立强度条件

$$|\sigma_{c,\max}|=\left|-\frac{F}{A}-\frac{Fe}{W}\right|\leqslant[\sigma]\tag{8-18}$$

对于脆性材料，$[\sigma_t]\neq[\sigma_c]$，如果 $\frac{Fe}{W}>\frac{F}{A}$，则在杆件的横截面上出现拉应力，于是应使用相应的强度条件

$$\sigma_{t,\max}=-\frac{F}{A}+\frac{Fe}{W}\leqslant[\sigma_t]\tag{8-19}$$

$$|\sigma_{c,\max}|=\left|-\frac{F}{A}-\frac{Fe}{W}\right|\leqslant[\sigma_c]\tag{8-20}$$

但对于建筑材料，如石料、砖、水泥等，抗压能力强，抗拉能力却很差，因此，应尽量避免产生拉应力。为此，应使

$$\sigma_{t,\max}=-\frac{F}{A}+\frac{Fe}{W}\leqslant 0$$

即

$$e\leqslant\frac{W}{A}$$

对于矩形截面

$$e\leqslant\frac{bh^2}{6bh}=\frac{h}{6}$$

对于圆形截面

$$e\leqslant\frac{\pi d^3/32}{\pi d^2/4}=\frac{d}{8}$$

即把偏心距 e 限制在一定范围内，可以避免产生拉应力。以上公式中的 A 均为杆横截面面积。关于偏心拉伸的情况，分析方法同上，不再重述。

例 8-5 一夹具如图 8-10(a)所示，在夹紧零件时，受外力 $F=2$ kN，已知偏心距 $e=60$ mm。夹具立杆横截面为矩形，$b=10$ mm，材料的$[\sigma]=160$ MPa。试求立杆横截面 h 值。

解 夹具立杆(图 8-10(a))受到偏心拉伸。在任一横截面 $n—n$ 上的轴力 $F_N=F=2$ kN，弯矩 $M=Fe=2\times10^3\times60\times10^{-3}=120(\text{N}\cdot\text{m})$(图 8-10(b))。由此可知，立杆内侧边缘各点上有最大拉应力，于是可建立相应的强度条件为

$$\sigma_{t,\max}=\frac{F}{bh}+\frac{Fe}{bh^2/6}\leqslant[\sigma]$$

即

$$\frac{2\times10^3}{10\times h}+\frac{2\times10^3\times60}{1/6\times10\times h^2}\leqslant160$$

最后解得 $h\geqslant21.8$ mm，实际可取 $h=22$ mm。

例 8-6 有一缺口的平板受拉力 $F=80$ kN，如图 8-16 所示。试计算平板的最大应力。已知 $a=b=10$ mm，$h=80$ mm。

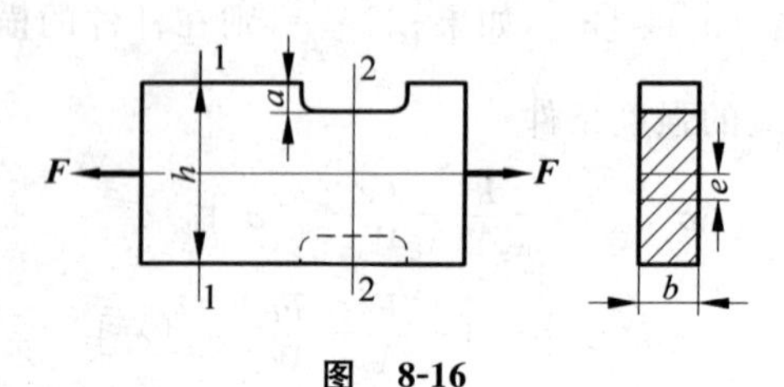

图 8-16

解 缺口处 2—2 截面受到轴力 $F_N=F$ 和弯矩 $M=Fe$ 的共同作用。偏心矩为 $e=\frac{h}{2}-\frac{h-a}{2}=\frac{a}{2}=\frac{10}{2}=5(\text{mm})$。

轴力 F_N 引起的拉应力为

$$\sigma'=\frac{F}{b(h-a)}=\frac{80\times10^3}{10\times(80-10)}=114.3(\text{MPa})$$

弯曲最大拉应力为

$$\sigma''=\frac{M}{W}=\frac{80\times10^3\times5}{\frac{1}{6}\times10\times(80-10)^2}=49(\text{MPa})$$

叠加后的最大拉应力为

$$\sigma_{2-2}=\sigma'+\sigma''=114.3+49=163.3(\text{MPa})$$

和没有缺口处 1—1 截面上的拉应力比较，即

$$\sigma_{1-1}=\frac{F}{bh}=\frac{80\times10^3}{10\times80}=100(\text{MPa})<\sigma_{2-2}$$

所以，平板中最大拉应力为 163.3 MPa，且发生在缺口处横截面的上边缘各点。

可见，偏心拉伸(压缩)将使杆件应力增大，故在设计构件时应尽量使用对称结构。若在 2—2 截面为对称缺口，如图中虚线所示，此时缺口处横截面上拉应力为

$$\sigma'_{2-2}=\frac{F}{b(h-2a)}=\frac{80\times10^3}{10\times(80-2\times10)}=133.3(\text{MPa})<\sigma_{2-2}$$

8.6　弯曲与扭转组合变形

1. 应力分析

今以圆截面曲拐轴 ABC(图 8-17(a))为例来说明。

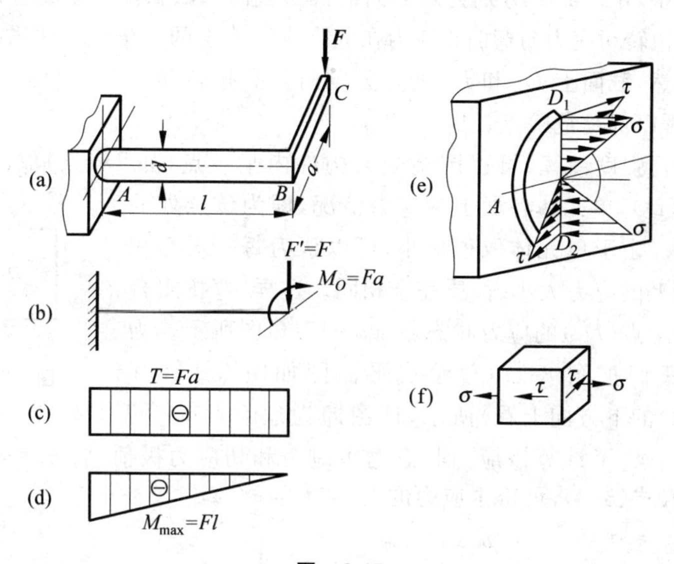

图　8-17

(1) 受力分析

当分析外力作用时，在不改变构件内力和变形的前提下，可以用等效力系来代替。因此，在研究 AB 杆的变形时，可以将作用在 C 点的 $\boldsymbol{F}$ 力平移至 B 点，得到一力 F' 及一力偶 M_O，如图 8-17(b)，其值分别为

$F'=F$——使 AB 杆产生平面弯曲变形；

$M_O=Fa$——使 AB 杆产生扭转变形。

于是，AB 杆为弯曲与扭转变形的组合。图 8-17(c)，(d)为扭矩图与弯

矩图。由此二图可以判断,固定端截面内力最大,是危险截面,其内力最大值为

扭矩: $T = M_O = Fa$

弯矩: $M_{max} = Fl$

(2) 应力分析

现在分析危险截面上的应力。该截面上由于扭矩引起的切应力沿半径按直线规律变化,截面周边上各点处达最大值,为

$$\tau = \frac{T}{W_p} = \frac{Fa}{W_p}$$

同时由于弯矩所引起的正应力沿截面高度按直线规律变化,在截面上、下边缘两点处有最大值为

$$\sigma = \pm \frac{M}{W} = \pm \frac{Fl}{W}$$

以上两式中,W_p 与 W 分别为圆截面的抗扭截面系数和抗弯截面系数。

关于扭转切应力与弯曲正应力在危险截面 A 上的分布情况,如图 8-17(e)所示。显然,截面上 D_1 和 D_2 两点处同时具有扭转切应力与弯曲正应力的最大值,所以都是危险点。

为进行强度计算,可以围绕受力构件内某一点(如 D_1 点)取出单元体(图 8-17(f)),单元体各面上的应力情况,即为该点处的应力状态。由于单元体取得极小,可以认为每一对互相平行的面上的应力大小、性质完全相同。这样,弯扭组合变形时危险点(D_1)的应力状态就如 8-17(f)图所示。为了方便,我们把图 8-17(f)绘成平面图如图 8-18(由图 8-17(f)的下方向上看)所示,该图即为危险点 D_1 的应力状态。为了计算该应力状态的主应力和切应力极值,将 $\sigma_x = \sigma, \sigma_y = 0$, $\tau_x = \tau$ 代入式(8-3),可得主应力的大小为

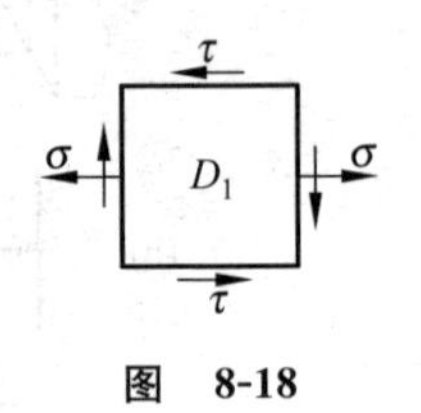

图 8-18

$$\left.\begin{matrix}\sigma_{max}\\ \sigma_{min}\end{matrix}\right\} = \frac{\sigma}{2} \pm \sqrt{\left(\frac{\sigma}{2}\right)^2 + \tau^2} \tag{8-21}$$

将 $\sigma_x = \sigma, \sigma_y = 0, \tau_x = \tau$ 代入式(8-5a),则可得最大切应力和最小切应力之值为

$$\left.\begin{matrix}\tau_{max}\\ \tau_{min}\end{matrix}\right\} = \pm \sqrt{\left(\frac{\sigma}{2}\right)^2 + \tau^2} \tag{8-22}$$

由以上分析可得出如下结论。

(1) 弯曲和扭转组合变形的应力状态系复杂应力状态(二向应力状态):

$$\sigma_1 = \frac{\sigma}{2} + \sqrt{\left(\frac{\sigma}{2}\right)^2 + \tau^2}, \quad \sigma_2 = 0, \quad \sigma_3 = \frac{\sigma}{2} - \sqrt{\left(\frac{\sigma}{2}\right)^2 + \tau^2}$$

(2) 弯曲和扭转组合变形时的最大切应力和最小切应力的大小为

$$\left.\begin{matrix}\tau_{\max}\\ \tau_{\min}\end{matrix}\right\}=\pm\sqrt{\left(\frac{\sigma}{2}\right)^2+\tau^2}$$

2. 强度计算

从以上讨论可知弯曲与扭转组合变形既然是复杂应力状态,故进行强度计算时,就应根据材料选择适当的强度理论来建立强度条件。对于传动轴,一般由塑性材料制成,故常选第三或第四强度理论来进行校核。

对于第三强度理论

$$\sigma_{r3}=\sigma_1-\sigma_3=\sqrt{\sigma^2+4\tau^2}\leqslant[\sigma]$$

将 $\sigma=\dfrac{M}{W}$及 $\tau=\dfrac{T}{W_p}$代入上式,对于圆截面,$W_p=2W$,则第三强度理论的强度条件可写成

$$\sigma_{r3}=\frac{\sqrt{M^2+T^2}}{W}\leqslant[\sigma] \tag{8-23}$$

如按第四强度理论,则可写成

$$\sigma_{r4}=\frac{\sqrt{M^2+0.75T^2}}{W}\leqslant[\sigma] \tag{8-24}$$

注意以上式(8-23)、式(8-24)中的 M,T 分别为危险截面的弯矩和扭矩,W 为圆形截面对中性轴的抗弯截面系数,即 $W=\dfrac{\pi d^3}{32}$,因此式(8-23)、式(8-24)只适用于圆截面杆。

例 8-7　图 8-19(a)所示钢轴,直径 $d=60$ mm。轴上 C 轮的皮带处于水平,D 轮的皮带铅垂。各皮带的张力均为 $F_1=3.9$ kN 和 $F_2=1.5$ kN,两轮的直径均为 $D=600$ mm。若轴材料的$[\sigma]=80$ MPa,试按第三强度理论校核轴的强度(不计轴、轮自重)。

解　(1) 受力分析

将作用于轮子上皮带张力 $\boldsymbol{F}_1$,$\boldsymbol{F}_2$ 向轴心简化,得计算简图 8-19(b),则在 C 处受水平力为

$$F_z=F_1+F_2=3.9+1.5=5.4(\text{kN})$$

在 D 处受铅垂方向力为

$$F_y=F_1+F_2=3.9+1.5=5.4(\text{kN})$$

以上二力分别与轴承支反力共同作用,使轴在水平面与铅垂面内发生弯曲变形。同时,皮带张力又产生大小相等,符号相反的对 x 轴的两个外力矩

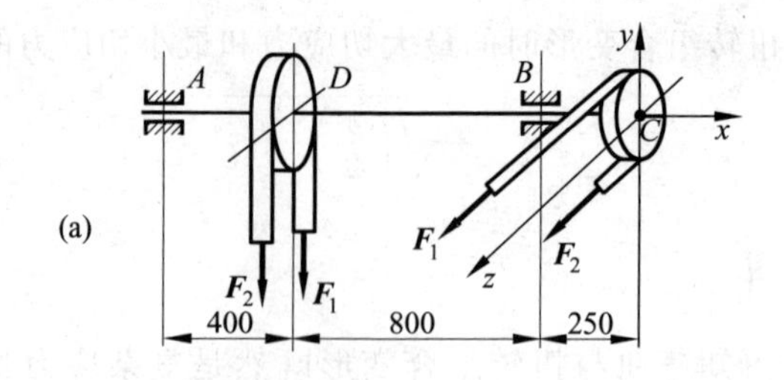

(b) A M_x F_y B M_x F_z

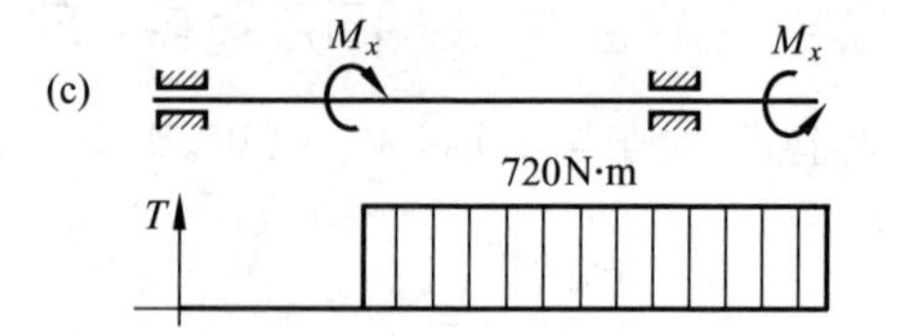

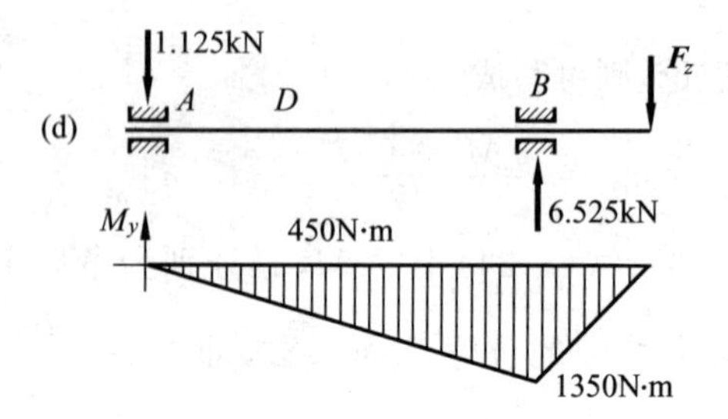

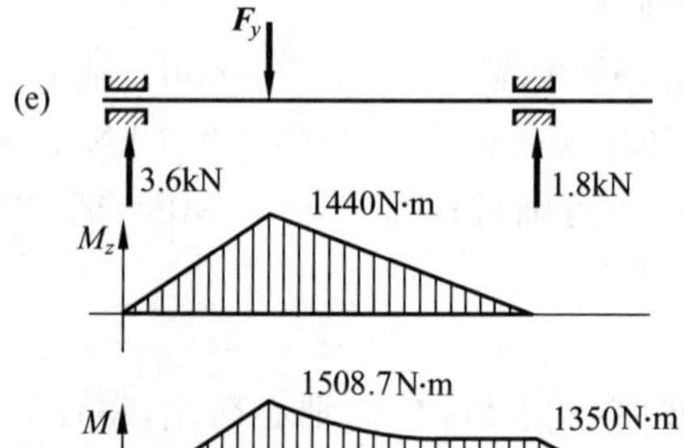

图 8-19

$$M_x = (F_1 - F_2) \times \frac{D}{2}$$

$$= (3.9 - 1.5) \times \frac{600}{2} = 720(\text{N} \cdot \text{m})$$

这两个力矩使轴在 CD 段内发生扭转。所以在 CD 段内轴同时发生扭转和在 xy 铅垂面和 xz 水平面内双向弯曲的组合变形。

(2) 内力分析与内力图

利用截面法求得轴在 CD 段内各个横截面上的扭矩为

$$T = M_x = 720\ \text{N}\cdot\text{m}$$

且绘得扭矩图，如图 8-19(c)所示。

同样，根据水平外力 $\boldsymbol{F}_z$ 和铅垂外力 $\boldsymbol{F}_y$ 分别作出 xz 水平面内的弯矩图——M_y 图和 xy 铅垂面内的弯矩图——M_z 图。

由 M_y 和 M_z 可求得截面 D 和 B 的合成弯矩为

$$M_D = \sqrt{450^2 + 1440^2} = 1508.7(\text{N}\cdot\text{m})$$

$$M_B = \sqrt{1350^2 + 0^2} = 1350(\text{N}\cdot\text{m})$$

由于两截面上的扭矩 T 相同，但弯矩 $M_D > M_B$，所以，截面 D 是危险截面。

(3) 校核轴的强度

由第三强度理论，按式(8-21)的强度条件校核，即

$$\begin{aligned}\sigma_{r3} &= \frac{1}{W}\sqrt{M_D^2 + T^2}\\ &= \frac{32}{\pi \times 60^3} \times \sqrt{(1508.7 \times 10^3)^2 + (720 \times 10^3)^2}\\ &= 78.8(\text{MPa}) < [\sigma]\end{aligned}$$

所以，轴符合强度要求。

思　考　题

8-1　什么是叠加原理？在什么条件下适用？

8-2　什么是偏心拉伸、偏心压缩？怎样进行强度计算？

8-3　弯扭组合变形强度计算时，为什么要选用强度理论建立强度条件？

8-4　什么叫一点处的应力状态？为什么要讨论一点处的应力状态？

8-5　什么叫主平面、主应力？

8-6　什么叫强度理论，为什么要提出强度理论的概念？

8-7　如图所示钢制圆截面杆，若同时受到轴向力 $\boldsymbol{F}_1$，横向力 $\boldsymbol{F}_2$ 和力矩 M 的作用，试指出：

(1) 危险截面、危险点的位置；

(2) 危险点的应力状态；

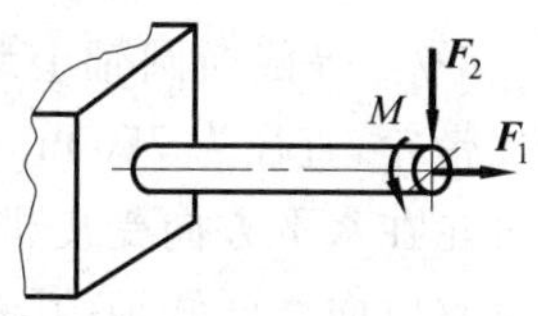

思考题 8-7 图

(3) 写出强度条件。

习　题

8-1 图示钢制杆系,已知$[\sigma]=160$ MPa,试为AC杆选择一工字钢型号。

8-2 图示链条中的一链环,受拉力$\boldsymbol{F}$,环的直径$d=50$ mm,$a=60$ mm,材料的许用拉应力为$[\sigma_t]=120$ MPa,求最大许可拉力$\boldsymbol{F}$的数值。

8-3 一矩形截面悬臂梁如图示,其截面高度与宽度之比$\dfrac{h}{b}=2$,梁长$l=20b$。在自由端B处沿端截面的水平对称轴作用有集中力$F_1=F$,在梁长中点处沿横截面的铅垂对称轴作用有集中力$F_2=F$。试求梁横截面上的最大正应力。

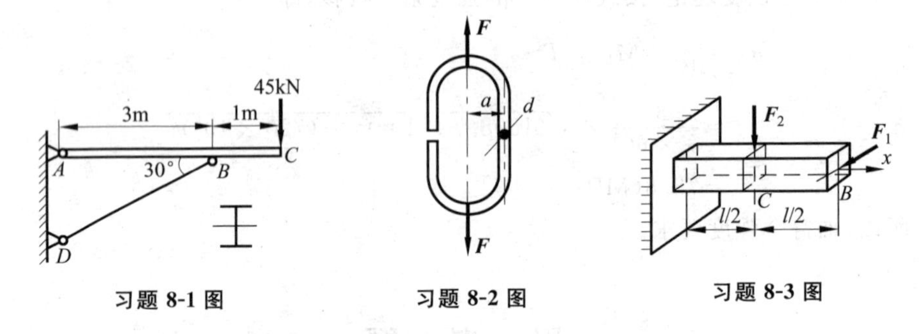

习题 8-1 图　　习题 8-2 图　　习题 8-3 图

8-4 试分别求出图示不等截面及等截面杆内的最大正应力,并作比较(图中尺寸单位为mm)。

8-5 已知单元体的应力状态如图示,试求指定截面上的正应力和切应力。

8-6 电动机功率为9kW,转速$n=715$ r/min,皮带轮直径$D=250$ mm,外伸臂长$l=120$ mm,直径$d=40$ mm。若$[\sigma]=60$ MPa,试用第三强度理论校核轴的强度。

8-7 等截面圆轴上装有两个相同直径的皮带轮,直径为750 mm,重量为2 kN。一皮带轮在水平方向受皮带张力,另一个受力在垂直方向。已知轴的$[\sigma]=80$ MPa,试求:

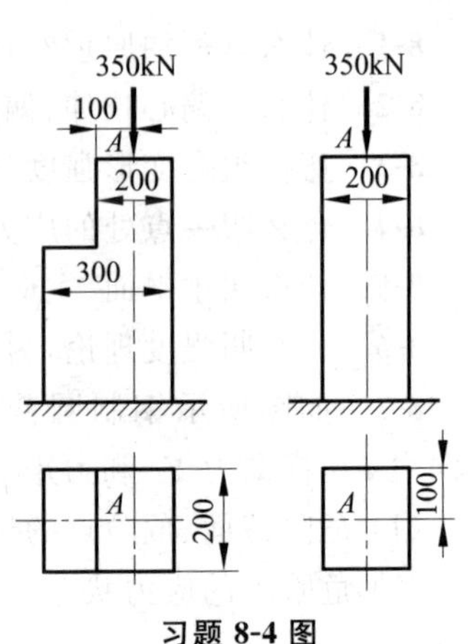

习题 8-4 图

(1)圆轴为实心轴时的直径；(2)圆轴为空心轴，且 $d_{内}:d_{外}=1:3$，其外径 D 为多大(用第三强度理论)?

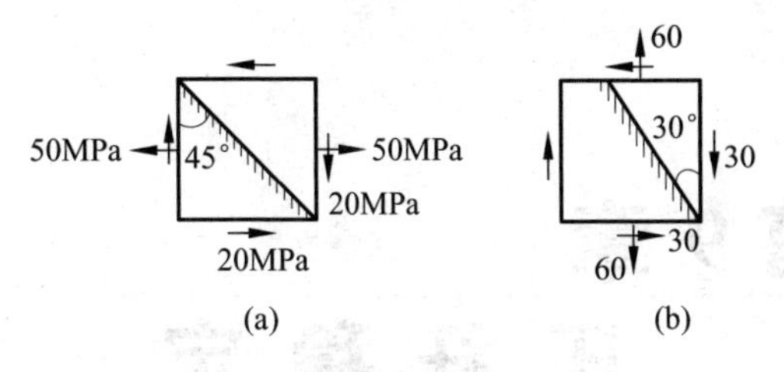

习题 8-5 图

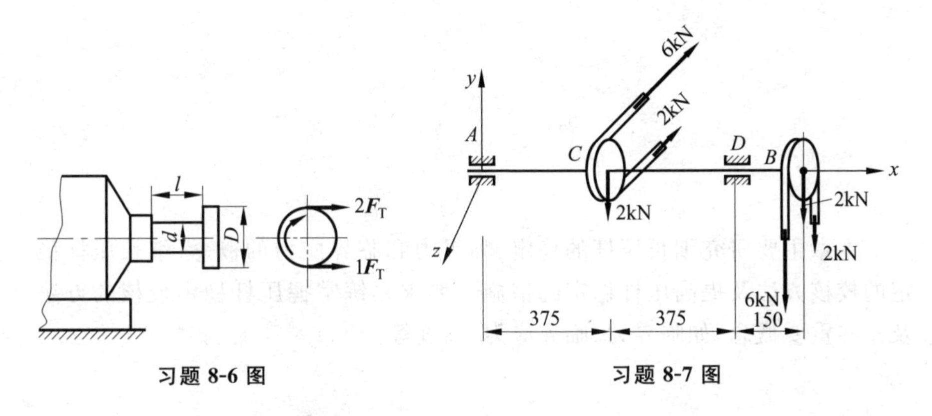

习题 8-6 图　　习题 8-7 图

8-8　一折杆 ABC 如图所示，材料许用应力$[\sigma]=120$ MPa，试按第三、第四强度理论分别校核 AB 杆的强度。

8-9　钢制圆杆受外力偶矩 M_e 和拉力 $\boldsymbol{F}$ 的作用，表面 A 点的应力状态如(b)图所示。已知圆杆直径 $d=10$ mm，$M_e=\dfrac{1}{10}Fd$，$[\sigma]=160$ MPa，试按第三强度理论求允许载荷 $\boldsymbol{F}$。

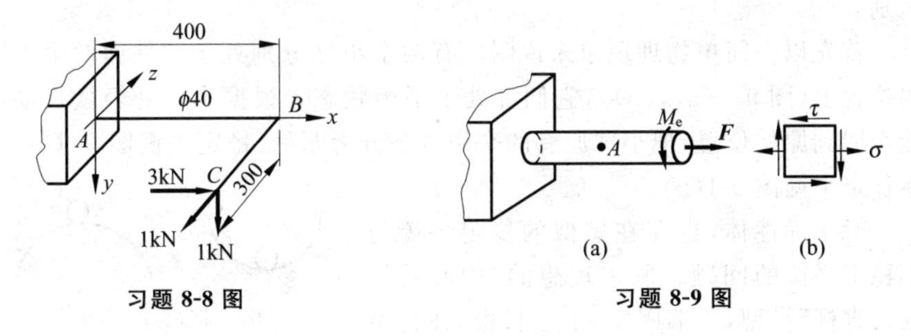

习题 8-8 图　　习题 8-9 图

第9章 压杆稳定

本章主要研究细长压杆的稳定、临界力和临界应力的概念、细长压杆稳定的校核方法及提高压杆稳定的措施。要求熟练掌握压杆稳定校核的方法及一些重要概念，如临界力、临界应力、柔度等。

9.1 压杆稳定的概念

工程中有许多往复机构中的连杆、桁架结构中的二力杆等，在工作过程中有可能承受轴向压力的作用。若这些杆件比较细长，则在应力小于极限应力时就会产生屈曲而丧失承载能力，这是因平衡有稳定性与不稳定性的区别。

首先以一简单物理现象来说明。有两个小球分别处于圆柱面两个不同的位置上(图 9-1(a)，(b))，它们都处于平衡状态。根据小球受轻微扰动后能否回到原始位置，把小球原有的平衡状态分为两种：稳定平衡图 9-1(a)和不稳定平衡图 9-1(b)。

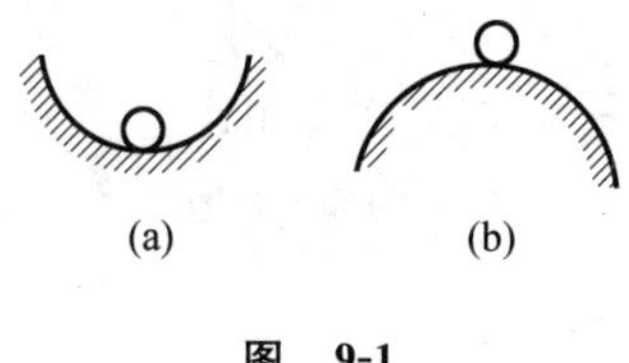

图 9-1

对于弹性体，也存在类似的稳定平衡与不稳定平衡的问题。取一理想的“中心受压细长直杆”模型，下端固定，上端自由，在自由端加轴向压力 $\boldsymbol{F}$，在弹性变形范围内压杆将始终保持其直线形状的平衡；现给该压杆一微小的横向干扰力，使杆产生微小的弯曲变形，实验表明，当压力 F 不超过某一极限值 F_{cr} 时，撤去干扰力后，杆的轴线将恢复其原来的直线形状，这说明压杆原来直线形状的平衡是稳定的平衡(图 9-2(a))；当轴向压力 $F \geqslant F_{cr}$ 时，撤去干扰力后，杆的轴线将保持弯曲形状，而不再恢复其原有的直线形状，这说明压杆原来直线形状的平衡是不稳定的平衡(图 9-2(b))。**细长直杆在直线状态下的平衡，由稳定平衡转化为不稳定平衡时所受轴向压力的界限值**称为**临界压力**，简称临界力，并以 F_{cr} 表示。中心受压直杆在临界力 F_{cr} 作用下，其直线形状的平衡开始丧失稳定性，简称为**失稳**。由于失稳是突然发生，常造成惨重的人身伤亡和巨大的经济损失，危害很大。

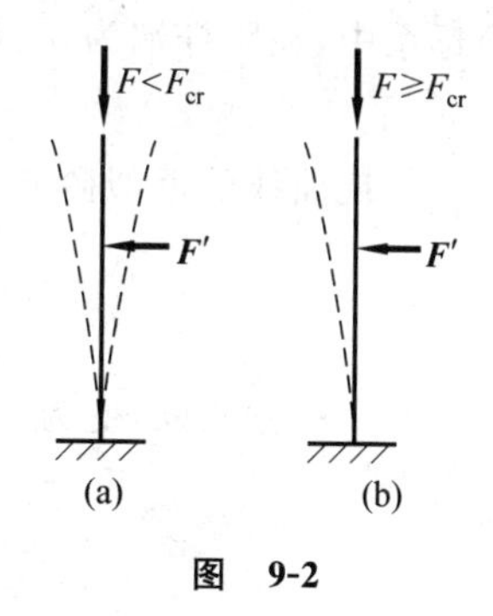

图　9-2

由此可见，研究压杆的稳定性问题的关键是确定其临界力。若将压杆的工作压力控制在临界力的数值以下，压杆将不会失稳。

9.2　细长压杆的临界力

1. 两端球形铰支时的临界力

实验指出，压杆的临界力与压杆的两端支承情况有关，现在研究两端为球形铰支承时细长压杆的临界力。

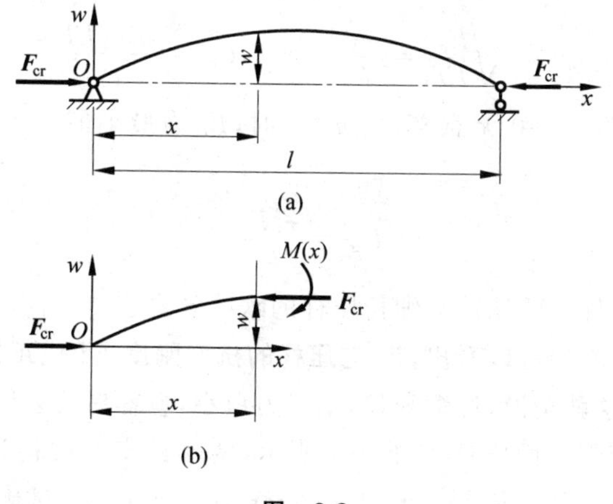

图　9-3

现有长为 l、两端铰支的压杆,如图 9-3(a)所示,由于临界力是使压杆保持微弯状态下处于平衡状态的压力,因此,就从图 9-3(a)状态入手。在图示坐标系中,在距杆端为 x 处截面的挠度为 w,由图 9-3(b)可知该截面弯矩为

$$M(x) = -F_{cr}w$$

依挠曲线的近似微分方程

$$EI\frac{d^2w}{dx^2} = -F_{cr}w \tag{a}$$

令 $k^2 = \frac{F_{cr}}{EI}$,则式(a)变为

$$\frac{d^2w}{dx^2} + k^2w = 0 \tag{b}$$

其通解为

$$w = a\sin kx + b\cos kx \tag{c}$$

式中 a,b 为积分常数。根据杆端的边界条件:当 $x=0$ 时,$w=0$,代入式(c)解得 $b=0$,于是式(c)化为

$$w = a\sin kx \tag{d}$$

杆另一端的边界条件:当 $x=l$ 时,$w=0$,代入式(d)得

$$a\sin kl = 0 \tag{e}$$

由式(e)可知,a 或 $\sin kl$ 应等于零。若 $a=0$,则由式(d)可知:$w\equiv 0$,这与原设压杆在微弯下平衡的前提相矛盾。因此,只能是 $\sin kl=0$,满足此条件的 kl 值应为

$$kl = n\pi \quad (n = 0,1,2,3,\cdots)$$

由此得

$$k = \sqrt{\frac{F_{cr}}{EI}} = \frac{n\pi}{l} \quad 或 \quad F_{cr} = \frac{n^2\pi^2EI}{l^2}$$

当 $n=0$ 时,$F_{cr}=0$ 无意义;当 $n=1$ 时,F_{cr} 为最小值。于是细长压杆的临界力为

$$F_{cr} = \frac{\pi^2EI}{l^2} \tag{9-1}$$

式(9-1)又称为两端铰支细长压杆的**欧拉公式**。

同时从式(9-1)可以看出,**F_{cr} 与压杆的抗弯刚度 EI 成正比,与杆长 l 的平方成反比**。这就是说,杆愈细长,临界力愈小,愈容易失去稳定。

例 9-1 矩形截面压杆如图 9-4 所示,两端铰支。材料为钢,已知弹性模量 $E=2\times10^5$ MPa,长 $l=2$ m,$b=40$ mm,$h=90$ mm。试确定此压杆的临界力。

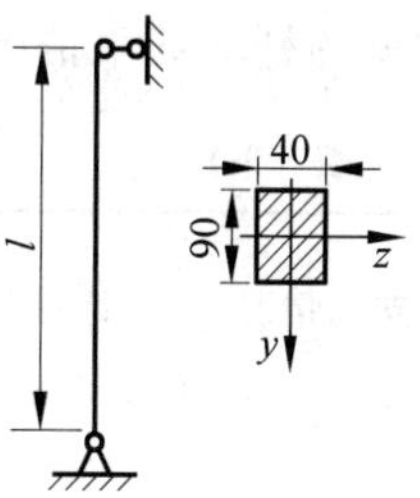

解 截面对 y 轴和对 z 轴的惯性矩为

$$I_y = \frac{1}{12} \times 90 \times 40^3 = 48 \times 10^4 (\text{mm}^4)$$

$$I_z = \frac{1}{12} \times 40 \times 90^3 = 243 \times 10^4 (\text{mm}^4)$$

因为 $I_y < I_z$，故应按 I_y 计算临界力。这说明式(9-1)的 I 应代入 $I_{\min}$。将 I_y 代入式(9-1)得

图 9-4

$$F_{\text{cr}} = \frac{\pi^2 E I_y}{l^2} = \frac{\pi^2 \times 200 \times 10^3 \times 48 \times 10^4}{2000^2} = 236.8(\text{kN})$$

如令 $h=b=60$ mm，则惯性矩为

$$I_y = I_z = \frac{1}{12} b^4 = \frac{1}{12} \times 60^4 = 108 \times 10^4 (\text{mm}^4)$$

则

$$F_{\text{cr}} = \frac{\pi^2 \times 200 \times 10^3 \times 108 \times 10^4}{2000^2} = 533(\text{kN})$$

从本例结果可以看出：当两杆材料相同、长度相同、支承情况相同、在截面面积也相等时后者的临界力是前者的 2.25 倍。

2. 其他杆端约束时的临界力

对其他杆端约束的细长压杆的临界力公式，可用与两端铰支相同的方法导出，也可用比较方法直接得出。

对一端固定另一端自由的细长压杆，设在临界压力作用下，杆微弯平衡(图 9-5)。把变形曲线向下延伸 1 倍，如图中假想的虚线所示，与图 9-3 比较可见，两图相当，即图 9-5 的 $2l$ 长度与图 9-3 的 l 长度相当。因此，把式(9-1)中的 l 用 $2l$ 代之变为

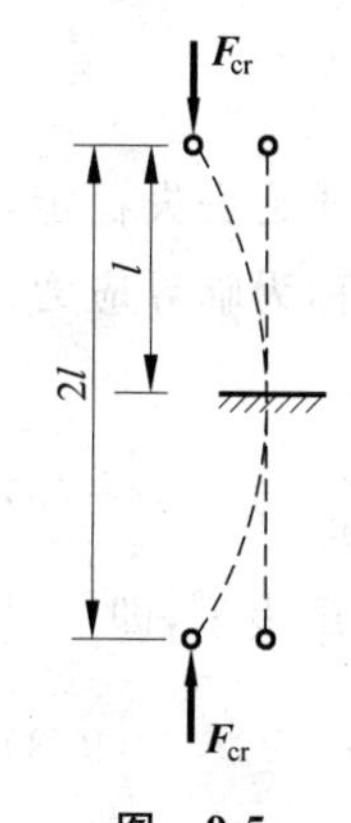

图 9-5

$$F_{\text{cr}} = \frac{\pi^2 EI}{(2l)^2}$$

上式即为一端固定另一端自由的细长压杆的临界力公式。

将上面比较推广知：长为 l，杆端为不同约束时细长压杆的临界压力，可写成统一形式

$$F_{\text{cr}} = \frac{\pi^2 EI}{(\mu l)^2} \tag{9-2}$$

上式称为不同杆端约束时细长压杆临界力的欧拉公式。式中，μ 称为长度因数，它反映了不同杆端约束对临界压力的影响；μl 称为相当长度。几种

常见的杆端约束情况的 μ 值列于表 9-1 中。

表 9-1

支承情况	两端铰支	一端固定 一端自由	两端固定	一端铰支 一端固定
挠曲线形状	 F_{cr}, l	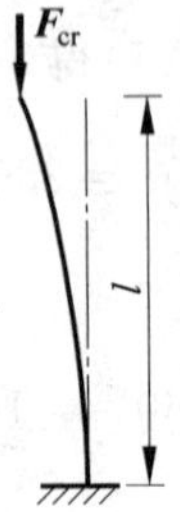 F_{cr}, l	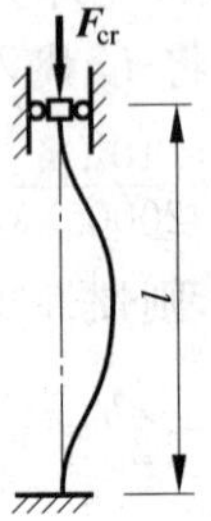 F_{cr}, l	 F_{cr}, l
F_{cr}	$\frac{\pi^2 EI}{l^2}$	$\frac{\pi^2 EI}{(2l)^2}$	$\frac{\pi^2 EI}{(0.5l)^2}$	$\frac{\pi^2 EI}{(0.7l)^2}$
μ	1	2	0.5	0.7

应该指出表 9-1 的四种杆端支承情况是理想情况，许多工程实际问题并不具备这种典型形式，应根据具体情况选择长度因数 μ。

9.3 欧拉公式的应用范围　临界应力总图

1. 临界应力

细长压杆所承受的轴向压力 F 达到临界力 F_{cr} 时，压杆开始丧失稳定，这时横截面上的正应力将等于临界力除以横截面积，此应力称为临界应力，以 σ_{cr} 表示。由式(9-2)可得

$$\sigma_{cr}=\frac{F_{cr}}{A}=\frac{\pi^2 E}{(\mu l)^2}\cdot\frac{I}{A} \tag{a}$$

式中 I/A 只是与横截面形状尺寸有关的截面几何量，将其用 i^2 表示，即

$$i^2=\frac{I}{A}\quad 或\quad i=\sqrt{\frac{I}{A}} \tag{9-3}$$

上述几何量 i 称为截面的惯性半径，其常用单位为 mm 或 m。将式(9-3)代入式(a)，并令

$$\lambda=\frac{\mu l}{i} \tag{9-4}$$

则细长压杆的临界应力为

$$\sigma_{cr}=\frac{\pi^2 E}{\lambda^2} \tag{9-5}$$

式(9-5)称为临界应力的欧拉公式。$\lambda=\frac{\mu l}{i}$称为压杆的柔度，它是压杆的相当长度与惯性半径之比，是表示压杆的细长程度的，故又称为**长细比**。长细比无单位，它综合反映了杆长、支承情况及杆横截面形状尺寸等因素对临界应力的影响。对于某一材料制成的压杆，由式(9-5)可见，临界应力 σ_{cr} 与柔度 λ 的平方成反比，即柔度越大，临界应力越小，压杆越容易失稳。

2．欧拉公式的适用范围

以上建立的计算临界力和临界应力的欧拉公式是根据挠曲线的近似微分方程推导的，因此，它只适用于杆内应力不超过材料比例极限的情况，所以欧拉公式的适用范围应为

$$\sigma_{cr}=\frac{\pi^2 E}{\lambda^2}\leqslant\sigma_p \quad 或 \quad \lambda\geqslant\sqrt{\frac{\pi^2 E}{\sigma_p}}$$

若令

$$\lambda_p=\sqrt{\frac{\pi^2 E}{\sigma_p}} \tag{9-6}$$

则只有当 $\lambda\geqslant\lambda_p$ 时，欧拉公式才适用。

例如 A3 钢，$E=200$ GPa，$\sigma_p=200$ MPa，代入式(9-6)后，得到

$$\lambda_p=\sqrt{\frac{\pi^2 E}{\sigma_p}}=\sqrt{\frac{\pi^2\times 200\times 10^3}{200}}\approx 100$$

即用 A3 钢制成的压杆，只有当 $\lambda\geqslant 100$ 时，欧拉公式才适用。满足 $\lambda\geqslant\lambda_p$ 条件的压杆称为细长压杆，也称大柔度杆。

3．临界应力总图

若压杆的柔度小于 λ_p，即压杆的临界应力超过比例极限，此时压杆的临界应力不能再用欧拉公式进行计算。经过人们的研究和进行的大量实验，提出了不同的经验公式，现在介绍常用的直线经验公式，其临界应力公式为

$$\sigma_{cr}=a-b\lambda \quad (\lambda_s\leqslant\lambda<\lambda_p) \tag{9-7}$$

此式也称**雅辛斯基**公式。其中 a，b 是与材料性质有关的常数。表 9-2 中列出了一些材料的 a 和 b 值。

由式(9-7)，当 $\sigma_{cr}=a-b\lambda=\sigma_s$ 时，可计算出与 σ_s 对应的柔度 λ_s 为

$$\lambda_s = \frac{a-\sigma_s}{b}$$

一些材料的λ_s值,列入表9-2中。

表 9-2

材料/MPa		a/MPa	b/MPa	λ_p	λ_s
A3钢	$\sigma_b=372$ $\sigma_s=235$	304	1.12	99	61.4
优质碳钢	$\sigma_b\geqslant470$ $\sigma_s=306$	460	2.57	100	60
硅钢	$\sigma_b\geqslant510$ $\sigma_s=353$	577	3.74	100	60
硬铅		392	3.26	55	
铸铁		332	1.45		
松木		39.2	0.199	59	

将λ处于λ_p与λ_s之间的杆称为中柔度杆或称中长杆,这类压杆在工程中应用较多,它的破坏主要由于超过弹性范围的失稳所致。

综上所述,对压杆的临界应力公式,可根据其柔度分为三种。

(1) 大柔度杆($\lambda\geqslant\lambda_p$),也称细长杆,用欧拉公式$\sigma_{cr}=\frac{\pi^2E}{\lambda^2}$计算临界应力。

(2) 中柔度杆($\lambda_s\leqslant\lambda<\lambda_p$),也称中长杆,可用经验公式如直线公式$\sigma_{cr}=a-b\lambda$计算临界应力。

(3) 小柔度杆($\lambda<\lambda_s$),只用静强度计算,如对塑性材料取$\sigma_{cr}=\sigma_s$。

若将以上三种不同柔度压杆的临界应力与柔度间的关系,在σ_{cr}-λ直角坐标系上绘成曲线,称为压杆的临界应力总图。对于塑性材料制成的压杆,其临界应力总图如图9-6所示。从图中可以看出,压杆的临界应力都随压杆的柔度增加而减小,但对小柔度杆,柔度对临界应力无影响。

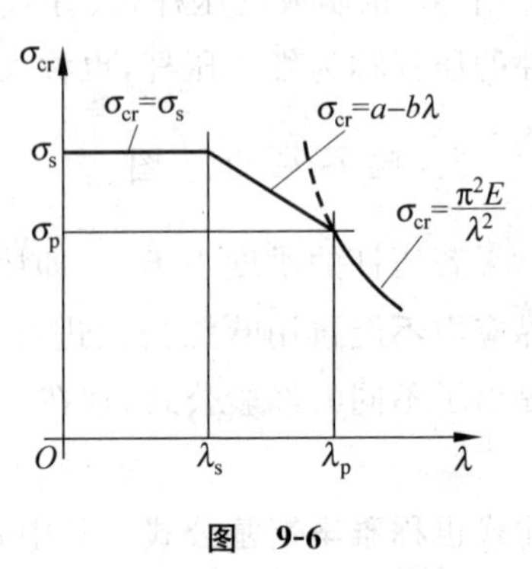

图 9-6

9.4　压杆的稳定计算

在工程中，为了使压杆能够正常工作而不丧失其稳定，应使压杆所承受的轴向压力 F 小于其临界力；同时为安全起见，还要考虑一定的安全因数，以使其有足够的稳定性。因此其稳定条件为

$$F \leqslant \frac{F_{cr}}{[n_{st}]} \tag{9-8}$$

或写成

$$n = \frac{F_{cr}}{F} \geqslant [n_{st}] \tag{9-9}$$

式(9-9)称为以安全因数表示的稳定条件。n 为实际工作稳定安全因数；$[n_{st}]$为规定的稳定安全因数。由于压杆存在初曲率和载荷偏心的影响，$[n_{st}]$的值一般规定的比强度安全因数要高。一般钢材取$[n_{st}]=1.8\sim3.0$，木材取$[n_{st}]=2.5\sim3.5$，铸铁取$[n_{st}]=4.5\sim5.5$。

例 9-2　如图 9-7 所示结构，AB 杆两端为球铰链，$F_D=10$ kN。撑杆 AB 用 A3 钢管制成，其外径 $D=45$ mm，内径 $d=36$ mm，规定的稳定安全因数$[n_{st}]=2.5$，试校核撑杆的稳定性。

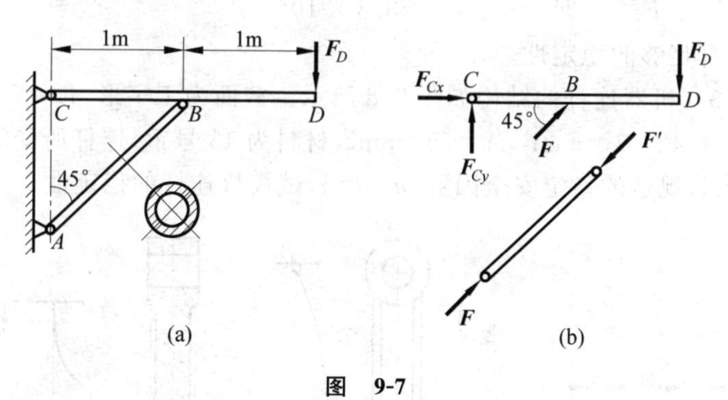

图　9-7

解　由稳定条件$\frac{F_{cr}}{F}\geqslant[n_{st}]$计算如下：

(1) 压杆所受的工作压力

由 CD 杆平衡(图 9-7(b))得 $\sum M_C=0$，即

$$F\times1\times\cos45°-F_D\times2=0$$

所以

$$F=\frac{2F_D}{\cos 45^\circ}=\frac{2\times 10}{\cos 45^\circ}=28.3(\text{kN})$$

(2) 确定临界压力

先计算压杆的柔度。AB 杆两端为球铰支座,故 $\mu=1$。

$$i=\sqrt{\frac{I}{A}}=\sqrt{\frac{\frac{\pi}{64}(D^4-d^4)}{\frac{\pi}{4}(D^2-d^2)}}=\frac{1}{4}\sqrt{D^2+d^2}$$

$$=\frac{1}{4}\sqrt{45^2+36^2}=14.4(\text{mm})$$

故

$$\lambda=\frac{\mu l}{i}=\frac{1\times\sqrt{2}\times 10^3}{14.4}=98.2$$

查表 9-2,A3 钢的 $\lambda_p=99$,$\lambda_s=61.4$。

由 λ 和 λ_p,λ_s 比较可见,此压杆属中柔度杆,其临界应力应该用直线公式。为此,查表 9-2,A3 钢的 $a=304$,$b=1.12$。

故 $\sigma_{cr}=a-b\lambda=304-1.12\times 98.2=194\text{MPa}$。

(3) 校核稳定性

$$n=\frac{F_{cr}}{F}=\frac{\sigma_{cr}A}{F}=\frac{194\times\frac{\pi}{4}\times(45^2-36^2)}{28.3\times 10^3}=3.9>[n_{st}]$$

故撑杆具有足够的稳定性。

例 9-3 机器连杆的结构如图 9-8 所示。截面为工字形,$I_z=7.24\times 10^4$ mm^4,$I_y=1.42\times 10^4$ mm^4,$A=552$ mm^2,材料为 45 号钢,连杆所受的最大压力为 30 kN,规定的稳定安全因数$[n_{st}]=5$,试校核连杆的稳定性。

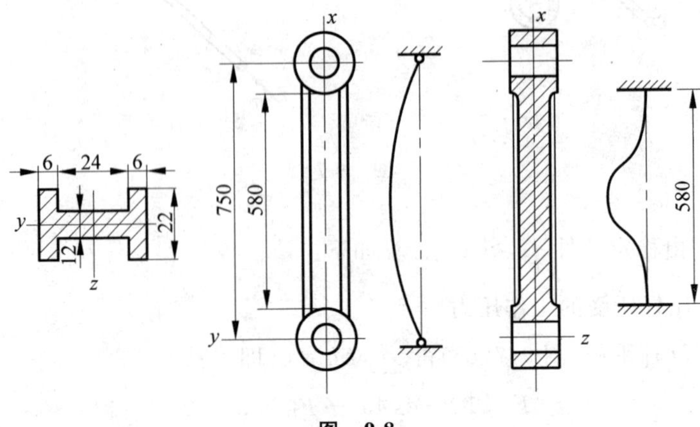

图 9-8

解　连杆受压时，可能在 xy 平面内发生弯曲失稳，也可能在 xz 平面内发生弯曲失稳。为此，必须先计算两个弯曲平面的柔度，从而确定弯曲平面。

(1) 柔度计算

在 xy 平面内弯曲的柔度(两端视为铰链支承)

$$\lambda_{xy}=\frac{\mu l}{i_z}=\frac{\mu l}{\sqrt{\frac{I_z}{A}}}=\frac{1\times 750}{\sqrt{\frac{7.24\times 10^4}{552}}}=64$$

在 xz 平面内弯曲的柔度(两端视为固定端支承)

$$\lambda_{xz}=\frac{\mu l}{i_y}=\frac{\mu l}{\sqrt{\frac{I_y}{A}}}=\frac{0.5\times 580}{\sqrt{\frac{1.42\times 10^4}{552}}}=58$$

由以上计算可见，在 xy 平面内弯曲的柔度要大，故需对连杆在 xy 平面内进行稳定性校核。

(2) 确定连杆的临界应力

查表 9-2，45 钢为优质碳钢，$\lambda_p=100$，$\lambda_s=60$，而 $\lambda_{xy}=64$，故连杆属中柔度杆。查表 9-2 得 $a=460$，$b=2.57$，故

$$\sigma_{cr}=a-b\lambda=460-2.57\times 64=295.5(\text{MPa})$$

(3) 校核稳定性

$$n=\frac{\sigma_{cr}}{\sigma}=\frac{\sigma_{cr}}{F/A}=\frac{295.5}{\frac{30\times 10^3}{552}}=5.44>[n_{st}]$$

故连杆具有足够的稳定性。

例 9-4　钢柱长 $l=7\text{m}$，两端固定，材料是 A3 钢，规定的稳定安全因数 $[n_{st}]=3$，横截面由两个 10 号槽钢组成(图 9-9)。试求当两槽钢靠紧(图 9-9(a))和离开(图 9-9(b))时钢柱的允许载荷，已知 $E=200$ GPa。

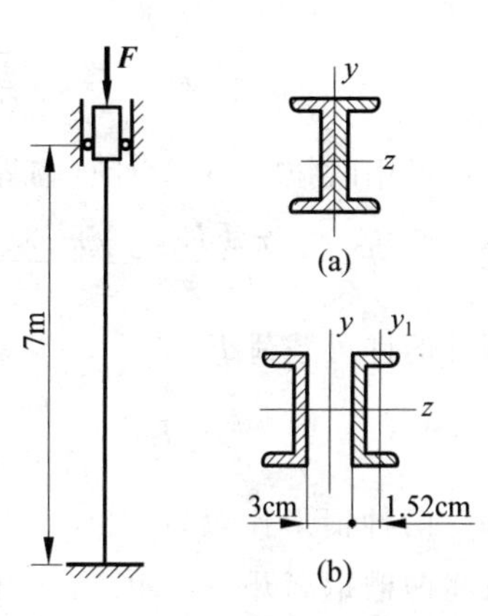

图　9-9

解　(1) 两槽钢靠紧的情况

从型钢规格表中查得

$$A=2\times 12.74=25.48(\text{cm}^2)$$

$$I_{min}=I_y=2\times 54.9=109.8(\text{cm}^4)$$

$$i_{min}=i_y=\sqrt{\frac{I_y}{A}}=\sqrt{\frac{109.8}{25.48}}=2.08(\text{cm})$$

柔度

$$\lambda_y = \frac{\mu l}{i_y} = \frac{0.5 \times 7000}{20.8} = 168 > \lambda_p = 100$$

故可用欧拉公式计算临界力

$$F_{cr} = \frac{\pi^2 EI_y}{(\mu l)^2} = \frac{\pi^2 \times 200 \times 10^3 \times 109.8 \times 10^4}{(0.5 \times 7000)^2}$$
$$= 176.9(\text{kN})$$

钢柱的允许载荷

$$F_1 \leqslant \frac{F_{cr}}{[n_{st}]} = \frac{176.9}{3} = 58.9(\text{kN})$$

(2) 两槽钢离开的情形

从型钢规格表中查得

$$I_z = 2 \times 198.3 = 396.6(\text{cm}^4)$$

$$i_z = \sqrt{\frac{I_z}{A}} = \sqrt{\frac{396.6}{25.48}} = 3.95(\text{cm})$$

$$I_y = 2[I_{y1} + (1.5 + 1.52)^2 \times 12.74]$$
$$= 2[25.6 + 3.02^2 \times 12.74]$$
$$= 285(\text{cm}^4)$$

$$i_y = \sqrt{\frac{I_y}{A}} = \sqrt{\frac{285}{25.48}} = 3.32(\text{cm})$$

比较以上数值,可知应取

$$I_{min} = I_y, \quad i_{min} = i_y$$

所以

$$\lambda_y = \frac{\mu l}{i_y} = \frac{0.5 \times 700}{3.32} = 105.5 > \lambda_p = 100$$

可用欧拉式(9-2)计算临界力

$$F_{cr} = \frac{\pi^2 EI_{min}}{(\mu l)^2} = \frac{\pi^2 \times 200 \times 10^3 \times 285 \times 10^4}{(0.5 \times 7000)^2} = 459.3(\text{kN})$$

钢柱的许可载荷 F_2 为

$$F_2 \leqslant \frac{F_{cr}}{[n_{st}]} = \frac{459.3}{3} = 153.1(\text{kN})$$

两种情形比较,可知 F_1 比 F_2 小得多。因此,为了提高压杆的稳定性,可将两槽钢离开一定距离,离开距离最好使 I_y 与 I_z 尽可能相等,以便使压杆在两个方向有相等的抵抗失稳的能力。根据这个原则来设计压杆的截面形状是合理的。

9.5　提高压杆稳定的措施

为了提高压杆的稳定性，关键是提高压杆的临界力或临界应力。由 $F_{cr}=\frac{\pi^2 EI_{min}}{(\mu l)^2}$ 及 $\sigma_{cr}=\frac{\pi^2 E}{\lambda^2}$ 两式看出：影响临界力或临界应力的因素除材料（E 值）本身外，就是压杆的结构和尺寸（A，I，l，约束条件等）。现在从这几方面讨论提高压杆稳定性的措施。

1. 合理选择材料

对细长压杆，其临界应力仅决定于材料的弹性模量 E，选择高弹性模量的材料，可以提高压杆的稳定性，例如在其他条件不变的情况下，钢制压杆的临界力大于铜、铸铁杆的临界力，但各种钢材（合金钢、碳钢）的弹性模量 E 值相差不大，选用合金钢来提高细长压杆的临界力作用不大。

对于中长杆和粗短杆，其临界应力决定于比例极限和屈服极限，故选用高强度钢，将有利于提高压杆稳定性。粗短杆（小柔度杆）主要是强度问题，选用高强度材料，可以提高其承载能力。

2. 选择合理的截面形状

压杆的合理截面形状是指在一定的截面积下能尽量得到较大惯性矩 I，以增大惯性半径 i，减小压杆的柔度，从而提高临界应力。因此，应尽量使材料距截面的中性轴远一些，如空心环形截面就比面积相同的实心圆截面为好。

合理截面的另一层意思是，如果在两个互相垂直的平面内，约束条件相同，则要求在这两个方向的惯性矩接近相等（$I_y=I_z$），否则压杆将在最小抗弯刚度平面内丧失稳定。因此，工程中的压杆多采用圆截面或正方形截面。型钢由于单个截面 I_z 与 I_y 相差较大，常采用组合截面（如例 9-4）。

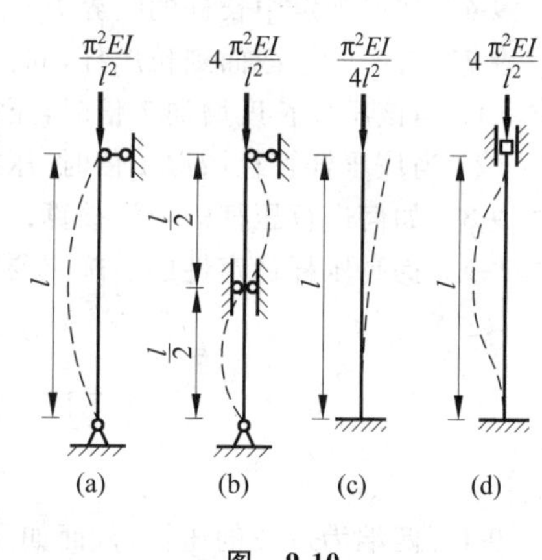

图　9-10

3. 减小压杆的长度

由于压杆的临界力 F_{cr} 与其长度平方成反比，因此当结构允许时，减少压杆长度或增加中间支承对提高压杆稳定性效果显著。如在图9-10中将图9-10(a)中两端铰支的压杆在中间增加一铰,则图9-10(b)中压杆临界力将为图9-10(a)中压杆临界力的4倍。

4. 改善支承情况

压杆两端约束条件越多,μ值越小而临界应力越大。如图9-10中将一端固定一端自由的压杆(图9-10(c)),改为两端固定(图9-10(d)),则压杆的临界力将为原来的16倍。

思　考　题

9-1　如何区别压杆的稳定平衡与不稳定平衡?

9-2　如图所示结构,当载荷增加时,哪些杆件需要考虑失稳问题?

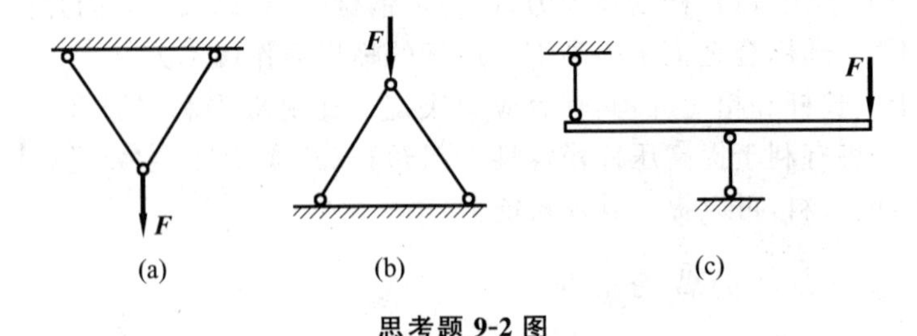

思考题9-2图

9-3　什么是临界力?影响临界力的因素是什么?

9-4　说明柔度(λ)的意义,它的大小由哪些因素决定?

9-5　计算压杆临界力的欧拉公式的使用范围是什么?

9-6　如何确定中长杆的临界力?

9-7　有一圆形截面细长压杆,问:

(1) 当该压杆长度增加1倍时,压杆的临界力如何变化?

(2) 当该压杆直径增加1倍时,压杆的临界力如何变化?

9-8　如何进行压杆的稳定核算?

9-9　提高压杆稳定性的措施主要有哪些?

习　　题

9-1　两端为球铰的压杆,截面如图示。问当压杆失稳时,截面将绕哪一根轴转动?

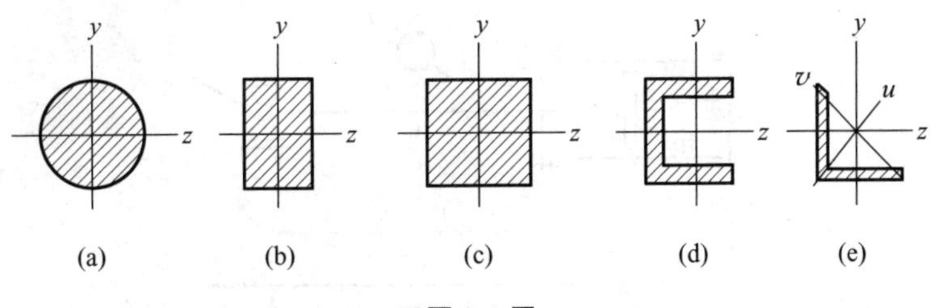

习题 9-1 图

9-2　图示材料相同，直径相等的细长杆，哪一根能承受的压力最大？哪一根承受的压力最小？如果 $E=200$ GPa，$d=160$ mm，试求各杆的临界应力。

9-3　图示细长压杆，两端为球铰支，$E=200$ GPa，试计算其临界应力。

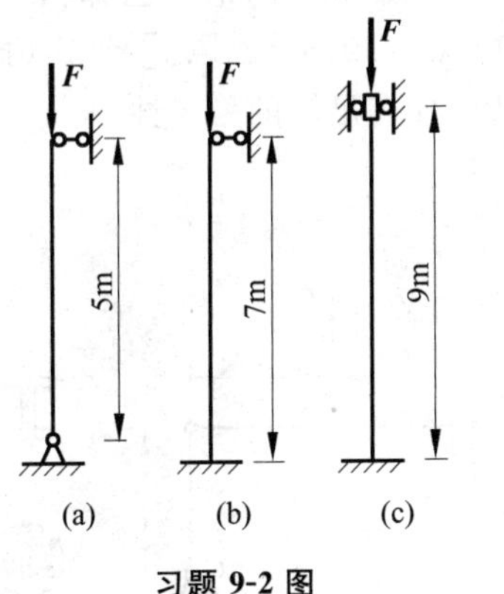

习题 9-2 图

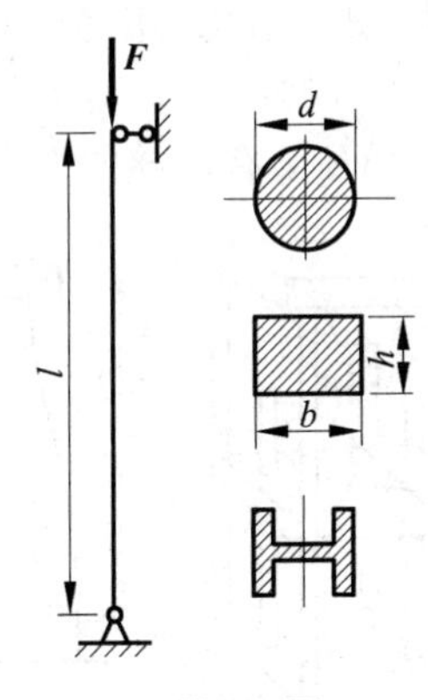

习题 9-3 图

(1) 圆形截面，$d=25$ mm，$l=1$ m；

(2) 矩形截面，$b=2h=40$ mm，$l=2$ m；

(3) 16 工字钢，$l=2$ m。

9-4　如图所示的千斤顶丝杆的最大承载量 $F=150$ kN，内径 $d=52$ mm，长 $l=500$ mm，材料为 A3 钢，试计算此丝杆的工作安全因数。

9-5　图示压缩机的活塞杆，受活塞传来的轴向压力 $F=100$ kN 的作用，活塞杆的长度 $l=1000$ mm，直径 $d=50$ mm。材料为 45 钢，屈服极限 $\sigma_s=320$ MPa，规定的稳定安全因数 $[n_{st}]=4$，试校核活塞杆的稳定性。

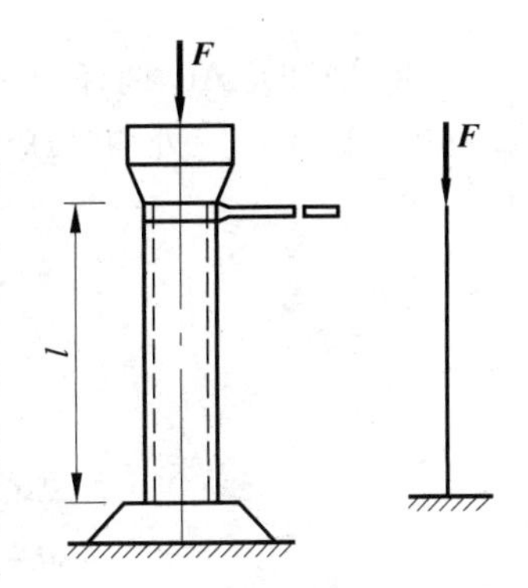

习题 9-4 图

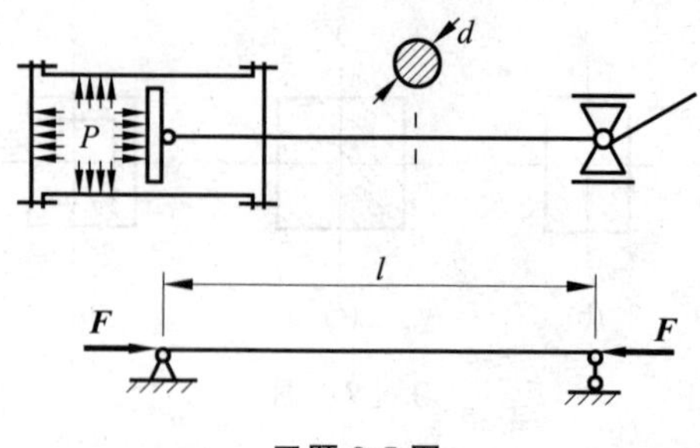

习题 9-5 图

9-6 图示材料实验机是按 $F=1000$ kN 来设计的，柱长 $l=3$ m，直径 $d=100$ mm，材料为 A3 钢，$E=200$ GPa，并取稳定安全因数$[n_{st}]=4$，试校核稳定性。

9-7 图示结构，用 A5 钢制成，试求许用载荷 F 的值。已知：$E=205$ GPa，$\sigma_s=275$ MPa，$\sigma_{cr}=338-1.21\lambda$，$\lambda_p=90$，$\lambda_s=50$，$n=2$，$[n_{st}]=3$。(提示：既要保证 AB 梁有足够的强度，又要保证 BC 杆有足够的稳定性。)

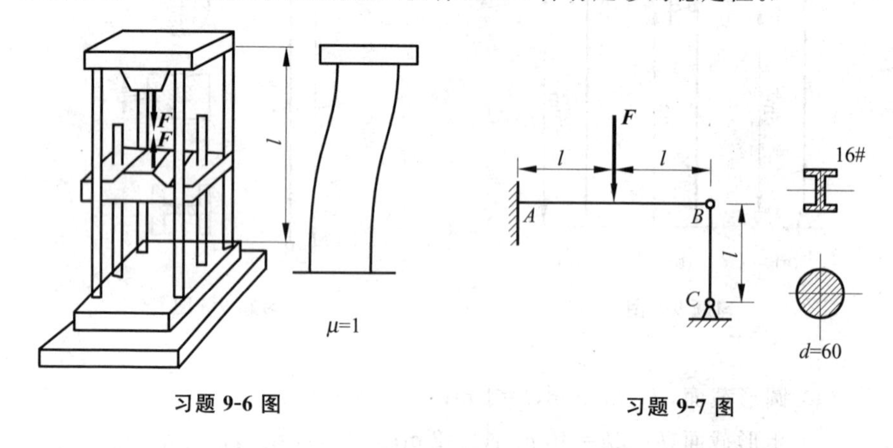

习题 9-6 图　　　习题 9-7 图

9-8 AB 及 AC 两杆均为圆截面，$d=8$ cm，材料为碳钢，$E=210$ GPa，$\lambda_p=100$。A，B，C 三处均为球铰支，如图，求此结构的临界力 F_{cr}。

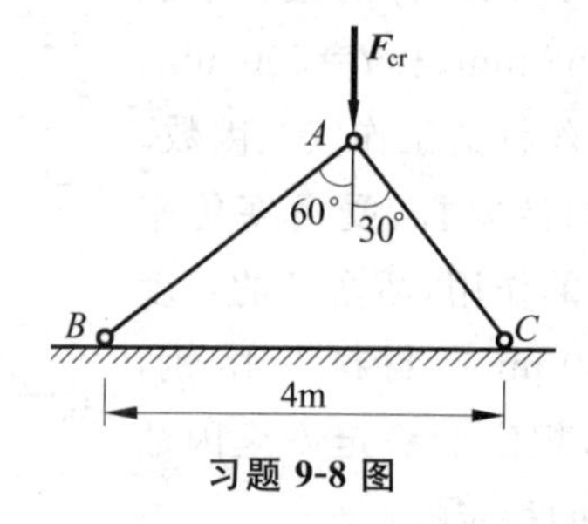

习题 9-8 图

第10章 运 动 学

运动学研究物体机械运动的几何性质，而不涉及运动的原因。运动学的研究对象是动点、刚体及其系统。为了描述运动，必须首先确定参考体，并建立与其固连的**参考系**。

运动学的首要任务是建立物体坐标随时间变化规律的**运动方程**，并研究**速度**、**加速度**问题，还要分析物体的**运动特性**。在机器与机构的设计中，广泛应用运动学的知识分析机构的运动特性。

10.1 点的运动学

点的运动学是研究一般物体运动的基础。本节将研究点相对某一个参考系的几何位置随时间变动的规律，包括点的运动方程、运动轨迹、速度和加速度等。

1. 矢量法

选取参考系上某确定点 O 为坐标原点，自点 O 向动点 M 作矢量 $\boldsymbol{r}$，称 $\boldsymbol{r}$ 为动点 M 相对原点 O 的位置矢量，简称**矢径**。当动点 M 运动时，矢径 $\boldsymbol{r}$ 随时间而变化，并且是时间的单值连续函数，即

$$\boldsymbol{r}=\boldsymbol{r}(t) \tag{10-1}$$

上式称为**以矢量表示的点的运动方程**。动点 M 运动过程中，矢径 $\boldsymbol{r}$ 末

端在空间描绘出一条连续曲线,即为点 M 的运动**轨迹**,亦称矢端曲线。如图 10-1 所示。

点的**速度**是矢量。**动点的速度矢等于它的矢径 $\boldsymbol{r}$ 对时间的一阶导数**,即

$$\boldsymbol{v}=\frac{\mathrm{d}\boldsymbol{r}}{\mathrm{d}t} \tag{10-2}$$

动点的速度矢沿着矢端曲线的切线,即沿动点运动轨迹的切线,并与此点运动的方向一致。速度的大小,即速度矢 $\boldsymbol{v}$ 的模,表明点运动的快慢,在国际单位制中,速度 $\boldsymbol{v}$ 的单位为 m/s。

点的速度矢对时间的变化率称为**加速度**。点的加速度也是矢量,它表征了速度大小和方向的变化。**动点的加速度矢等于该点的速度矢对时间的一阶导数,或等于矢径对时间的二阶导数**,即

$$\boldsymbol{a}=\frac{\mathrm{d}\boldsymbol{v}}{\mathrm{d}t}=\frac{\mathrm{d}^2\boldsymbol{r}}{\mathrm{d}t^2} \tag{10-3}$$

在国际单位制中,加速度 $\boldsymbol{a}$ 的单位为 m/s^2。

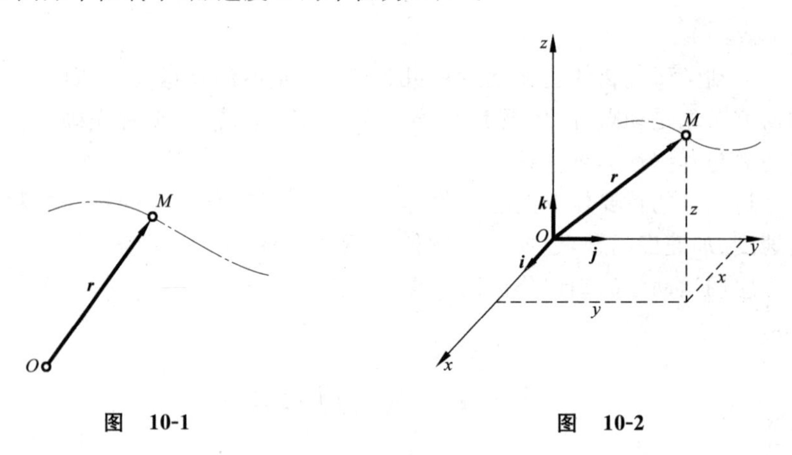

图 10-1　　图 10-2

2. 直角坐标法

取一固定的直角坐标系 $Oxyz$,则动点 M 在任意瞬时的空间位置既可以用它相对于坐标原点 O 的矢径 $\boldsymbol{r}$ 表示,也可以用它的三个直角坐标 x,y,z 表示,如图 10-2 所示。有如下关系:

$$\boldsymbol{r}=x\boldsymbol{i}+y\boldsymbol{j}+z\boldsymbol{k} \tag{10-4}$$

式中 $\boldsymbol{i},\boldsymbol{j},\boldsymbol{k}$ 分别为沿三个定坐标轴的单位矢量。由于 $\boldsymbol{r}$ 是时间的函数,因此 x,y,z 也是时间的函数,利用式(10-4),可以将运动方程写为

$$x=f_1(t),\quad y=f_2(t),\quad z=f_3(t) \tag{10-5}$$

上式称为**以直角坐标表示的点的运动方程**。

式(10-5)可称为点 M 的运动轨迹的参数方程。消去式(10-5)中的参数时间 t,可得到点的轨迹方程——空间曲线方程:

$$f(x,y,z)=0 \tag{10-6}$$

将式(10-4)对时间求导,由于 $\boldsymbol{i},\boldsymbol{j},\boldsymbol{k}$ 为大小和方向都不变的恒矢量,因此有

$$\boldsymbol{v}=\dot{\boldsymbol{r}}=\dot{x}\boldsymbol{i}+\dot{y}\boldsymbol{j}+\dot{z}\boldsymbol{k} \tag{10-7}$$

设动点 M 的速度矢 $\boldsymbol{v}$ 在直角坐标轴上的投影为 v_x,v_y 和 v_z,则

$$\boldsymbol{v}=v_x\boldsymbol{i}+v_y\boldsymbol{j}+v_z\boldsymbol{k} \tag{10-8}$$

比较以上二式,得到

$$v_x=\dot{x},\quad v_y=\dot{y},\quad v_z=\dot{z} \tag{10-9}$$

因此,**速度在各坐标轴上的投影等于动点的各对应坐标对时间的一阶导数**。由式(10-9)求得 v_x,v_y 和 v_z 后,速度 $\boldsymbol{v}$ 的大小和方向就由它的三个投影完全确定。

同理,设

$$\boldsymbol{a}=a_x\boldsymbol{i}+a_y\boldsymbol{j}+a_z\boldsymbol{k}$$

则有

$$a_x=\ddot{x},\quad a_y=\ddot{y},\quad a_z=\ddot{z} \tag{10-10}$$

因此,**加速度在直角坐标轴上的投影等于动点的各对应坐标对时间的二阶导数**。加速度 $\boldsymbol{a}$ 的大小和方向就由它的三个投影完全确定。

例 10-1　椭圆规机构如图 10-3(a)所示。曲柄 OC 以等角速 ω 绕 O 转动,通过连杆 AB 带动滑块 A,B 在水平和铅垂槽内运动,$OC=BC=AC=l$。求:(1)连杆上 M 点($AM=r$)的运动方程。(2)M 点的速度与加速度。

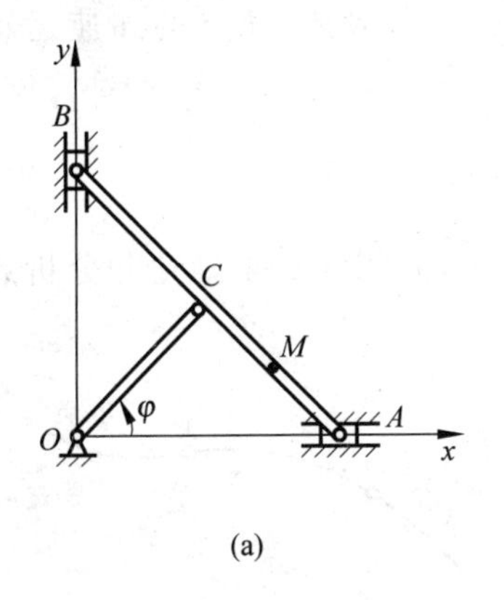

(a)

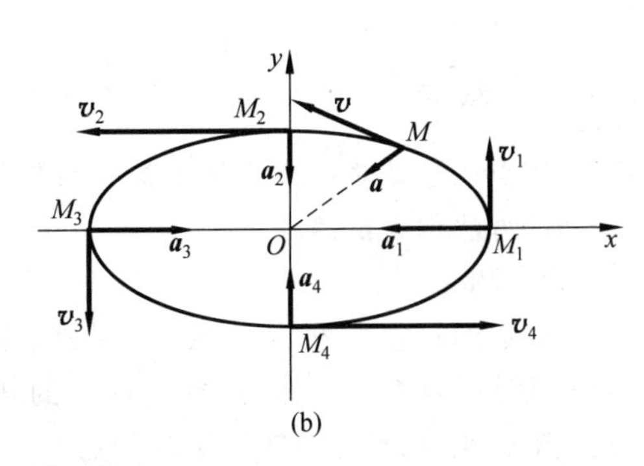

(b)

图　10-3

解 (1) 列写点的运动方程

由于 M 点在平面内的运动轨迹未知,故建立图示的直角坐标系 Oxy 描述运动。M 点是 BA 杆上一点,该杆两端分别被限制在水平和铅垂方向运动。曲柄作等角速转动,$\varphi=\omega t$。由这些约束条件写出 M 点的运动方程

$$\begin{cases} x = (2l - r)\cos \omega t \\ y = r \sin \omega t \end{cases}$$

消去时间 t,得轨迹方程

$$\left(\frac{x}{2l-r}\right)^2 + \left(\frac{y}{r}\right)^2 = 1$$

这是椭圆方程。

(2) 求速度与加速度

对运动方程求导,得

$$\begin{cases} v_x = \dot{x} = -(2l-r)\omega\sin \omega t \\ v_y = \dot{y} = r\omega t\cos \omega t \end{cases}$$

$$\begin{cases} a_x = \ddot{x} = -(2l-r)\omega^2\cos \omega t \\ v_y = \ddot{y} = -r\omega^2\sin \omega t \end{cases}$$

讨论:答案已经求得,可是 M 点沿椭圆轨迹怎样运动呢?注意到前面写出的加速度分量式有

$$\begin{cases} a_x = -\omega^2 x \\ a_y = -\omega^2 y \end{cases}$$

因此有

$$\boldsymbol{a}_M = -\omega^2 \boldsymbol{r}$$

即 $\boldsymbol{a}_M$ 永远指向 O 点,我们把几个瞬时的速度和加速度示于图 10-3(b)上,读者根据不同瞬时的速度和加速度关系,自己判断 M 点的加速运动情况。

3. 自然法

利用点的运动轨迹建立弧坐标及自然轴系,并用它们来描述和分析点的运动的方法称为**自然法**。

(1) 弧坐标

设动点的轨迹为图 10-4 所示的曲线,在轨迹上任选一点 O 为参考点,并设点 O 的某一侧为坐标正向,动点沿轨迹从 O 到点 M 的弧长 s 称为**弧坐标**,弧长 s 为代数量。当动点运动时,s 是时间的函数,即

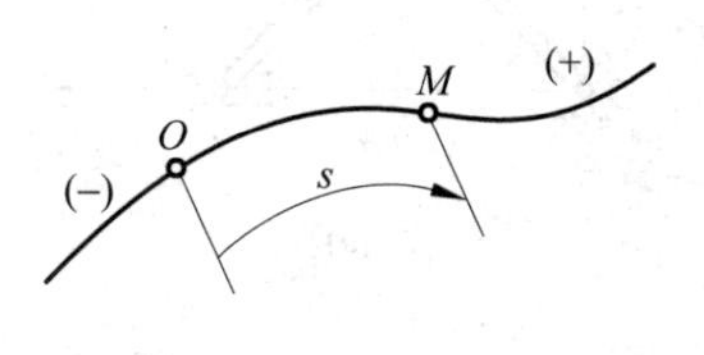

图 10-4

$$s=f(t) \tag{10-11}$$

上式称为**以弧坐标表示的点的运动方程**。

(2) 自然轴系

在点的运动轨迹上取极为接近的两点 M 和 M_1，这两点切线的单位矢量分别为 $\boldsymbol{\tau}$ 和 $\boldsymbol{\tau}_1$，其指向与弧坐标正向一致，如图 10-5 所示。令 M_1 无限趋近点 M，$\boldsymbol{\tau}$ 和 $\boldsymbol{\tau}_1$ 组成的平面的极限位置称为曲线在点 M 的**密切面**。过点 M 并与切线垂直的平面称为**法平面**。法平面与密切面的交线，称为**主法线**，取 $\boldsymbol{n}$ 为主法线单位矢量，正向指向曲线内凹一侧。过点 M 且垂直于切线及主法线的直线称为**副法线**，取 $\boldsymbol{b}$ 为副法线单位矢量，且满足下式：

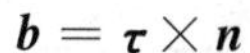

$$\boldsymbol{b}=\boldsymbol{\tau}\times\boldsymbol{n}$$

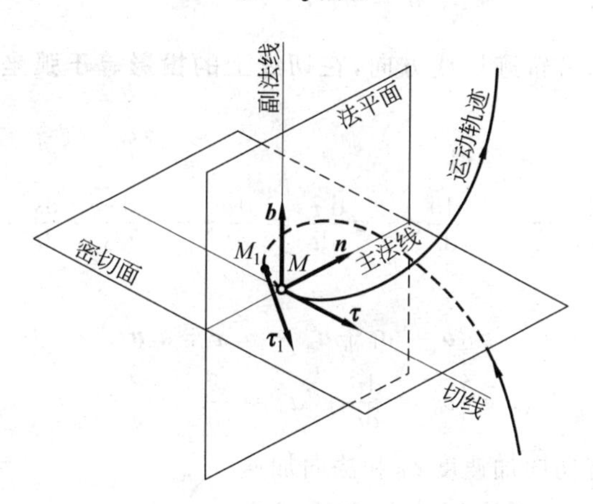

图　10-5

$\boldsymbol{\tau}$，$\boldsymbol{n}$，$\boldsymbol{b}$ 构成一个以点 M 为坐标原点，并跟随点 M 一起运动的直角坐标系，称为**自然坐标系**。这三个轴称为**自然轴**。

在曲线运动中，轨迹的曲率或曲率半径是一个重要的参数，它表示曲线的弯曲程度，如图 10-6 所示。**曲率**定义为曲线切线的转角对弧长的一阶导数。曲率的倒数为曲率半径，用 ρ 表示，则有

$$\frac{1}{\rho}=\lim_{\Delta s\to 0}\left|\frac{\Delta\varphi}{\Delta s}\right|=\left|\frac{\mathrm{d}\varphi}{\mathrm{d}s}\right| \tag{10-12}$$

下面求 $\boldsymbol{\tau}$ 随 s 的变化率。如图10-6所示，矢量 $\Delta\boldsymbol{\tau}$ 的极限位置在密切面内，且垂直于 $\boldsymbol{\tau}$，指向曲线内凹一侧。因此有

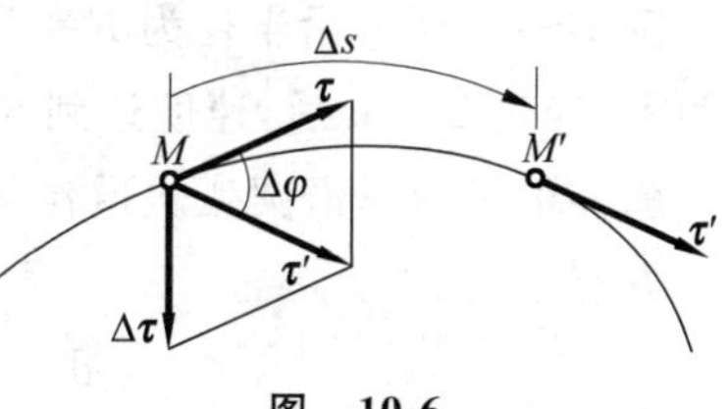

图　10-6

$$\frac{\mathrm{d}\boldsymbol{\tau}}{\mathrm{d}s}=\lim_{\Delta s\to 0}\frac{\Delta\boldsymbol{\tau}}{\Delta s}=\lim_{\Delta s\to 0}\frac{|\Delta\boldsymbol{\tau}|}{\Delta s}\boldsymbol{n}$$
$$=\lim_{\Delta s\to 0}\frac{2\sin(\Delta\varphi/2)}{\Delta s}\boldsymbol{n}=\frac{\mathrm{d}\varphi}{\mathrm{d}s}\boldsymbol{n}=\frac{1}{\rho}\boldsymbol{n} \tag{10-13}$$

(3) 点的速度与加速度在自然坐标中的表达

点沿轨迹作曲线运动,运动方程为 $s=s(t)$,则有

$$\boldsymbol{v}=\frac{\mathrm{d}\boldsymbol{r}}{\mathrm{d}t}=\frac{\mathrm{d}\boldsymbol{r}}{\mathrm{d}s}\cdot\frac{\mathrm{d}s}{\mathrm{d}t}$$

而$\frac{\mathrm{d}\boldsymbol{r}}{\mathrm{d}s}=\lim\limits_{\Delta s\to 0}\frac{\Delta\boldsymbol{r}}{\Delta s}=\boldsymbol{\tau}$,于是有

$$\boldsymbol{v}=v\boldsymbol{\tau},\quad v=\frac{\mathrm{d}s}{\mathrm{d}t} \tag{10-14}$$

即点的速度方向沿轨迹切线方向,**在切线上的投影等于弧坐标对时间的一阶导数**。

对式(10-14)再求导得

$$\boldsymbol{a}=\frac{\mathrm{d}\boldsymbol{v}}{\mathrm{d}t}=\frac{\mathrm{d}}{\mathrm{d}t}(v\boldsymbol{\tau})=\frac{\mathrm{d}v}{\mathrm{d}t}\boldsymbol{\tau}+v\frac{\mathrm{d}\boldsymbol{\tau}}{\mathrm{d}t}=\frac{\mathrm{d}v}{\mathrm{d}t}\boldsymbol{\tau}+v\frac{\mathrm{d}\boldsymbol{\tau}}{\mathrm{d}s}\cdot\frac{\mathrm{d}s}{\mathrm{d}t}=\frac{\mathrm{d}v}{\mathrm{d}t}\boldsymbol{\tau}+\frac{v^2}{\rho}\boldsymbol{n}$$

或

$$\begin{cases}\boldsymbol{a}=\boldsymbol{a}_{\mathrm{t}}+\boldsymbol{a}_{\mathrm{n}}=a_{\mathrm{t}}\boldsymbol{\tau}+a_{\mathrm{n}}\boldsymbol{n}\\ a_{\mathrm{t}}=\frac{\mathrm{d}v}{\mathrm{d}t},\quad a_{\mathrm{n}}=\frac{v^2}{\rho}\end{cases} \tag{10-15}$$

即点的加速度有切向加速度 $\boldsymbol{a}_{\mathrm{t}}$ 和法向加速度 $\boldsymbol{a}_{\mathrm{n}}$ 两个分量,分别沿切线及主法线方向,如图10-7所示。它们有明确的物理意义:**切向加速度反映速度大小随时间的变化率,法向加速度反映速度方向随时间的变化率**。注意,虽然是空间曲线,但加速度矢量在自然坐标系的副法线方向上的投影为零。

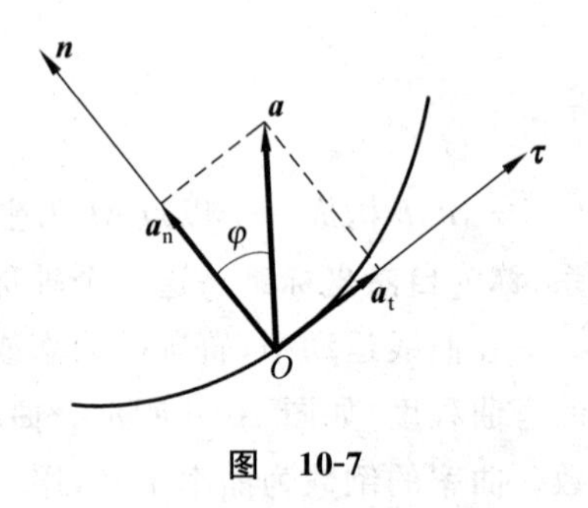

图 10-7

例 10-2 列车沿半径为 $R=800$ m 的圆弧轨道作匀加速运动。如初速度为零,经过 2 min 后,速度达到 54 km/h。求起点和末点的加速度。

解 由于列车沿圆弧轨道作匀加速运动,切向加速度 a_{t} 等于恒量。于是有方程

$$\frac{\mathrm{d}v}{\mathrm{d}t}=a_{\mathrm{t}}=\text{常量}$$

积分一次有

$$\int_0^v \mathrm{d}v = \int_0^t a_t \mathrm{d}t$$

得

$$v = a_t t$$

当 $t=2$ min=120 s 时，$v=54$ km/h=15 m/s，代入上式，求得

$$a_t = \frac{15}{120} = 0.125(\mathrm{m/s^2})$$

在起点，$v=0$，因此法向加速度等于零，列车只有切向加速度

$$a_t = 0.125(\mathrm{m/s^2})$$

在末点时速度不等于零，既有切向加速度，又有法向加速度，而

$$a_t = 0.125(\mathrm{m/s^2}), \quad a_n = \frac{v^2}{R} = \frac{15^2}{800} = 0.281(\mathrm{m/s^2})$$

末点的全加速度大小为

$$a = \sqrt{a_t^2 + a_n^2} = 0.308(\mathrm{m/s^2})$$

末点的全加速度与法向的夹角 θ 为

$$\tan\theta = \frac{a_t}{a_n} = 0.443$$

$$\theta = 23°54'$$

例 10-3 半径为 r 的轮子沿直线轨道无滑动地滚动(称为纯滚动)，设轮子转角 $\varphi=\omega t$(ω 为常值)，如图 10-8 所示。求用直角坐标和弧坐标表示的轮缘上任一点 M 的运动方程，并求该点的速度、切向加速度及法向加速度。

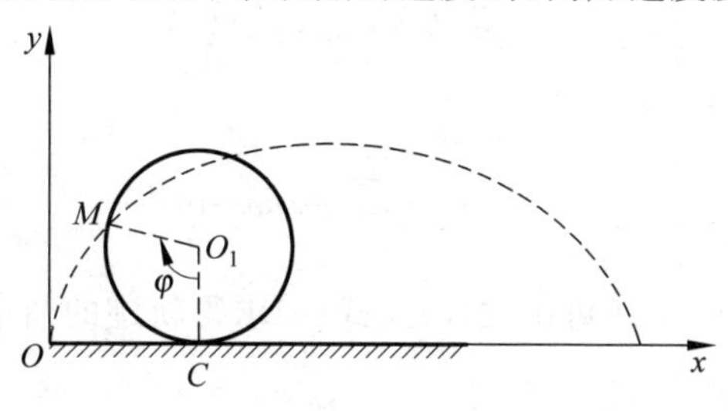

图 10-8

解 取 $\varphi=0$ 时点 M 与直线轨道的接触点 O 为原点，建立直角坐标系 Oxy(如图所示)。当轮子转过 φ 时，轮子与直线轨道的接触点为 C。由于是纯滚动，有

$$OC = \overset{\frown}{MC} = r\varphi$$

则，用直角坐标表示的 M 点的运动方程为

$$\begin{cases} x = OC - O_1M\sin\varphi = r(\omega t - \sin\omega t) \\ y = O_1C - O_1M\cos\varphi = r(1-\cos\omega t) \end{cases} \tag{a}$$

上式对时间求导,即得 M 点的速度沿坐标轴的投影:

$$\begin{cases} v_x = \dot{x} = r\omega(1-\cos\omega t) \\ v_y = \dot{y} = r\omega\sin\omega t \end{cases} \tag{b}$$

M 点的速度为

$$\begin{aligned} v &= \sqrt{v_x^2+v_y^2} = r\omega\sqrt{2-2\cos\omega t} \\ &= 2r\omega\sin\frac{\omega t}{2} \qquad (0\leqslant\omega t\leqslant 2\pi) \end{aligned} \tag{c}$$

运动方程式(a)实际上也是 M 点运动轨迹的参数方程(以 t 为参变量)。这是一个摆线(或称旋轮线)方程,这表明 M 点的运动轨迹是摆线,如图10-8所示。

取起始点 M 作为弧坐标原点,将式(c)的速度 v 积分,即得用弧坐标表示的运动方程:

$$s = \int_0^t 2r\omega\ \sin\frac{\omega t}{2}\mathrm{d}t = 4r\left(1-\cos\frac{\omega t}{2}\right) \qquad (0\leqslant\omega t\leqslant 2\pi)$$

将式(b)再对时间求导,即得加速度在直角坐标系上的投影:

$$\begin{cases} a_x = \ddot{x} = r\omega^2\sin\omega t \\ a_y = \ddot{y} = r\omega^2\cos\omega t \end{cases} \tag{d}$$

由此得到全加速度

$$a = \sqrt{a_x^2+a_y^2} = r\omega^2$$

将式(c)对时间求导即得点 M 的切向加速度

$$a_{\mathrm{t}} = \dot{v} = r\omega^2\cos\frac{\omega t}{2}$$

法向加速度

$$a_{\mathrm{n}} = \sqrt{a^2-a_{\mathrm{t}}^2} = r\omega^2\sin\frac{\omega t}{2} \tag{e}$$

由于 $a_{\mathrm{n}}=\dfrac{v^2}{\rho}$,于是还可由式(c)及式(e)求得轨迹的曲率半径

$$\rho = \frac{v^2}{a_{\mathrm{n}}} = \frac{4r^2\omega^2\sin^2\dfrac{\omega t}{2}}{r\omega^2\sin\dfrac{\omega t}{2}} = 4r\sin\frac{\omega t}{2}$$

10.2 刚体的平移与定轴转动

刚体的平移和定轴转动称为基本运动。刚体的基本运动是刚体运动的最简单形式,是不可分解的运动基本形态。刚体的复杂运动均可分解成若

干基本运动的合成。

1. 刚体的平移

刚体在运动过程中，**其上任一条直线始终与其初始位置保持平行**，这种运动称为**平移**。例如汽缸内活塞的运动，车床上刀架的运动等都是平行移动。如图 10-9 所示，设刚体作平移，A 和 B 是刚体内任选两点。由图可知

$$\boldsymbol{r}_A = \boldsymbol{r}_B + \overrightarrow{BA}$$

当刚体平移时，因线段 AB 的长度和方向都不改变，只要把点 B 的轨迹沿$\overrightarrow{BA}$方向搬移一段距离 BA，就能与 A 点的轨迹完全重合。因此，**平移刚体上各点轨迹的形状相同**。

把上式对时间求导数，因为恒矢量$\overrightarrow{BA}$的导数等于零，于是得

$$\boldsymbol{v}_A = \boldsymbol{v}_B, \quad \boldsymbol{a}_A = \boldsymbol{a}_B \tag{10-16}$$

即在每一瞬时，刚体上各点的速度和加速度完全相同。

因此，平移刚体的运动学问题，归结为点的运动学来处理，即刚体上任何一点的运动，就可代表刚体上其他各点的运动。

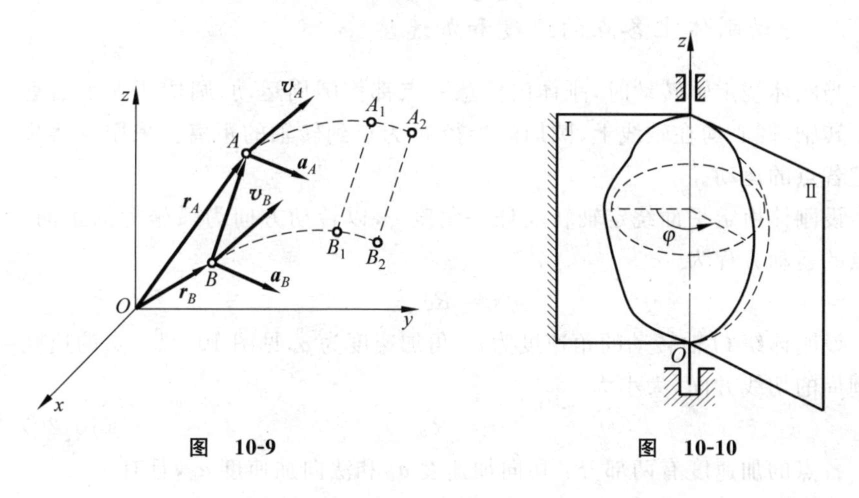

图　10-9　　　　图　10-10

2. 刚体绕定轴转动

工程中最常见的齿轮、机床的主轴、电机的转子等，它们都有一条固定的轴线，物体绕此固定轴转动。刚体在运动过程中，**其上有且只有一条直线始终固定不动时**，称刚体绕**定轴转动**，简称刚体的**转动**。该固定直线称为**转轴**或轴线。为确定转动刚体的位置，取其转轴为 z 轴，如图 10-10 所示。通过轴线作一固定平面Ⅰ，再作一动平面Ⅱ与刚体固结。两个平面间的夹角 φ 称为刚体的**转角**。转角是一个代数量，用弧度(rad)表示。当刚体转动时，转

角 φ 是时间的函数,即

$$\varphi = f(t) \tag{10-17}$$

称为**刚体绕定轴转动的运动方程**。

转角 φ 对时间的一阶导数,称为刚体的瞬时**角速度**,并用字母 ω 表示,即

$$\omega = \frac{\mathrm{d}\varphi}{\mathrm{d}t} = \dot{\varphi} \tag{10-18}$$

角速度是代数量,反映转动的快慢和方向,其单位一般用 rad/s(弧度/秒)。

角速度对时间的一阶导数,称为刚体的瞬时**角加速度**,并用字母 α 表示,即

$$\alpha = \frac{\mathrm{d}\omega}{\mathrm{d}t} = \ddot{\varphi} \tag{10-19}$$

角加速度反映角速度随时间的变化率。其单位一般用 $\mathrm{rad/s^2}$,角加速度也是代数量。

如果 ω 与 α 同号,则转动是加速的;ω 与 α 异号,则转动是减速的。

3. 转动刚体上各点的速度和加速度

当刚体绕定轴转动时,刚体内任意一点都作圆周运动,圆周所在平面垂直于转轴,圆心均在轴线上,圆周的半径 R 为点到转轴的距离。采用自然法研究各点的运动。

设刚体由定平面绕定轴转动任一角度 φ,以转动方向为弧坐标的正向,则点的运动方程为

$$s = R\varphi$$

设刚体绕 O 轴转动的角速度为 ω,角加速度为 α,见图 10-11。点的速度沿圆周的切线方向,大小为

$$v = R\omega \tag{10-20}$$

各点的加速度有两部分:切向加速度 $\boldsymbol{a}_\mathrm{t}$ 和法向加速度 $\boldsymbol{a}_\mathrm{n}$,且有

$$a_\mathrm{t} = R\alpha, \quad a_\mathrm{n} = R\omega^2 \tag{10-21}$$

全加速度

$$a = \sqrt{a_\mathrm{t}^2 + a_\mathrm{n}^2} = R\sqrt{\alpha^2 + \omega^4}$$

$$\tan\varphi = \frac{a_\mathrm{t}}{a_\mathrm{n}} = \frac{\alpha}{\omega^2} \tag{10-22}$$

式中,φ 为全加速度与半径的夹角,如图 10-11(b)所示。

研究刚体的运动时,特别注意同一瞬时刚体上各点间速度、加速度的关系,亦即速度与加速度的分布情况。由上式可推出,在垂直于转轴的截面

上，**同一半径上各点的速度、加速度均按线性规律分布**，如图 10-11 所示。

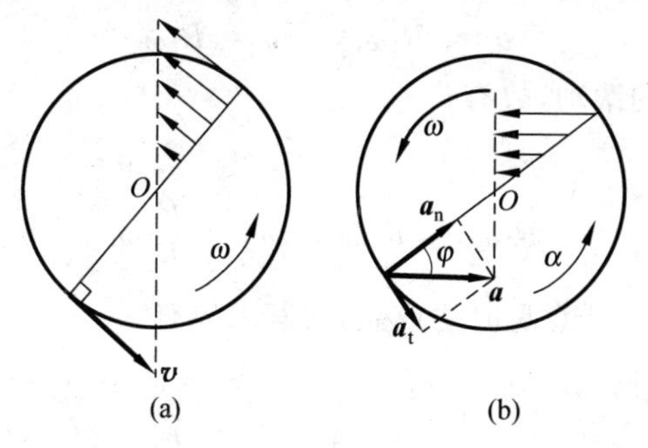

图　10-11

例 10-4　直径为 d 的轮子作匀速转动，每分钟转数为 n。求轮缘上各点速度和加速度。

解　根据题意，在式 $v=R\omega$ 中代入

$$R=\frac{d}{2}\quad 和\quad \omega=\frac{\pi n}{30}$$

得

$$v=\frac{\pi nd}{60}$$

由于轮子作匀速转动，所以 $\alpha=0$，得

$$a_t=0$$

$$a=a_n=R\omega^2=\frac{d}{2}\cdot\frac{\pi^2 n^2}{30^2}=\frac{\pi^2 n^2 d}{1800}$$

例 10-5　齿轮传动，如图 10-12 所示。已知主动轮Ⅰ的角速度为 ω_1，求从动轮Ⅱ的角速度 ω_2 及接触点 P 的速度与加速度。

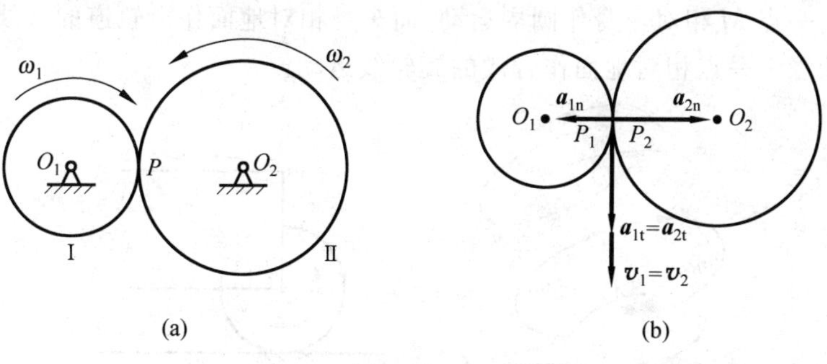

图　10-12

解 两轮上的接触点分别是 P_1 与 P_2,有

$$v_1 = R_1\omega_1, \quad v_2 = R_2\omega_2$$

因两轮作无滑动的滚动,故有

$$v_1 = v_2$$

$$R_1\omega_1 = R_2\omega_2, \quad \omega_2 = \frac{R_1}{R_2}\omega_1$$

又因 $v_1 = v_2$ 对任意瞬时均成立,对其求导有

$$\dot{v}_1 = \dot{v}_2$$

$$R_1\alpha_1 = R_2\alpha_2, \quad \alpha_2 = \frac{R_1}{R_2}\alpha_1$$

两接触点的切向加速度相等,法向加速度不等,这也是任何只滚不滑的接触点加速度的共同规律。

10.3 点的合成运动

物体相对不同参考系的运动是不同的。本节引入动参考系,研究一个点相对于不同参考系的运动之间的关系,分析运动中某一瞬时点的速度合成与加速度合成的规律。

1. 相对运动·牵连运动·绝对运动

点的运动特征(运动轨迹、速度、加速度)与参考系有密切关系。图 10-13(a)中直升机旋翼上的一点相对机身作圆周运动,而机身相对地面又作上升运动,因而旋翼上的一点 M 作合成的螺旋运动。图 10-13(b)车轮轮缘上一点 M 相对车身作圆周运动,而车身相对地面作沿轨道的直线运动,因而轮缘上一点相对地面作合成的旋轮线运动。

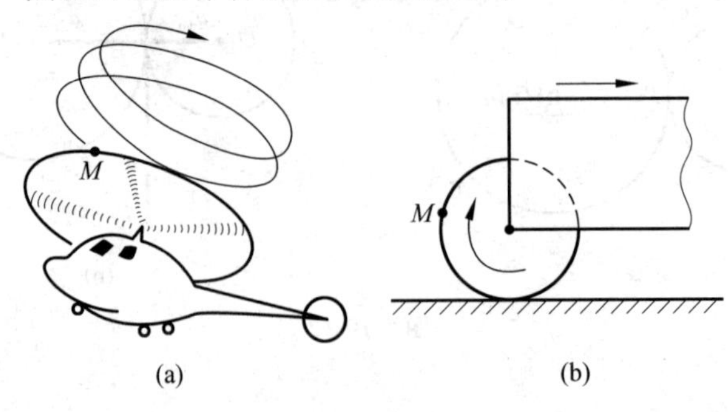

图 10-13

当我们所研究的问题涉及到两个参考系时，通常把固连于地球上的参考系称为**定参考系**，简称**定系**。把相对定系运动的参考系称为**动参考系**，简称**动系**。研究的对象是**动点**。动点相对定系的运动称为**绝对运动**；动点作绝对运动的速度、加速度称为动点的**绝对速度**和**绝对加速度**，分别用$\boldsymbol{v}_a$，$\boldsymbol{a}_a$表示。动点相对于动系的运动称为**相对运动**；动点作相对运动的速度、加速度称为动点的**相对速度**、**相对加速度**，分别用$\boldsymbol{v}_r$，$\boldsymbol{a}_r$表示。

动系相对于定系的运动称为**牵连运动**。动系作为一个整体运动着，因此，牵连运动具有刚体运动的特点，常见的牵连运动形式即为平移或定轴转动。定义任一瞬时，动系上与动点M重合的点M'为此瞬时动点M的**牵连点**。牵连点是指动系上的点，动点运动到动系上的哪一点，该点就是动点的牵连点。定义某瞬时牵连点的速度、加速度称为动点的**牵连速度**、**牵连加速度**，分别用$\boldsymbol{v}_e$，$\boldsymbol{a}_e$表示。因牵连运动指动系相对于定系而言，所以牵连速度亦是相对于定系而言。

例如在直升机的实例中，旋翼上的一点M相对机身作圆周运动，而机身相对地面又作上升运动是牵连运动。动点的绝对运动是相对运动和牵连运动合成的结果，绝对运动也可分解为相对运动和牵连运动。

运动合成与分解的概念在理论和实践上都有重要的意义，可以通过一些简单运动的合成，得到比较复杂的运动，也可以将复杂的运动分解为比较简单的运动。

2. 点的速度合成定理

下面研究点的相对速度、牵连速度和绝对速度三者之间的关系。

设动点M在动系上的相对轨迹为曲线AB，如图10-14所示。设t瞬时点M与动系上点M_1重合，经过Δt瞬时后，M沿$\widehat{MM'}$运动到M'，$\overrightarrow{MM'}=\Delta\boldsymbol{r}_a$是绝对位移；牵连点$M_1$由$M$点运动到$M_1$，$\overrightarrow{MM_1}=\Delta\boldsymbol{r}_e$是牵连位移。点$M_2$是当没有牵连运动只有相对运动时动点$M$在$t+\Delta t$瞬时的位置，因而$\overrightarrow{MM_2}=\Delta\boldsymbol{r}_r$是相对位移。由图中几何关系得

$$\Delta\boldsymbol{r}_a=\Delta\boldsymbol{r}_e+\overrightarrow{M_1M'}$$

当$\Delta t\to 0$时，取极限

$$\lim_{\Delta t\to 0}\frac{\Delta\boldsymbol{r}_a}{\Delta t}=\lim_{\Delta t\to 0}\frac{\Delta\boldsymbol{r}_e}{\Delta t}+\lim_{\Delta t\to 0}\frac{\overrightarrow{M_1M'}}{\Delta t}$$

由于

$$\lim_{\Delta t\to 0}\frac{\overrightarrow{M_1M'}}{\Delta t}=\lim_{\Delta t\to 0}\frac{\Delta\boldsymbol{r}_r}{\Delta t}$$

所以

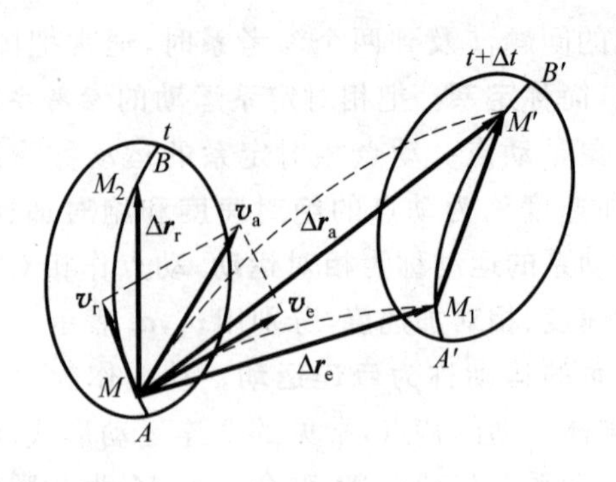

图 10-14

$$\boldsymbol{v}_a = \boldsymbol{v}_e + \boldsymbol{v}_r \tag{10-23}$$

即某瞬时动点的绝对速度等于该瞬时动点的牵连速度和相对速度的矢量和,这就是**点的速度合成定理**。上式表明,动点的绝对速度可以由牵连速度与相对速度所构成的平行四边形的对角线来确定。在推导速度合成定理时,并未限制动参考系作什么样的运动,因此这个定理适用于牵连运动是任何运动的情况。

例 10-6 刨床的急回机构如图 10-15 所示。曲柄 OA 的一端 A 与滑块用铰链连接。当曲柄 OA 以匀角速度 ω 绕固定轴 O 转动时,滑块在摇杆 O_1B 上滑动,并带动摇杆 O_1B 绕固定轴 O_1 摆动。设曲柄长 $OA=r$,两轴间的距离 $OO_1=l$。求当曲柄在水平位置时摇杆的角速度 ω_1。

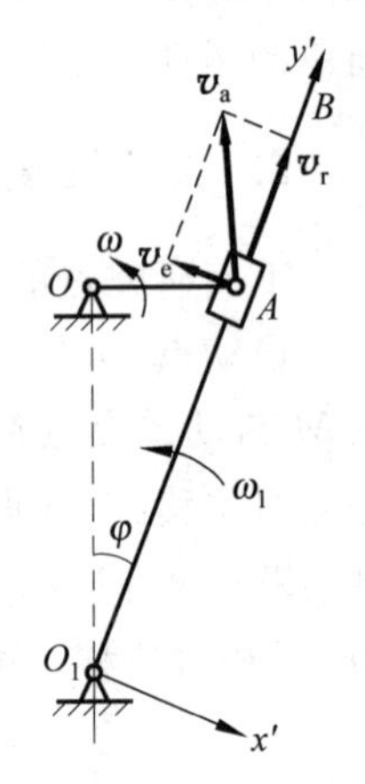

图 10-15

解 在本题中应选取曲柄端点 A 作为研究的动点,把动系 $O_1x'y'$ 固定在摇杆 O_1B 上,并与 O_1B 一起绕 O_1 轴摆动。

点的绝对运动是以点 O 为圆心的圆周运动,相对运动是沿 O_1B 方向的直线运动,而牵连运动则是摇杆绕 O_1 轴的摆动。

于是,绝对速度 $\boldsymbol{v}_a$ 的大小和方向都是已知的,它的大小等于 $r\omega$,而方向与曲柄 OA 垂直;相对速度 $\boldsymbol{v}_r$ 的方向是已知的,即沿 O_1B;而牵连速度 $\boldsymbol{v}_e$ 是杆 O_1B 上与点 A 重合的那一点的速度,它的方向垂直于 O_1B,也是已知的。共计有四个要素已知。由于 $\boldsymbol{v}_a$ 的大小和方向都已知,因此,这是一个速度分解的问题。

作出速度四边形,如图 10-15 所示。由其中的直角三角形可求得

$$v_e = v_a \sin\varphi$$

又 $\sin\varphi=\dfrac{r}{\sqrt{l^2+r^2}}$，且 $v_a=r\omega$，所以

$$v_e=\frac{r^2\omega}{\sqrt{l^2+r^2}}$$

设摇杆在此瞬时的角速度为 ω_1，则

$$v_e=O_1A\cdot\omega_1=\frac{r^2\omega}{\sqrt{l^2+r^2}}$$

其中

$$O_1A=\sqrt{l^2+r^2}$$

由此得出此瞬时摇杆的角速度为

$$\omega_1=\frac{r^2\omega}{l^2+r^2}$$

方向如图。

例 10-7　如图 10-16 所示，半径为 R、偏心距为 e 的凸轮，以匀角速度 ω 绕 O 轴转动，杆 AB 能在滑槽中上下平移，杆的端点 A 始终与凸轮接触，且 OAB 成一直线。求在图示位置时，杆 AB 的速度。

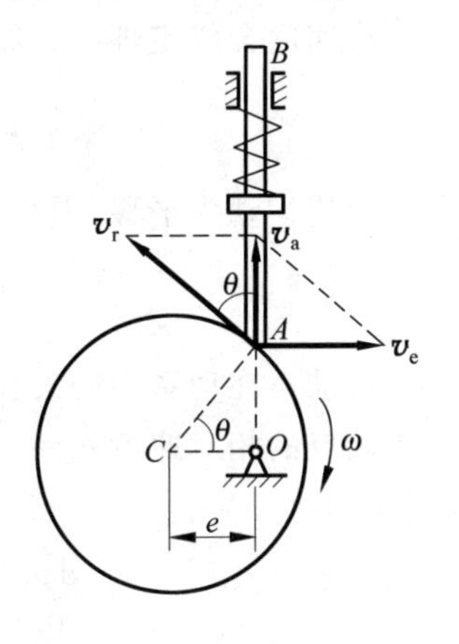

图　10-16

解　因为杆 AB 作平移，各点速度相同，因此只要求出其上任一点的速度即可。选取杆 AB 的端点 A 作为研究的动点，动系随凸轮一起绕 O 轴转动。

点 A 的绝对运动是直线运动，相对运动是以凸轮中心 C 为圆心的圆周运动，牵连运动则是凸轮绕 O 轴的转动。

于是，绝对速度方向沿 AB，相对速度方向沿凸轮圆周的切线，而牵连速度为凸轮上与杆端 A 点重合的那一点的速度，它的方向垂直于 OA，它的大小为 $v_e=\omega\cdot OA$。

根据速度合成定理，已知四个要素，即可作出速度平行四边形，如图 10-16 所示。由三角关系求得杆的绝对速度为

$$v_a=v_e\cot\theta=\omega\cdot OA\,\frac{e}{OA}=\omega e$$

3. 点的加速度合成定理

加速度合成问题比较复杂，对于不同形式的牵连运动会得到不同的结论，先研究牵连运动为平移时的情况。

(1) 牵连运动为平移时的加速度合成定理

设 $Oxyz$ 为定参考系,$O'x'y'z'$ 为平移参考系,如图 10-17 所示。其 O' 点的速度为 $\boldsymbol{v}_{O'}$,加速度为 $\boldsymbol{a}_{O'}$。现在求 M 点的绝对加速度。

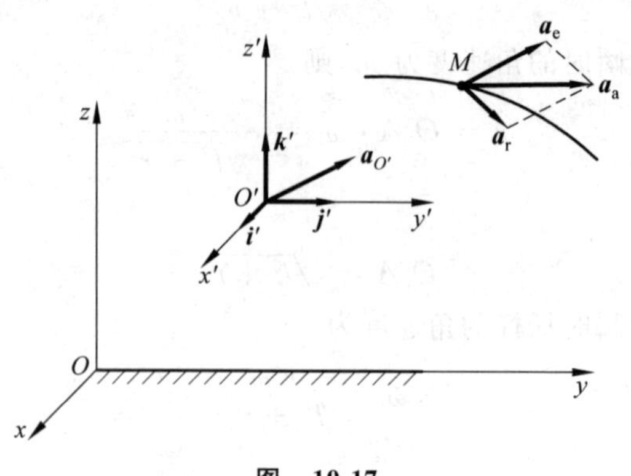

图 10-17

将速度合成定理(10-23)对时间求导得

$$\boldsymbol{a}_{\mathrm{a}} = \frac{\mathrm{d}\boldsymbol{v}_{\mathrm{a}}}{\mathrm{d}t} = \frac{\mathrm{d}\boldsymbol{v}_{\mathrm{e}}}{\mathrm{d}t} + \frac{\mathrm{d}\boldsymbol{v}_{\mathrm{r}}}{\mathrm{d}t}$$

因为牵连运动为平移,因而动系上各点的速度、加速度都相同,有

$$\frac{\mathrm{d}\boldsymbol{v}_{\mathrm{e}}}{\mathrm{d}t} = \frac{\mathrm{d}\boldsymbol{v}_{O'}}{\mathrm{d}t} = \boldsymbol{a}_{O'} = \boldsymbol{a}_{\mathrm{e}}$$

设动点在动系中的矢径为 $\boldsymbol{r}'=x'\boldsymbol{i}'+y'\boldsymbol{j}'+z'\boldsymbol{k}'$,在动系中对时间求导,可得动点的相对速度 $\boldsymbol{v}_{\mathrm{r}}=\dot{x}'\boldsymbol{i}'+\dot{y}'\boldsymbol{j}'+\dot{z}'\boldsymbol{k}'$。动系作平移,单位矢量 $\boldsymbol{i}'$,$\boldsymbol{j}'$,$\boldsymbol{k}'$方向不变,有

$$\frac{\mathrm{d}\boldsymbol{v}_{\mathrm{r}}}{\mathrm{d}t} = \ddot{x}'\boldsymbol{i}' + \ddot{y}'\boldsymbol{j}' + \ddot{z}'\boldsymbol{k}' = \boldsymbol{a}_{\mathrm{r}}$$

于是证得

$$\boldsymbol{a}_{\mathrm{a}} = \boldsymbol{a}_{\mathrm{e}} + \boldsymbol{a}_{\mathrm{r}} \tag{10-24}$$

即当牵连运动为平移时,动点的绝对加速度等于牵连加速度和相对加速度的矢量和。这就是**牵连运动为平移时的加速度合成定理**。

(2) 牵连运动为转动时的加速度合成定理

$$\boldsymbol{a}_{\mathrm{a}} = \boldsymbol{a}_{\mathrm{e}} + \boldsymbol{a}_{\mathrm{r}} + \boldsymbol{a}_{\mathrm{C}} \tag{10-25}$$

其中

$$\boldsymbol{a}_{\mathrm{C}} = 2\boldsymbol{\omega}_{\mathrm{e}} \times \boldsymbol{v}_{\mathrm{r}}$$

$\boldsymbol{\omega}_{\mathrm{e}}$是动系的角速度,$\boldsymbol{a}_{\mathrm{C}}$ 称为**科氏加速度**,其大小和方向由上式确定。定理证明从略。

即当**牵连运动为定轴转动时,动点的绝对加速度等于它的牵连加速度、相对加速度和科氏加速度的矢量和**。这就是**牵连运动为转动的加速度合成定理**。可以证明,对任何形式的牵连运动,其加速度合成定理都具有式(10-25)的形式。

例 10-8　曲柄导杆机构如图 10-18 所示。已知在图示位置,曲柄 OA 的角速度为 ω,角加速度为 α。设曲柄的半径为 r,求图示瞬时导杆的速度和加速度。

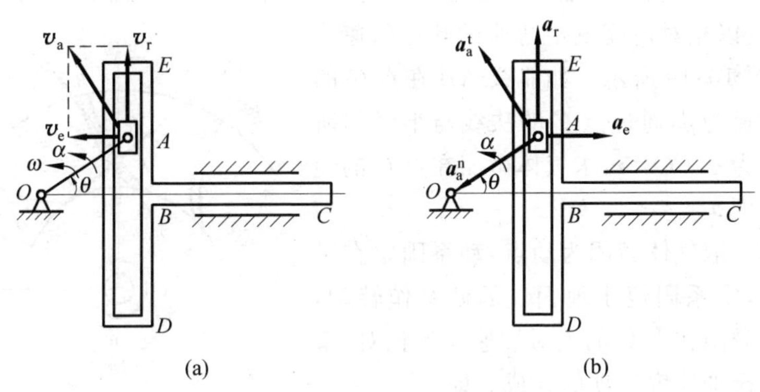

图　10-18

解　(1) 运动分析

当曲柄 OA 转动时,通过滑块 A 带动导杆作直线平移,滑块 A 相对导杆沿 DE 直线运动,选取滑块 A 为动点,导杆为动系,机座为定系。滑块 A 的运动分析如下。

绝对运动:A 绕轴 O 作圆周运动;

相对运动:A 点沿 DE 直线运动;

牵连运动:导杆作水平直线平移。

(2) 求速度

分析 A 点的 3 个速度的大小和方向。已知 A 点的绝对速度大小 $v_a = r\omega$,各速度方向如图 10-18(a)所示。由速度合成定理

$$\boldsymbol{v}_a = \boldsymbol{v}_e + \boldsymbol{v}_r$$

将上式在 x 轴上投影,可得

$$-v_a \sin\theta = -v_e$$

$$v_e = r\omega \sin\theta$$

即为导杆平移的速度。

(3) 求加速度

点 A 的绝对运动为圆周运动,于是绝对加速度有两个分量 $\boldsymbol{a}_a^t$ 和 $\boldsymbol{a}_a^n$,各

加速度方向如图10-18(b)所示。由牵连运动为平移的加速度合成定理

$$\boldsymbol{a}_{\mathrm{a}}=\boldsymbol{a}_{\mathrm{a}}^{\mathrm{t}}+\boldsymbol{a}_{\mathrm{a}}^{\mathrm{n}}=\boldsymbol{a}_{\mathrm{e}}+\boldsymbol{a}_{\mathrm{r}}$$

其中,$a_{\mathrm{a}}^{\mathrm{t}}=\alpha r$,$a_{\mathrm{a}}^{\mathrm{n}}=\omega^2 r$,将上述矢量式在$x$轴上投影,可得

$$-a_{\mathrm{a}}^{\mathrm{t}}\sin\theta-a_{\mathrm{a}}^{\mathrm{n}}\cos\theta=a_{\mathrm{e}}$$

$$a_{\mathrm{e}}=-r(\alpha\sin\theta+\omega^2\cos\theta)$$

负号表明导杆的实际加速度方向与图示方向相反。

例10-9 空气压缩机工作轮以角速度ω绕垂直于图面的O轴匀速转动,空气以相对速度v_{r}沿弯曲的叶片匀速流动,如图10-19所示。如曲线AB在点C的曲率半径为ρ,通过点C的法线与半径间所夹的角为φ,$CO=r$,求气体微团在点C的绝对加速度$\boldsymbol{a}_{\mathrm{a}}$。

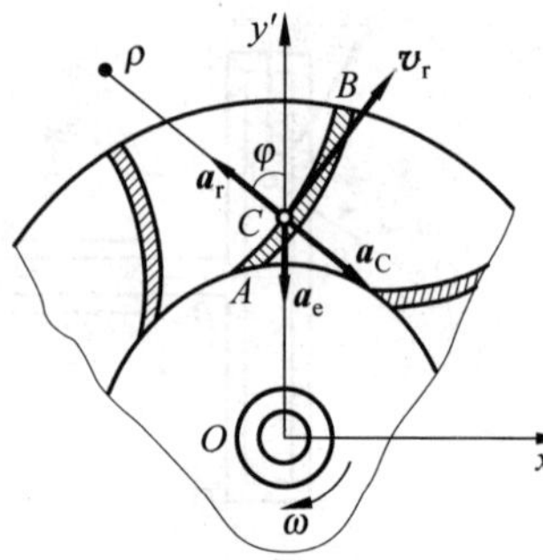

图 10-19

解 取气体微团为动点,动系固定在工作轮上,定系固定于地面。因动系作转动,故气体微团在点C的绝对加速度为相对、牵连和科氏加速度三项的合成。即

$$\boldsymbol{a}_{\mathrm{a}}=\boldsymbol{a}_{\mathrm{e}}+\boldsymbol{a}_{\mathrm{r}}+\boldsymbol{a}_{\mathrm{C}}$$

上式中,$\boldsymbol{a}_{\mathrm{e}}$等于动系上的点$C$的加速度。因工作轮匀速转动,故只有向心加速度,即

$$a_{\mathrm{e}}=\omega^2 r$$

方向如图所示。

由于气体微团相对于叶片作匀速曲线运动,故,只有法向加速度$\boldsymbol{a}_{\mathrm{r}}$,即

$$a_{\mathrm{r}}=\frac{v_{\mathrm{r}}^2}{\rho}$$

由$\boldsymbol{a}_{\mathrm{C}}=2\boldsymbol{\omega}_{\mathrm{e}}\times\boldsymbol{v}_{\mathrm{r}}$,可确定$\boldsymbol{a}_{\mathrm{C}}$在图示平面内,并与$\boldsymbol{v}_{\mathrm{r}}$垂直,指向如图10-19所示。它的大小为

$$a_{\mathrm{C}}=2\omega v_{\mathrm{r}}\sin 90^\circ=2\omega v_{\mathrm{r}}$$

为了便于求出绝对加速度$\boldsymbol{a}_{\mathrm{a}}$的大小,不妨先求出它在$Ox'$和$Oy'$轴上的投影值。根据合矢量投影定理,得

$$\begin{aligned}a_{\mathrm{a}x'}&=a_{\mathrm{e}x'}+a_{\mathrm{r}x'}+a_{\mathrm{C}x'}\\&=0-\frac{v_{\mathrm{r}}^2}{\rho}\sin\varphi+2\omega v_{\mathrm{r}}\sin\varphi\\&=\left(2\omega v_{\mathrm{r}}-\frac{v_{\mathrm{r}}^2}{\rho}\right)\sin\varphi\end{aligned}$$

$$a_{\mathrm{a}y'}=a_{\mathrm{e}y'}+a_{\mathrm{r}y'}+a_{\mathrm{C}y'}$$

$$=-\omega^2 r+\frac{v_r^2}{\rho}\cos\varphi-2\omega v_r\cos\varphi$$

$$=\left(\frac{v_r^2}{\rho}-2\omega v_r\right)\cos\varphi-\omega^2 r$$

于是，绝对加速度的大小可按下式求得：

$$a_a=\sqrt{a_{ax'}^2+a_{ay'}^2}$$

$\boldsymbol{a}_a$ 的方向可由其方向余弦确定。

10.4　刚体的平面运动

刚体的平面运动是工程机械中较为常见的一种刚体运动，它可以看作平移和转动的合成，也可以看作绕不断运动的轴的转动。

1. 平面运动概念与运动分解

工程中有很多零件的运动，例如沿直线滚动的车轮的运动，行星轮机构中动齿轮的运动，曲柄连杆机构中连杆的运动等，如图 10-20 所示。这些构件的运动既不是平移，又不是绕定轴的转动，但它们有一个共同的特点，即**在运动过程中，刚体上任何一点到某一固定平面的距离始终保持不变**，这种运动称为**平面运动**。

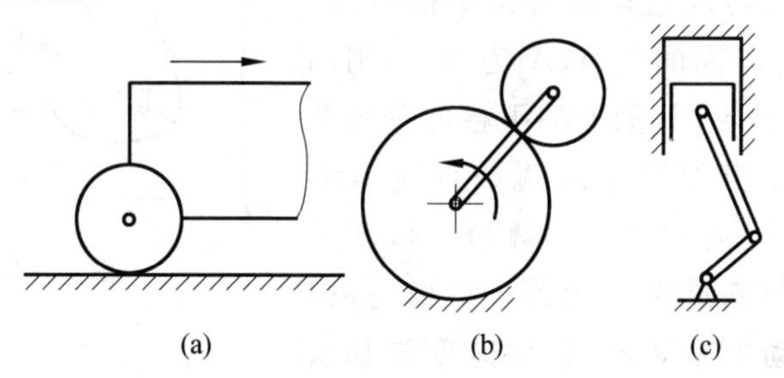

图　10-20

刚体的平面运动可简化成平面图形的运动。观察图 10-21，用一个平行于固定平面的平面截刚体，得截面 S，它是一个平面图形。若通过图形 S 上任一点 A 作垂直于图形的直线 A_1A_2，则在刚体运动过程中，A_1A_2 作平移，故可用 A 点代表直线上各点的运动。由此推出以下结论，刚体的平面运动可以用平面图形的运动来代表。

平面图形的位置完全可由图形内任意线段 AB 的位置来确定

(图10-22),而要确定此线段在平面内的位置,只需确定线段上任一点 A 的位置和线段 AB 与坐标轴 Ox 间的夹角 φ 即可。

点 A 的坐标和 φ 角都是时间的函数,即

$$x_A = f_1(t), \quad y_A = f_2(t), \quad \varphi = f_3(t) \tag{10-26}$$

式(10-26)称为**刚体平面运动的运动方程**。

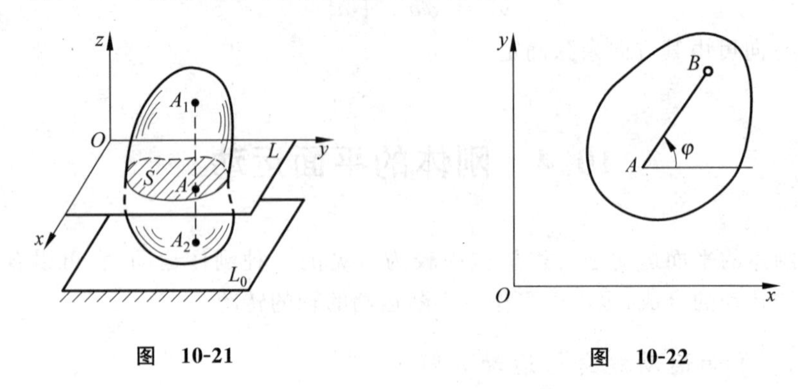

图 10-21　　　　图 10-22

选取图形上某点 A 为**基点**,并以基点为坐标原点,建立一**平移坐标系** $Ax'y'$,如图10-23所示。这样,图形相对平移坐标系 $Ax'y'$ 的运动为绕基点 A 定轴转动,而图形的牵连运动为随同基点的平移;**平面图形的运动可看成随同基点的平移和绕基点转动这两部分运动的合成**。如果选图形上不同的点 A, A' 为基点,则因点 A, A' 的运动不同,**图形的平移部分与基点选择有关**。但图形上的两条直线 AB, $A'B'$ 始终平行(或相差一常数角度),图形的转动部分与基点选择无关。特别是,**图形绕基点转动的角速度、角加速度与基点选择无关**。略去"绕基点转动",$\omega=\dot{\varphi}$ 及 $\alpha=\ddot{\varphi}$ 称为平面图形的角速度和角加速度。

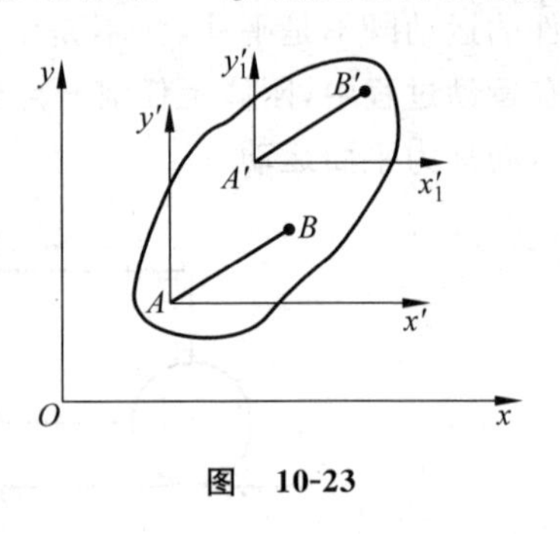

图 10-23

2. 平面运动刚体上各点的速度分析

平面图形的运动是由随同基点的平移和绕基点转动合成的,因此,可通过点的速度合成定理来求平面图形上各点的速度。

(1) **基点法**(速度合成法)

取 Oxy 为定参考系,如图10-24所示,设此瞬时图形上 A 点速度为 $\boldsymbol{v}_A$,

平面图形的角速度为 ω。选取 A 为基点，$Ax'y'$ 为平移参考系（动系可以不画出来，基点法本身就意味着有此动系），图形上的 B 点为动点。则牵连运动为平移，牵连速度 $\boldsymbol{v}_e=\boldsymbol{v}_A$。相对运动为 B 点绕 A 点的圆周运动，相对速度 $\boldsymbol{v}_r$ 用 $\boldsymbol{v}_{BA}$ 表示，称为绕基点转动的速度，其大小为 $v_{BA}=AB\cdot\omega$，方向垂直于 AB（图 10-24）。由点的速度合成定理

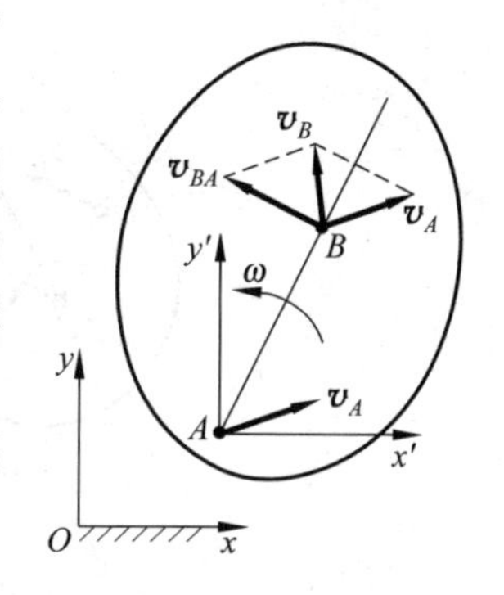

图 10-24

$$\boldsymbol{v}_a=\boldsymbol{v}_e+\boldsymbol{v}_r$$

即得

$$\boldsymbol{v}_B=\boldsymbol{v}_A+\boldsymbol{v}_{BA} \qquad (10\text{-}27)$$

它表明**平面图形上任意点的速度等于基点的速度和该点绕基点转动速度的矢量和**。这种求平面图形上任一点速度的方法称为**速度合成法**（**基点法**）。

(2) **速度投影法**

式(10-27)给出了平面图形上 A,B 两点间速度关系，如将其投影到两点连线 AB 上，因刚体相对于基点 A 作定轴转动，所以 $\boldsymbol{v}_{BA}$ 垂直于 AB，可得

$$[\boldsymbol{v}_B]_{AB}=[\boldsymbol{v}_A]_{AB} \qquad (10\text{-}28)$$

式(10-28)称为**速度投影定理**，**即同一刚体上任意两点的速度在该两点连线上的投影相等**（包含大小和正负号）。此定理的物理意义为：刚体上任意两点的距离恒定不变。因此，速度投影定理不仅适用于刚体作平面运动，也适用于刚体作任何运动。

(3) **速度瞬心法**

如果平面图形上有瞬时速度为零的一点，则这样的点称为**速度瞬心**，简称瞬心，用 C 表示。用基点法求平面图形任一点 B 的速度时，若取瞬心为基点，由于基点的速度为零，则点 B 的速度可表示为

$$\boldsymbol{v}_B=\boldsymbol{v}_C+\boldsymbol{v}_{BC}=\boldsymbol{v}_{BC}$$

即图形上任一点的速度就是该点绕速度瞬心转动的速度，如图 10-25(a)所示。故**在此瞬时，刚体上各点的速度分布规律就像绕瞬心作定轴转动一样**，如图 10-25(b)所示。

设平面图形的角速度为 ω，则

$$v_B=BC\cdot\omega \qquad (10\text{-}29)$$

这种以瞬心为基点求平面图形上任一点速度的方法，称为**速度瞬心法**，简称瞬心法。

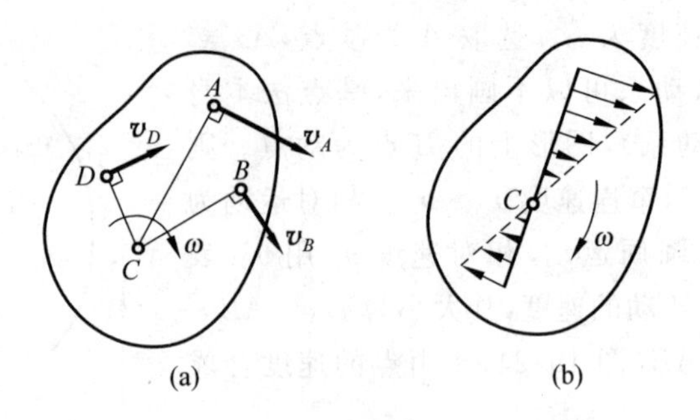

图 10-25

可以证明,只要平面图形在某一瞬时的角速度 ω 不等于零,那么平面图形上必存在一个速度瞬心。

必须指出,不同瞬时,速度瞬心为刚体上的不同的点,且该点加速度不为零,因此瞬心法只能用来分析该瞬时刚体上各点的速度,切不可用来分析刚体上各点的加速度。

用瞬心法求平面图形上点的速度时,先要确定速度瞬心的位置,下面讨论几种确定瞬心位置的方法。

(1) 平面图形在固定直线或曲线上**纯滚动**,其接触点就是该瞬时的速度瞬心。如图 10-26 所示,车轮沿直线滚动,车轮上与轨道的接触点 C 和 C' 之间无相对滑动而有相同的速度,轨道上 C' 点的速度为零,车轮上 C 点即为该瞬时的瞬心。

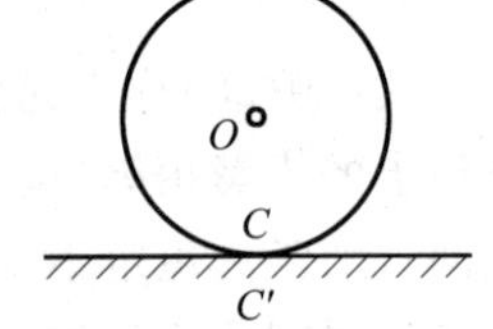

图 10-26

(2) 已知平面图形上任意两点 A,B 的速度方向,且两点速度不平行时,由于速度瞬心在任一点速度的垂线上,如图 10-27(a)所示,因此分别过两点作速度的垂线,其交点即为速度瞬心。

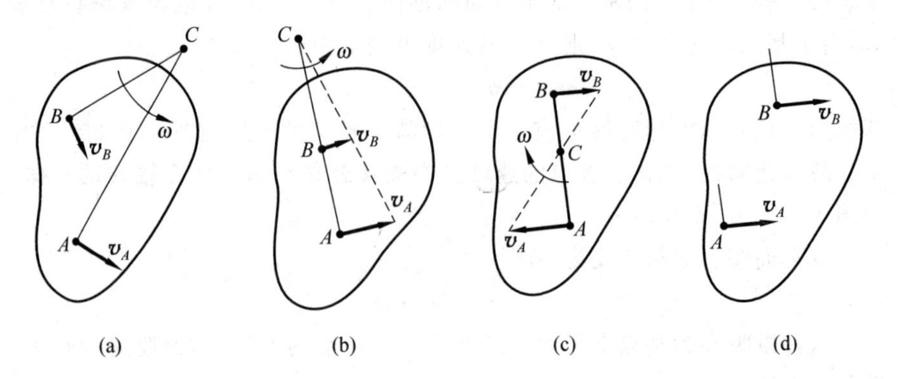

图 10-27

(3) 已知平面图形上 A 和 B 两点的速度互相平行，且垂直于两点的连线，并知道两速度的大小，如图 10-27(b)，(c)所示。根据图 10-25 所示的速度分布规律，速度矢量端点的连线与 AB 的交点为速度瞬心。

(4) 已知平面图形上 A 和 B 两点的速度互相平行，但与两点的连线不垂直，此时两条速度的垂线也互相平行，速度瞬心在无穷远处。此时平面图形的角速度为

$$\omega = \frac{v_A}{AC} = \frac{v_A}{\infty} = 0$$

平面图形上任一点绕基点转动的速度都为零，则此瞬时必有刚体上各点速度都相同，称为**瞬时平移**，如图 10-27(d)所示。必须指出瞬时平移与平移是不同的。瞬时平移仅在这一瞬时图形上各点的速度相同，而另一瞬时则不相同，而且此瞬时各点的加速度并不一定相同；而平移在每一瞬时，刚体上各点的速度相同，加速度也相同。

例 10-10　曲柄连杆机构如图 10-28 所示，$OA=r$，$AB=\sqrt{3}r$。如曲柄 OA 以匀角速度 ω 转动，求当 $\varphi=60°$时，滑块 B 的速度和连杆 AB 的角速度。

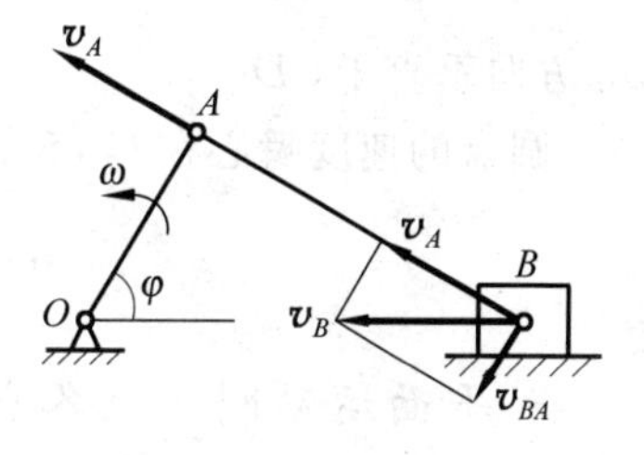

图　10-28

解　连杆 AB 作平面运动，以点 A 为基点，点 B 的速度为

$$\boldsymbol{v}_B = \boldsymbol{v}_A + \boldsymbol{v}_{BA}$$

其中 $v_A=\omega r$，方向与 OA 垂直，$\boldsymbol{v}_B$ 沿 OB 方向，$\boldsymbol{v}_{BA}$ 与 AB 垂直。

当 $\varphi=60°$时，OA 恰与 AB 垂直，作速度平行四边形如图 10-28，解出

$$v_B = \frac{v_A}{\cos 30°} = \frac{2\sqrt{3}}{3}\omega r$$

$$\omega_{AB} = \frac{v_{BA}}{AB} = \frac{v_A \tan 30°}{\sqrt{3}r} = \frac{\omega}{3}$$

B 点的速度还可用速度投影定理求得。

例 10-11　长为 l 的杆 AB 与半径为 R 的圆盘在 B 点铰接，轮 B 作无滑动的滚动，如图 10-29。已知在图示位置，A 端的速度为 $\boldsymbol{v}_A$，求此时 B 的速度，杆 AB 的角速度，杆中点 D 的速度和圆盘的角速度。

解　杆 AB 及轮均作平面运动。杆 AB 上 A，B 点的速度方向如图 10-29 所示，速度瞬心为 C，则

$$\omega_{AB} = \frac{v_A}{AC} = \frac{v_A}{l\sin\varphi}$$

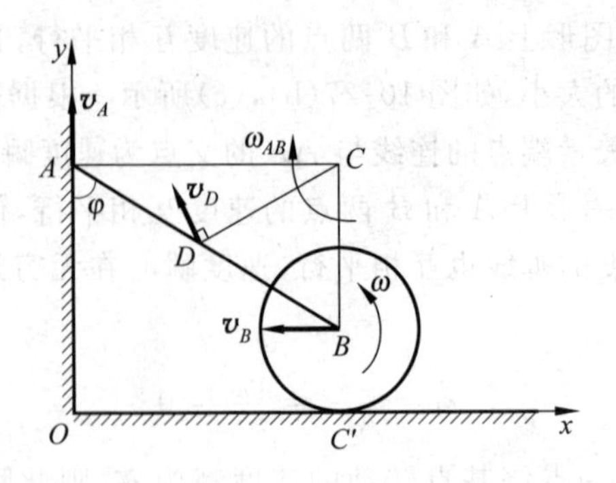

图 10-29

B 点和 D 点的速度大小为

$$v_B = BC\omega_{AB} = l\cos\varphi\omega_{AB} = v_A\cot\varphi$$

$$v_D = DC\omega_{AB} = \frac{l}{2}\omega_{AB} = \frac{v_A}{2\sin\varphi}$$

$\boldsymbol{v}_D$ 方向垂直于 CD。

圆盘的速度瞬心在 C',角速度为

$$\omega = \frac{v_B}{R} = \frac{v_A}{R}\cot\varphi$$

3. 平面运动刚体上各点的加速度分析

现在用基点法研究平面图形上各点的加速度。如图 10-30 所示,平面图形的角速度为 ω,角加速度为 α。任取一点 A 为基点,设 A 点的加速度 $\boldsymbol{a}_A$,取 B 为动点。则牵连加速度为 $\boldsymbol{a}_e = \boldsymbol{a}_A$,相对加速度为 $\boldsymbol{a}_r = \boldsymbol{a}_{BA}$,且

$$\boldsymbol{a}_{BA} = \boldsymbol{a}_{BA}^n + \boldsymbol{a}_{BA}^t$$

由牵连运动为平移的加速度合成定理:

$$\boldsymbol{a}_B = \boldsymbol{a}_A + \boldsymbol{a}_{BA}^n + \boldsymbol{a}_{BA}^t \qquad (10\text{-}30)$$

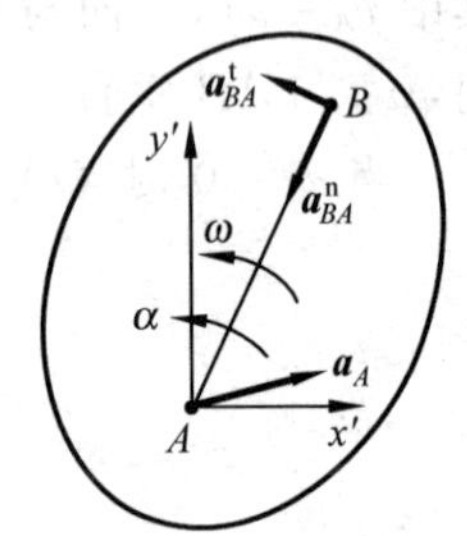

图 10-30

其中,

$$\begin{cases} a_{BA}^n = AB\omega^2 \\ a_{BA}^t = AB\alpha \end{cases}$$

式(10-30)表明,**平面图形上任意点的加速度等于基点的加速度与绕基点转动的切向加速度和法向加速度的矢量和。**

例 10-12 杆 AB 长为 $2r$,其 A 端以匀速 $\boldsymbol{u}$ 沿水平直线运动,B 端由长为 r 的绳索 BD 吊起。试求运动到图示位置(AB 与水平线夹角为 θ,BD 铅垂)时,杆 AB 的角速度和角加速度,以及 B 点和杆中点 C 的加速度。

解 在图示位置 $\boldsymbol{v}_B$ 平行于 $\boldsymbol{v}_A$，如图 10-31。杆 AB 作瞬时平移，有

$$\omega = 0, \quad v_B = v_A = u$$

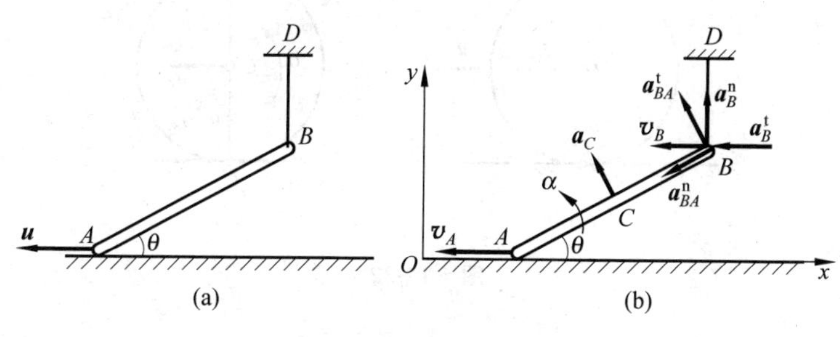

图 10-31

取 A 为基点，B 点作圆周运动，根据基点法公式，有

$$\boldsymbol{a}_B = \boldsymbol{a}_B^t + \boldsymbol{a}_B^n = \boldsymbol{a}_A + \boldsymbol{a}_{BA}^t + \boldsymbol{a}_{BA}^n$$

因为 $\omega=0$，$\boldsymbol{v}_A$ 为常量，所以 $\boldsymbol{a}_A=0$，$\boldsymbol{a}_{BA}^n=0$，上式可写为

$$\boldsymbol{a}_B = \boldsymbol{a}_B^t + \boldsymbol{a}_B^n = \boldsymbol{a}_{BA}^t$$

可知 $\boldsymbol{a}_B=\boldsymbol{a}_{BA}^t$，其中 $a_B^n=\dfrac{v_B^2}{r}$，将上式在 y 轴上投影有

$$a_B^n = a_{BA}^t \cos\theta$$

由此求出

$$a_B = a_{BA}^t = \frac{a_B^n}{\cos\theta} = \frac{u^2}{r\cos\theta}$$

$$\alpha = \frac{a_{BA}^t}{AB} = \frac{a_B^n}{2r\cos\theta} = \frac{u^2}{2r^2\cos\theta}$$

以 A 为基点，可求得 C 点的加速度为

$$a_C = AC \cdot \alpha = \frac{u^2}{2r\cos\theta}$$

可以看出，杆 AB 作瞬时平移时，刚体上各点的速度相同，但加速度不同。

例 10-13 半径为 R 的圆轮在地面上沿直线轨道作纯滚动，已知轮心 O 的速度 $\boldsymbol{v}_O$ 和加速度 $\boldsymbol{a}_O$。求轮子的角加速度及 C 点的加速度。

解 轮子作平面运动，C 点与地面接触，为速度瞬心。

轮心 O 作直线运动，所以 $a_O=\dfrac{\mathrm{d}v_O}{\mathrm{d}t}$，又 $\alpha=\dfrac{\mathrm{d}\omega}{\mathrm{d}t}$，因 $\omega=\dfrac{v_O}{R}$，所以

$$\alpha = \frac{\mathrm{d}}{\mathrm{d}t}\left(\frac{v_O}{R}\right) = \frac{a_O}{R}$$

以 O 为基点，求 C 点的加速度，如图 10-32(b)。

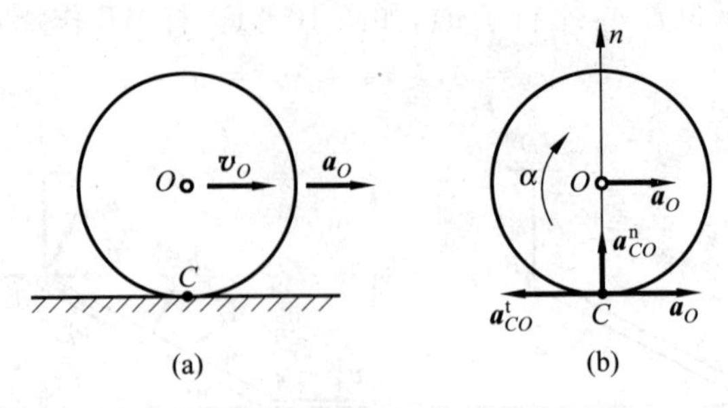

图 10-32

$$\boldsymbol{a}_C = \boldsymbol{a}_O + \boldsymbol{a}_{CO}^{n} + \boldsymbol{a}_{CO}^{t}$$

其中，

$$a_{CO}^{n} = R\omega^2 = \frac{v_O^2}{R}, \quad a_{CO}^{t} = R\alpha = a_O$$

即

$$\boldsymbol{a}_{CO}^{t} = -\boldsymbol{a}_O$$

所以

$$\boldsymbol{a}_C = \boldsymbol{a}_{CO}^{n}$$

速度瞬心 C 的加速度不为零，是轮上 C 点绝对运动的切向加速度，其轨迹为摆线。

思 考 题

10-1 $\frac{d\boldsymbol{v}}{dt}$与$\frac{dv}{dt}$有何不同？

10-2 若已知某瞬时动点的速度大小为 $v=7\text{cm/s}$，问此瞬时动点的加速度是否可由 $a=\frac{dv}{dt}$得知必为零？

10-3 在运动过程中，若动点的切向加速度和法向加速度为下列三种情况，问动点作何种运动？(1)$a_t=0$，$a_n=0$；(2)$a_t\neq0$，$a_n=0$；(3)$a_t=0$，$a_n=$常量。

10-4 车辆在弯道上行驶时，车厢是否作平移？自行车直线前进时，脚蹬板作什么运动？

10-5 一绳缠绕在鼓轮上，绳端挂一重物 M，已知 M 以速度 $\boldsymbol{v}$ 和加速度 $\boldsymbol{a}$ 向下运动，问绳上两点 A,D 和轮缘上两点 B,C 的加速度是否相同？

10-6　已知刚体的角速度为 ω，角加速度为 α。画出 A，M 两点的速度、切向加速度和法向加速度。

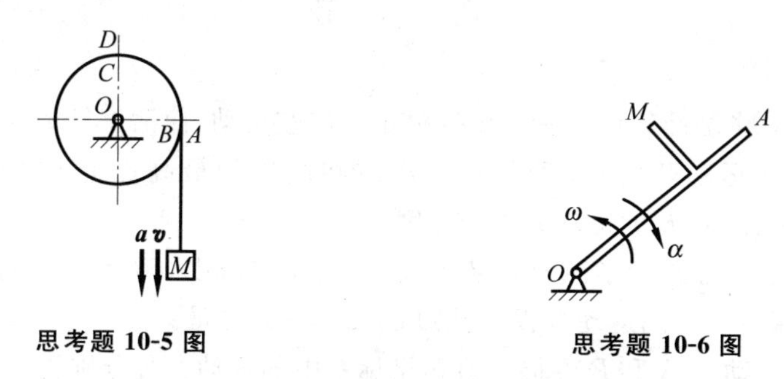

思考题 10-5 图　　　　思考题 10-6 图

10-7　试举几个工程实例，说明什么叫点的绝对运动、相对运动？什么叫牵连运动？

10-8　因为动系对定系的运动是牵连运动，是否可以说动系上任何一点的速度都是动点的牵连速度？为什么？

10-9　速度合成定理中共有几个物理量？定理能求解几个未知量，为什么？

10-10　作速度平行四边形时，为什么要绝对速度 $\boldsymbol{v}_a$ 为平行四边形的对角线？如不这样会出现什么问题？

10-11　基点选择不同，对平面运动的分解有什么影响？

10-12　每一瞬时，平面图形上各点的速度都能否任意给定，图示几种运动情况能否发生？

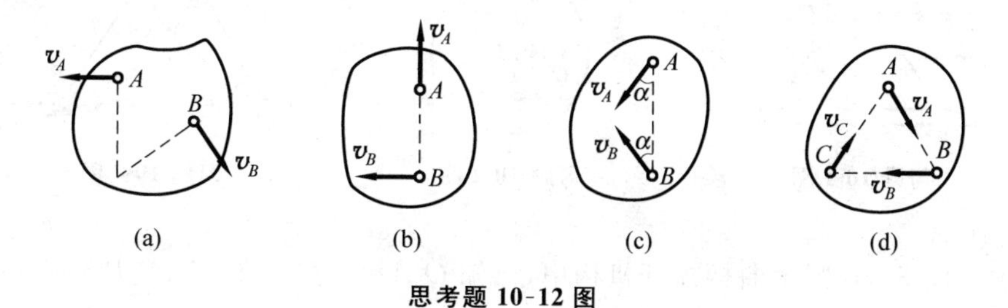

思考题 10-12 图

10-13　求平面图形上各点速度的方法有几种？各种方法的要点是什么？它们之间有什么关系？

习　题

10-1 半圆凸轮以 $v_0=1\text{cm/s}$ 沿水平向左运动，使活塞杆 AB 沿铅直方向运动。当运动开始时，活塞杆的 A 端在凸轮的最高点上。如凸轮半径 $R=8\text{cm}$，求活塞 B 的运动方程和速度。

10-2 偏心凸轮半径为 r，转动轴到轮心的偏心距 $OC=d$，坐标轴 Ox 如图所示，求杆 AB 的运动方程。已知 $\varphi=\omega t$，ω 为常量。

10-3 动点 A 和 B 在同一直角坐标系中的运动方程分别为

$$\begin{cases}x_A=t\\y_A=2t^2\end{cases}\qquad\begin{cases}x_B=t^2\\y_B=2t^4\end{cases}$$

其中 x，y 以 cm 计，t 以 s 计。

试求：(1)两点的运动轨迹；(2)两点相遇的时刻；(3)该时刻它们各自的速度；(4)该时刻它们各自的加速度。

10-4 图示一曲线规，当 OA 杆转动时，M 点即画出一曲线。已知 $OA=AB=l$，$\varphi=\omega t$，ω 为一常数。$CM=DM=AC=AD=a$。求 M 点的运动方程及轨迹方程。

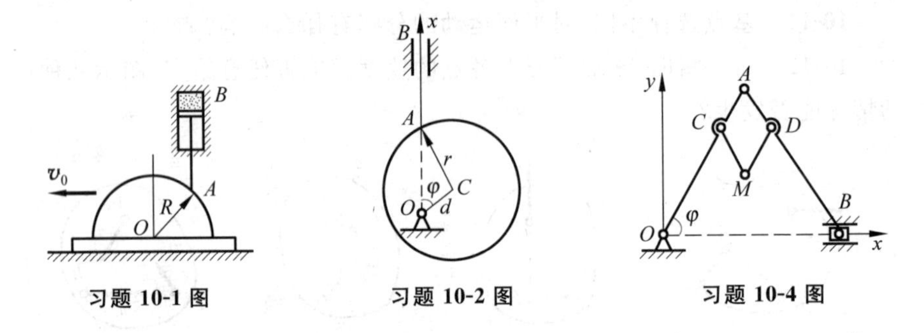

习题 10-1 图　　习题 10-2 图　　习题 10-4 图

10-5 在图示曲柄摇杆机构中，已知 $O_1A=O_1O_2=10\text{cm}$，$O_2B=24\text{cm}$，$\varphi=\dfrac{\pi}{4}t$。试分别用直角坐标法和自然法求 B 点的运动方程，并求其速度和加速度的大小。

10-6 点的运动方程为：$x=50t$，$y=500-5t^2$，其中 x 和 y 以 m 计，求当 $t=0$ 时，点的切向与法向加速度及轨迹的曲率半径。

10-7 摇筛机构如图所示，已知 $O_1A=O_2B=40\text{cm}$，$O_1O_2=AB$，杆 O_1A

按$\varphi=\frac{1}{2}\sin\frac{\pi}{4}$的规律摆动。求当$t=0$和$t=2$s时，筛面中点$M$的速度和加速度的大小和方向。

10-8　搅拌机中已知$O_1A=O_2B=R$，$O_1O_2=AB$，杆O_1A的转速为n，求搅棍BAM上M的轨迹、速度及加速度。

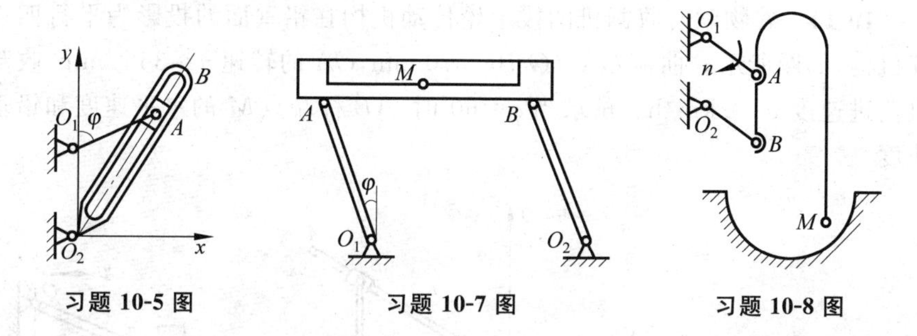

习题10-5图　　习题10-7图　　习题10-8图

10-9　一升降机构由半径为$R=50$cm的鼓轮带动，被升降物体的运动方程为$x=5t^2$，其中t以s计，x以m计。求鼓轮的角速度和角加速度，并求在任意瞬时鼓轮轮缘上一点全加速度的大小。

10-10　轮A由轮B带动，两轮半径分别为$r_1=75$ cm，$r_2=30$ cm，已知轮B从静止开始启动后其角加速度为$\alpha_2=0.4\pi$rad/s^2。假定轮与皮带间无滑动，求经过多少秒后轮A的转速为300 r/min?

10-11　提升重物的绞车机构如图。主动轴Ⅰ转动时，通过齿轮传动使轴Ⅱ转动而提升重物P，如小齿轮和大齿轮的齿数分别是Z_1和Z_2，鼓轮的半径是R，主动轴Ⅰ的转动方程是$\varphi=\pi t^2$(单位为rad)，其中t以s为单位。试求重物的运动方程、速度和加速度。

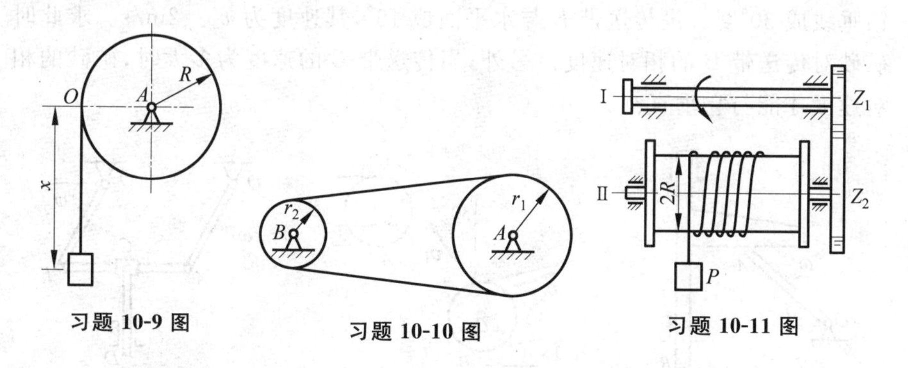

习题10-9图　　习题10-10图　　习题10-11图

10-12　已知一飞机的高度为h，以速度v作匀速直线飞行。一探照灯与飞机在同一铅垂平面内，其连线与铅垂线成θ角如图示。求当光束随飞机移动时,探照灯转动的角速度与 θ 的关系。

10-13 油开关机构简化后如图示,触头 C 由导杆 BC 通过套筒 B 套在手柄 OA 上。已知导杆离支点 O 的距离为 l,若跳闸速度为 $\boldsymbol{v}_1$,加速度为 $\boldsymbol{a}_1$。求手柄 OA 在该瞬时的角速度和角加速度。设该瞬时 $v_1=5\ \mathrm{m/s}$, $a_1=300\ \mathrm{m/s^2}$, $\varphi=10°$, $l=0.25\ \mathrm{m}$。

10-14 谷物联合收割机的拨禾轮传动机构在铅垂面的投影为平行四连杆机构,如图所示。曲柄 $OA=O_1B=570\ \mathrm{mm}$, OA 的转速 $n=36\ \mathrm{r/min}$,收割机前进速度 $v=2\ \mathrm{km/h}$。试求当 $\varphi=60°$时,AB 杆端点 M 的水平速度和铅垂速度。

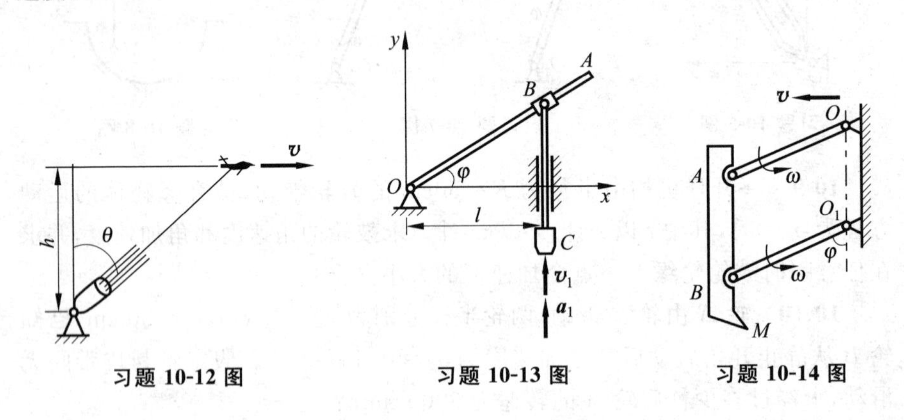

习题 10-12 图　　习题 10-13 图　　习题 10-14 图

10-15 如图所示,曲柄 OA 长 40cm,以角速度 $\omega=0.5\mathrm{rad/s}$ 绕 O 轴转动,由此而推动丁字杆 BC 铅垂向上运动。求当曲柄与水平线成 $\theta=30°$角时,BC 杆的速度和加速度。

10-16 矿砂从传送带 A 落到另一传送带 B,其速度 $v_1=4\mathrm{m/s}$,方向与铅垂线成 30°度。设传送带 B 与水平面成 15°,其速度为 $v_2=2\mathrm{m/s}$。求此时矿砂对传送带 B 的相对速度。另外,当传送带 B 的速度为多大时,矿砂的相对速度才能与它垂直?

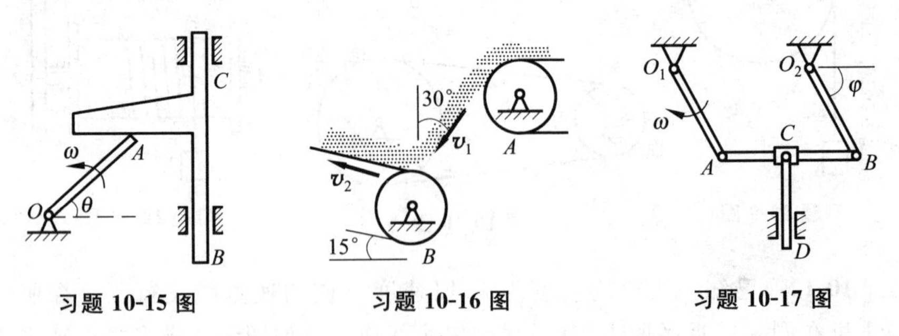

习题 10-15 图　　习题 10-16 图　　习题 10-17 图

10-17　图示铰接平行四连杆机构中 $O_1A=O_2B=10\text{cm}$，$O_1O_2=AB$，杆 O_1A 以匀角速度 $\omega=2\text{rad/s}$ 绕 O_1 轴转动，AB 杆上有一套筒 C，与 CD 杆铰接，机构各部分均在同一平面内。求 $\varphi=60°$ 时 CD 杆的速度和加速度。

10-18　在图(a)和(b)所示的两种机构中，已知 $O_1O_2=a=20\text{cm}$，$\omega_1=3\ \text{rad/s}$。求图示位置时杆 O_2A 的角速度。

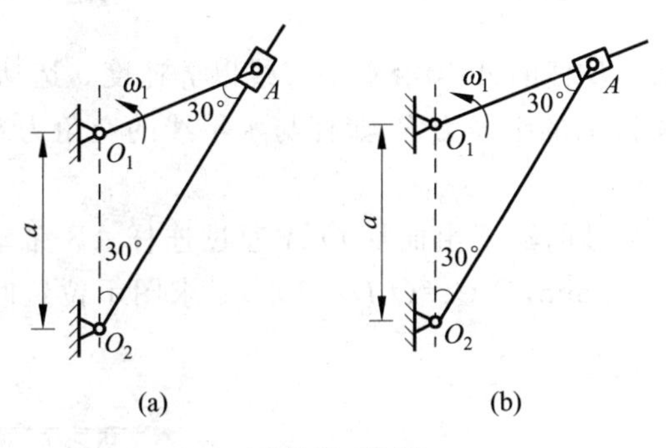

习题 10-18 图

10-19　杆 OA 长为 l，由推杆推动而在图面内绕 O 点转动，如图所示。假定推杆的速度为 u，其弯头长为 a，试求杆端 A 点速度的大小(表示为由推杆至点 O 的距离 x 的函数)。

10-20　曲杆 OBC 绕 O 轴转动，使套在其上的小环沿固定直杆 OA 滑动。已知：$OB=10\text{cm}$，OB 与 BC 垂直，曲杆的角速度 $\omega=0.5\text{rad/s}$。求当 $\varphi=60°$时，小环 M 的速度和加速度。

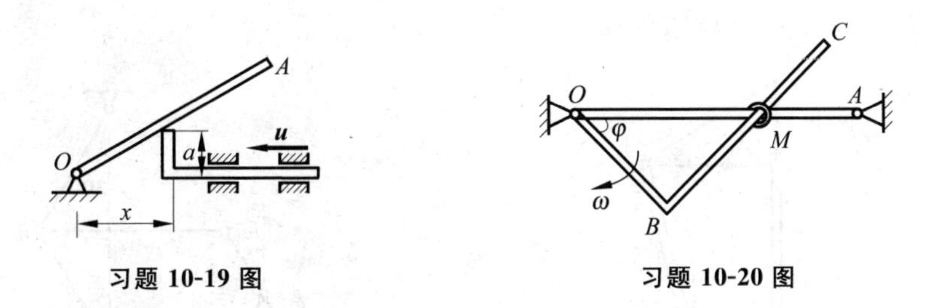

习题 10-19 图　　　　习题 10-20 图

10-21　平面机构如图，已知：$O_1A=r$，O_1A 以角速度 ω 绕 O_1 点转动。在图示位置时，$AB=BO_2=b$，求折杆 O_2BC 的角速度。

10-22　三角板 B 以匀速 $v=3\ \text{m/s}$ 水平向左运动，从而带动 OA 杆转动。已知 $\alpha=45°$，$OA=3\ \text{m}$，图示瞬时 OA 在水平位置。求：图示瞬时(1)OA 杆的转动角速度 ω；(2)OA 杆端 A 点沿物块 B 斜面下滑的速度。

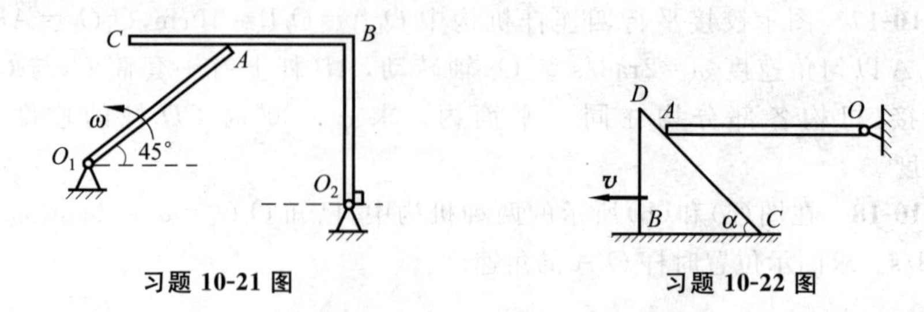

习题 10-21 图　　　　习题 10-22 图

10-23 图示 AB 杆的 A 端沿水平直线以等速度 v 运动,在运动时恒与一半圆周相切,半圆周的半径为 R,如杆与水平线的交角为 θ,试以 θ 角表示 AB 杆的角速度。

10-24 铸工筛砂的筛子由曲柄 O_1A 通过连杆 AB 带动。已知 $O_1A=5\text{cm}$,转速 $n=400\ \text{r/min}$,$O_2C=O_3D=60\ \text{cm}$,求图示位置时筛子的速度和 O_2C 的角速度。

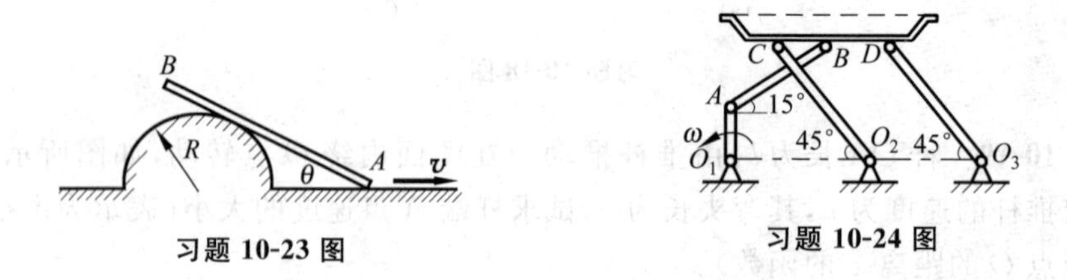

习题 10-23 图　　　　习题 10-24 图

10-25 图示四连杆机构由曲柄 O_1A 带动。已知曲柄的角速度 $\omega_0=2\text{rad/s}$,曲柄 $O_1A=10\text{cm}$,水平距离 $O_1O_2=5\text{cm}$,$AD=5\text{cm}$,当 O_1A 铅垂时,AB 平行于 O_1O_2,且 AD 与 AO_1 在同一直线上。求当角 $\varphi=30°$时,三角板 ABD 的角速度和 D 点的速度。

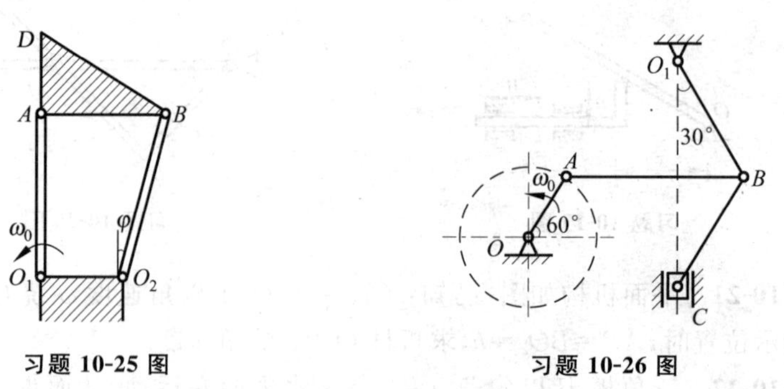

习题 10-25 图　　　　习题 10-26 图

10-26 冲床的曲柄四连杆机构如图所示,当曲柄 OA 以等角速度 ω_0 绕 O 轴转动时,连杆 AB 使杆 BO_1 绕 O_1 轴摆动,又通过连杆 BC 带动滑块 C 上下运动。已知 $OA=r$,$AB=l$,$BO_1=BC=l$,试求图示位置时,滑块 C

的速度。

10-27　直径为 $6\sqrt{3}$cm 的滚子在水平面上作纯滚动。杆 BC 的一端与滚子铰接,另一端与滑块 C 铰接。已知图示位置滚子角速度 $\omega=12$rad/s,$\alpha=30°$,$\beta=60°$,$BC=27$cm。试求该瞬时 BC 杆的角速度和 C 点的速度。

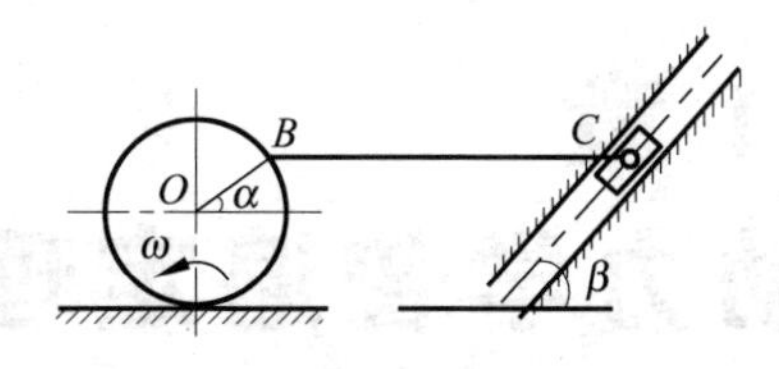

习题 10-27 图

10-28　如图所示,轮 O 在水平面上滚动而不滑动,轮缘上固定销钉 B,此销钉在摇杆 O_1A 的槽内滑动。已知轮的半径 $R=0.5$ m;在图示位置时,OA_1 是轮的切线;轮心的速度 $v_O=20$ cm/s;摇杆与水平面间的交角为 60°。求摇杆在该瞬时的角速度。

10-29　图示椭圆规尺的 A 端以匀速度 v_A 沿水平向左运动,若 $AB=l$,试求当 AB 杆与水平线的夹角为 $\varphi=60°$时,B 端的速度及 AB 的角速度。

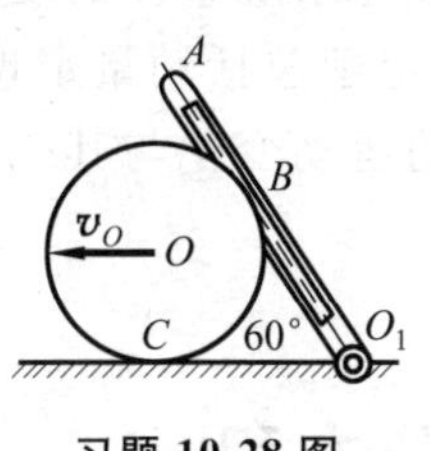

习题 10-28 图

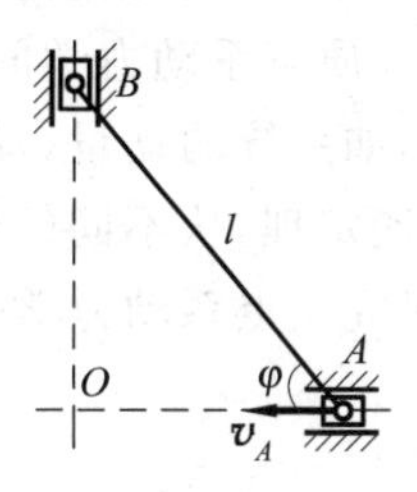

习题 10-29 图

第 11 章 动力学普遍定理

动力学研究物体的运动变化与作用在物体上的力之间的关系。动力学所研究的力学模型有质点、刚体和质点系。

在研究质点系动力学问题时，总是着眼于描述系统整体的动力学运动量的变化，如系统的动量，动能等。动力学普遍定理包括动量定理、动量矩定理和动能定理，从不同的角度建立了质点系的运动变化与其受力之间的关系，是研究质点系动力学问题的重要工具。

11.1 质点运动微分方程

根据牛顿第二定律建立了质点运动微分方程，应用此方程可求解质点动力学的两类问题。

1. 动力学基本定律(牛顿三定律)

第一定律(惯性定律)：任何质点如不受力作用，则将保持原来静止或等速直线运动状态。

物体保持其运动状况不变的固有属性，称为惯性。质量为物体惯性的度量。

第二定律(力与加速度之间关系的定律)：在力的作用下物体所获得的加速度的大小与作用力的大小成正比，与物体的质量成反比，方向与力的方

向相同。即

$$m\boldsymbol{a}=\boldsymbol{F} \tag{11-1}$$

在国际单位中，质量的单位为 kg(千克)，长度的单位为 m(米)，时间的单位为 s(秒)。力的单位 N(牛顿)是导出单位：$1\mathrm{N}=1\mathrm{kg}\times1\mathrm{m/s^2}$。

第三定律(作用与反作用定律)：两物体之间的作用力和反作用力大小相等，方向相反，并沿同一条直线分别作用在两个物体上。

以牛顿三定律为基础的力学，称为**经典力学**。质点动力学的三个基本定律只在一定范围内适用，三个定律适用的参考系称为**惯性参考系**。在一般的工程问题中，把固定于地面的坐标系作为惯性参考系，可以得到相当精确的结果。

2. 质点运动微分方程

当物体受几个力作用时，式(11-1)的右端应为这几个力的合力。即

$$m\boldsymbol{a}=\sum\boldsymbol{F} \tag{11-2}$$

或

$$m\frac{\mathrm{d}^2\boldsymbol{r}}{\mathrm{d}t^2}=\sum\boldsymbol{F} \tag{11-3}$$

式(11-3)是矢量形式的微分方程，实际计算时，需应用投影形式。

直角坐标形式微分方程

$$\begin{cases}m\ddot{x}=\sum F_x\\ m\ddot{y}=\sum F_y\\ m\ddot{z}=\sum F_z\end{cases} \tag{11-4}$$

自然坐标形式的微分方程

$$\begin{cases}m\dfrac{\mathrm{d}v}{\mathrm{d}t}=\sum F_{\mathrm{t}}\\ m\dfrac{v^2}{\rho}=\sum F_{\mathrm{n}}\\ 0=\sum F_{\mathrm{b}}\end{cases} \tag{11-5}$$

3. 质点动力学的两类问题

第一类问题：已知质点的运动，求作用于质点的力；第二类问题：已知作用于质点的力，求质点的运动。第一类问题比较简单，第二类问题，从数学的角度看，是解微分方程或求积分的问题，积分需确定积分常数，积分常数由初始条件决定。在工程实际中，力一般比较复杂，变力可表示为时间、

速度、坐标等的函数。积分往往比求导数困难,当力的函数形式比较复杂时,只能求出近似的数值解。

例 11-1 一圆锥摆,如图 11-1 所示。质量 $m=0.1\text{kg}$ 的小球系于长 $l=0.3\text{ m}$ 的绳上,绳的另一端系在固定点 O,并与铅垂线成 $\theta=60°$角。如小球在水平面内作匀速圆周运动,求小球的速度与绳的张力的大小。

解 以小球为研究的质点,作用于质点的力有重力 $m\boldsymbol{g}$ 和绳的拉力 $\boldsymbol{F}$。选取在自然轴上投影的运动微分方程,得

$$m\frac{v^2}{\rho}=F\sin\theta,\quad 0=F\cos\theta-mg$$

因 $\rho=l\sin\theta$,于是解得

$$F=\frac{mg}{\cos\theta}=\frac{0.1\times 9.8}{0.5}=1.96(\text{N})$$

$$v=\sqrt{\frac{Fl\sin^2\theta}{m}}=\sqrt{\frac{1.96\times 0.3\times(\sqrt{3}/2)^2}{0.1}}=2.1(\text{m/s})$$

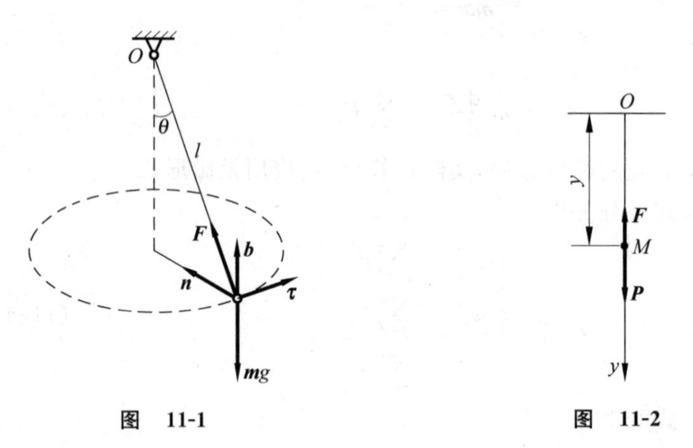

图 11-1　　图 11-2

例 11-2 质量为 m 的质点在空气中从静止自由降落。已知空气阻力与质点速度的平方成正比,比例系数为 μ,求质点的运动规律。

解 质点作直线运动,建立坐标轴 Oy,原点在初始位置。画出受力图如图 11-2 所示,且有

$$F=\mu v^2$$

质点的运动微分方程为

$$m\ddot{y}=mg-\mu\dot{y}^2$$

初始条件: $t=0,y=0,\dot{y}=0$,这是动力学第二类基本问题。用分离变量积分

$$\dot{v}=g-\frac{\mu}{m}v^2$$

$$\dot{v} = \frac{\mu}{m}(c^2 - v^2), \quad c = \sqrt{\frac{mg}{\mu}}$$

$$\int_0^v \frac{dv}{c^2 - v^2} = \int_0^t \frac{\mu}{m} dt, \quad v = c\,\text{th}\left(\frac{g}{c}t\right)$$

$$\int_0^y dy = \int_0^t c\,\text{th}\left(\frac{g}{c}t\right) dt, \quad y = \frac{c^2}{g}\ln\text{ch}\left(\frac{g}{c}t\right)$$

速度的时间历程曲线表明，质点存在极限速度 $v_{cr}=c$，即空气中落体的速度不会无限增大，而是最后趋于等速运动。其物理意义是：落体以极限速度运动时，重力与空气阻力相互平衡。据此也可直接求出极限速度

$$mg = \mu v_{cr}^2, \quad v_{cr} = \sqrt{\frac{mg}{\mu}} = c$$

11.2 动量定理

质点系动量定理建立了质点系动量的变化率与作用于质点系上外力系的主矢量之间的关系。

1. 质点系的动量

质点的质量与速度的乘积称为质点的动量，记为 $m\boldsymbol{v}$。质点的动量是矢量，方向与质点速度的方向一致。

在国际单位制中，动量的单位为 kg·m/s。

质点系内各质点动量的矢量和，称为**质点系的动量**，即

$$\boldsymbol{p} = \sum m_i \boldsymbol{v}_i \tag{11-6}$$

质点系的运动不仅与受力有关，而且与其质量的分布有关，质量分布的特征之一可以用**质心**来描述。质心的位置由下面的公式决定：

$$\boldsymbol{r}_C = \frac{\sum m_i \boldsymbol{r}_i}{\sum m_i} = \frac{\sum m_i \boldsymbol{r}_i}{m} \tag{11-7}$$

式(11-7)可写为 $m\boldsymbol{r}_C = \sum m_i \boldsymbol{r}_i$，对时间求导数后得 $m\boldsymbol{v}_C = \sum m_i \boldsymbol{v}_i$，所以系统的动量

$$\boldsymbol{p} = \sum m_i \boldsymbol{v}_i = m\boldsymbol{v}_C \tag{11-8}$$

此式表明质点系的动量等于质点系的质量与质心速度的乘积，方向与质心速度方向相同。此式使质点系动量的计算大为简化。

2. 质点系动量定理

设质点系由 n 个质点组成,第 i 个质点的质量为 m_i,速度为 $\boldsymbol{v}_i$,作用于质点上的外力记为 $\boldsymbol{F}_i^{(e)}$,内力记为 $\boldsymbol{F}_i^{(i)}$。牛顿第二定律 $m_i \dfrac{d\boldsymbol{v}_i}{dt} = \sum \boldsymbol{F}_i$ 可表示为

$$\frac{d}{dt}(m_i \boldsymbol{v}_i) = \boldsymbol{F}_i^{(e)} + \boldsymbol{F}_i^{(i)} \quad (i = 1,2,\cdots,n)$$

对于整个系统,求上述 n 个方程的矢量和,得

$$\sum \frac{d}{dt}(m_i \boldsymbol{v}_i) = \sum \boldsymbol{F}_i^{(e)} + \sum \boldsymbol{F}_i^{(i)}$$

更换求和及求导次序,得

$$\frac{d}{dt}\sum (m_i \boldsymbol{v}_i) = \sum \boldsymbol{F}_i^{(e)} + \sum \boldsymbol{F}_i^{(i)}$$

$\sum \boldsymbol{F}_i^{(e)}$ 为作用于质点系的外力的矢量和(外力的主矢量),$\sum \boldsymbol{F}_i^{(i)}$ 为作用于质点系的内力的矢量和,根据牛顿第三定律,内力总是大小相等、方向相反,成对的出现在质点系内部,所以 $\sum \boldsymbol{F}_i^{(i)} = 0$,于是得

$$\frac{d\boldsymbol{p}}{dt} = \sum \boldsymbol{F}_i^{(e)} \tag{11-9}$$

上式称为**质点系动量定理,即质点系动量对时间的变化率等于作用在质点系上外力系的主矢量,而与内力系无关**。在应用动量定理时,应取矢量式(11-9)的投影形式,如动量定理的直角坐标投影式为

$$\begin{cases} \dfrac{dp_x}{dt} = \sum F_x^{(e)} \\ \dfrac{dp_y}{dt} = \sum F_y^{(e)} \\ \dfrac{dp_z}{dt} = \sum F_z^{(e)} \end{cases} \tag{11-10}$$

质点系动量的变化只决定于外力的主矢量。内力不能改变系统的总动量,只能使系统中各质点间彼此进行动量交换。

如果作用于质点系的外力的主矢恒等于零,则质点系的动量保持不变,即

$$\boldsymbol{p} = \text{常矢量}$$

如果作用于质点系的外力主矢在某一坐标轴上的投影恒等于零,则质点系的动量在该坐标轴上的投影保持不变,例如 $\sum F_x^{(e)} = 0$,则

$$p_x = \text{常量}$$

以上结论称为**质点系动量守恒定律**。

例 11-3　电动机的外壳固定在水平基础上，定子和机壳的质量为 m_1，转子的质量为 m_2，偏心距为 e，以等角速度 ω 转动，如图 11-3 所示。求基础的水平和铅直约束力。

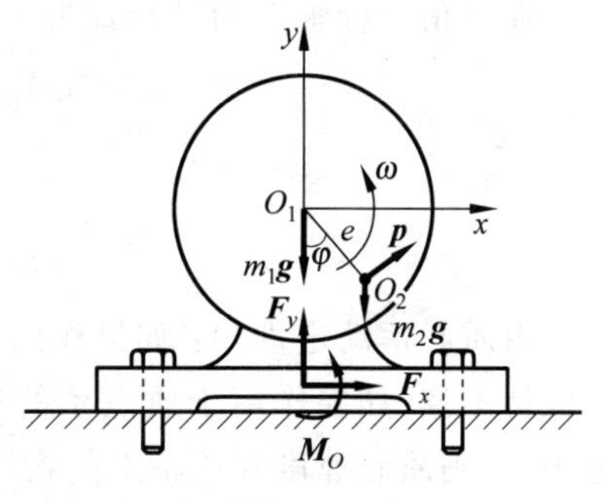

图　11-3

解　取电机外壳与转子组成质点系，系统所受的外力如图所示。机壳不动，质点系的动量就是转子的动量，由式(11-6)，其大小为

$$p = m_2\omega e$$

方向如图所示。动量在 x，y 轴上的投影为

$$p_x = m_2\omega e\cos\omega t,\quad p_y = m_2\omega e\sin\omega t$$

由动量定理的投影式(11-10)，得

$$\frac{\mathrm{d}p_x}{\mathrm{d}t} = F_x,\quad \frac{\mathrm{d}p_y}{\mathrm{d}t} = F_y - m_1 g - m_2 g$$

解得 $F_x = -m_2 e\omega^2\sin\omega t$，$F_y = (m_1 + m_2)g + m_2 e\omega^2\cos\omega t$。

电机不转时，基础只有向上的约束力 $(m_1 + m_2)g$，可称为**静约束力**；电机转动时的基础约束力称为**动约束力**。此例中，由于转子偏心而引起的在 x 方向附加动约束力 $-m_2 e\omega^2\sin\omega t$ 和 y 方向附加动约束力 $m_2 e\omega^2\cos\omega t$ 都是谐变力，将会引起电机和基础的振动。

3. 质心运动定理

将式(11-8)代入质点系动量定理式(11-9)中，得

$$m\frac{\mathrm{d}\boldsymbol{v}_C}{\mathrm{d}t} = \sum \boldsymbol{F}_i^{(\mathrm{e})}$$

或

$$m\boldsymbol{a}_C = \sum \boldsymbol{F}_i^{(\mathrm{e})} \tag{11-11}$$

上式表明，**质点系的质量与质心加速度的乘积等于作用于质点系的外力系的主矢量**，称为**质心运动定理**。由此定理可得出以下结论。

质点系质心的运动，可以视为一质点的运动，如将质点系的质量集中在质心上，同时将作用在质点系上所有外力都平移到质心上，则质心运动的加速度与所受外力的关系符合牛顿第二定律。质点系的内力不影响质心的运动，只有外力才能改变质心的运动。例如，汽车行驶是靠车轮与路面的摩擦

力。发动机内气体的爆炸力,对汽车来说是内力,虽然这个力是汽车行驶的原动力,但是它不能使汽车的质心运动。

式(11-11)为矢量式,应用时取其投影式。

在直角坐标轴上的投影式为

$$\begin{cases} ma_{Cx} = \sum F_x^{(e)} \\ ma_{Cy} = \sum F_y^{(e)} \\ ma_{Cz} = \sum F_z^{(e)} \end{cases} \tag{11-12}$$

由质心运动定理知:如果作用于质点系的外力主矢恒等于零,则质心运动保持不变;如果作用于质点系的外力在某一坐标轴上的投影的代数和恒等于零,则质心速度在该轴上的投影保持不变。以上结论,称为**质心运动守恒定律**。

例 11-4 均质曲柄 AB 长为 r 质量为 m_1,假设受力偶作用以不变的角速度 ω 转动,并带动滑槽连杆以及与它固连的活塞 D,如图 11-4 所示。滑槽、连杆、活塞总质量为 m_2,质心在点 C。在活塞上作用一恒力 $\boldsymbol{F}$。不计各处摩擦及滑块 B 质量,求作用在曲柄轴 A 处的最大水平约束力 $\boldsymbol{F}_x$。

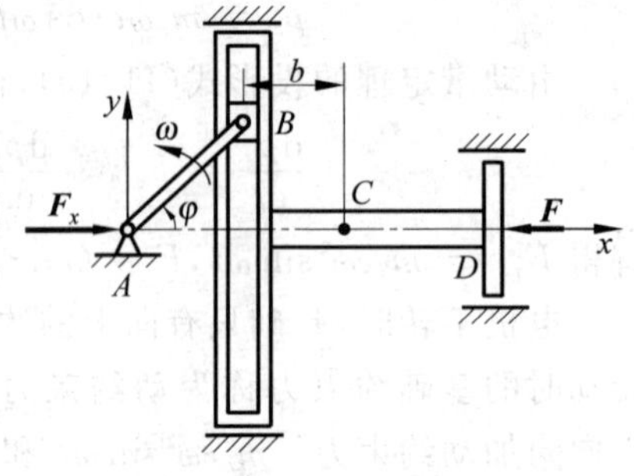

图 11-4

解 选取整个机构为研究的质点系。作用在水平方向的外力有 $\boldsymbol{F}$ 和 $\boldsymbol{F}_x$。

列出质心运动定理在 x 轴上的投影式

$$(m_1 + m_2)a_{Cx} = F_x - F$$

计算质心的坐标,然后对时间取二阶导数,即

$$x_C = \frac{1}{m_1 + m_2}\left[m_1 \frac{r}{2}\cos\varphi + m_2(r\cos\varphi + b)\right]$$

$$a_{Cx} = \ddot{x}_C = \frac{-r\omega^2}{m_1 + m_2}\left(\frac{m_1}{2} + m_2\right)\cos\omega t$$

解得

$$F_x = F - r\omega^2\left(\frac{m_1}{2} + m_2\right)\cos\omega t$$

显然,最大水平约束力

$$F_{x\max} = F + r\omega^2\left(\frac{m_1}{2} + m_2\right)$$

11.3　动量矩定理

质点系动量矩定理建立了质点系动量矩的变化率与作用于质点系上外力系的主矩之间的关系。应用动量矩定理所建立的刚体绕定轴转动微分方程,以及由 11.2 节的质心运动定理和本节导出的相对质心动量矩定理所建立的平面运动微分方程,是解决刚体动力学的有效工具。

1. 质点和质点系的动量矩

质点 M 的动量对于 O 点的矩,定义为质点对于 O 点的动量矩,即

$$\boldsymbol{M}_O(m\boldsymbol{v}) = \boldsymbol{r} \times m\boldsymbol{v} \tag{11-13}$$

质点对于 O 点的动量矩为矢量,如图 11-5 所示。

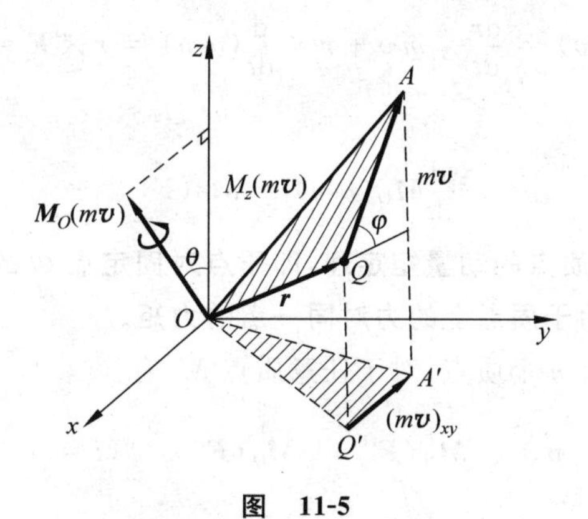

图　11-5

质点动量在 Oxy 平面内的投影对于 O 点的矩,定义为质点对于 z 轴的动量矩,并有如下关系:

$$[\boldsymbol{M}_O(m\boldsymbol{v})]_z = M_z(m\boldsymbol{v}) \tag{11-14}$$

质点系**对 O 点的动量矩**等于各质点对 O 点的动量矩的矢量和,或质点系动量对于 O 点的主矩,即

$$\boldsymbol{L}_O = \sum \boldsymbol{M}_O(m_i \boldsymbol{v}_i) = \sum \boldsymbol{r}_i \times m_i \boldsymbol{v}_i \tag{11-15}$$

质点系中各点动量对于 z 轴动量矩的代数和,称为质点系**对 z 轴的动量矩**,即

$$L_z = \sum M_z(m_i \boldsymbol{v}_i) \tag{11-16}$$

$$[\boldsymbol{L}_O]_z = L_z \tag{11-17}$$

定轴转动刚体,若任意瞬时的角速度为 ω,则刚体对于固定轴 z 轴的动量矩为

$$L_z = \sum r_i m_i v_i = \sum m_i r_i^2 \cdot \omega = \omega \sum m_i r_i^2$$

且定义

$$J_z = \sum m_i r_i^2 \tag{11-18}$$

为刚体对 z 轴的**转动惯量**,它是描述刚体的质量对 z 轴分布状态的一个物理量,是刚体转动惯性的度量。代入后得

$$L_z = J_z \omega \tag{11-19}$$

即刚体对转动轴的动量矩等于刚体对该轴的转动惯量与角速度的乘积。

2. 质点系动量矩定理

将式(11-13)对时间求一次导数,有

$$\frac{\mathrm{d}}{\mathrm{d}t}\boldsymbol{M}_O(m\boldsymbol{v}) = \frac{\mathrm{d}\boldsymbol{r}}{\mathrm{d}t} \times m\boldsymbol{v} + \boldsymbol{r} \times \frac{\mathrm{d}}{\mathrm{d}t}(m\boldsymbol{v}) = \boldsymbol{r} \times \boldsymbol{F} = \boldsymbol{M}_O(\boldsymbol{F})$$

得

$$\frac{\mathrm{d}}{\mathrm{d}t}\boldsymbol{M}_O(m\boldsymbol{v}) = \boldsymbol{M}_O(\boldsymbol{F}) \tag{11-20}$$

式(11-20)为**质点的动量矩定理,即质点对固定点 O 的动量矩对时间的一阶导数等于作用于质点上的力对同一点的力矩。**

设质点系内有 n 个质点,对于任意质点 M_i 有

$$\frac{\mathrm{d}}{\mathrm{d}t}\boldsymbol{M}_O(m_i \boldsymbol{v}_i) = \boldsymbol{M}_O(\boldsymbol{F}_i^{(i)}) + \boldsymbol{M}_O(\boldsymbol{F}_i^{(e)}) \quad (i = 1, 2, \cdots, n)$$

式中 $\boldsymbol{F}_i^{(i)}$,$\boldsymbol{F}_i^{(e)}$ 分别为作用于质点上的内力和外力。求 n 个方程的矢量和有

$$\sum \frac{\mathrm{d}}{\mathrm{d}t}\boldsymbol{M}_O(m_i \boldsymbol{v}_i) = \sum \boldsymbol{M}_O(\boldsymbol{F}_i^{(i)}) + \sum \boldsymbol{M}_O(\boldsymbol{F}_i^{(e)})$$

式中 $\sum \boldsymbol{M}_O(\boldsymbol{F}_i^{(i)}) = 0$,$\sum \boldsymbol{M}_O(\boldsymbol{F}_i^{(e)}) = \sum \boldsymbol{r}_i \times \boldsymbol{F}_i^{(e)} = \boldsymbol{M}_O^{(e)}$ 为作用于系统上的外力系对于 O 点的主矩。交换左端求和及求导的次序,有

$$\sum_{i=1}^{n} \frac{\mathrm{d}}{\mathrm{d}t}\boldsymbol{M}_O(m_i \boldsymbol{v}_i) = \frac{\mathrm{d}}{\mathrm{d}t}\sum_{i=1}^{n}\boldsymbol{M}_O(m_i \boldsymbol{v}_i)$$

由此得

$$\frac{\mathrm{d}\boldsymbol{L}_O}{\mathrm{d}t} = \boldsymbol{M}_O^{(e)} \tag{11-21}$$

式(11-21)为**质点系动量矩定理,即质点系对固定点 O 的动量矩对于时**

间的一阶导数等于外力系对同一点的主矩。具体应用时，常取其在直角坐标系上的投影式

$$\begin{cases} \dfrac{\mathrm{d}L_x}{\mathrm{d}t} = \sum M_x(\boldsymbol{F}^{(e)}) \\ \dfrac{\mathrm{d}L_y}{\mathrm{d}t} = \sum M_y(\boldsymbol{F}^{(e)}) \\ \dfrac{\mathrm{d}L_z}{\mathrm{d}t} = \sum M_z(\boldsymbol{F}^{(e)}) \end{cases} \tag{11-22}$$

内力不能改变质点系的动量矩，只有作用于质点系的外力才能使质点系的动量矩发生变化。在特殊情况下外力系对 O 点的主矩为零，则质点系对 O 点的动量矩为一常矢量，即

$$\boldsymbol{M}_O^{(e)} = 0, \quad \boldsymbol{L}_O = \text{常矢量}$$

或外力系对某轴力矩的代数和为零，则质点系对该轴的动量矩为一常数，例如

$$\sum M_x(\boldsymbol{F}^{(e)}) = 0, \quad L_x = \text{常量}$$

以上结论称为**动量矩守恒定律**。

3. 刚体绕定轴转动微分方程

作用于刚体上的外力有主动力及轴承约束力，如图 11-6 所示。应用质点系对 z 轴的动量矩方程

$$\frac{\mathrm{d}}{\mathrm{d}t}J_z\omega = \sum M_z(\boldsymbol{F})$$

得

$$J_z\frac{\mathrm{d}^2\varphi}{\mathrm{d}t^2} = \sum M_z(\boldsymbol{F}) \tag{11-23}$$

或

$$J_z\ddot{\varphi} = \sum M_z(\boldsymbol{F}) \tag{11-24}$$

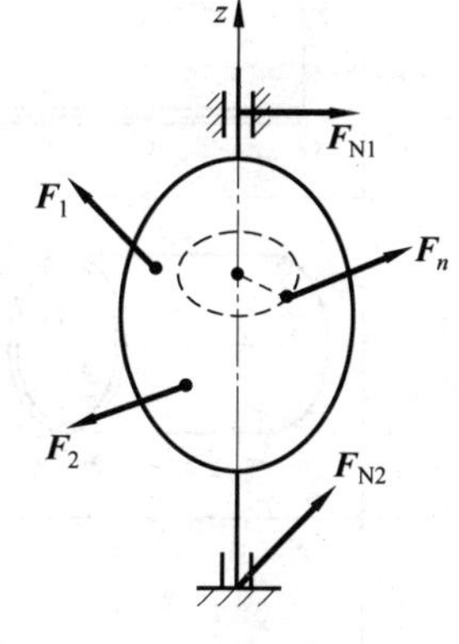

图　11-6

此式称为**刚体绕定轴转动的微分方程**。$\dfrac{\mathrm{d}^2\varphi}{\mathrm{d}t^2} = \alpha$ 为刚体绕定轴转动的角加速度，所以上式可写为

$$J_z\alpha = \sum M_z(\boldsymbol{F}) \tag{11-25}$$

比较刚体绕定轴转动微分方程与刚体平移微分方程，即

$$J_z\alpha = \sum M_z(\boldsymbol{F}) \quad 与 \quad m\boldsymbol{a} = \sum \boldsymbol{F}$$

形式相似,求解问题的方法和步骤也相似。转动惯量与质量都是刚体惯性的度量,转动惯量在刚体转动时起作用,质量在刚体平移时起作用。

如果刚体的质量是连续分布的,则 J_z 式可写为积分形式

$$J_z = \int_m r^2 \mathrm{d}m$$

在工程中,常将转动惯量表示为

$$J_z = m\rho_z^2 \tag{11-26}$$

式中,m 为刚体的质量;ρ_z 称为**回转半径**,单位为 m 或 cm。

回转半径的物理意义为:若将物体的质量集中在以 ρ_z 为半径、Oz 为对称轴的细圆环上,则转动惯量不变。

转动惯量的**平行轴定理**:刚体对于任一轴的转动惯量等于刚体对于通过质心、并与该轴平行的轴的转动惯量,加上刚体的质量与两轴间距离平方的乘积。即

$$J_{z'} = J_{zC} + md^2 \tag{11-27}$$

表11-1列出常见均质物体的转动惯量和回转半径(惯性半径)及体积。

表11-1 均质物体的转动惯量和惯性半径及体积

形状	简 图	转动惯量	惯性半径	体 积
细直杆	z, z_C, O, C	$J_{zC}=\frac{m}{12}l^2$ $J_z=\frac{m}{3}l^2$	$\rho_{zC}=\frac{1}{2\sqrt{3}}=0.289l$ $\rho_z=\frac{1}{\sqrt{3}}=0.578l$	
薄壁圆筒	h, R, O, z, l	$J_z=mR^2$	$\rho_z=R$	$2\pi Rlh$
圆柱	x, $\frac{l}{2}$, $\frac{l}{2}$, R, C, O, z, y	$J_z=\frac{1}{2}mR^2$ $J_x=J_y$ $=\frac{m}{12}(3R^2+l^2)$	$\rho_z=\frac{R}{\sqrt{2}}=0.707R$ $\rho_x=\rho_y$ $=\sqrt{\frac{1}{12}(3R^2+l^2)}$	$\pi R^2 l$

续表

形状	简　图	转动惯量	惯性半径	体　积
空心圆柱	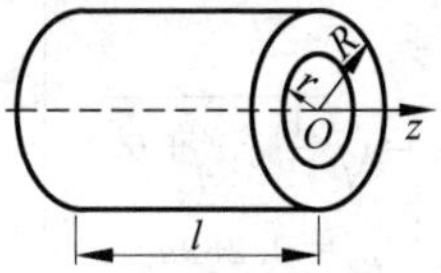	$J_z=\frac{m}{2}(R^2+r^2)$	$\rho_z=\sqrt{\frac{1}{2}(R^2+r^2)}$	$\pi l(R^2-r^2)$
薄壁空心球	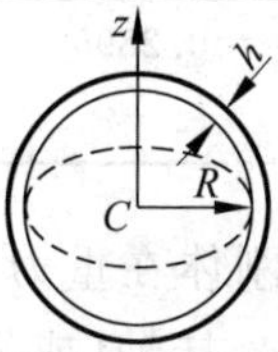	$J_z=\frac{2}{3}mR^2$	$\sqrt{\frac{2}{3}}R=0.816R$	$\frac{3}{2}\pi Rh$
实心球	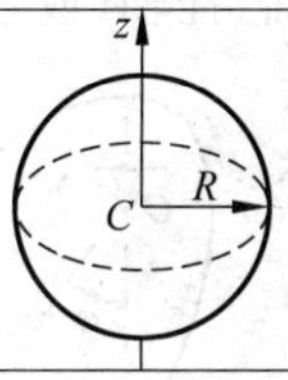	$J_z=\frac{2}{5}mR^2$	$\rho_z=\sqrt{\frac{2}{5}}R=0.632R$	$\frac{4}{3}\pi R^3$
圆锥体	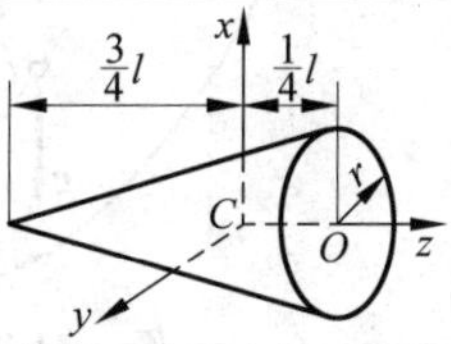	$J_z=\frac{3}{10}mr^2$ $J_x=J_y$ $=\frac{3}{80}m(4r^2+l^2)$	$\rho_z=\sqrt{\frac{3}{10}}r=0.548r$ $\rho_x=\rho_y$ $=\sqrt{\frac{3}{80}(4r^2+l^2)}$	$\frac{\pi}{3}r^2 l$
圆环	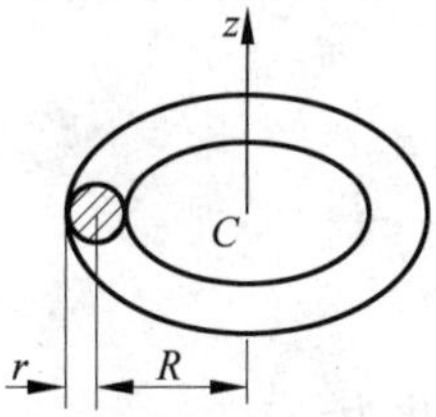	$J_z=m\left(R^2+\frac{3}{4}r^2\right)$	$\rho_z=\sqrt{R^2+\frac{3}{4}r^2}$	$2\pi^2 r^2 R$
椭圆形薄板	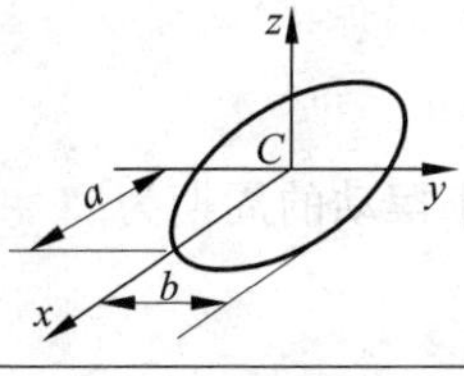	$J_z=\frac{m}{4}(a^2+b^2)$ $J_y=\frac{m}{4}a^2$ $J_x=\frac{m}{4}b^2$	$\rho_z=\frac{1}{2}\sqrt{a^2+b^2}$ $\rho_y=\frac{a}{2}$ $\rho_x=\frac{b}{2}$	πabh
立方体	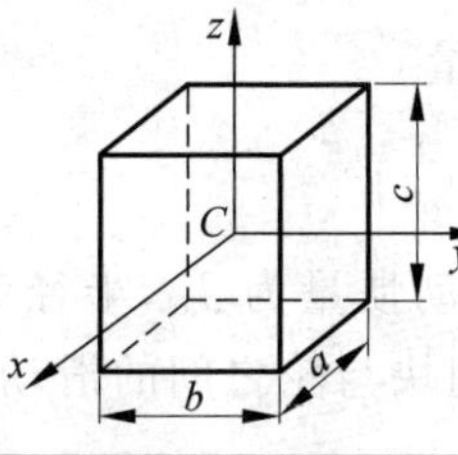	$J_z=\frac{m}{12}(a^2+b^2)$ $J_y=\frac{m}{12}(a^2+c^2)$ $J_x=\frac{m}{12}(b^2+c^2)$	$\rho_z=\sqrt{\frac{1}{12}(a^2+b^2)}$ $\rho_y=\sqrt{\frac{1}{12}(a^2+c^2)}$ $\rho_x=\sqrt{\frac{1}{12}(b^2+c^2)}$	abc

续表

形状	简 图	转动惯量	惯性半径	体 积
矩形薄板	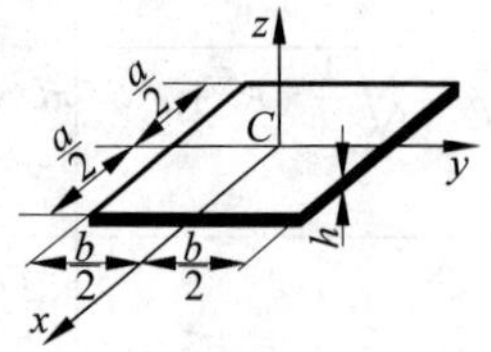 z, y, x, C, $\frac{a}{2}$, $\frac{a}{2}$, $\frac{b}{2}$, $\frac{b}{2}$, h	$J_z=\frac{m}{12}(a^2+b^2)$ $J_y=\frac{m}{12}a^2$ $J_x=\frac{m}{12}b^2$	$\rho_z=\sqrt{\frac{1}{12}(a^2+b^2)}$ $\rho_y=0.289a$ $\rho_x=0.289b$	abh

例 11-5 复摆法测转动惯量。如图 11-7 所示刚体在重力作用下绕水平轴 O 转动,称为复摆或物理摆。水平轴称为摆的悬挂轴(或悬点)。设摆的质量为 m,质心为 C,a 为质心到悬挂轴的距离。若已测得复摆绕其平衡位置摆动的周期 T,求刚体对通过质心并平行于悬挂轴的轴的转动惯量。

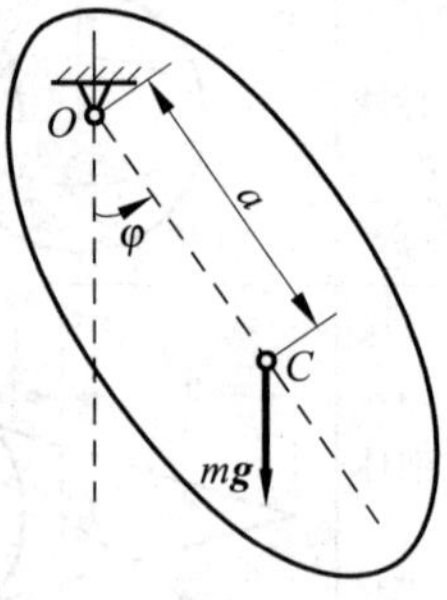

解 刚体在任意位置的受力图如图 11-7 所示,刚体绕定轴转动微分方程为

$$J_O\ddot{\varphi}=-mga\sin\varphi$$

由平行轴定理知,式中

$$J_O=J_C+ma^2=m\rho_C^2+ma^2=m(\rho_C^2+a^2)$$

有

$$m(\rho_C^2+a^2)\ddot{\varphi}=-mga\sin\varphi$$

或

$$\ddot{\varphi}+\frac{ga}{\rho_C^2+a^2}\sin\varphi=0$$

若摆角 φ 很小,$\sin\varphi\approx\varphi$,运动微分方程线性化为

$$\ddot{\varphi}+\frac{ga}{\rho_C^2+a^2}\varphi=0$$

这与单摆的运动微分方程相似。由此得复摆微小摆动的周期为

$$T=2\pi\sqrt{\frac{\rho_C^2+a^2}{ga}}$$

若已测得复摆摆动的周期,可求出刚体的转动惯量

$$J_C=m\rho_C^2=mga\left(\frac{T^2}{4\pi^2}-\frac{a}{g}\right)$$

图 11-7

例 11-6 飞轮以角速度 ω_0 绕轴 O 转动,转动惯量为 J_O,半径为 R,如图 11-8 所示。制动时,闸块给轮以正压力 $\boldsymbol{F}_N$,闸块与轮之间的滑动摩擦因数为 f,忽略轮与轴间的摩擦,求制动所需时间 t。

解　以轮为研究对象。作用于轮上的力有 $\boldsymbol{F}_{\mathrm{N}}$，摩擦力 $\boldsymbol{F}$，重力及轴承约束力。取逆时针方向为正，刚体的转动微分方程为

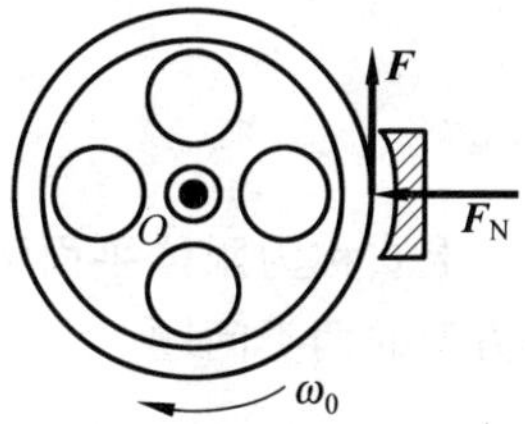

$$J_O \frac{\mathrm{d}\omega}{\mathrm{d}t} = FR = fF_{\mathrm{N}}R$$

将上式积分，并根据已知条件确定积分上下限，有

$$\int_{-\omega_0}^{0} J_O \mathrm{d}\omega = \int_0^t fF_{\mathrm{N}}R\mathrm{d}t$$

由此解得

$$t = \frac{J_O\omega_0}{fF_{\mathrm{N}}R}$$

图　11-8

4. 质点系相对质心的动量矩定理

在相对随质心平移坐标系的运动中，质点系对质心的动量矩对于时间的一阶导数，等于外力系对质心的主矩。这称为**质点系相对质心的动量矩定理**。即

$$\frac{\mathrm{d}\boldsymbol{L}_C}{\mathrm{d}t} = \boldsymbol{M}_C^{(\mathrm{e})} \tag{11-28}$$

如将质点系的运动分解为跟随质心的平移和相对质心的运动，则可分别用质心运动定理和相对质心动量矩定理来建立这两种运动与外力系的关系。质点系相对质心的运动只与外力系对质心的主矩有关，而与内力无关。

当外力系对质心的主矩为零时，质点系相对质心的动量矩守恒。即

$$\boldsymbol{M}_C^{(\mathrm{e})} = 0, \quad \boldsymbol{L}_C = \text{常矢量}$$

读者试分析：由静止状态自由下落的猫，从四肢朝上转为朝下，在空中翻转 180°，其动量矩发生变化了吗？

5. 刚体平面运动微分方程

刚体的平面运动可简化为具有相同质量的平面图形在固定平面内的运动，如图 11-9 所示。图中 $Cx'y'$ 为随质心平移的坐标系，刚体的平面运动可分解为跟随质心的平移和相对质心的转动。刚体在相对运动中对质心的动量矩为

$$L_C = \left(\sum m_i r_i'^2\right)\omega = J_C\omega$$

应用质心运动定理和相对质心动量矩定理得

$$
\begin{cases}
m\ddot{x}_C = \sum F_x \\
m\ddot{y}_C = \sum F_y \\
J_C\ddot{\varphi} = \sum M_C(\boldsymbol{F})
\end{cases} \tag{11-29}
$$

上式称为**刚体平面运动微分方程**。应用以上方程可求解平面运动刚体动力学的两类问题。

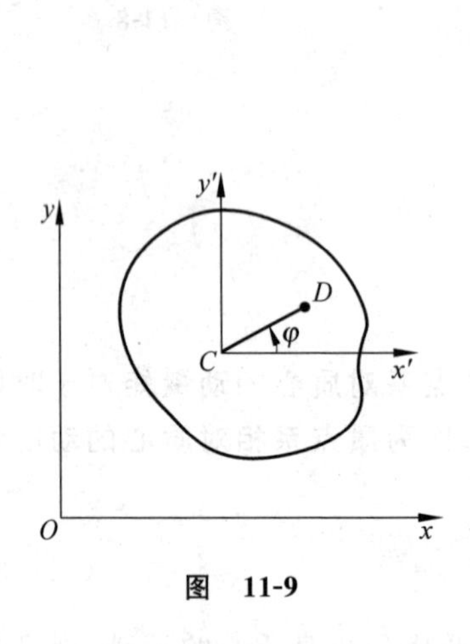

图 11-9

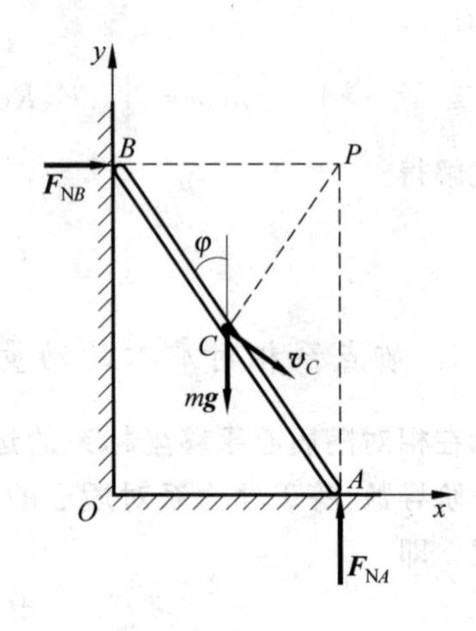

图 11-10

例 11-7 均质细杆 AB,长为 l,质量为 m,两端分别沿铅垂墙和水平面滑动,不计摩擦,如图 11-10 所示。若杆在铅垂位置受干扰后,由静止状态沿铅垂面滑下,求杆在任意位置的角加速度。

解 杆在任意位置的受力图如图所示。

列写杆的平面运动微分方程

$$m\ddot{x}_C = F_{NB} \tag{a}$$

$$m\ddot{y}_C = F_{NA} - mg \tag{b}$$

$$\frac{1}{12}ml^2\ddot{\varphi} = F_{NB}\frac{l}{2}\sin\varphi - F_{NA}\frac{l}{2}\cos\varphi \tag{c}$$

分析杆质心的运动,如图所示质心的坐标为

$$
\begin{cases}
x_C = \dfrac{l}{2}\sin\varphi \\
y_C = \dfrac{l}{2}\cos\varphi
\end{cases}
$$

将上式分别对时间求二阶导数,有

$$
\begin{cases}
\ddot{x}_C = -\dfrac{l}{2}\sin\varphi\cdot\dot{\varphi}^2 + \dfrac{l}{2}\cos\varphi\cdot\ddot{\varphi} \\
\ddot{y}_C = -\dfrac{l}{2}\cos\varphi\cdot\dot{\varphi}^2 - \dfrac{l}{2}\sin\varphi\cdot\ddot{\varphi}
\end{cases}
$$

将上式代入式(a),(b),然后消去约束力,可得任意瞬时的角加速度为

$$
\ddot{\varphi} = \frac{3g}{2l}\sin\varphi \tag{d}
$$

欲求杆在任意瞬时的速度,应做如下的积分运算:

$$
\dot{\varphi}\mathrm{d}\dot{\varphi} = \frac{3g}{2l}\sin\varphi\mathrm{d}\varphi
$$

积分下限由初始条件决定,有

$$
\int_0^{\dot{\varphi}}\dot{\varphi}\mathrm{d}\dot{\varphi} = \int_0^{\varphi}\frac{3g}{2l}\sin\varphi\mathrm{d}\varphi
$$

得

$$
\dot{\varphi}^2 = \frac{3g}{l}(1-\cos\varphi)
$$

任意瞬时的角加速度及角速度求得后,任意瞬时的约束力就可求出,读者试分析。

其中

$$
F_{NB} = \frac{3}{4}mg\sin\varphi(3\cos\varphi - 2)
$$

杆脱离约束的条件为 $F_{NB}=0$,由此得出杆脱离约束的位置,即

$$
3\cos\varphi - 2 = 0
$$

即

$$
\varphi = \arccos\frac{2}{3} = 48.2^\circ
$$

11.4　动 能 定 理

质点系动能定理建立了质点系动能的变化与作用于质点系上的力的功之间的关系。与动量定理和动量矩定理不同的是动能定理从能量的角度建立了质点系的运动变化和受力间的关系。对于保守系统,机械能守恒。

1. 力的功

如图 11-11 所示,质点 M 在任意变力 $\boldsymbol{F}$ 作用下沿曲线运动,力在无限小

位移 d$\boldsymbol{r}$ 中可视为常力,小弧段 ds 可视为直线,d$\boldsymbol{r}$ 可视为沿 M 点的切线。在一无限小位移中力所做的功称为**元功**,以 δW 表示。所以力的元功为

$$\delta W = \boldsymbol{F} \cdot \mathrm{d}\boldsymbol{r} = F\cos\theta \mathrm{d}s \tag{11-30}$$

或写成直角坐标形式

$$\delta W = F_x \mathrm{d}x + F_y \mathrm{d}y + F_z \mathrm{d}z \tag{11-31}$$

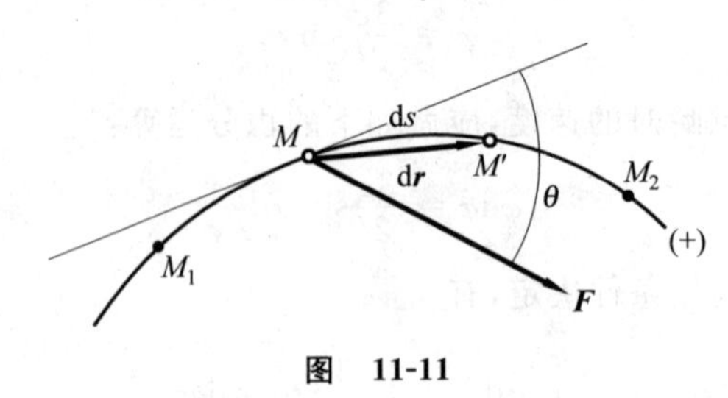

图 11-11

在一般情况下,上式右边不表示某个坐标函数的全微分,所以元功用符号 δW 而不用 dW。

力在有限路程 M_1M_2 上的功为力在此路程上元功的定积分。即

$$W_{12} = \int_{M_1}^{M_2} \boldsymbol{F} \cdot \mathrm{d}\boldsymbol{r} = \int_0^s F\cos\theta \mathrm{d}s \tag{11-32}$$

或

$$W_{12} = \int_{M_1}^{M_2} (F_x \mathrm{d}x + F_y \mathrm{d}y + F_z \mathrm{d}z) \tag{11-33}$$

功的单位为焦耳(J),1 J=1 N·m=1 kg·m^2/s^2。以下讨论常见力的功。

(1) 重力的功

重力的功仅与质点运动开始和终了位置的高度差有关,而与运动轨迹无关。质点沿轨迹由 M_1 运动到 M_2,其重力的功为

$$W_{12} = \int_{z_1}^{z_2} -mg\mathrm{d}z = mg(z_1 - z_2) \tag{11-34}$$

对于质点系,所有质点重力做功之和为

$$\sum W_{12} = mg(z_{C1} - z_{C2}) \tag{11-35}$$

式中 m 为质点系的质量,$z_{C1}-z_{C2}$ 为质点系运动起始与终了位置质心的高度差。所以质点系重力的功也与质心运动轨迹的形状无关。

(2) 弹性力的功

设质点受指向固定中心 O 点的弹性力作用,当质点的矢径表示为 $\boldsymbol{r}=r\boldsymbol{r}_0$ 时,在弹性限度内弹性力可表示为:$\boldsymbol{F}=-k(r-l_0)\boldsymbol{r}_0$

这里,k 为弹簧的刚度系数,l_0 为弹簧的原长,$\boldsymbol{r}_0$ 为沿质点矢径方向的单

位矢量。

弹性力在图 11-12 所示有限路程 A_1A_2 上的功为

$$W_{12}=\int_{A_1}^{A_2}\boldsymbol{F}\cdot\mathrm{d}\boldsymbol{r}=\int_{A_1}^{A_2}-k(r-l_0)\boldsymbol{r}_0\cdot\mathrm{d}\boldsymbol{r}$$

$$=\int_{r_1}^{r_2}-k(r-l_0)\mathrm{d}r=\frac{1}{2}k[(r_1-l_0)^2-(r_2-l_0)^2]$$

或

$$W_{12}=\frac{1}{2}k(\delta_1^2-\delta_2^2) \tag{11-36}$$

式中 δ_1，δ_2 分别为质点在起点及终点处弹簧的变形量。由式(11-36)可知，弹性力在有限路程上的功只决定于弹簧在起始及终了位置的变形量，而与质点的运动路径无关。

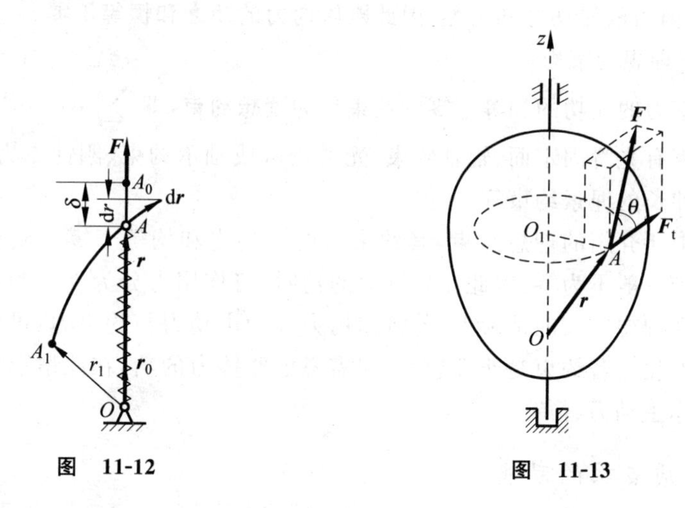

图　11-12　　　　图　11-13

(3) 定轴转动刚体上作用力的功

如图 11-13 所示，设 A 点的转动半径为 R，作用于定轴转动刚体上的力 $\boldsymbol{F}$ 的元功为

$$\delta W=\boldsymbol{F}\cdot\mathrm{d}\boldsymbol{r}=F_t\mathrm{d}s=F_tR\mathrm{d}\varphi$$

而

$$F_tR=M_z(\boldsymbol{F})=M_z$$

于是

$$\delta W=M_z\mathrm{d}\varphi$$

力 $\boldsymbol{F}$ 在有限转动中的功为

$$W_{12}=\int_{\varphi_1}^{\varphi_2}M_z\mathrm{d}\varphi \tag{11-37}$$

(4) 质点系内力的功

A,B 两质点间有相互作用的内力 $\boldsymbol{F}_A$ 和 $\boldsymbol{F}_B$,$\boldsymbol{F}_A=-\boldsymbol{F}_B$,两点对于固定点 O 的矢径分别为 $\boldsymbol{r}_A$ 和 $\boldsymbol{r}_B$,$\boldsymbol{F}_A$ 和 $\boldsymbol{F}_B$ 的元功之和为

$$\begin{aligned}\delta W &= \boldsymbol{F}_A \cdot \mathrm{d}\boldsymbol{r}_A + \boldsymbol{F}_B \cdot \mathrm{d}\boldsymbol{r}_B \\ &= \boldsymbol{F}_A \cdot \mathrm{d}\boldsymbol{r}_A - \boldsymbol{F}_A \cdot \mathrm{d}\boldsymbol{r}_B = \boldsymbol{F}_A \cdot \mathrm{d}(\boldsymbol{r}_A - \boldsymbol{r}_B)\end{aligned}$$

$\boldsymbol{r}_A-\boldsymbol{r}_B=\boldsymbol{r}_{BA}$,考虑到 $\boldsymbol{F}_A$ 与 $\mathrm{d}\boldsymbol{r}_{BA}$ 方向相反,所以有

$$\delta W = - F_A \mathrm{d}(BA) \tag{11-38}$$

式(11-38)说明,当质点系内质点间的距离 AB 可变化时,内力的元功之和不为零。如汽车发动机汽缸内膨胀的气体对活塞和汽缸的作用力都是内力,内力的功的和不为零,内力的功使汽车的动能增加。

在特殊情况下,如两质点之间的距离不变,例如刚体上或刚性杆连接的两点,则内力的元功之和为零,因此**刚体内力的功之和恒等于零**。

(5) 理想约束力的功

约束力的元功的和等于零的约束称为**理想约束**,即 $\sum \delta W = 0$。常见的理想约束有光滑固定面、辊轴约束、光滑铰链或轴承约束、刚性二力杆、柔性而不可伸长的绳索约束等。

以上所介绍的理想约束,其约束力的元功之和均等于零。质点系内力的功之和一般不为零,因此在计算力的功时,将作用力分为外力和内力并不方便。在理想约束的情形下,若将作用力分为主动力与约束力,可使功的计算得到简化。若约束是非理想的,如需考虑摩擦力的功,在此情形下可将摩擦力当作主动力看待。

2. 质点系的动能

质点的动能为$\frac{1}{2}mv^2$。设质点系由 n 个质点组成,任一质点 M_i 在某瞬时的动能为$\frac{1}{2}m_i v_i^2$,质点系内所有质点在某瞬时动能的算术和称为该瞬时**质点系的动能**,以 T 表示,即

$$T = \sum \frac{1}{2} m_i v_i^2 \tag{11-39}$$

动能是描述质点系运动强度的一个物理量。动能的单位与功的单位相同。

当刚体平移时,刚体上各点速度相同,于是平移刚体的动能为

$$T = \sum \frac{1}{2} m_i v^2 = \frac{1}{2} v^2 \sum m_i = \frac{1}{2} m v_C^2 \tag{11-40}$$

当刚体绕固定轴 z 转动时，其上任一点的速度为 $v_i = r_i\omega$，于是绕定轴转动刚体的动能为

$$T = \sum \frac{1}{2}m_i v_i^2 = \sum\left(\frac{1}{2}m_i r_i^2\omega^2\right) = \frac{1}{2}\omega^2 \cdot \sum m_i r_i^2$$

其中 $\sum m_i r_i^2 = J_z$ 为刚体对 z 轴的转动惯量，所以得

$$T = \frac{1}{2}J_z\omega^2 \tag{11-41}$$

刚体作平面运动时，可视为绕通过速度瞬心 C' 并与运动平面垂直的轴的转动，动能可写为

$$T = \frac{1}{2}J_{C'}\omega^2$$

根据转动惯量的平行轴定理有

$$J_{C'} = J_C + md^2$$

代入上式得

$$T = \frac{1}{2}J_{C'}\omega^2 = \frac{1}{2}(J_C + md^2)\omega^2 = \frac{1}{2}J_C\omega^2 + \frac{1}{2}md^2\omega^2$$

而 $d\omega = v_C$ 是质心 C 的速度的大小，因此

$$T = \frac{1}{2}mv_C^2 + \frac{1}{2}J_C\omega^2 \tag{11-42}$$

式(11-42)表明，平面运动刚体的动能等于跟随质心平移的动能与绕通过质心的转轴转动的动能之和。

3. 质点系动能定理

牛顿第二定律给出

$$m\frac{\mathrm{d}\boldsymbol{v}}{\mathrm{d}t} = \boldsymbol{F}$$

上式两边点乘 $\mathrm{d}\boldsymbol{r}$，得

$$m\frac{\mathrm{d}\boldsymbol{v}}{\mathrm{d}t} \cdot \mathrm{d}\boldsymbol{r} = \boldsymbol{F} \cdot \mathrm{d}\boldsymbol{r}$$

因 $\boldsymbol{v} = \frac{\mathrm{d}\boldsymbol{r}}{\mathrm{d}t}$，于是上式可写为

$$m\boldsymbol{v} \cdot \mathrm{d}\boldsymbol{v} = \boldsymbol{F} \cdot \mathrm{d}\boldsymbol{r}$$

或

$$\mathrm{d}\left(\frac{1}{2}mv^2\right) = \delta W \tag{11-43}$$

式(11-43)称为**质点动能定理的微分形式**，即作用于质点上力的元功等于质

点动能的微分。

将上式积分,得

$$\int_{v_1}^{v_2} \mathrm{d}\left(\frac{1}{2}mv^2\right) = W_{12}$$

$$\frac{1}{2}mv_2^2 - \frac{1}{2}mv_1^2 = W_{12} \tag{11-44}$$

式(11-44)为**质点动能定理的积分形式**,即作用于质点上的力在有限路程上的功等于质点动能的改变量。

设质点系由 n 个质点组成,其中任意一质点,质量为 m_i,速度为 $\boldsymbol{v}_i$,作用于该质点上的力为 $\boldsymbol{F}_i$。根据质点动能定理的微分形式有

$$\mathrm{d}\left(\frac{1}{2}m_i v_i^2\right) = \delta W_i$$

n 个方程相加,得

$$\sum \mathrm{d}\left(\frac{1}{2}m_i v_i^2\right) = \sum \delta W_i$$

交换微分及求和的次序,有

$$\mathrm{d}\left[\sum\left(\frac{1}{2}m_i v_i^2\right)\right] = \sum \delta W_i$$

即

$$\mathrm{d}T = \sum \delta W_i \tag{11-45}$$

式(11-45)为**质点系动能定理的微分形式:在质点系无限小的位移中,质点系动能的微分等于作用于质点系全部力所做的元功之和**。

对上式积分,得

$$T_2 - T_1 = \sum W_i \tag{11-46}$$

T_1 和 T_2 分别表示质点系在任意有限路程的运动中起点和终点的动能。式(11-46)为**质点系动能定理的积分形式:质点系在任意有限路程的运动中,起点和终点动能的改变量,等于作用于质点系的全部力在这段路程中所做功的和**。

4. 机械能守恒定律

质点系在某瞬时的动能与势能的代数和称为**机械能**。具有理想约束,且所受的主动力皆为势力的质点系称为保守系统。对于保守系统,有

$$T_1 + V_1 = T_2 + V_2 = E \quad (\text{常量}) \tag{11-47}$$

式中 V_1 和 V_2 分别为质点系在位置Ⅰ时的势能和在位置Ⅱ时的势能。

式(11-47)称为**质点系机械能守恒定律,即保守系统在运动过程中,其**

机械能保持不变。或质点系的动能和势能可以互相转化，但总的机械能保持不变。

例 11-8　质量为 m 的物块，自高度 h 处自由落下，落到有弹簧支承的板上，如图 11-14 所示。弹簧的刚性系数为 k，不计弹簧和板的质量。求弹簧的最大变形。

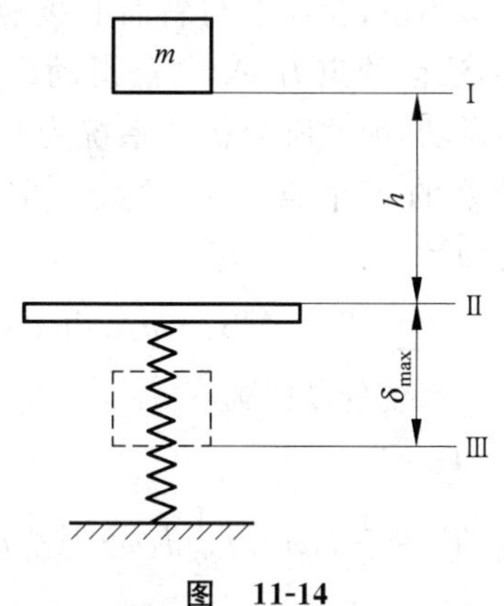

图　11-14

解　分为两个阶段

(1) 重物由位置Ⅰ落到板上。在这一过程中，只有重力做功，应用动能定理，有

$$\frac{1}{2}mv_1^2 - 0 = mgh$$

求得

$$v_1 = \sqrt{2gh}$$

(2) 物块继续向下运动，弹簧被压缩，物块速度逐渐减小，当速度等于零时，弹簧被压缩到最大变形 $\delta_{\max}$。在这一过程中，重力和弹性力均做功。应用动能定理，有

$$0 - \frac{1}{2}mv_1^2 = mg\delta_{\max} - \frac{1}{2}k\delta_{\max}^2$$

解得

$$\delta_{\max} = \frac{mg}{k} \pm \frac{1}{k}\sqrt{m^2g^2 + 2kmgh}$$

由于弹簧的变形量是正值，因此取正号，即

$$\delta_{\max} = \frac{mg}{k} + \frac{1}{k}\sqrt{m^2g^2 + 2kmgh}$$

上述两个阶段，也可以合在一起考虑，即

$$0 - 0 = mg(h + \delta_{\max}) - \frac{1}{2}k\delta_{\max}^2$$

解得的结果与前面所得相同。

上式说明，在物块从位置Ⅰ到位置Ⅲ的运动过程中，重力做正功，弹性力做负功，恰好抵消，因此物块运动始末位置的动能是相同的。显然，物块在运动过程中动能是变化的，但在应用动能定理时不必考虑始末位置之间动能是如何变化的。

例 11-9　卷扬机如图 11-15 所示。鼓轮在常力偶矩 M 作用下将圆柱体沿斜面上拉。已知鼓轮的半径为 R_1，质量为 m_1，质量分布在轮缘上；圆柱体的半径为 R_2，质量为 m_2，质量均匀分布。设斜面的倾角为 θ，圆柱体沿斜面只滚不滑。系统从静止开始运动，求圆柱体中心 C 的速度与其路程之间的

关系。

解 以鼓轮和圆柱体组成的整个系统作为分析对象;分析系统的受力,如图 11-15 所示。因为圆柱体沿斜面只滚不滑,轮缘上与斜面的接触点为瞬心,法向约束力 $\boldsymbol{F}_{\mathrm{N}}$ 与静滑动摩擦力 $\boldsymbol{F}_{\mathrm{s}}$ 不做功,因此所分析的系统为具有理想约束的一个自由度系统。主动力的功为

$$\sum W = M\varphi - m_2 g\sin\theta \cdot s$$

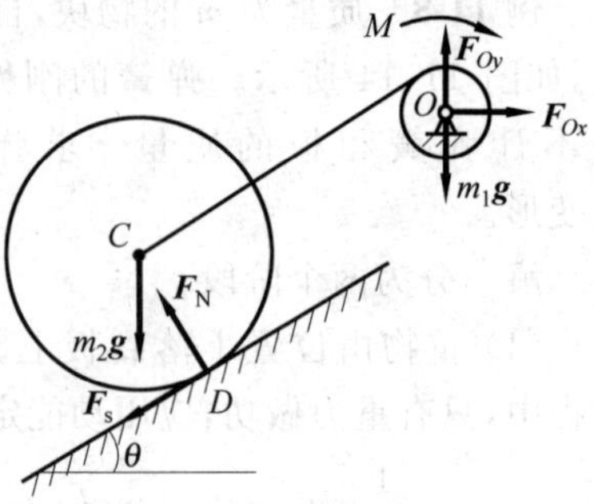

图 11-15

系统的动能为

$$T_0 = 0$$

$$T = \frac{1}{2}J_1\omega_1^2 + \frac{1}{2}J_C\omega_2^2 + \frac{1}{2}m_2 v_C^2$$

其中

$$J_1 = m_1 R_1^2, \quad J_C = \frac{1}{2}m_2 R_2^2$$

ω_1,ω_2 分别为鼓轮和圆柱体的角速度,有如下关系:

$$\omega_1 = \frac{v_C}{R_1}, \quad \omega_2 = \frac{v_C}{R_2}, \quad \varphi = \frac{s}{R_1}$$

代入后得

$$T = \frac{1}{4}(2m_1 + 3m_2)v_C^2$$

应用质点系动能定理 $T - T_0 = \sum W$,有

$$\frac{1}{4}(2m_1 + 3m_2)v_C^2 - 0 = \left(M\frac{1}{R_1} - m_2 g\sin\theta\right)s$$

所以,得

$$v_C = 2\sqrt{\frac{(M - m_2 g R_1 \sin\theta)s}{R_1(2m_1 + 3m_2)}}$$

读者还可以继续求圆柱体中心 C 的加速度。

例 11-10 行星轮 A 为均质圆轮,质量为 m_1,半径为 R,与轮 B 内切,由曲柄 OA 驱动作纯滚动,如图 11-16 所示。曲柄为均质杆,质量为 m_2,长为 l。在曲柄上作用一矩为 M 的常力偶,系统从静止开始在水平面内运动,求曲柄 OA 的角加速度。

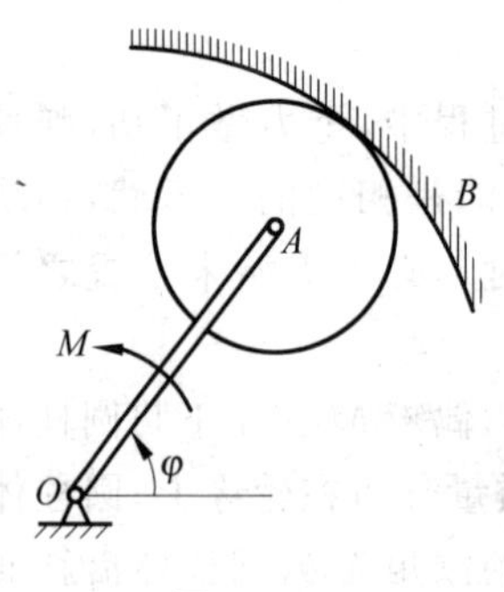

图 11-16

解　系统具有一个自由度，选曲柄转角 φ 为广义坐标。应用质点系动能定理有

$$\frac{1}{2}\cdot\frac{1}{3}m_2 l^2\dot{\varphi}^2+\left(\frac{1}{2}m_1 l^2\dot{\varphi}^2+\frac{1}{2}\cdot\frac{1}{2}m_1 R^2\omega_A^2\right)-0=M\varphi$$

由纯滚动的约束条件

$$l\dot{\varphi}=R\omega_A$$

得

$$\frac{1}{2}\cdot\left(\frac{3}{2}m_1+\frac{1}{3}m_2\right)l^2\dot{\varphi}^2=M\varphi$$

两边对时间求导消去 $\dot{\varphi}$，得

$$\ddot{\varphi}=\frac{6M}{(9m_1+2m_2)l}$$

具有理想约束的一个自由度系统，应用动能定理可直接建立系统的速度量与位移量之间的关系；进一步对时间求导数，可求出系统的加速度量。所以，在这种情形下应用动能定理求解已知力求运动的问题是很方便的。

思　考　题

11-1　如果说：质点的运动方向就是作用于质点上的合力的方向，对吗？为什么？

11-2　质点受到的力大，则速度也大；受到的力小，则速度也小。对吗？为什么？

11-3　两个质量相同的质点，如果所受到的力完全相同，则它们的运动规律完全相同。

11-4　一质点只受重力作用，在空中运动，该质点是否一定作直线运动？为什么？

11-5　怎样计算重力的功和弹性力的功？

11-6　在弹性范围内，把弹簧的伸长加倍，则拉力做的功也加倍。这种说法对不对？

11-7　当质点作匀速圆周运动时，它在不同位置的动能有无变化？

11-8　刚体（平动、定轴转动、平面运动）的动能如何计算？

11-9　在光滑的水平面上放置一静止的均质圆盘，当作用一力偶时，盘心将如何运动？盘心运动情况与力偶作用位置有关吗？如果圆盘面内受一大小和方向都不变的力作用，盘心将如何运动？盘心运动情况与此力的作

用点有关吗?

11-10 平面运动刚体,如所受外力主矢为零,刚体只能是绕质心的转动吗?如所受外力对质心的主矩为零,刚体只能是平移吗?

11-11 运动员起跑时,什么力使运动员的质心加速运动,什么力使运动员的动能增加?产生加速度的力一定做功吗?

11-12 两个均质圆盘,质量相同,半径不同,静止平放在光滑水平面上。如在此二盘上同时作用有相同的力偶,在下述情况下比较二圆盘的动量、动量矩和动能的大小。(1)经过同样的时间间隔;(2)转过同样的角度。

习　题

11-1 挂在钢索上的吊笼质量为15t,由静止开始匀加速上升,在3s内上升了1.8 m,求钢索的拉力。钢索的自重略去不计。

11-2 列车以72 km/h的速度在水平直线轨道上行驶。如制动后列车所受的阻力等于列车重量的0.2倍,试求列车在制动后需要多少时间,并经过多长距离才能停止。

11-3 质量为m的质点在力$\boldsymbol{F}$的作用下沿$\boldsymbol{F}$的方向作直线运动,已知$\boldsymbol{F}=\boldsymbol{F}_0\cos\omega t$,其中$\boldsymbol{F}_0$,$\omega$为常数,且当$t=0$时,质点的初速度为$v_0$,求此质点的运动方程。

11-4 一观测用的气球,重为100N,由地面上一点无初速度地放出后,受到铅垂方向的升力150N和水平方向的风力30N作用。设以出发点为原点,风向为x轴,铅垂向上的轴为y轴,求此气球的运动方程和轨迹。

11-5 一平台按$y=A\cos\omega t$的规律作铅直的简谐振动。问要使放在平台上的物体不致跳离台面,振幅A和频率ω应满足什么条件?

11-6 如图所示,皮带轮直径为500 mm,皮带拉力分别为$F_{T1}=1800$ N和$F_{T2}=600$ N,若皮带转速为$n=120$ r/min,求其动能是多少?

11-7 一飞轮可看作均质圆盘。已知它的质量为10 kg,半径为500 mm,当它的转速为1800 r/min时,求其动能是多少?

11-8 图示弹簧原长为l_0,为了保持弹簧有80 mm的压缩变形量,需加力4 kN。如果要把弹簧再压缩30 mm,求弹簧从M_1到M_2外力$\boldsymbol{F}$所做的功。

11-9 原长为$l_0=100$ mm的弹簧,一端固定在直径$OA=200$ mm的点O处,弹簧常数$k=5$ N/mm。已知BC垂直于OA,点C为圆心。求当弹簧的另一端由图示的B点拉到A点时,弹性力在此过程中所做的功。

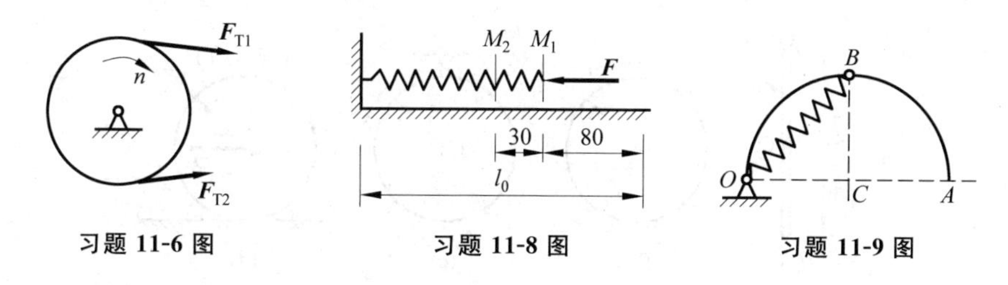

习题 11-6 图　　习题 11-8 图　　习题 11-9 图

11-10　图示 B 物重 P，沿倾角为 α 的斜面滑下，已知动摩擦系数为 f'，开始时 B 物静止。求下降 h 高度时 B 物的速度。

11-11　如图所示，自动弹射器的弹簧在未受力时长 20cm，弹簧常数 $k=1.96\text{N/cm}$，若弹簧被压缩到 10cm，问质量为 0.03kg 的小球自弹射器射出的速度为多大？弹射器的位置为水平，摩擦不计。

11-12　如图所示，冲击实验机的主要部分是一固定在杆上的钢铸物 M，此杆可绕 O 点转动。略去杆的质量，并将 M 看成一质点。已知 $OM=1\text{ m}$，求 M 由最高位置 A 静止开始落至最低位置 B 时的速度。

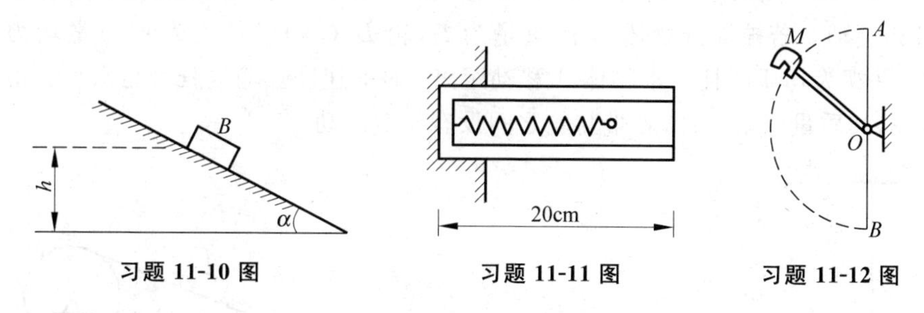

习题 11-10 图　　习题 11-11 图　　习题 11-12 图

11-13　飞轮质量为 60 kg，直径为 50 cm，转速为 180 r/min，切断动力后飞轮转过 90°才停止，求飞轮所受的常摩擦力矩，假设飞轮的质量集中在轮缘。(即回转半径 $\rho=R$)

11-14　均质细直杆长 $l=3.27\text{ m}$，可在铅垂平面内绕其一端的水平轴 O 转动，问当杆在铅垂位置时应给杆 A 端多大的速度，才能使杆转到水平位置？

11-15　机车以 80 km/h 匀速行驶，已知机车对列车的恒定牵引是 50 kN，问机车的功率是多少马力？

11-16　某龙门刨床刨削时匀速运动，它的工作行程 $s=3.6\text{ m}$，进行时间为 4.8 s，此时切削力等于 30.38 kN，机械效率为 78%，求驱动刨床工作台所需的功率。

11-17　图示各均质物体的质量为 m，尺寸如图所示。分别对各种情况求物体的动量、动量矩和动能。

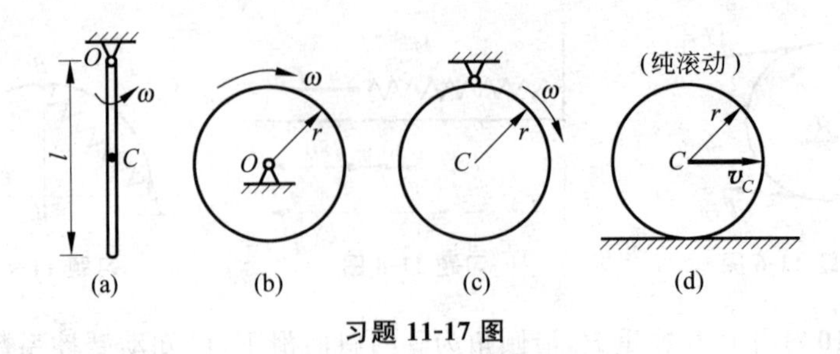

习题 11-17 图

11-18 均质圆柱的质量 $m=10$ kg，半径 $r=40$ mm，其上卷绕着固定于 A 点的细绳。若绳的质量略去不计，圆柱因自身重量由图示的静止位置退绕落下，求当退绕正好两圈时圆柱轴心 C 的速度。

11-19 图示一轮子，对其轮心 C 轴的回转半径 $\rho=600$ mm，轴的半径 $r=30$ mm，无初速地沿倾角 $\alpha=15°$ 的轨道滚下(只滚不滑)，求轮心移动距离 $s=4$ m 时的速度。

11-20 图示带式输送机的轮 B 受一不变力矩 M 作用，使输送机由静止开始运动。若被提升物体 A 的重量为 P，轮 B,C 的半径均为 r，重量均为 W，并视为均质圆柱。求物体 A 移动距离 s 时的速度。输送胶带与水平交角为 α，其质量忽略不计，胶带与轮之间没有相对滑动。

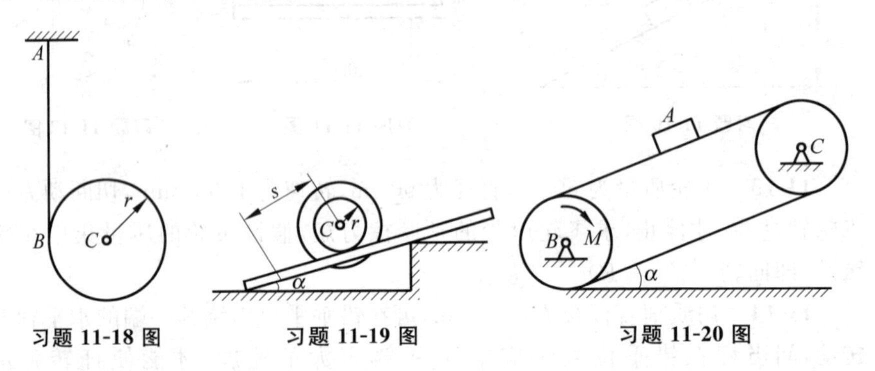

习题 11-18 图　　习题 11-19 图　　习题 11-20 图

11-21 重为 P 长为 l 的两均质杆 AC 和 BC，在 C 端用光滑铰链相连，并放在光滑的水平面上，如图所示。由于自重，两杆将在铅垂平面内张开下落。已知 C 点的初始高度为 h，求自静止下落到地面时 C 点的速度。

11-22 图示机构中，圆盘和鼓轮都是均质的，且质量同是 m，半径均为 R，斜面与水平间平角为 α，圆盘只滚不滑，若在鼓轮上作用一已知力矩 M，系统从静止开始运动。求：(1)鼓轮的角速度 ω 与其转角 φ 之间的关系；(2)鼓轮的角加速度 α。

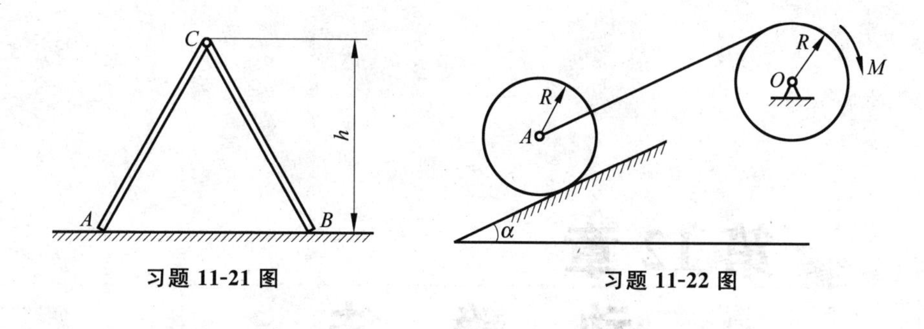

习题 11-21 图　　　　习题 11-22 图

第 12 章 动 静 法

达朗贝尔原理提供了研究动力学问题的新的普遍方法，即用静力学中研究平衡问题的方法求解动力学问题，此法又称动静法。

12.1 质点的动静法

考虑非自由质点的运动，主动力为 $\boldsymbol{F}$，约束力为 $\boldsymbol{F}_{\mathrm{N}}$；由牛顿第二运动定律得

$$m\boldsymbol{a} = \boldsymbol{F} + \boldsymbol{F}_{\mathrm{N}} \tag{12-1}$$

或

$$\boldsymbol{F} + \boldsymbol{F}_{\mathrm{N}} - m\boldsymbol{a} = 0$$

引入记号

$$\boldsymbol{F}_{\mathrm{I}} = -m\boldsymbol{a} \tag{12-2}$$

则有

$$\boldsymbol{F} + \boldsymbol{F}_{\mathrm{N}} + \boldsymbol{F}_{\mathrm{I}} = 0 \tag{12-3}$$

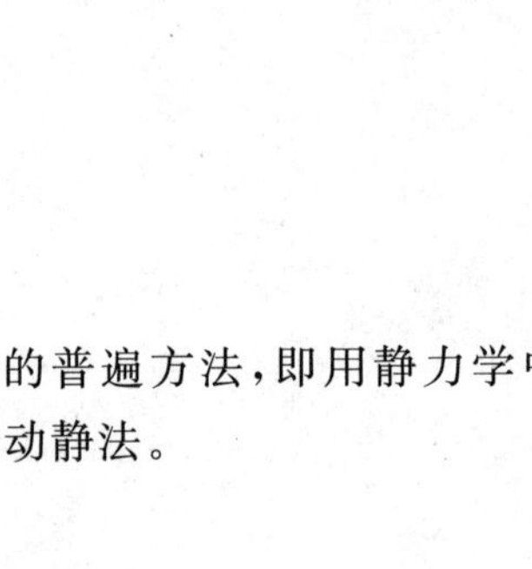

图 12-1

矢量 $\boldsymbol{F}_{\mathrm{I}}$ 有力的量纲，称为质点的**惯性力**，它是一个虚拟的力。

式(12-3)表明，**如果在质点上除作用有主动力及约束力外，再假想地加上惯性力，则这些力构成平衡力系**，这就是质

点的达朗贝尔原理，又称**动静法**。

对于质点本身，惯性力 $\boldsymbol{F}_{\mathrm{I}}=-m\boldsymbol{a}$ 是假想的。但确有方向与 $\boldsymbol{a}$ 相反，大小等于 ma 的力 $-m\boldsymbol{a}$ 存在，它作用在使质点运动状态（速度 $\boldsymbol{v}$）发生改变的物体上。例如，人推车前进，这个力向后作用在人手上；用手拿着系有小球的细绳在水平面内作圆周运动，如图 12-2 所示，球有向心加速度，这个力向外作用在人手上（称为离心力），正是通过这个力，我们感到了物体运动的惯性，所以这个力就称为惯性力。

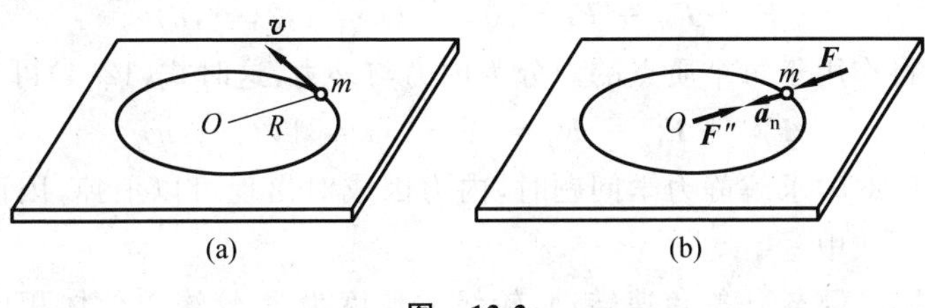

图　12-2

质点的达朗贝尔原理表明，如果在运动着的质点上加上假想的惯性力，则质点处于平衡，因而可将动力学问题化成静力学问题。在式(12-3)中，求解惯性力 $\boldsymbol{F}_{\mathrm{I}}$ 就是求解运动；求解 $\boldsymbol{F}_{\mathrm{N}}$ 就是求解未知的约束力（包括动约束力）。在已知运动求约束力的问题中，动静法往往十分方便。

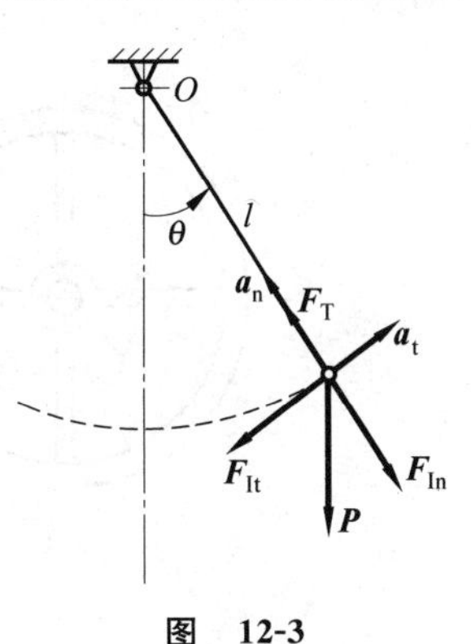

图　12-3

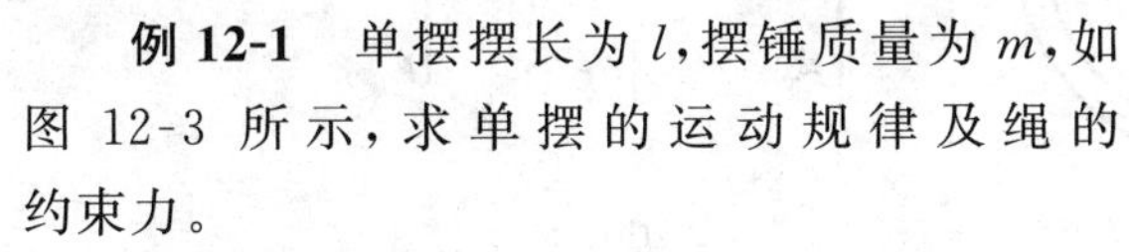

例 12-1　单摆摆长为 l，摆锤质量为 m，如图 12-3 所示，求单摆的运动规律及绳的约束力。

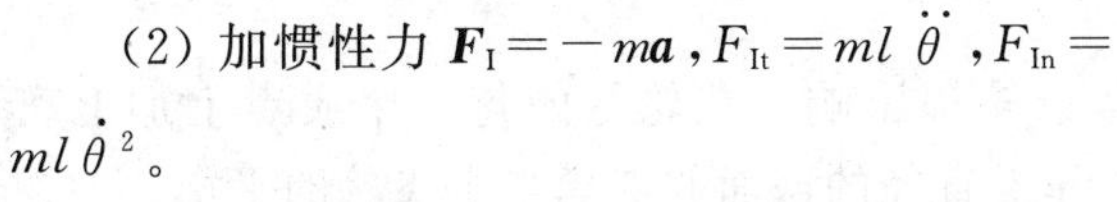

解　(1) 研究摆锤，分析受力和运动。

(2) 加惯性力 $\boldsymbol{F}_{\mathrm{I}}=-m\boldsymbol{a}$，$F_{\mathrm{It}}=ml\ddot{\theta}$，$F_{\mathrm{In}}=ml\dot{\theta}^2$。

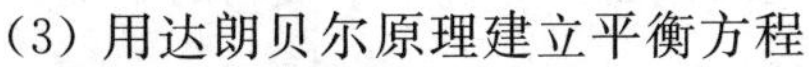

(3) 用达朗贝尔原理建立平衡方程

$$\sum F_{\mathrm{t}}=0,\quad -F_{\mathrm{It}}-mg\sin\theta=0$$

$$\ddot{\theta}+\frac{g}{l}\sin\theta=0\quad\text{（运动微分方程）}$$

$$\sum F_{\mathrm{n}}=0,\quad F_{\mathrm{T}}-F_{\mathrm{In}}-mg\cos\theta=0$$

$$F_{\mathrm{T}}=mg\cos\theta+ml\dot{\theta}^2$$

上式表明，绳的约束力有两部分：静约束力及动约束力，这后者就是由离心惯性力引起。因此,使用达朗贝尔原理,有时可以方便地解释动约束力。

12.2 质点系的动静法

如果对质点系中的每个质点,除主动力及约束力外,再加上假想的惯性力,则这些力构成平衡力系。用公式表达为

$$\boldsymbol{F}_i + \boldsymbol{F}_{Ni} + \boldsymbol{F}_{Ii} = 0 \qquad (i = 1,2,\cdots,n) \tag{12-4}$$

也可将作用于每个质点的力分为内力与外力,这时式(12-4)可写为

$$\boldsymbol{F}_i^{(e)} + \boldsymbol{F}_i^{(i)} + \boldsymbol{F}_{Ii} = 0 \qquad (i = 1,2,\cdots,n) \tag{12-5}$$

用式(12-5)求解静力学问题时,内力因成对出现可以消掉,因而不出现在平衡方程式中。

例 12-2 飞轮作等角速转动,轮缘的速度为 v,轮缘单位体积的质量为 ρ,如图 12-4 所示。设轮缘较薄,质量分布均匀。求轮缘中由于旋转而引起的动应力。

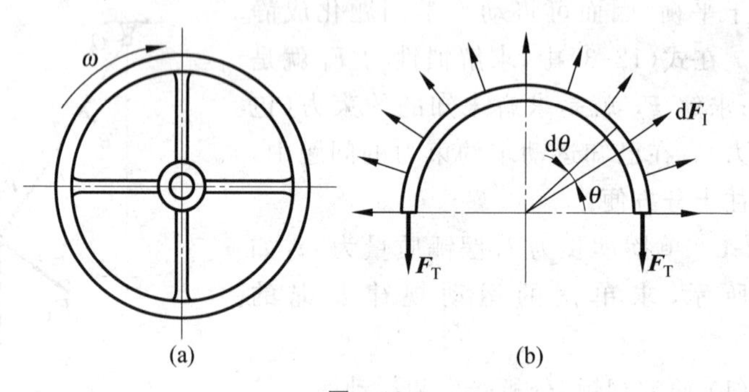

图 12-4

解 作为初步近似,不考虑轮辐影响。在轮缘的每一个质点上加上离心惯性力,化为静力学问题。作沿直径的截面并考虑半个飞轮的平衡。

$$\mathrm{d}F_{\mathrm{I}} = \rho A r \mathrm{d}\theta \cdot r\omega^2$$

$$\sum F_y = 0, \quad \int \mathrm{d}F_{\mathrm{I}} \sin\theta - 2F_{\mathrm{T}} = 0$$

$$F_{\mathrm{T}} = \frac{1}{2}\int_0^{\pi} \rho A r^2 \omega^2 \sin\theta \mathrm{d}\theta = \rho A v^2$$

所以轮缘中的动应力

$$\sigma = \frac{F_{\mathrm{T}}}{A} = \rho v^2$$

如果材料的容许应力为[σ],则设计飞轮转速时,必须遵守

$$v < v_{cr} = \sqrt{\frac{[\sigma]}{\rho}},\quad \omega < \omega_{cr} = \frac{v_{cr}}{R}$$

其中 v_{cr}称为临界速度,ω_{cr}称为临界角速度。

上述结果表明：动应力与轮缘截面积无关,因此增加轮缘部分的截面积,无助于提高 ω_{cr},反而使结构重量加大。

12.3　刚体惯性力系的简化

在用达朗贝尔原理研究刚体的运动时,必须对刚体内每一个质点加上惯性力,因而惯性力是体积力,惯性力系是分布力系,必须研究其简化问题。以固定点 O 为简化中心,惯性力系向 O 点简化的主矢量和主矩为

主矢量

$$\boldsymbol{F}_{IR} = \sum(-m_i\boldsymbol{a}_i) = -m\boldsymbol{a}_C \tag{12-6}$$

主矩

$$\boldsymbol{M}_{IO} = \sum\boldsymbol{r}_i \times (-m_i\boldsymbol{a}_i) = -\frac{\mathrm{d}}{\mathrm{d}t}\left(\sum\boldsymbol{r}_i \times m_i\boldsymbol{v}_i\right) = -\frac{\mathrm{d}\boldsymbol{L}_O}{\mathrm{d}t} \tag{12-7}$$

以刚体质心 C 为简化中心,主矢量不变,即

$$\boldsymbol{F}_{IR} = -m\boldsymbol{a}_C$$

主矩：过 C 作平移坐标系,将刚体运动分解为平移及转动,则有

$$\begin{aligned}\boldsymbol{M}_{IC} &= \sum\boldsymbol{r}'_i\times(-m_i\boldsymbol{a}_i) = \sum\boldsymbol{r}'_i\times[-m_i(\boldsymbol{a}_{ei}+\boldsymbol{a}_{ri})]\\ &= -\sum\boldsymbol{r}'_i\times m_i\boldsymbol{a}_C - \sum\boldsymbol{r}'_i\times m_i\boldsymbol{a}_{ri}\\ &= \left(\sum m_i\boldsymbol{r}'_i\right)\times\boldsymbol{a}_C - \frac{\mathrm{d}}{\mathrm{d}t}\sum\boldsymbol{r}'_i\times m_i\boldsymbol{v}_{ri} = -\frac{\mathrm{d}\boldsymbol{L}_C}{\mathrm{d}t}\end{aligned} \tag{12-8}$$

式中 $\boldsymbol{r}'_i$为由质心引出的矢径,故有 $\sum m_i\boldsymbol{r}'_i = m\boldsymbol{r}'_C = 0$,$\boldsymbol{L}_C$ 为刚体相对质心的动量矩。

对于刚体作不同运动情况,由式(12-6),式(12-7),式(12-8)可得惯性力系简化结果的具体表达式。

1. 刚体的平移(图 12-5(a))

因为 $L_C=0$,所以 $M_{IC}=0$。惯性力系简化为一合力 $\boldsymbol{F}_{IR}=-m\boldsymbol{a}_C$,作用于刚体的质心上。

2. 刚体的定轴转动(刚体有垂直于转动轴的对称面情况)

常用惯性力系向转轴 O 简化(图 12-5(b))有

$$\boldsymbol{F}_{\mathrm{IR}}=-m\boldsymbol{a}_C,\quad M_{\mathrm{IO}}=-J_O\alpha \tag{12-9}$$

向质心 C 简化(图 12-5(c))有

$$\boldsymbol{F}_{\mathrm{IR}}=-m\boldsymbol{a}_C,\quad M_{\mathrm{IC}}=-J_C\alpha \tag{12-10}$$

3. 刚体的平面运动(刚体相对运动平面对称情况)

向质心 C 简化(图 12-5(d))有

$$\boldsymbol{F}_{\mathrm{IR}}=-m\boldsymbol{a}_C,\quad M_{\mathrm{IC}}=-J_C\alpha \tag{12-11}$$

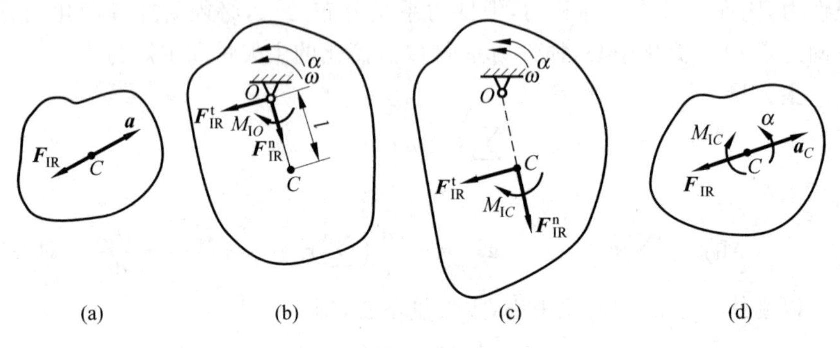

图 12-5

例 12-3 AB 梁及轮盘重 W,轮盘半径为 r,对质心 O 的转动惯量为 J,重物重 P,如图 12-6 所示。在轮盘的轴承上装有电机,通电时的驱动力矩为 M。求重物提升的加速度 a 及支座 A,B 的约束力 $\boldsymbol{F}_A$,$\boldsymbol{F}_B$。

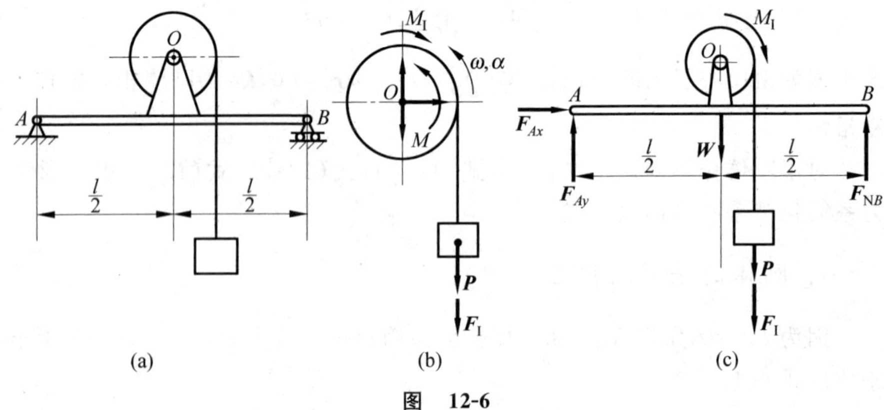

图 12-6

解　(1) 单独考虑轮盘及重物系统，加惯性力矩 M_{I} 及惯性力 $\boldsymbol{F}_{\mathrm{I}}$，系统平衡，有

$$M_{\mathrm{I}} = J\alpha,\quad F_{\mathrm{I}} = \frac{P}{g}r\alpha$$

$$\sum M_O = 0,\quad M - M_{\mathrm{I}} - Pr - F_{\mathrm{I}}r = 0$$

所以

$$\alpha = \frac{M - Pr}{J + \dfrac{P}{g}r^2}$$

$$a = r\alpha = \frac{Mr - Pr^2}{Jg + Pr^2}g$$

(2) 考虑整体，加惯性力矩 M_{I} 及惯性力 $\boldsymbol{F}_{\mathrm{I}}$，系统平衡，有

$$\sum F_x = 0,\quad F_{Ax} = 0$$

$$\sum M_B = 0,\quad F_{Ay} = \frac{W}{2} + P\left(\frac{1}{2} - \frac{r}{l}\right) + \left[\frac{P}{g}r\left(\frac{1}{2} - \frac{r}{l}\right) - \frac{J}{l}\right]\alpha$$

$$\sum M_A = 0,\quad F_{NB} = \frac{W}{2} + P\left(\frac{1}{2} + \frac{r}{l}\right) + \left[\frac{P}{g}r\left(\frac{1}{2} + \frac{r}{l}\right) + \frac{J}{l}\right]\alpha$$

(3) 本题是一自由度系统问题，通常的解法是先用动能定理求加速度，然后再加惯性力用动静法求约束力。因为在已知运动的情况下，用动静法求约束力就像静力学求约束力一样方便。用动静法解题的一个优点在于选取矩心的灵活性。

12.4　转子的轴承动约束力

工程中存在着大量绕定轴转动的刚体，通常称为**转子**。在高速转动情况下，由于刚体质量分布不均衡，轴承处会因转子转动引起附加约束力，此附加部分即称为轴承动约束力。

下面用动静法求刚体等角速转动时的轴承动约束力。建立坐标系 $Axyz$ 与刚体固结，在刚体的各点加上假想的惯性力，如图 12-7 所示。

首先将此惯性力系向 A 点简化

$$\begin{aligned}\boldsymbol{M}_{\mathrm{IA}} &= \sum \boldsymbol{r}_i \times (-m_i\boldsymbol{a}_i) = -\sum \boldsymbol{r}_i \times m_i(\boldsymbol{\omega} \times \boldsymbol{v}_i) \\ &= \sum \boldsymbol{r}_i \times m_i[\boldsymbol{\omega} \times (\boldsymbol{\omega} \times \boldsymbol{r}_i)]\end{aligned}$$

$$= \sum \boldsymbol{r}_i \times m_i [(\boldsymbol{\omega} \cdot \boldsymbol{r}_i)\boldsymbol{\omega} - \omega^2 \boldsymbol{r}_i]$$

$$= \sum m_i (\boldsymbol{\omega} \cdot \boldsymbol{r}_i)\boldsymbol{r}_i \times \boldsymbol{\omega}$$

因为

$$\boldsymbol{\omega} = \omega \boldsymbol{k}, \quad \boldsymbol{r}_i = x\boldsymbol{i} + y\boldsymbol{j} + z\boldsymbol{k}$$

所以

$$\boldsymbol{M}_{IA} = -\omega^2 \left(\sum m_i yz\boldsymbol{i} - \sum m_i zx\boldsymbol{j} \right)$$

$$= -J_{yz}\omega^2 \boldsymbol{i} + J_{zx}\omega^2 \boldsymbol{j} \qquad (12\text{-}12)$$

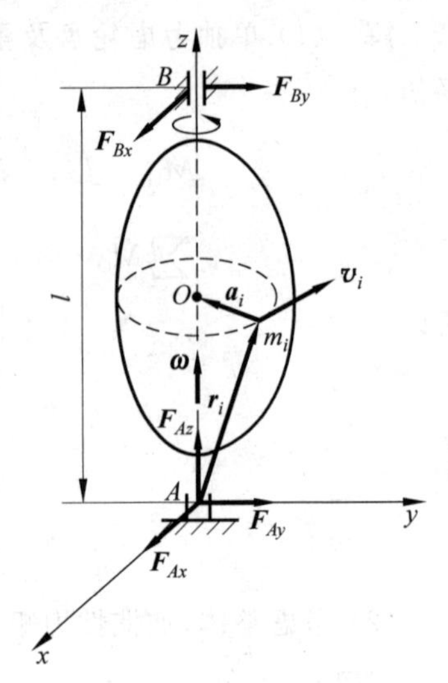

图 12-7

式中 $J_{yz} = J_{zy} = \sum m_i yz, J_{zx} = J_{xz} = \sum m_i zx$ 称为刚体对所选坐标系的**惯性积**。

$$\boldsymbol{F}_{IR} = -m\boldsymbol{a}_C = mx_C\omega^2 \boldsymbol{i} + my_C\omega^2 \boldsymbol{j}$$

式中 x_C, y_C 为质心在所选坐标系中的坐标。

其次应用达朗贝尔原理,列写平衡方程。设刚体上作用有若干主动力 $\boldsymbol{F}_i$,则得

$$\sum M_y = 0, \quad F_{Bx} = -\frac{1}{l}\left[\sum M_y(\boldsymbol{F}_i) + J_{zx}\omega^2\right]$$

$$\sum M_x = 0, \quad F_{By} = \frac{1}{l}\left[\sum M_x(\boldsymbol{F}_i) - J_{yz}\omega^2\right]$$

$$\sum F_x = 0, \quad F_{Ax} = -\sum F_{xi} + \frac{1}{l}\sum M_y(\boldsymbol{F}_i) + \frac{1}{l}J_{zx}\omega^2 - mx_C\omega^2$$

$$\sum F_y = 0, \quad F_{Ay} = -\sum F_{yi} - \frac{1}{l}\sum M_x(\boldsymbol{F}_i) + \frac{1}{l}J_{yz}\omega^2 - my_C\omega^2$$

$$\sum F_z = 0, \quad F_{Az} = -\sum F_{zi}$$

$$(12\text{-}13)$$

上式中,等式右边下面有线的各项均为因转动运动引起的**轴承动约束力**。动约束力与角速度平方成正比,当高速转动时,动约束力将远远大于静约束力,并能引起轴承破坏。求轴承动约束力时,也可不用公式(12-13)。将刚体各点加上惯性力后,用其他合适的方法将惯性力系简化,再用静力学中的空间力系平衡方程求动约束力。

为使动约束力为零,必须有

$$x_C = y_C = 0, \quad J_{yz} = J_{zx} = 0 \qquad (12\text{-}14)$$

即转轴必须通过转动刚体的质心,且为刚体的一根**主轴**(旋转对称刚体的对称轴就是刚体的一根主轴),即转轴为刚体的**中心惯性主轴**,这时刚体(转子)是**平衡**的(图 12-8(a))。当转轴不通过质心时(图 12-8(b)),因产生

轴承动约束力，转子不平衡；由于这种不平衡可以用静力学的方法发现(图 12-8(d))，故称**静不平衡**。当转轴不是主轴时(图 12-8(c))，转子是**动不平衡**的，因为这种不平衡必须通过转动发现。借助动平衡机，用在转子上钻孔的方法改变刚体质量的分布，可以使转子成为**动平衡**的(图 12-8(e))。

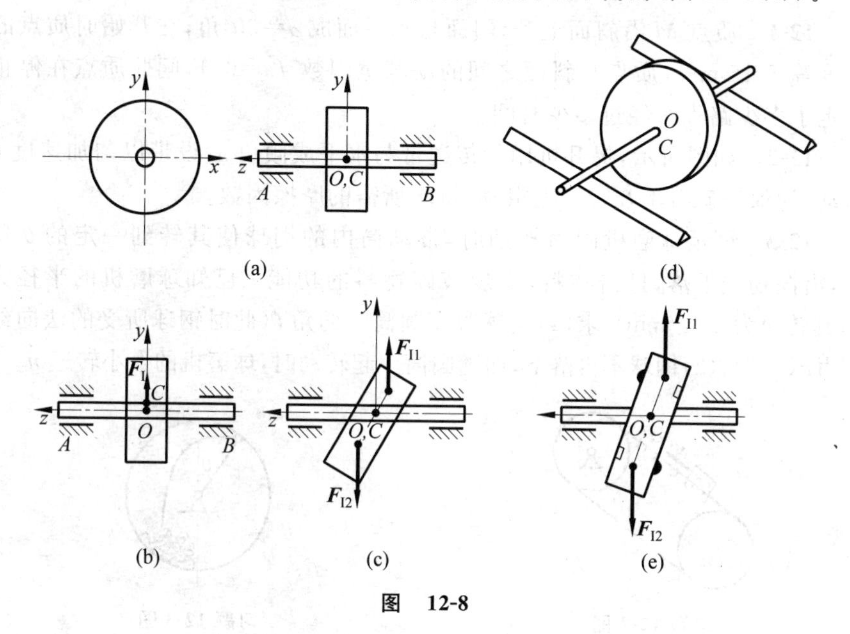

图　12-8

思　考　题

12-1　什么是动静法？它与动力学其他方法有何不同？

12-2　如图所示，紧靠着的物块 A，B 质量分别为 m_A 和 m_B，放置在光滑的水平面上，当 A 受水平力 $\boldsymbol{F}$ 作用时，试用动静法说明 A，B 之间的作用力的大小是否等于 $\boldsymbol{F}$。

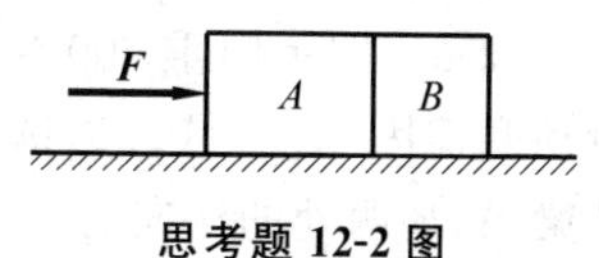

思考题 12-2 图

12-3　应用动静法时，是否运动着的质点都应加上惯性力？

12-4　质点作匀速圆周运动时，是否有惯性力？

12-5　怎样确定质心的位置？它与重心有无区别？

12-6　刚体作平移，转动和平面运动时惯性力系的简化结果是什么？

12-7　如何应用动静法求解刚体动力学问题？

习　题

12-1 质点 M 沿斜面上升，斜面与水平面成 $\alpha=30°$ 角，在开始时质点的速度等于 15 m/s，质点与斜面之间的动摩擦因数 $f'=0.1$，问此质点在停止前走了多少路程？经过多少时间？

12-2 如图所示，提升机用的传送带与水平成倾角 α，设带以匀加速度 $\boldsymbol{a}$ 运动，为保证矿石不在带子上滑动，试求所需的摩擦因数。

12-3 图示球磨机圆筒转动时，带动筒内的钢球使其转到一定的 θ 角后，沿抛物线下落，打击物料，实现破碎物料的功能。已知球磨机的半径为 R，其转速为 n (r/min)，求(1)钢球脱离圆筒时的角 θ(此时钢球所受的法向约束力 $F_N=0$)；(2)钢球不再落下，而随圆筒一起转动时，球磨机的最小转速 n_{cr}。

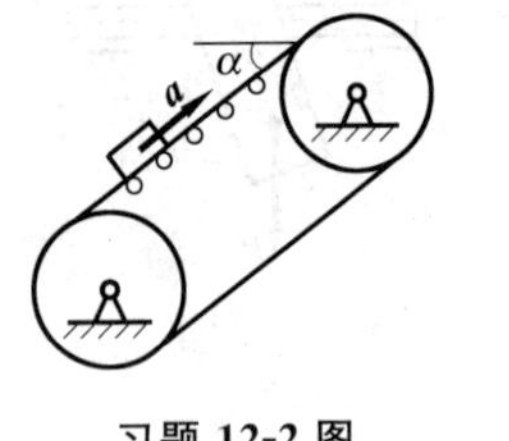

习题 12-2 图

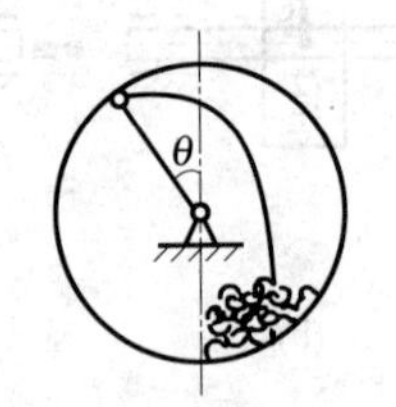

习题 12-3 图

12-4 为研究交变拉力、压力对金属试件的影响，将试件 BD 的上端连接在曲柄连杆机构的滑块上，而试件的下端挂一质量为 m 的重锤。已知曲柄 $OA=r$，连杆 $AB=l$，求当曲柄以匀角速度 ω 转动时，金属试件所受的拉力。

12-5 提升机如图所示，已知物体 A 质量 $m_A=2$t，平衡锤 B 质量 $m_B=0.8$t，由电动铰车拖动。已知铰车 K 对绳子的拉力为 3 kN，不计滑轮和绳的质量，求物体 A 的加速度和绳 ED 的拉力。

12-6 图示门重 600 N，其上的滑靴 A 和 B 可沿固定水平梁滑动，若动滑动摩擦因数 $f'=0.25$，欲使门有加速度 $a=0.49$ m/s^2，求水平力 $\boldsymbol{F}$ 的大小及梁 A，B 两处的法向力。

12-7 重为 P 的货箱放在一平车上，货箱与平车间的摩擦因数为 f，尺寸如图所示，欲使货箱在平车上不滑也不翻，平车的加速度 a 应为多少？

12-8 图示汽车重为 P，以加速度 $\boldsymbol{a}$ 作水平直线运动，其重心 C 离地面的高度为 h，前后轮到重心的水平距离分别为 d 和 b，求：(1)汽车前后轮与地面的正压力；(2)汽车应怎样行驶，才能使前、后轮与地面间的压力正好相等。

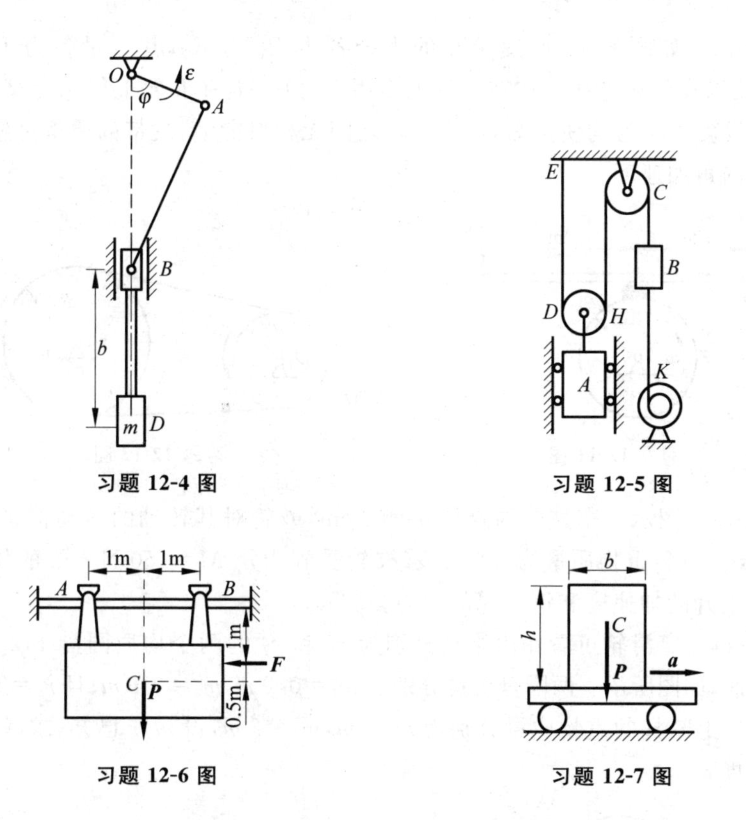

习题 12-4 图　　习题 12-5 图

习题 12-6 图　　习题 12-7 图

12-9　长方形均质木板质量 50kg，以三根软绳支持如图示，求当 KF 被剪断的那一瞬间，木板的加速度及 AD，BE 两绳的张力。

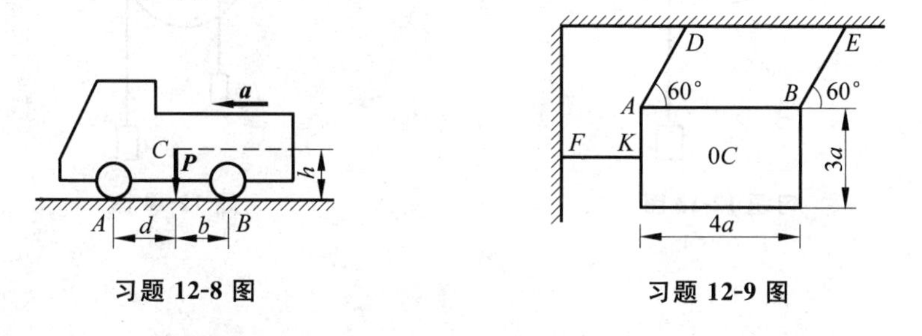

习题 12-8 图　　习题 12-9 图

12-10　为求轴承中的摩擦力矩，在轴上装一重为 5 kN，回转半径为 $\rho=1.5$ m 的飞轮，使其转速达到 $n=240$ r/min 后，任其自转。若经过 10 min 后，飞轮停止转动，求轴承所受的摩擦力矩。

12-11　重为 1 kN，半径为 1 m 的均质圆轮，以转速 $n=120$ r/min 绕 O 轴转动，设有一常力 $\boldsymbol{F}$ 作用于闸杆的一端，使轮经 10 s 后停止转动。已知摩擦因数 $f'=0.1$，求力 $\boldsymbol{F}$ 的大小。

12-12 如图所示,两皮带轮的半径各为 R_1 与 R_2,其重量各为 P_1 和 P_2,两轮以皮带相连接。如在Ⅰ轮上作用一力矩 M,在Ⅱ轮上作用有摩擦力矩 M',设皮带轮为均质圆盘,皮带与轮之间无相对滑动,皮带的质量可忽略,求Ⅰ轮的角加速度。

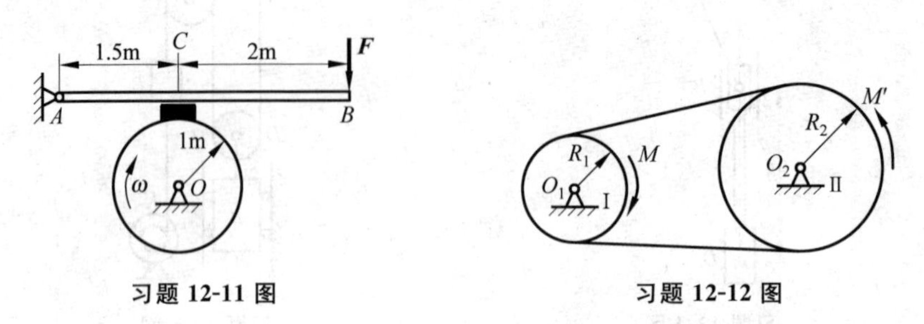

习题 12-11 图　　　　习题 12-12 图

12-13 图示绞车鼓轮的直径 $d=50$ cm,鼓轮对其转轴的转动惯量 $J=0.064$ kg·m^2,重物质量为 50 kg,若鼓轮受到力矩 $M=150$ N·m 的作用,求重物上升的加速度和钢丝绳的拉力。

12-14 定滑轮可看作由半径分别为 r_1 和 r_2 的两个均质圆盘 1,2 固连一起而成,如图所示。两圆盘质量分别为 $m_1=0.2\,m$,$m_2=0.8\,m$;且 $r_2=2r_1=2r$。滑轮上悬挂的重物质量分别为 $m_3=m$,$m_4=2\,m$,设 m,r 已知,求滑轮的角加速度 α。

习题 12-13 图　　　　习题 12-14 图

附录A　平面图形的几何性质

工程力学中讨论的各种杆件，其截面是具有一定几何形状的平面图形。杆件的应力与变形，与其横截面的几何性质有关。例如，轴向拉、压杆的应力和变形与横截面的面积有关，圆轴扭转应力与横截面的极惯性矩有关，而梁的弯曲应力与横截面的形心位置及惯性矩有关。此类与截面形状和尺寸有关的几何量统称为截面几何性质，本章讨论截面几何性质的定义及计算方法。

A.1　静矩和形心

1. 截面的静矩

任意截面如图A-1所示，其面积为A，Oyz为图形平面内的任意直角坐标轴。取微面积$\mathrm{d}A$，$\mathrm{d}A$的坐标分别为y和z，则截面图形对z轴和y轴的静矩分别定义如下：

$$\begin{cases} S_z = \int_A y\,\mathrm{d}A \\ S_y = \int_A z\,\mathrm{d}A \end{cases} \tag{A-1}$$

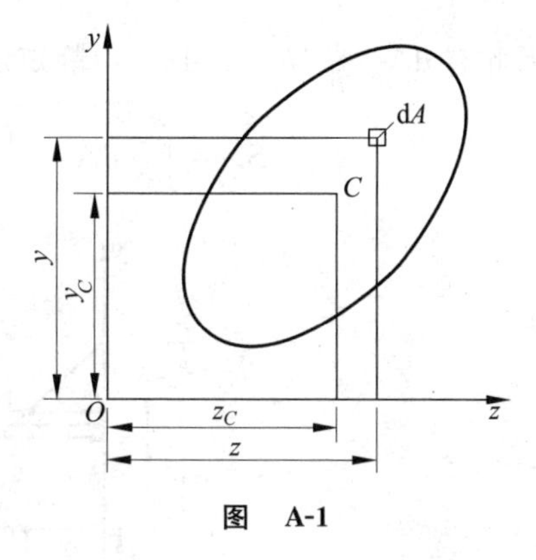

图　A-1

因此截面图形的静矩不仅与截面的大小和形状有关，而且和坐标轴的位置有关。同一截面图形对不同坐标轴，其静矩不同；静矩的数值可能是正值、负值，也可能是零。静矩的常用单位为m^3或mm^3。

2. 形心坐标计算公式

在静力学中已建立了重心的概念，均质等厚薄板的重心在Oyz坐标系中的坐标计算公式为

$$\begin{cases} y_C = \dfrac{\int_A y\,\mathrm{d}A}{A} \\ z_C = \dfrac{\int_A z\,\mathrm{d}A}{A} \end{cases} \tag{A-2}$$

且和该薄板中面的形心重合,所以上述公式同样适用于计算截面图形的形心,将式(A-1)代入式(A-2)得

$$\begin{cases} y_C = \dfrac{S_z}{A} \\ z_C = \dfrac{S_y}{A} \end{cases} \tag{A-3}$$

或

$$\begin{cases} S_z = y_C A \\ S_y = z_C A \end{cases} \tag{A-4}$$

因此,当形心坐标为零时,即某轴过形心,则图形对该轴静矩为零。反之若图形对某轴静矩为零,则该轴过形心。

例 A-1 试计算图 A-2 所示三角形截面对与其底边重合的 y,z 轴的静矩,以及形心的坐标值 y_C 和 z_C。

解 计算此图形对于 z 轴的静矩 S_z 时,可取平行于 z 轴的狭长条作为微面积,即 $\mathrm{d}A=b(y)\mathrm{d}y$,如图 A-2 所示。由相似关系,可知 $b(y)=\dfrac{b}{h}(h-y)$,因此有 $\mathrm{d}A=\dfrac{b}{h}(h-y)\mathrm{d}y$。由静矩定义可得

$$S_z = \int_A y\mathrm{d}A = \int_0^h \frac{b}{h}(h-y)y\mathrm{d}y = \frac{bh^2}{6}$$

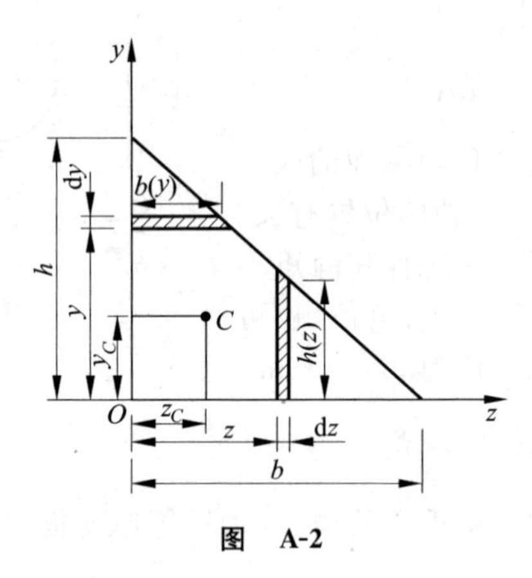

图 A-2

同理,由静矩的定义得

$$S_y = \int_A z\mathrm{d}A = \int_0^b z\frac{h}{b}(b-z)\mathrm{d}z = \frac{hb^2}{6}$$

根据公式(A-3),可知形心坐标为

$$y_C = \frac{S_z}{A} = \frac{\frac{bh^2}{6}}{\frac{bh}{2}} = \frac{h}{3}, \quad z_C = \frac{\frac{hb^2}{6}}{\frac{bh}{2}} = \frac{b}{3}$$

3. 组合图形的形心和静矩

有些复杂图形可以看成是由简单图形(例如矩形、圆形等)组合而成,常称为组合图形。而复杂图形的静矩,根据合力矩定理,等于它各组成部分的简单图形对于同一轴静矩的代数和,即

$$\begin{cases} S_z = \sum_{i=1}^{n} A_i y_{Ci} \\ S_y = \sum_{i=1}^{n} A_i z_{Ci} \end{cases} \tag{A-5}$$

式中,A_i和z_{Ci},y_{Ci}分别表示组成部分i的面积及形心坐标;n为组成此截面的简单图形的个数。

将式(A-5)代入式(A-4),可得计算组合截面图形的形心坐标公式为

$$\begin{cases} y_C = \dfrac{\sum_{i=1}^{n} A_i y_{Ci}}{\sum_{i=1}^{n} A_i} \\ z_C = \dfrac{\sum_{i=1}^{n} A_i z_{Ci}}{\sum_{i=1}^{n} A_i} \end{cases} \tag{A-6}$$

例 A-2 已知图A-3所示T形截面的尺寸:$b_1=100$ mm,$b_2=20$ mm,$h_1=20$ mm,$h_2=100$ mm。试确定此截面图形形心的位置。

解 图示T形截面可以看作由矩形$A_1=b_1h_1$和$A_2=b_2h_2$组成的组合图形。形心的位置与所选择的坐标轴的位置无关,为了计算简便,可以取图形的对称轴为y轴,而取z轴和图形底边重合。

矩形Ⅰ:$A_1=b_1h_1=100\times20$
$=2000(\text{mm}^2)$

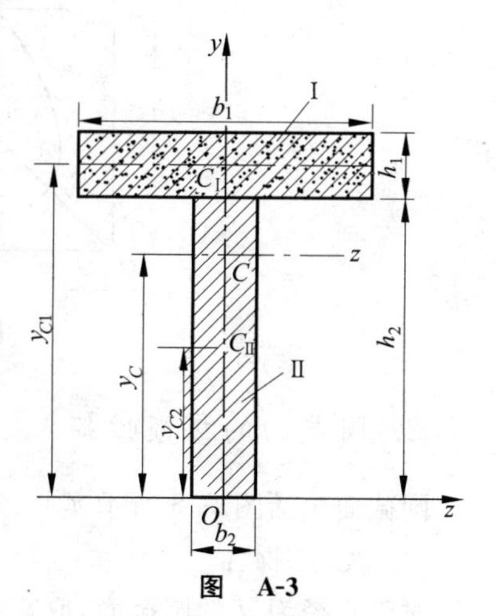

图 A-3

$$y_{C1}=\frac{h_1}{2}+h_2=\frac{20}{2}+100=110(\text{mm})$$

矩形Ⅱ：$A_2=b_2h_2=20\times100=2000(\text{mm}^2)$

$$y_{C2}=\frac{h_2}{2}=\frac{100}{2}=50(\text{mm})$$

由式(A-6),可知T形截面的形心坐标为

$$y_C=\frac{\sum_{i=1}^{n}A_iy_{Ci}}{\sum_{i=1}^{n}A_i}=\frac{A_1y_{C1}+A_2y_{C2}}{A_1+A_2}=\frac{2000\times110+2000\times50}{2000+2000}=80(\text{mm})$$

$$z_C=0$$

由于 y 轴为对称轴,通过截面形心,$S_y=0$,因此称 y 轴为形心轴。

A.2 极惯性矩

1. 截面的极惯性矩

任意截面如图A-4所示,其面积为 A,Oyz 为图形平面内的任意直角坐标轴。在矢径为 ρ 的任意点处,取微面积 $\mathrm{d}A$,则下述面积分:

$$I_{\mathrm{p}}=\int_A\rho^2\mathrm{d}A \tag{A-7}$$

定义为截面图形对坐标原点 O 的极惯性矩。其常用单位为 m^4 和 mm^4。

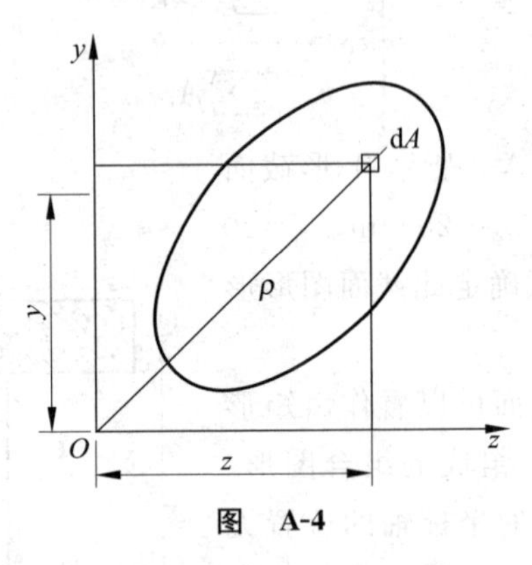

图 A-4

2. 圆截面的极惯性矩

圆截面包括图A-5所示实心、空心以及薄壁截面。

(1) 实心圆截面

对于直径为 d 的圆截面,取宽度为 $\mathrm{d}\rho$ 的环形区域作为微面积,如图A-5

所示，即取 $\mathrm{d}A=2\pi\rho\mathrm{d}\rho$，由式(A-7)可知，圆截面的极惯性矩为

$$I_{\mathrm{p}}=\int_{0}^{\frac{d}{2}}\rho^{2}\times 2\pi\rho\mathrm{d}\rho=\frac{\pi d^{4}}{32} \tag{A-8}$$

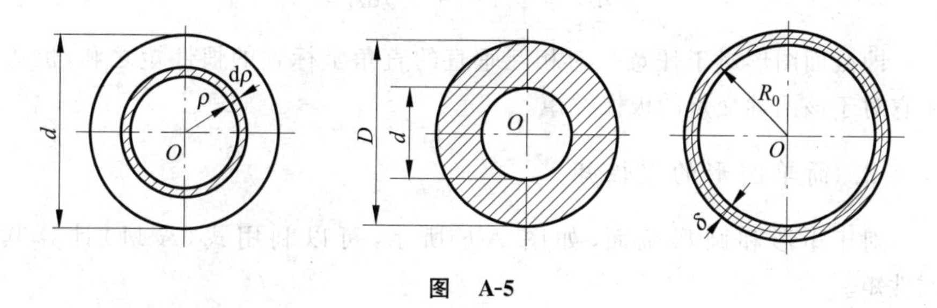

图　A-5

(2) 空心圆截面

对于内径为 d、外径为 D 的空心圆截面，如图 A-5 所示，按照上述计算方法，只需改动积分上、下限，其极惯性矩为

$$I_{\mathrm{p}}=\int_{\frac{d}{2}}^{\frac{D}{2}}\rho^{2}\times 2\pi\rho\mathrm{d}\rho=\frac{\pi}{32}(D^{4}-d^{4})=\frac{\pi d^{4}}{32}(1-\alpha^{4}) \tag{A-9}$$

式中，$\alpha=d/D$，表示内、外径的比值。

(3) 薄壁圆环截面

对于薄壁圆环截面，因为其内外径的差值很小，可以用平均半径代替 ρ，如图 A-5 所示。因此，薄壁圆环截面的极惯性矩为

$$I_{\mathrm{p}}=\int_{A}\rho^{2}\mathrm{d}A\approx R_{0}^{2}\int_{A}\mathrm{d}A=2\pi R_{0}^{3}\delta \tag{A-10}$$

A.3　惯性矩和惯性积

1. 惯性矩

对任意截面，如图 A-4 所示，其面积为 A，Oyz 为图形平面内的任意直角坐标轴。在坐标为(z,y)处取一微面积 $\mathrm{d}A$，则截面图形对于 y，z 轴的惯性矩分别定义为：

$$\begin{cases}I_{y}=\int_{A}z^{2}\mathrm{d}A\\ I_{z}=\int_{A}y^{2}\mathrm{d}A\end{cases} \tag{A-11}$$

由于积分中的 y^{2}，z^{2} 恒为正值，因此惯性矩恒为正值。其常用单位为 m^{4} 和 mm^{4}。

在极惯性矩定义中，ρ 为取微面积 $\mathrm{d}A$ 的矢径，则有

$$\rho^2 = y^2 + z^2$$

因而

$$I_p = \int_A \rho^2 \mathrm{d}A = \int_A (y^2 + z^2)\mathrm{d}A = I_y + I_z \tag{A-12}$$

即截面图形对于任意一对相互垂直的直角坐标轴的惯性矩之和,恒等于它对于该两轴交点的极惯性矩。

2. 简单图形的惯性矩

对于矩形和圆形截面,如图 A-6 所示,可以利用式(A-11)计算其惯性矩。

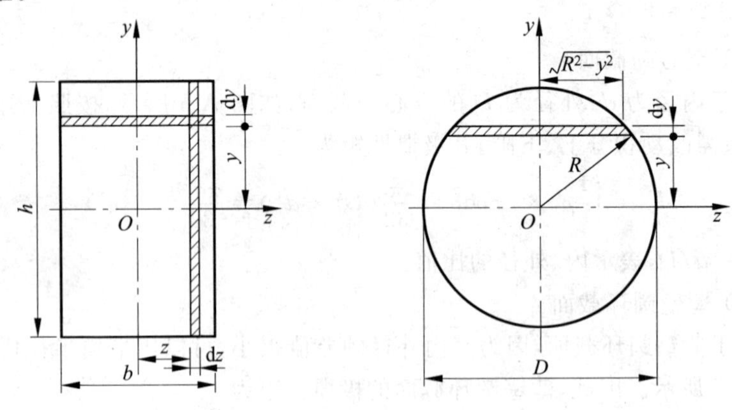

图 A-6

(1) 矩形截面的惯性矩

图 A-6 所示矩形截面,设高度为 h,宽为 b,取 y 轴和 z 轴为截面的形心轴,且平行于矩形的两边。取 $\mathrm{d}A=b\mathrm{d}y$,由式(A-11)可得矩形截面对 z 轴的惯性矩为

$$I_z = \int_A y^2 \mathrm{d}A = \int_{-\frac{h}{2}}^{\frac{h}{2}} y^2 \times b\mathrm{d}y = \frac{bh^3}{12} \tag{A-13}$$

同理,可以计算矩形截面对 y 轴的惯性矩为

$$I_y = \frac{hb^3}{12} \tag{A-14}$$

(2) 圆形截面的惯性矩

图 A-6 所示圆形截面,设直径为 D,取 y 轴和 z 轴为截面的形心轴,取 $\mathrm{d}A$ 为图 A-6 中所示的阴影线面积,即 $\mathrm{d}A=2\sqrt{R^2-y^2}\mathrm{d}y$,则

$$I_z = \int_A y^2 \mathrm{d}A = 2\int_{-R}^{R} y^2\sqrt{R^2-y^2}\mathrm{d}y = \frac{\pi D^4}{64} \tag{A-15}$$

y 轴和 z 轴都重合于圆的直径，由于对称的原因，必然有

$$I_y = I_z = \frac{\pi D^4}{64} \tag{A-16}$$

由式(A-12)即可求得

$$I_p = I_y + I_z = \frac{\pi D^4}{32}$$

3. 惯性积

如图 A-4 所示，取微面积 dA，则平面图形对于 y，z 轴的惯性积定义为：

$$I_{yz} = \int_A yz\,dA \tag{A-17}$$

惯性积 I_{yz} 数值可以是正值，也可以是负值，也可能是零（可以证明 y 轴或 z 轴只要有一轴为对称轴，则 $I_{yz}=0$）。惯性积常用单位为 m^4 或 mm^4。

A.4 平行移轴公式

1. 平行移轴公式

由惯性矩的定义可知，同一截面对不同坐标轴的惯性矩和惯性积一般是不相同的。但对任意轴和与其平行的形心轴之间存在着比较简单的关系。

如图 A-7 所示，设 C 为一任意截面图形的形心，y_C 轴和 z_C 轴为图形的形心轴。截面图形对 y_C 轴和 z_C 轴的惯性矩和惯性积分别为

$$\begin{cases} I_{y_C} = \int_A \bar{z}^2\,dA \\ I_{z_C} = \int_A \bar{y}^2\,dA \\ I_{y_C z_C} = \int_A \bar{y}\bar{z}\,dA \end{cases} \tag{a}$$

设 y 轴平行于 y_C 轴，且两者的间距为 b；z 轴平行于 z_C 轴，两者的间距为 a。截面对坐标轴 y 轴惯性矩为

$$\begin{aligned} I_y &= \int_A y^2\,dA = \int_A (\bar{y}+a)^2\,dA \\ &= \int_A \bar{y}^2\,dA + 2a\int_A \bar{y}\,dA + a^2\int_A dA \end{aligned} \tag{b}$$

由于截面图形对于形心轴的静矩恒等于零，即 $\int_A \bar{y}\,dA = 0$，因此

$$I_y = I_{y_C} + a^2 A \tag{c}$$

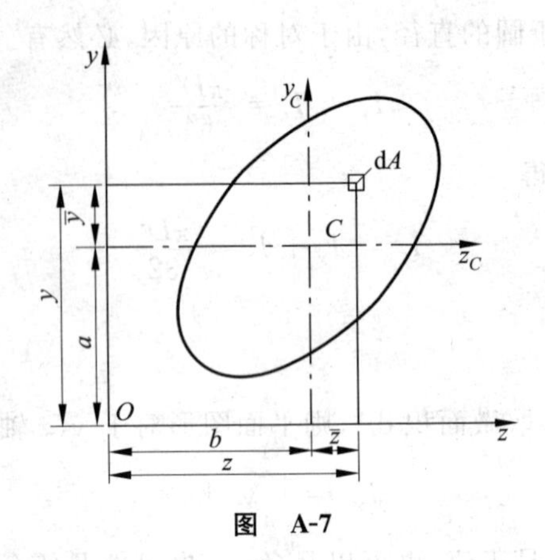

图 A-7

同理可得

$$\begin{cases} I_y = I_{y_C} + a^2 A \\ I_z = I_{z_C} + b^2 A \\ I_{yz} = I_{y_C z_C} + abA \end{cases} \tag{A-18}$$

式(A-18)即为惯性矩和惯性积的平行移轴公式。

2. 组合截面惯性矩和惯性积

当平面图形由若干个简单图形组成时,根据惯性矩和惯性积的定义,可以先算出每个简单图形对某一轴的惯性矩或惯性积,然后求其总和,即得整个图形对同一轴的惯性矩或惯性积。

$$\begin{cases} I_y = \sum_{i=1}^{n} I_{yi} \\ I_z = \sum_{i=1}^{n} I_{zi} \\ I_{yz} = \sum_{i=1}^{n} I_{y_i z_i} \end{cases} \tag{A-19}$$

例 A-3 试计算图 A-8 所示空心圆形对 y,z 轴的惯性矩。

解 利用组合图形计算惯性矩的方法,有

$$I_y = I_z = \frac{\pi D^4}{64} - \frac{\pi d^4}{64} = \frac{\pi(D^4 - d^4)}{64}$$

例 A-4 试确定图 A-9 所示 T 形截面对形心 z_C 轴的惯性矩 I_{z_C}。

解 将截面分为矩形 A_1 和 A_2,则得

$$I_{z_C} = I_{z_{C1}} + a_1^2 A_1 + I_{z_{C2}} + a_2^2 A_2$$

$$= \frac{30 \times 200^3}{12} + (130 - 72.5)^2 \times 30 \times 200$$

$$+ \frac{200 \times 30^3}{12} + (72.5 - 15)^2 \times 30 \times 200$$

$$= 6.013 \times 10^7 (\text{mm}^4)$$

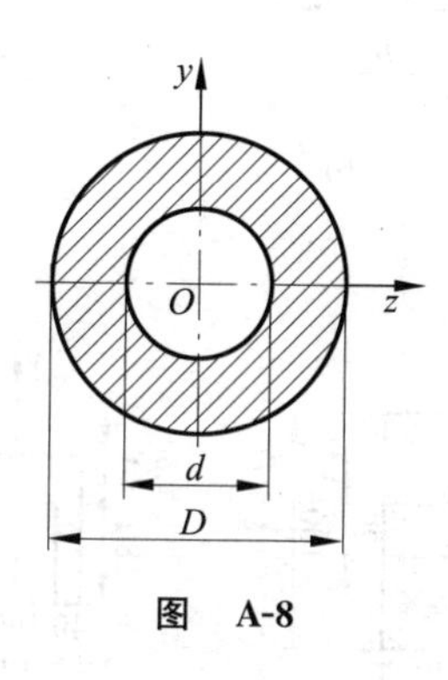

图　A-8

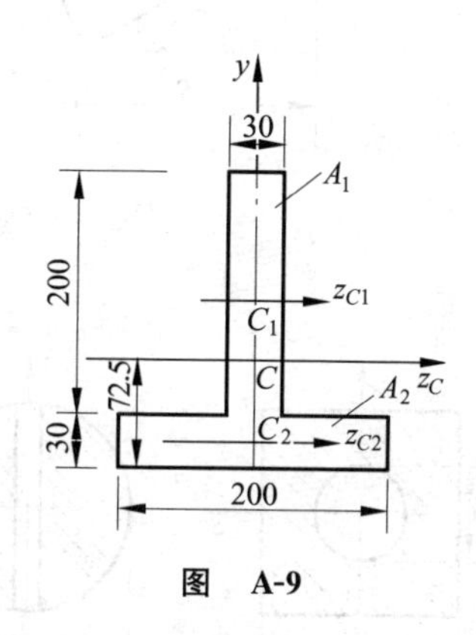

图　A-9

思　考　题

A-1　什么是平面图形的静矩？静矩可以是正值、负值或零吗？

A-2　怎样计算平面图形的形心位置？什么是形心轴？

A-3　什么是平面图形的极惯性矩？怎样计算实心圆截面、空心与薄壁圆截面的极惯性矩？

A-4　什么是平面图形的惯性矩？平面图形的惯性矩和极惯性矩有何关系？

A-5　什么是平行移轴公式？怎样计算组合截面的惯性矩和极惯性矩？

习　　题

A-1　试计算图示截面形心 C 的坐标。

A-2　试计算图示截面对形心轴 z 的惯性矩 I_z。

A-3　由两个 20a 号槽钢截面所组成的图形如图所示，C 为组合图形的形心，如欲使组合图形惯性矩 $I_y = I_z$，其间距 b 应为多少？

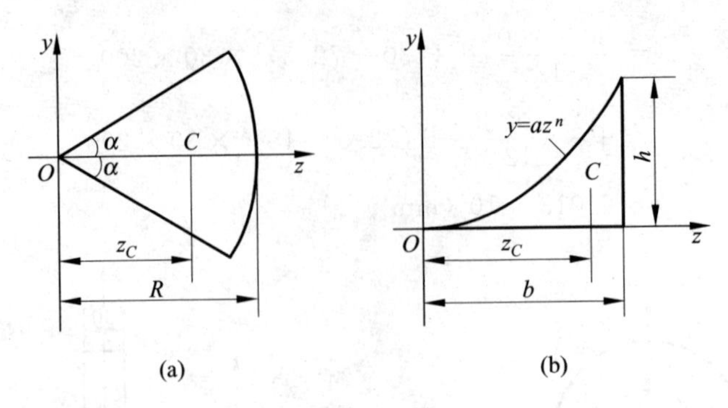

习题 A-1 图

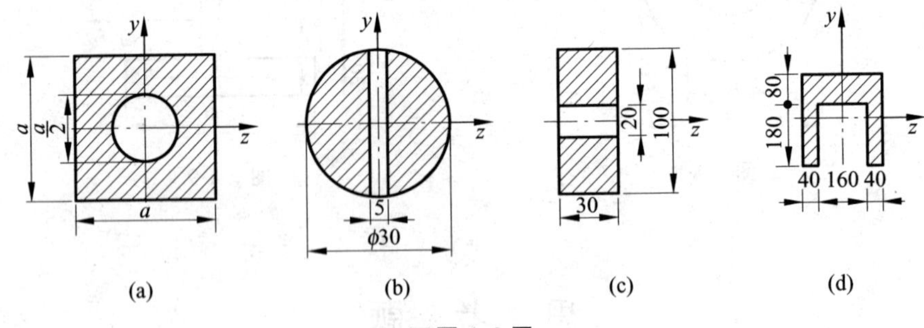

习题 A-2 图

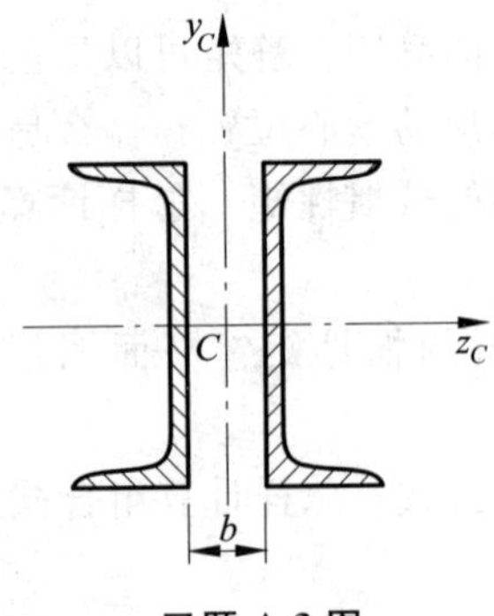

习题 A-3 图

附录B　常见截面的几何性质

图形形状	形心位置	形心轴惯性矩	抗弯截面系数
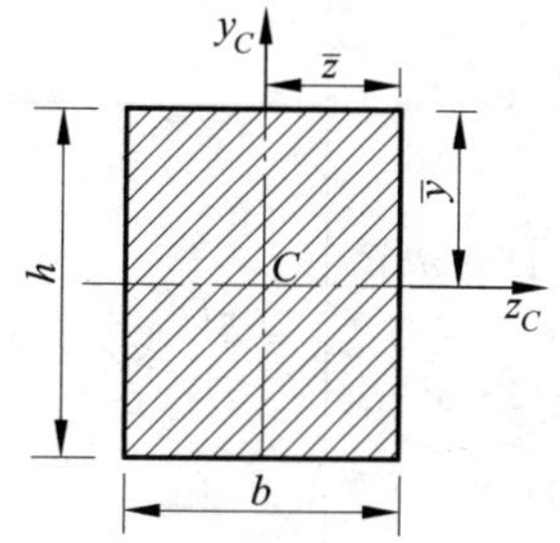	$\bar{z}=\dfrac{b}{2}$ $\bar{y}=\dfrac{h}{2}$	$I_{z_C}=\dfrac{bh^3}{12}$ $I_{y_C}=\dfrac{b^3h}{12}$	$W_{z_C}=\dfrac{bh^2}{6}$
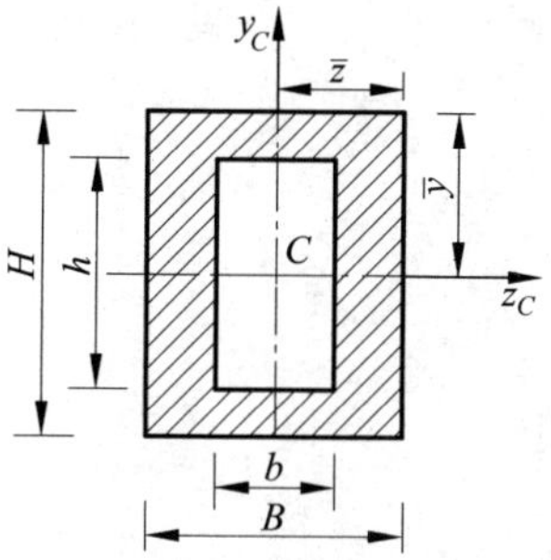	$\bar{z}=\dfrac{B}{2}$ $\bar{y}=\dfrac{H}{2}$	$I_{z_C}=\dfrac{BH^3-bh^3}{12}$ $I_{y_C}=\dfrac{B^3H-b^3h}{12}$	$W_{z_C}=\dfrac{BH^3-bh^3}{6H}$
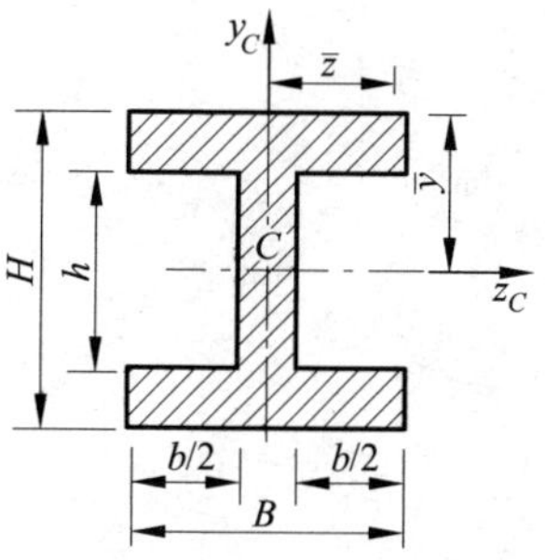	$\bar{z}=\dfrac{B}{2}$ $\bar{y}=\dfrac{H}{2}$	$I_{z_C}=\dfrac{BH^3-bh^3}{12}$ $I_{y_C}=\dfrac{B^3(H-h)+(B-b)^3h}{12}$	$W_{z_C}=\dfrac{BH^3-bh^3}{6H}$

续表

图 形 形 状	形心位置	形心轴惯性矩	抗弯截面系数
(实心圆截面，直径 D，形心 C，坐标轴 y_C、z_C)	圆 心	$I_{z_C}=I_{y_C}=\frac{\pi D^4}{64}$	$W_{z_C}=W_{y_C}=\frac{\pi D^3}{32}$
(空心圆截面，外径 D，内径 d，形心 C，坐标轴 y_C、z_C)	圆 心	$I_{z_C}=I_{y_C}=\frac{\pi}{64}(D^4-d^4)$ $=\frac{\pi D^4}{64}(1-\alpha^4)$ $\alpha=d/D$	$W_{z_C}=W_{y_C}$ $=\frac{\pi D^3}{32}(1-\alpha^4)$ $\alpha=d/D$

附录C　型钢规格表

表 C-1　热轧等边角钢(GB 9787—88)

符号意义

b— 边宽　　d— 边厚

r— 内圆弧半径　　r_1— 边端内弧半径

I— 惯性矩　　i— 惯性半径

W— 截面系数　　Y_C— 重心距离

角钢号数	尺寸/mm			截面面积/cm^2	理论重量/(kg/m)	外表面积/(m^2/m)	参考数值										y_C/cm
							$z-z$			z_0-z_0			y_0-y_0			z_1-z_1	
	b	d	r				I_z/cm^4	i_z/cm	W_z/cm^3	I_{z0}/cm^4	i_{z0}/cm	W_{z0}/cm^3	I_{y0}/cm^4	i_{y0}/cm	W_{y0}/cm^3	I_{z1}/cm^4	
2	20	3	3.5	1.132	0.889	0.078	0.40	0.59	0.29	0.63	0.75	0.45	0.17	0.39	0.20	0.81	0.60
		4		1.459	1.145	0.077	0.50	0.58	0.36	0.78	0.73	0.55	0.22	0.38	0.24	1.09	0.64
2.5	25	3		1.432	1.124	0.098	0.82	0.76	0.46	1.29	0.95	0.73	0.34	0.49	0.33	1.57	0.73
		4		1.859	1.459	0.007	1.03	0.74	0.59	1.62	0.93	0.92	0.43	0.48	0.40	2.11	0.76

续表

角钢号数	尺寸/mm			截面面积/cm^2	理论重量/(kg/m)	外表面积/(m^2/m)	参考数值										y_C/cm
							$z-z$			z_0-z_0			y_0-y_0			z_1-z_1	
	b	d	r				I_z/cm^4	i_z/cm	W_z/cm^3	I_{z0}/cm^4	i_{z0}/cm	W_{z0}/cm^3	I_{y0}/cm^4	i_{y0}/cm	W_{y0}/cm^3	I_{z1}/cm^4	
3.0	30	3	4.5	1.749	1.373	0.117	1.46	0.91	0.68	2.31	1.15	1.09	0.61	0.59	0.51	2.71	0.85
		4		2.276	1.786	0.117	1.84	0.90	0.87	2.92	1.13	1.37	0.77	0.58	0.62	3.63	0.89
3.6	36	3		2.109	1.656	0.141	2.58	1.11	0.99	4.09	1.39	1.61	1.07	0.71	0.76	4.68	1.00
		4		2.756	2.163	0.141	3.29	1.09	1.28	5.22	1.38	2.05	1.37	0.70	0.93	6.25	1.04
		5		3.382	2.654	0.141	3.95	1.08	1.56	6.24	1.36	2.45	1.65	0.70	1.09	7.84	1.07
4	40	3	5	2.359	1.852	0.157	3.59	1.23	1.23	5.69	1.55	2.01	1.49	0.79	0.96	6.41	1.09
		4		3.086	2.422	0.157	4.60	1.22	1.60	7.29	1.54	2.58	1.91	0.79	1.19	8.56	1.13
		5		3.791	2.976	0.156	5.53	1.21	1.96	8.76	1.52	3.10	2.30	0.78	1.39	10.74	1.17
4.5	45	3		2.659	2.088	0.177	5.17	1.40	1.58	8.20	1.76	2.58	2.14	0.89	1.24	9.12	1.22
		4		3.486	2.736	0.177	6.65	1.38	2.05	10.56	1.74	3.32	2.75	0.89	1.54	12.18	1.26
		5		4.292	3.369	0.176	8.04	1.37	2.51	12.74	1.72	4.00	3.33	0.88	1.81	15.25	1.30
		6		5.076	3.985	0.176	9.33	1.36	2.95	14.76	1.70	4.64	3.89	0.88	2.06	18.36	1.33
5	50	3	5.5	2.971	2.332	0.197	7.18	1.55	1.96	11.37	1.96	3.22	2.98	1.00	1.57	12.50	1.34
		4		3.897	3.059	0.197	9.26	1.54	2.56	14.70	1.94	4.16	3.82	0.99	1.96	16.69	1.38
		5		4.803	3.770	0.196	11.21	1.53	3.13	17.79	1.92	5.03	4.64	0.98	2.31	20.90	1.42
		6		5.688	4.465	0.196	13.05	1.52	3.68	20.68	1.91	5.85	5.42	0.98	2.63	25.14	1.46

续表

角钢号数	尺寸/mm			截面面积/cm^2	理论重量/(kg/m)	外表面积/(m^2/m)	参考数值										y_C/cm
							$z-z$			z_0-z_0			y_0-y_0			z_1-z_1	
	b	d	r				I_z/cm^4	i_z/cm	W_z/cm^3	I_{z0}/cm^4	i_{z0}/cm	W_{z0}/cm^3	I_{y0}/cm^4	i_{y0}/cm	W_{y0}/cm^3	I_{z1}/cm^4	
5.6	56	3	6	3.343	2.624	0.221	10.19	1.75	2.48	16.14	2.20	4.08	4.24	1.13	2.02	17.56	1.48
		4		4.390	3.446	0.220	13.18	1.73	3.24	20.92	2.18	5.28	5.46	1.11	2.52	23.43	1.53
		5		5.415	4.251	0.220	16.02	1.72	3.97	25.42	2.17	6.42	6.61	1.10	2.98	29.33	1.57
		8		8.367	6.568	0.219	23.63	1.68	6.03	37.37	2.11	9.44	9.89	1.09	4.16	47.24	1.68
6.3	63	4	7	4.978	3.907	0.248	19.03	1.96	4.13	30.17	2.46	6.78	7.89	1.26	3.29	33.35	1.70
		5		6.143	4.822	0.248	23.17	1.94	5.08	36.77	2.45	8.25	9.57	1.25	3.90	41.73	1.74
		6		7.288	5.721	0.247	27.12	1.93	6.00	43.03	2.43	9.66	11.20	1.24	4.46	50.14	1.78
		8		9.515	7.469	0.247	34.46	1.90	7.75	54.56	2.40	12.25	14.33	1.23	5.47	67.11	1.85
		10		11.657	9.151	0.246	41.09	1.88	9.39	64.85	2.36	14.56	17.33	1.22	6.36	84.31	1.93
7	70	4	8	5.570	4.372	0.275	26.39	2.18	5.14	41.80	2.74	8.44	10.99	1.40	4.17	45.74	1.86
		5		6.875	5.397	0.275	32.21	2.16	6.32	51.08	2.73	10.32	13.34	1.39	4.95	57.21	1.91
		6		8.160	6.406	0.275	37.77	2.15	7.48	59.93	2.71	12.11	15.61	1.38	5.67	68.73	1.95
		7		9.424	7.398	0.275	43.09	2.14	8.59	68.35	2.69	13.81	17.82	1.38	6.34	80.29	1.99
		8		10.667	8.373	0.274	48.17	2.12	9.68	76.37	2.68	15.43	19.98	1.37	6.98	91.92	2.03

续表

角钢号数	尺寸/mm			截面面积/cm^2	理论重量/(kg/m)	外表面积/(m^2/m)	参考数值										
							$z-z$			z_0-z_0			y_0-y_0			z_1-z_1	y_C/cm
	b	d	r				I_z/cm^4	i_z/cm	W_z/cm^3	I_{z0}/cm^4	i_{z0}/cm	W_{z0}/cm^3	I_{y0}/cm^4	i_{y0}/cm	W_{y0}/cm^3	I_{z1}/cm^4	
7.5	75	5	9	7.412	5.818	0.295	39.97	2.33	7.32	63.30	2.92	11.94	16.63	1.50	5.77	70.56	2.04
		6		8.797	6.905	0.294	46.95	2.31	8.64	74.38	2.90	14.02	19.51	1.49	6.67	84.55	2.07
		7		10.160	7.976	0.294	53.57	2.30	9.93	84.96	2.89	16.02	22.18	1.48	7.44	98.71	2.11
		8		11.503	9.030	0.294	59.96	2.28	11.20	95.07	2.88	17.93	24.86	1.47	8.19	112.97	2.15
		10		14.126	11.089	0.293	71.98	2.26	13.64	113.92	2.84	21.48	30.05	1.46	9.56	141.71	2.22
8	80	5	9	7.912	6.211	0.315	48.79	2.48	8.34	77.33	3.13	13.67	20.25	1.60	6.66	85.36	2.15
		6		9.397	7.376	0.314	57.35	2.47	9.87	90.98	3.11	16.08	23.72	1.59	7.65	102.50	2.19
		7		10.860	8.525	0.314	65.58	2.46	11.37	104.07	3.10	18.40	27.09	1.58	8.58	119.70	2.23
		8		12.303	9.658	0.314	73.49	2.44	12.83	116.60	3.08	20.61	30.39	1.57	9.46	136.97	2.27
		10		15.126	11.874	0.313	88.43	2.42	15.64	140.09	3.04	24.76	36.77	1.56	11.08	171.74	2.35
9	90	6	10	10.637	8.350	0.354	82.77	2.79	12.61	131.26	3.51	20.63	34.28	1.80	9.95	145.87	2.44
		7		12.301	9.656	0.354	94.83	2.78	14.54	150.47	3.50	23.64	39.18	1.78	11.19	170.30	2.48
		8		13.944	10.946	0.353	106.47	2.76	16.42	168.97	3.48	26.55	43.97	1.78	12.35	194.80	2.52
		10		17.167	13.476	0.353	128.58	2.74	20.07	203.90	3.45	32.04	53.26	1.76	14.52	244.07	2.59
		12		20.306	15.940	0.352	149.22	2.71	23.57	236.21	3.41	37.12	62.22	1.75	16.49	293.76	2.67

续表

角钢号数	尺寸/mm			截面面积/cm^2	理论重量/(kg/m)	外表面积/(m^2/m)	参考数值										y_C/cm
							$z-z$			z_0-z_0			y_0-y_0			z_1-z_1	
	b	d	r				I_z/cm^4	i_z/cm	W_z/cm^3	I_{z0}/cm^4	i_{z0}/cm	W_{z0}/cm^3	I_{y0}/cm^4	i_{y0}/cm	W_{y0}/cm^3	I_{z1}/cm^4	
10	100	6	12	11.932	9.366	0.393	114.95	3.10	15.68	181.98	3.90	25.74	47.92	2.00	12.69	200.07	2.67
		7		13.796	10.830	0.393	131.86	3.09	18.10	208.97	3.89	29.55	54.74	1.99	14.26	233.54	2.71
		8		15.638	12.276	0.393	148.24	3.08	20.47	235.07	3.88	33.24	61.41	1.98	15.75	267.09	2.76
		10		19.261	15.120	0.392	179.51	3.05	25.06	284.68	3.84	40.26	74.35	1.96	18.54	334.48	2.84
		12		22.800	17.898	0.391	208.90	3.03	29.48	330.95	3.81	46.80	86.84	1.95	21.08	402.34	2.91
		14		26.256	20.611	0.391	236.53	3.00	33.73	374.06	3.77	52.90	99.00	1.94	23.44	470.75	2.99
		16		29.627	23.257	0.390	262.53	2.98	37.82	414.16	3.74	58.57	110.89	1.94	25.63	539.80	3.06
11	110	7		15.196	11.928	0.433	177.16	3.41	22.05	280.94	4.30	36.12	73.38	2.20	17.51	310.64	2.96
		8		17.238	13.532	0.433	199.46	3.40	24.95	316.49	4.28	40.69	82.42	2.19	19.39	355.20	3.01
		10		21.261	16.690	0.432	242.19	3.38	30.60	384.39	4.25	49.42	99.98	2.17	22.91	444.65	3.09
		12		25.200	19.782	0.431	282.55	3.35	36.05	448.17	4.22	57.62	116.93	2.15	26.15	534.60	3.16
		14		29.056	22.809	0.431	320.71	3.32	41.31	508.01	4.18	65.31	133.40	2.14	29.14	625.16	3.24
12.5	125	8		19.750	15.504	0.492	297.03	3.88	32.52	470.89	4.88	53.28	123.16	2.50	25.86	521.01	3.37
		10		24.373	19.133	0.491	361.67	3.85	39.97	573.89	4.85	64.93	149.46	2.48	30.62	651.93	3.45
		12		28.912	22.696	0.491	423.16	3.83	41.17	671.44	4.82	75.96	174.88	2.46	35.03	783.42	3.53
		14		33.367	26.193	0.490	481.65	3.80	54.16	763.73	4.78	86.41	199.57	2.45	39.13	915.61	3.61

续表

角钢号数	尺寸/mm			截面面积/cm^2	理论重量/(kg/m)	外表面积/(m^2/m)	参考数值										y_C/cm
							$z-z$			z_0-z_0			y_0-y_0			z_1-z_1	
	b	d	r				I_z/cm^4	i_z/cm	W_z/cm^3	I_{z0}/cm^4	i_{z0}/cm	W_{z0}/cm^3	I_{y0}/cm^4	i_{y0}/cm	W_{y0}/cm^3	I_{z1}/cm^4	
14	140	10	14	27.373	21.488	0.551	514.65	4.34	50.58	817.27	5.46	82.56	212.04	2.78	39.20	915.11	3.82
		12		32.512	25.522	0.551	603.68	4.31	59.80	985.79	5.43	96.85	248.57	2.76	45.02	1099.28	3.90
		14		37.567	29.490	0.550	688.81	4.28	68.75	1093.56	5.40	110.47	284.06	2.75	50.45	1284.22	3.98
		16		42.539	33.393	0.549	770.24	4.26	77.46	1221.81	5.36	123.42	318.67	2.74	55.55	1470.07	4.06
16	160	10	16	31.502	24.729	0.630	779.53	4.98	66.70	1237.30	6.27	109.36	321.76	3.20	52.76	1365.33	4.31
		12		37.441	29.391	0.630	916.58	4.95	78.98	1455.68	6.24	128.67	377.49	3.18	60.74	1639.57	4.39
		14		43.296	33.987	0.629	1048.36	4.92	90.05	1665.02	6.20	147.17	431.70	3.16	68.24	1914.68	4.47
		16		49.067	38.518	0.629	1175.08	4.89	102.63	1865.57	6.17	164.89	484.59	3.14	75.31	2190.82	4.55
18	180	12		42.241	33.159	0.710	1321.35	5.59	100.82	2100.10	7.05	165.00	542.61	3.58	78.41	2332.80	4.89
		14		48.896	38.383	0.709	1514.48	5.56	116.25	2407.42	7.02	189.14	621.53	3.56	88.38	2723.48	4.97
		16		55.467	43.542	0.709	1700.99	5.54	131.13	2703.37	6.98	212.40	698.60	3.55	97.83	3115.29	5.05
		18		61.955	48.634	0.708	1875.12	5.50	145.64	2988.24	6.94	234.78	762.01	3.51	105.14	3502.43	5.13

续表

角钢号数	尺寸/mm			截面面积/cm^2	理论重量/(kg/m)	外表面积/(m^2/m)	参考数值										y_C/cm
							$z-z$			z_0-z_0			y_0-y_0			z_1-z_1	
	b	d	r				I_z/cm^4	i_z/cm	W_z/cm^3	I_{z0}/cm^4	i_{z0}/cm	W_{z0}/cm^3	I_{y0}/cm^4	i_{y0}/cm	W_{y0}/cm^3	I_{z1}/cm^4	
		14		54.642	42.894	0.788	2103.55	6.20	144.70	3343.26	7.82	236.40	863.83	3.98	111.82	3734.10	5.46
		16		62.013	48.680	0.788	2366.15	6.18	163.65	3760.89	7.79	265.93	971.41	3.96	123.96	4270.39	5.54
20	200	18	18	69.301	54.401	0.787	2620.64	6.15	182.22	4164.54	7.75	294.48	1076.74	3.94	135.52	4808.13	5.62
		20		76.505	60.056	0.787	2867.30	6.12	200.42	4554.55	7.72	322.06	1180.04	3.93	146.55	5347.51	5.69
		24		90.661	71.168	0.785	3338.25	6.07	236.17	5294.97	7.64	374.41	1381.53	3.90	166.65	6457.16	5.87

注：1. $r_1=\frac{1}{3}d$；2. r值的数据用于孔型设计，不作交货条件。

表 C-2　热轧普通槽钢(GB 707—88)

符号意义

h— 高度　　r_1— 腿端圆弧半径

b— 腿宽　　I— 惯性矩

d— 腰厚　　W— 截面系数

i— 平均腿厚　　i— 惯性半径

r— 内圆弧半径　　z_0—y-y 与 y_1-y_1 轴线间距离

型号	尺寸/mm						截面面积/cm²	理论重量/(kg/m)	参考数值							
									$z-z$			$y-y$			y_1-y_1	
	h	b	d	t	r	r_1			W_z/cm³	I_z/cm⁴	i_z/cm	W_y/cm³	I_y/cm⁴	i_y/cm	I_{y_1}/cm⁴	z_0/cm
5	50	37	4.5	7.0	7.0	3.5	6.928	5.438	10.4	26.0	1.94	3.55	8.30	1.10	20.9	1.35
6.3	63	40	4.8	7.5	7.5	3.8	8.451	6.634	16.1	50.8	2.45	4.50	11.9	1.19	28.4	1.36
8	80	43	5.0	8	8.0	4.0	10.248	8.045	25.3	101.0	3.15	5.79	16.6	1.27	37.4	1.43
10	100	48	5.3	8.5	8.5	4.2	12.748	10.007	39.7	198.0	3.95	7.8	25.6	1.41	54.9	1.52
12.6	126	53	5.5	9.0	9.0	4.5	15.692	12.318	62.1	391.0	4.951	10.2	38.0	1.57	77.1	1.59

续表

型号	尺寸/mm						截面面积/cm²	理论重量/(kg/m)	参考数值							
									$z-z$			$y-y$			y_1-y_1	z_0/cm
	h	b	d	t	r	r_1			W_z/cm³	I_z/cm⁴	i_z/cm	W_y/cm³	I_y/cm⁴	i_y/cm	I_{y_1}/cm⁴	
14a	140	58	6.0	9.5	9.5	4.8	18.516	14.535	80.5	564	5.52	13.0	53.2	1.70	107	1.71
14b	140	60	8.0	9.5	9.5	4.8	21.316	16.733	87.1	609	5.35	14.1	61.1	1.69	121	1.67
16a	160	63	6.5	10	10	5.0	21.962	17.240	108	866	6.28	16.3	73.3	1.83	144	1.80
16b	160	65	8.5	10	10	5.0	25.162	19.752	117	935	6.10	17.6	83.4	1.82	161	1.75
18a	180	68	7.0	10.5	10.5	5.2	25.699	20.174	141	1270	7.04	20.0	98.6	1.96	190	1.88
18b	180	70	9.0	10.5	10.5	5.2	29.299	23.000	152	1370	6.84	21.5	111.0	1.95	210	1.84
20a	200	73	7.0	11	11	5.5	28.837	22.637	178	1780	7.86	24.2	128.0	2.11	244	2.01
20b	200	75	9.0	11	11	5.5	32.837	25.777	191	1910	7.64	25.9	143.6	2.09	268	1.95
22a	220	77	7.0	11.5	11.5	5.8	31.846	24.999	218	2390	8.67	28.2	158	2.23	298	2.10
22b	220	79	9.0	11.5	11.5	5.8	36.246	28.453	234	2570	8.42	30.1	176	2.21	326	2.03
25a	250	78	7.0	12	12	6.0	34.917	27.410	270	3370	9.82	30.6	176	2.24	322	2.07
25b	250	80	9.0	12	12	6.0	39.917	31.335	282	3530	9.41	32.7	196	2.22	353	1.98
25c	250	82	11.0	12	12	6.0	44.917	35.260	295	3690	9.07	35.9	218	2.21	384	1.92

续表

型号	尺寸/mm						截面面积/cm^2	理论重量/(kg/m)	参考数值							
									$z-z$			$y-y$			y_1-y_1	
	h	b	d	t	r	r_1			W_z/cm^3	I_z/cm^4	i_z/cm	W_y/cm^3	I_y/cm^4	i_y/cm	I_{y_1}/cm^4	z_0/cm
28a	280	82	7.5	12.5	12.5	6.2	40.034	31.427	340	4760	10.9	35.7	218	2.33	388	2.10
28b	280	84	9.5	12.5	12.5	6.2	45.634	35.823	366	5130	10.6	37.9	242	2.30	428	2.02
28c	280	86	11.5	12.5	12.5	6.2	51.234	40.219	393	5500	10.4	40.3	268	2.29	463	1.95
32a	320	88	8.0	14	14.0	7.0	48.513	38.083	475	7600	12.5	46.5	305	2.50	552	2.24
32b	320	90	10.0	14	14.0	7.0	54.913	43.107	509	8140	12.2	49.2	336	2.47	593	2.16
32c	320	92	12.0	14	14.0	7.0	61.313	48.131	543	8690	11.9	52.6	374	2.47	643	2.09
36a	360	96	9.0	16	16.0	8.0	60.910	47.814	660	11900	14.0	63.5	455	2.73	818	2.44
36b	360	98	11.0	16	16.0	8.0	68.110	53.466	703	12700	13.6	66.9	497	2.70	880	2.37
36c	360	100	13.0	16	16.0	8.0	75.310	59.118	746	13400	13.4	70.0	536	2.67	948	2.34
40a	400	100	10.5	18	18.0	9.0	75.068	58.928	879	17600	15.3	78.8	592	2.81	1070	2.49
40b	400	102	12.5	18	18.0	9.0	83.068	65.208	932	18600	15.0	82.5	640	2.78	1140	2.44
40c	400	104	14.5	18	18.0	9.0	91.068	71.488	986	19700	14.7	86.2	688	2.75	1220	2.42

注：截面图和表中标注的圆弧半径 r,r_1 的数据用于孔型设计，不作交货条件。

表 C-3　热轧普通工字钢(GB 706—88)

符号意义

h—高度　　　r_1—腿端圆弧半径

b—腿宽　　　I—惯性矩

d—腰厚　　　W—截面系数

t—平均腿厚　　　i—惯性半径

r—内圆弧半径　　　S—半截面的静力矩

型号	尺寸/mm						截面面积 /cm²	理论重量 /(kg/m)	参考数值						
									z-z				y-y		
	h	b	d	t	r	r_1			I_z /cm⁴	W_z /cm³	i_z /cm	$I_z : S_z$	I_y /cm⁴	W_y /cm³	i_y /cm
10	100	68	4.5	7.6	6.5	3.3	14.345	11.261	245	49.0	4.14	8.59	33.0	9.72	1.52
12.6	126	74	5.0	8.4	7.0	3.5	18.118	14.223	488	77.5	5.20	10.81	46.9	12.7	1.61
14	140	80	5.5	9.1	7.5	3.8	21.516	16.890	712	102	5.76	12.0	64.4	16.1	1.73
16	160	88	6.0	9.9	8.0	4.0	26.131	20.513	1130	141	6.58	13.8	93.1	21.2	1.89
18	180	94	6.5	10.7	8.5	4.3	30.756	24.143	1660	185	7.36	15.4	122	26.0	2.00

续表

型号	尺寸/mm						截面面积 /cm^2	理论重量 /(kg/m)	参考数值						
									z-z				y-y		
	h	b	d	t	r	r_1			I_z /cm^4	W_z /cm^3	i_z /cm	$I_z:S_z$	I_y /cm^4	W_y /cm^3	i_y /cm
20a	200	100	7.0	11.4	9.0	4.5	35.578	27.929	2370	237	8.15	17.2	158	31.5	2.12
20b	200	102	9.0	11.4	9.0	4.5	39.578	31.069	2500	250	7.96	16.9	169	33.1	2.06
22a	220	110	7.5	12.3	9.5	4.8	42.128	33.070	3400	309	8.99	18.9	225	40.9	2.31
22b	220	112	9.5	12.3	9.5	4.8	46.528	36.524	3570	325	8.78	18.7	239	42.7	2.27
25a	250	116	8.0	13.0	10.0	5.0	48.541	38.105	5020	402	10.2	21.6	280	48.3	2.40
25b	250	118	10.0	13.0	10.0	5.0	53.541	42.030	5280	423	9.94	21.3	309	52.4	2.40
28a	280	122	8.5	13.7	10.5	5.3	55.404	43.492	7110	508	11.3	24.6	345	56.6	2.50
28b	280	124	10.5	13.7	10.5	5.3	61.004	47.888	7480	534	11.1	24.2	379	61.2	2.49
32a	320	130	9.5	15.0	11.5	5.8	67.156	52.717	11100	692	12.8	27.5	460	70.8	2.62
32b	320	132	11.5	15.0	11.5	5.8	73.556	57.741	11600	726	12.6	27.1	502	76.0	2.62
32c	320	134	13.5	15.0	11.5	5.8	79.956	62.765	12200	760	12.3	26.8	544	81.2	2.61
36a	360	136	10.0	15.8	12.0	6.0	76.480	60.037	15800	875	14.4	30.7	552	81.2	2.69
36b	360	138	12.0	15.8	12.0	6.0	83.680	65.689	16500	919	14.1	30.3	582	84.3	2.64
36c	360	140	14.0	15.8	12.0	6.0	90.880	71.341	17300	962	13.8	29.9	612	87.4	2.60
40a	400	142	10.5	16.5	12.5	6.3	86.112	67.598	21700	1090	15.9	34.1	660	93.2	2.77
40b	400	144	12.5	16.5	12.5	6.3	94.112	73.878	22800	1140	15.6	33.6	692	96.2	2.71
40c	400	146	14.5	16.5	12.5	6.3	102.112	80.158	23900	1190	15.2	33.2	727	99.6	2.65
45a	450	150	11.5	18.0	13.5	6.8	102.446	80.420	32200	1430	17.7	38.6	855	114	2.89
45b	450	152	13.5	18.0	13.5	6.8	111.446	87.485	33800	1500	17.4	38.0	894	118	2.84
45c	450	154	15.5	18.0	13.5	6.8	120.446	94.550	35280	1570	17.1	37.6	938	122	2.79
50a	500	158	12.0	20.0	14.0	7.0	119.304	93.654	35300	1860	19.7	42.8	1120	142	3.07
50b	500	160	14.0	20.0	14.0	7.0	129.304	101.504	48600	1940	19.4	42.4	1170	146	3.01

续表

型号	尺寸/mm						截面面积/cm^2	理论重量/(kg/m)	参考数值						
									z-z				y-y		
	h	b	d	t	r	r_1			I_z/cm^4	W_z/cm^3	i_z/cm	$I_z:S_z$	I_y/cm^4	W_y/cm^3	i_y/cm
50c	500	162	16.0	20.0	14.0	7.0	139.304	109.354	50600	2080	19.0	41.8	1220	151	2.96
56a	560	166	12.5	21.0	14.5	7.3	135.435	106.316	65600	2340	22.0	47.71	1370	165	3.18
56b	560	168	14.5	21.0	14.5	7.3	146.635	115.108	68500	2450	21.6	47.2	1490	174	3.16
56c	560	170	16.5	21.0	14.5	7.3	157.835	123.900	71400	2550	21.3	46.7	1560	183	3.16
63a	630	176	13.0	22.0	15.0	7.5	154.685	121.407	93900	2980	24.5	54.2	1700	193	3.31
63b	630	178	15.0	22.0	15.0	7.5	167.258	131.298	98100	3160	24.2	53.5	1810	204	3.29
63c	630	180	17.0	22.0	15.0	7.5	179.858	141.189	102000	3300	23.8	52.9	1920	214	3.27

注：截面图和表中标注的圆弧半径 r,r_1 的数据用于孔型设计，不作交货条件。

附录 D　梁在简单载荷作用下的变形

序号	梁的简图	挠曲线方程	端截面转角	最大挠度
1	w, A, B, M_e, x, θ_B, w_B, l	$w=-\dfrac{M_e x^2}{2EI}$	$\theta_B=-\dfrac{M_e l}{EI}$	$w_B=-\dfrac{M_e l^2}{2EI}$
2	w, A, M_e, B, x, θ_B, w_B, a, l	$w=-\dfrac{M_e x^2}{2EI}(0\leqslant x\leqslant a)$ $w=-\dfrac{M_e a}{2EI}\left[(x-a)+\dfrac{a}{2}\right]$ $(a\leqslant x\leqslant l)$	$\theta_B=-\dfrac{M_e a}{EI}$	$w_B=-\dfrac{M_e a}{EI}\left(l-\dfrac{a}{2}\right)$
3	w, F, A, B, x, θ_B, w_B, l	$w=-\dfrac{Fx^2}{6EI}(3l-x)$	$\theta_B=-\dfrac{Fl^2}{2EI}$	$w_B=-\dfrac{Fl^3}{3EI}$
4	w, F, A, B, x, θ_B, w_B, a, l	$w=-\dfrac{Fx^2}{6EI}(3a-x)(0\leqslant x\leqslant a)$ $w=-\dfrac{Fa^2}{6EI}(3x-a)(a\leqslant x\leqslant l)$	$\theta_B=-\dfrac{Fa^2}{2EI}$	$w_B=-\dfrac{Fa^2}{6EI}(3l-a)$

续表

序号	梁的简图	挠曲线方程	端截面转角	最大挠度
5		$w=-\frac{qx^2}{24EI}(x^2-4lx+6l^2)$	$\theta_B=-\frac{ql^3}{6EI}$	$w_B=-\frac{ql^4}{8EI}$
6		$w=-\frac{M_e x}{6EIl}(l-x)(2l-x)$	$\theta_A=-\frac{M_e l}{3EI}$ $\theta_B=\frac{M_e l}{6EI}$	$x=\left(1-\frac{1}{\sqrt{3}}\right)l$ $w_{max}=-\frac{M_e l^2}{9\sqrt{3}EI}$ $x=\frac{l}{2},w=-\frac{Ml^2}{16EI}$
7		$w=-\frac{M_e x}{6EIl}(l^2-x^2)$	$\theta_A=-\frac{M_e l}{6EI}$ $\theta_B=\frac{M_e l}{3EI}$	$x=\frac{l}{\sqrt{3}}$, $w_{max}=-\frac{M_e l^2}{9\sqrt{3}EI}$ $x=\frac{l}{2},w=-\frac{M_e l^2}{16EI}$
8		$w=\frac{M_e x}{6EIl}(l^2-3b^2-x^2)$ $(0\leqslant x\leqslant a)$ $w=\frac{M_e}{6EIl}[-x^3+3l(x-a)^2+(l^2-3b^2)x]$ $(a\leqslant x\leqslant l)$	$\theta_A=\frac{M_e}{6EIl}(l^2-3b^2)$ $\theta_B=\frac{M_e}{6EIl}(l^2-3a^2)$	

续表

序号	梁的简图	挠曲线方程	端截面转角	最大挠度
9	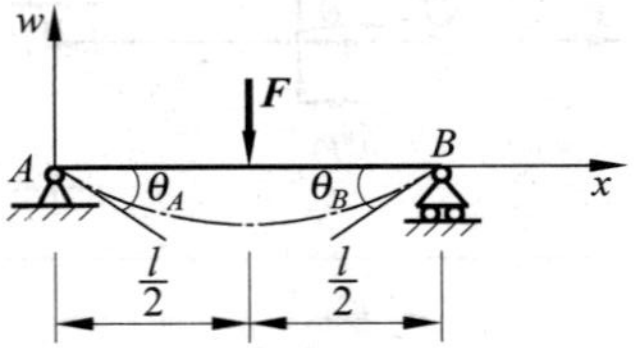	$w=-\dfrac{Fx}{48EI}(3l^2-4x^2)$ $\left(0\leqslant x\leqslant\dfrac{l}{2}\right)$	$\theta_A=-\theta_B=-\dfrac{Fl^2}{16EI}$	$w=-\dfrac{Fl^3}{48EI}$
10	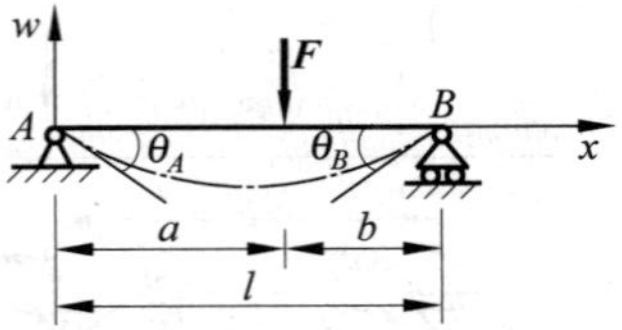	$w=-\dfrac{Fbx}{6EIl}(l^2-x^2-b^2)$ $(0\leqslant x\leqslant a)$ $w=-\dfrac{Fb}{6EIl}\left[\dfrac{l}{b}(x-a)^3+(l^2-b^2)x-x^3\right]$ $(a\leqslant x\leqslant l)$	$\theta_A=-\dfrac{Fab(l+b)}{6EIl}$ $\theta_B=\dfrac{Fab(l+a)}{6EIl}$	设 $a>b$,在 $x=\sqrt{\dfrac{l^2-b^2}{3}}$ 处, $w_{\max}=-\dfrac{Fb(l^2-b^2)^{3/2}}{9\sqrt{3}EIl}$ 在 $x=\dfrac{l}{2}$ 处, $w=-\dfrac{Fb(3l^2-4b^2)}{48EI}$
11	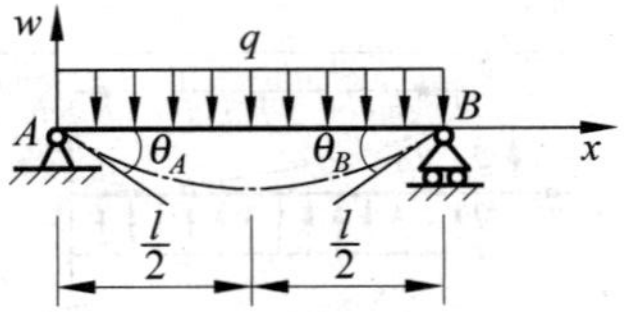	$w=-\dfrac{qx}{24EI}(l^3-2lx^2+x^3)$	$\theta_A=-\theta_B=-\dfrac{ql^3}{24EI}$	$w=-\dfrac{5ql^4}{384EI}$

续表

序号	梁的简图	挠曲线方程	端截面转角	最大挠度
12		$w=\frac{Fax}{6EIl}(l^2-x^2)$ $(0\leqslant x\leqslant l)$ $w=-\frac{F(x-l)}{6EI}[a(3x-l)-(x-l)^2]$ $(l\leqslant x\leqslant l+a)$	$\theta_A=-\frac{1}{2}\theta_B=\frac{Fal}{6EI}$ $\theta_B=-\frac{Fa}{6EI}(2l+3a)$	$w_C=-\frac{Fa^2}{3EI}(l+a)$
13		$w=-\frac{M_e x}{6EIl}(x^2-l^2)\ (0\leqslant x\leqslant l)$ $w=-\frac{M_e}{6EI}(3x^2-4xl+l^2)$ $(l\leqslant x\leqslant l+a)$	$\theta_A=-\frac{1}{2}\theta_B=\frac{M_e l}{6EI}$ $\theta_B=-\frac{M_e}{3EI}(l+3a)$	$w_C=-\frac{M_e a}{6EI}(2l+3a)$

部分习题参考答案

第2章 平面力系

2-1 $F_R=161\ N$

2-2 (a) $F_{AB}=0.577P$(拉),$F_{AC}=1.155P$(压)

(b) $F_{AB}=1.155P$(拉),$F_{AC}=0.557P$(压)

2-3 (a)$F_A=2F$; (b)$F_A=\sqrt{3}F$

2-4 $F_A=22.3\ kN$,$F_B=10\ kN$

2-5 $F_D=\dfrac{Fl}{2h}$

2-6 81.8 kN

2-7 $F_1=-F$(压力),$F_2=0$,$F_3=\sqrt{2}F$(拉力),$F_4=-F$(压力)

2-8 (a)$F_A=F_B=\dfrac{M}{2l}$; (b)$F_A=F_B=\dfrac{M}{l}$; (c)$F_A=F_B=\dfrac{M}{l}$

2-9 $F=\dfrac{M}{a}\sin\alpha$,$F_O=\dfrac{M}{a}$

2-10 (1)$F_{Rx}=20\ N$,$F_{Ry}=-20\ N$,$M_O=-1.00\ N\cdot m$;

(2)$F_R=28.28\ N$,$\boldsymbol{F}_R$ 与 x 轴夹角为 $45°$,$x+y-50=0$

2-11 $F_T=653.3\ N$;$F_{Ax}=1566\ N$,$F_{Ay}=873.3\ N$

2-13 $F_{Ax}=F_{Bx}=26\ kN$;$F_{By}=50\ kN$

2-14 (a)$F_{Ax}=-\dfrac{5}{7}\ kN$,$F_{Ay}=6\dfrac{5}{7}kN$;$F_B=-\dfrac{16}{7}\sqrt{2}\ kN$;

(b)$F_{Ax}=0$,$F_{Ay}=17\ kN$,$M_A=33\ kN\cdot m$

2-15 $F_{Ax}=-0.3\ kN$,$F_{Ay}=-0.2\ kN$;$F_{Cx}=-1.2\ kN$,$F_{Cy}=0.6\ kN$

2-16 $F_A=25\ kN$,$F_B=85\ kN$,$F_D=10\ kN$

2-17 $F_{Ax}=-20\ kN$,$F_{Ay}=-1.25\ kN$;$F_{Bx}=20\ kN$,$F_{By}=11.25kN$

2-18 $F_{Ay}=2.5\ kN$,$M_A=10\ kN\cdot m$;$F_B=1.5\ kN$

2-19 $F_T=\dfrac{P}{\sin 2\alpha}$;$\alpha=45°$时,$F_{Tmin}=P$

2-20 $F_{Ax}=12\ kN$,$F_{Ay}=1.5\ kN$;$F_B=10.5\ kN$;$F_{BC}=-15\ kN$

2-21 (1)$W=2P\left(1-\dfrac{r}{R}\right)$;(2)不会翻倒,$F_N=2P$

2-22 $M=f'Fl\frac{r}{a}$

2-23 $b=120\ \text{mm}, F=30\ \text{N}$

2-24 $M\geqslant 3.529\ \text{N}\cdot\text{m}$

2-25 $b\leqslant 7.55\ \text{mm}$

2-26 $r<\dfrac{R+\dfrac{e}{2}}{\cos\varphi_{\text{f}}}-R$

第3章 空间力系

3-1 $M_z(\boldsymbol{F})=-15\ \text{kN}\cdot\text{m}, M_x(\boldsymbol{F})=-36\ \text{kN}\cdot\text{m}, M_y(\boldsymbol{F})=30\ \text{kN}\cdot\text{m}$

3-2 $F_{OA}=-1410\ \text{N}, F_{OB}=F_{OC}=707\ \text{N}$

3-3

杆号	1	2	3	4	5	6
受力/kN	−5	−5	7.07	−5	−5	10

3-4 $F_A=1237.5\ \text{N}, F_B=637.5\ \text{N}, F_D=1125\ \text{N}$

3-5 $F_{Ax}=4000\ \text{N}, F_{Az}=-1460\ \text{N}; F_{Bx}=7900\ \text{N}, F_{Bz}=-2880\ \text{N}$

3-6 $F_{\text{T}}=200\ \text{N}; F_{Ax}=86.6\ \text{N}, F_{Ay}=150\ \text{N}, F_{Az}=100\ \text{N}, F_{Bx}=F_{Bz}=0$

3-7 $F_2=4\ \text{kN}, F_2'=2\ \text{kN}; F_{Ax}=-6.38\ \text{kN}, F_{Az}=1.3\ \text{kN};$

$F_{Bx}=-4.13\ \text{kN}, F_{Bz}=3.9\ \text{kN}$

3-8 $F_{\text{R}z}=20\ \text{N}, (x,y)=(6,2.5)$

第5章 拉伸、压缩和剪切

5-1 $|\sigma|_{\max}=3.75\ \text{MPa}, \Delta l_{AB}=0.01\ \text{mm}$(伸长)

5-2 AB 杆：100×10(或 90×10)；AD 杆：80×6(或 75×6)

5-3 $[F]=355\ \text{kN}$

5-4 16 号工字钢

5-5 $[F]=10.1\ \text{kN}$

5-6 $\sigma_{AD}=-87.3\ \text{MPa}, \sigma_{BC}=101.7\ \text{MPa}, \sigma_{AC}=-93.2\ \text{MPa}$，安全

5-7 $\alpha=45°$

5-8 (1)$A_1=200\ \text{mm}^2, A_2=50\ \text{mm}^2$；(2)$A_1=267\ \text{mm}^2, A_2=50\ \text{mm}^2$

5-9 (1)$d=17.8\ \text{mm}$；(2)$A=833\ \text{mm}^2$；(3)$F=15.7\ \text{kN}$

5-10 $E=205\ \text{GPa}, \nu=0.317$

5-11 (1)σ=1000 MPa;(2)Δ_C=100 mm;(3)F=156 N

5-12 $\sigma_{t,max}=\frac{2F}{3A}$,$\sigma_{c,max}=\frac{F}{3A}$

5-13 $f_A=\frac{Fl}{2EA}$

5-14 $F_{N木}$=72.9 kN,$\sigma_{木}$=1.823 MPa;$F_{N钢}$=6.78 kN,$\sigma_{钢}$=36.5 MPa

5-15 $F_{N1}=\frac{4F}{3}$,$F_{N2}=\frac{F}{3}$

5-16 τ=59.7 MPa,σ_{bs}=93.8 MPa

5-17 d=34 mm,δ=10.4 mm

5-18 $[F_{max}]$=420 N

5-19 d=15 mm;若利用 d=12 mm 的铆钉,则 n=5

5-20 σ=125 MPa,τ=99.5 MPa,σ_{bs}=125 MPa

5-21 t=80 mm

第6章 扭　　转

6-4 (1)τ_{max}=71.4 MPa,φ=1.02°;
(2)$\tau_A=\tau_B$=71.4 MPa,τ_C=35.7 MPa

6-5 (1)τ_A=20.4 MPa,$\gamma=0.255\times10^{-3}$;
(2)τ_{max}=40.8 MPa,φ'=1.17(°)/m

6-6 P=18.51 kW

6-7 (2)τ_{max}=25.5 MPa;(3)φ_{C-A}=−0.107°

6-8 (1)d_1=84.6 mm,d_2=74.5 mm;(2)d=84.6 mm

6-9 d_1,d_2,d_3 各轴最大切应力分别为 17.5 MPa,17.1 MPa,16.2 MPa,均小于[τ],安全

6-10 d_1=45 mm,d_2=23 mm,D_2=46 mm,P_2/P_1=78.4%

6-11 强度足够,刚度不够

6-12 τ_{max}=55 MPa

6-13 $d\geqslant$115 mm,$D\geqslant$117 mm,$P_{空}:P_{实}$=0.78

6-14 (1)T_{max}=4.775 kN·m;
(2)空心轴 τ_{max}=41.1 MPa,实心轴 τ_{max}=23.8 MPa;
(3)n=2

6-15 $T=\frac{Ffd}{4}$

第7章 弯　曲

7-1 $\sigma_{max}=176$ MPa

7-2 $\sigma_{t,max}=\sigma_{c,max}=40.7$ MPa

7-3 $\sigma_{max}=63.4$ MPa

7-4 $\sigma_{t,max}=35$ MPa，$\sigma_{c,max}=70$ MPa

7-5 $|M|_{max}=23.4$ kN·m，$\sigma_{max}=3.73$ MPa

7-6 $\sigma_{max}=91$ MPa，强度满足

7-7 $a=1.386$ m

7-8 $\sigma_{max}=102$ MPa，$\tau_{max}=3.39$ MPa

7-9 $\sigma_{max}=7.71$ MPa，$\tau_{max}=0.46$ MPa

7-10 $q=15.7$ kN/m，$d=17$ mm

7-11 $A_a:A_b:A_c=92.3:65.4:26.1$

7-12 $d_{max}=115$ mm

7-13 $F_{max}=910$ kN

7-14 $[F]=56.8$ kN

7-15 22 a

7-16 $\Delta l=\dfrac{qal}{2EA}$，$w_{a/2}=\dfrac{qa}{4E}\left(\dfrac{5a^3}{8bh^3}+\dfrac{l}{A}\right)$

7-18 $\theta_A=-\dfrac{qa^3}{6EI}$，$\theta_B=0$；$w_D=-\dfrac{qa^4}{12EI}$，$w_C=-\dfrac{qa^4}{8EI}$

7-19 $w_B=-\dfrac{2Fl^3}{9EI}$

7-20 (1)$h/b=\sqrt{2}$；(2)$h/b=\sqrt{3}$

7-21 $F_N=\dfrac{3qa^4A}{8(Aa^3+3Il)}$

7-22 (a)$F_B=\dfrac{14}{27}F$；(b)$F_B=\dfrac{11}{16}F$

7-23 (a)$F_C=\dfrac{17}{8}qa$；(b)$M_A=\dfrac{ql^2}{12}$(逆时针)

第8章 强度理论　组合变形

8-1 22 b

8-2 $[F]=16.1$ kN

8-3 $\sigma_{max}=\dfrac{75F}{b^2}$

8-4 (a)$\sigma_{c,\max}=11.7$ MPa;(b)$\sigma_c=8.8$ MPa,$\sigma_{c,\max}/\sigma_c=1.34$

8-5 (a)$\sigma_\alpha=5$ MPa,$\tau_\alpha=25$ MPa;

(b)$\sigma_\alpha=-10.98$ MPa,$\tau_\alpha=-10.98$ MPa;

8-6 $\sigma_{r3}=59.4$ MPa

8-7 (1)$d=65$ mm;(2)$D=65.3$ mm

8-8 $\sigma_{r3}=114.9$ MPa,$\sigma_{r4}=112.2$ MPa

8-9 $[F]=9.66$ kN

第9章 压杆稳定

9-3 (1)$\sigma_{cr}=77.1$ MPa;(2)$\sigma_{cr}=16.4$ MPa;(3)$\sigma_{cr}=176$ MPa

9-4 $n=3.15$

9-5 $n=5$

9-6 $n=4.3$

9-7 $[F]=51.5$ kN

9-8 $F_{cr}=693.5$ kN

第10章 运动学

10-1 $y_B=AB+\sqrt{64-t^2}$,$v_B=\dfrac{-t}{\sqrt{64-t^2}}$

10-2 $x=d\cos\omega t+\sqrt{r^2-d^2\sin^2\omega t}$

10-3 (1)$y_A=2x_A^2$,$y_B=2x_B^2$;(2)1 s;

(3)4.13 cm/s,8.25 cm/s;(4)4 cm/s^2,24.1 cm/s^2

10-4 $x=l\cos\omega t$,$y=(l-2a)\sin\omega t$,$\left(\dfrac{x}{l}\right)^2+\left(\dfrac{y}{l-2a}\right)^2=1$

10-5 $x=24\sin\dfrac{\pi}{8}t$,$y=24\cos\dfrac{\pi}{8}t$,$s=9.42t$;$v=9.24$ cm/s,

$a=3.68$ cm/s^2

10-6 $a_t=0$,$a_n=10$ m/s^2,$\rho=250$ m

10-7 $t=0$ 时,$v_M=15.17$ cm/s,$a_M^t=0$,$a_M^n=6.17$ cm/s^2;

$t=2$ s 时,$v_M=0$,$a_M^t=-12.34$ cm/s^2,$a_M^n=0$

10-8 $v_M=\dfrac{R\pi n}{30}$,$a_M=\dfrac{R\pi^2n^2}{900}$

10-9 $\omega=20t$ rad/s,$\alpha=20$ rad/s^2,$a=10\sqrt{1+400t^4}$ m/s^2

10-10 $t=62.5\ \mathrm{s}$

10-11 $s=\dfrac{\pi RZ_1t^2}{Z_2},v=\dfrac{2\pi RZ_1t}{Z_2},a=\dfrac{2\pi RZ_1}{Z_2}$

10-12 $\omega=\dfrac{v}{h}\cos^2\theta$

10-13 $\omega=19.4\ \mathrm{rad/s},\alpha=1031.2\ \mathrm{rad/s^2}$

10-14 $(v_M)_{水平}=51.65\ \mathrm{cm/s}(\rightarrow),(v_M)_{垂直}=186\ \mathrm{cm/s}(\downarrow)$

10-15 $v_{BC}=17.3\ \mathrm{cm/s}(\uparrow),a_{BC}=5\mathrm{cm/s^2}$

10-16 (1)$v_r=3.98\ \mathrm{m/s}$;(2)$v_2=1.04\ \mathrm{m/s}$

10-17 $v=10\ \mathrm{cm/s}(\downarrow),a=34.6\ \mathrm{cm/s^2}$

10-18 (a)$\omega_2=1.5\ \mathrm{rad/s}$(逆时针);(b)$\omega_2=2\ \mathrm{rad/s}$(逆时针)

10-19 $v_A=\dfrac{lau}{x^2+a^2}$

10-20 $v_M=17.3\ \mathrm{cm/s}(\rightarrow),a_M=35\ \mathrm{cm/s^2}$

10-21 $\omega_{O_2B}=\dfrac{r\omega}{\sqrt{2}b}$(顺时针)

10-22 (1)$\omega=1\ \mathrm{rad/s}$(逆时针);(2)$v_r=3\sqrt{2}\ \mathrm{m/s}$

10-23 $\omega=\dfrac{v\sin^2\theta}{R\cos\theta}$(逆时针)

10-24 $v=2.34\ \mathrm{m/s},\omega=3.9\ \mathrm{rad/s}$(逆时针)

10-25 $\omega=1.07\ \mathrm{rad/s}$(逆时针),$v_D=25.35\ \mathrm{cm/s}(\leftarrow)$

10-26 $v_C=r\omega_0(\downarrow)$

10-27 $\begin{cases}\omega_{BC}=8\ \mathrm{rad/s}(顺时针)\\ v_C=187\ \mathrm{cm/s}\end{cases}$

10-28 $\omega_{O_1A}=0.2\ \mathrm{rad/s}$(逆时针)

10-29 $v_B=\dfrac{v_A}{\tan\varphi}(\uparrow),\omega_{AB}=\dfrac{v_A}{l\sin\varphi}$(顺时针)

第 11 章 动力学普遍定理

11-1 $F_T=153\ \mathrm{kN}$

11-2 $t=10.2\ \mathrm{s},s=102\ \mathrm{m}$

11-3 $x=\dfrac{F_0}{m\omega^2}(1-\cos\omega t)+v_0t$

11-4 $\begin{cases}x=0.15gt^2\\ y=0.25gt^2\end{cases},y=\dfrac{5}{3}x$

11-5 $A\omega^2<g$

11-6 $T=226\times10^3$ J

11-7 $T=22184$ J

11-8 $W=142.5$ J

11-9 $W=-20.7$ J

11-10 $v=\sqrt{2gh(1-f'\cot\alpha)}$

11-11 $v=8.08$ m/s

11-12 $v=6.26$ m/s

11-13 $M=1.18$ N·m

11-14 $v_A=9.8$ m/s

11-15 $P=1511$ 马力

11-16 $P=29.2$ kW

11-18 $v_C=8.1$ m/s

11-19 $v_C=0.225$ m/s

11-20 $v=\sqrt{\dfrac{2g(M-Pr\sin\alpha)s}{(P+W)r}}$

11-21 $v_C=\sqrt{3gh}$

11-22 (1)$\omega=\sqrt{\dfrac{(M-mgR\sin\alpha)\varphi}{mR^2}}$;(2)$\alpha=\dfrac{M-gR\sin\alpha}{2R^2m}$

第12章 动 静 法

12-1 $s=19.6$ m　　$t=2.16$ s

12-2 $f\geqslant\dfrac{a}{g\cos\alpha}+\tan\alpha$

12-3 (1) $\cos\theta=\dfrac{\pi^2n^2R}{900g}$;(2) $n_{cr}=\dfrac{30}{\sqrt{R}}$

12-4 $F_T=-mg-mr\omega^2\left(\cos\omega t+\dfrac{r}{l}\cos\omega t\right)$

12-5 $a_A=0.399$ m/s^2,$F_{ED}=10.2$ kN

12-6 $F=180$ N;$F_{NA}=232.5$ N,$F_{NB}=367.5$ N

12-7 当 $f<\dfrac{b}{h}$时,$a_{max}=fg$;当 $f>\dfrac{b}{h}$时,$a_{max}=\dfrac{b}{h}g$

12-8 (1)$F_{NA}=\dfrac{bg-ha}{g(d-b)}P$,$F_{NB}=\dfrac{dg+ha}{g(d+b)}P$;(2)$a=\dfrac{g(b-d)}{2h}$

12-9 $a_t=\frac{g}{2}$, $F_{TA}=119.56\ \text{N}$, $F_{TB}=304.78\ \text{N}$

12-10 $M=48\ \text{N}\cdot\text{m}$

12-11 $F=0.275\ \text{kN}$

12-12 $\alpha=\frac{2(R_2M-R_1M')}{(P_1+P_2)R_2R_1^2g}$

12-13 $a=2.2\ \text{m/s}^2$, $F_T=598\ \text{N}$

12-14 $\alpha=0.28\frac{g}{r}$

参 考 文 献

1 岑运膺,苏乐逍,赵霖.工程力学.北京：中国科学技术出版社,1996

2 哈尔滨工业大学理论力学教研室.理论力学(上、下册).第5版.北京：高等教育出版社,1997

3 哈尔滨工业大学理论力学教研室.理论力学(Ⅰ)(Ⅱ).第6版.北京：高等教育出版社,2002

4 刘鸿文.材料力学(Ⅰ)、(Ⅱ).第4版.北京：高等教育出版社,2004

5 贾书惠.理论力学.北京：高等教育出版社,2002

6 范钦珊.理论力学.北京：高等教育出版社,1999

7 谢传锋.动力学(Ⅰ).北京：高等教育出版社,1999

8 孙训方,方孝淑,陆耀洪.材料力学(上、下册).第2版.北京：高等教育出版社,1991

9 郭应征,李兆霞.应用力学基础.北京：高等教育出版社,2000

10 单辉祖.材料力学.北京：高等教育出版社,1999

11 Beer F P, Johnston E R, Dewolf J T. *Mechanics of Materials*(SI)(3rd Edition). Mc Graw Hill,1984

12 孙训方等.材料力学. 第4版. 北京：高等教育出版社,2004

13 Gere J M, Timoshenko S P. *Mechnics of Materials*. 4th Edition. PWS Publishing Company, 1997

14 单辉祖.材料力学. 第2版. 北京：高等教育出版社,2004